1 MONTH OF
FREE
READING

at

www.ForgottenBooks.com

By purchasing this book you are eligible for one month membership to ForgottenBooks.com, giving you unlimited access to our entire collection of over 1,000,000 titles via our web site and mobile apps.

To claim your free month visit:

www.forgottenbooks.com/free641974

ISBN 978-0-266-45898-2
PIBN 10641974

This book is a reproduction of an important historical work. Forgotten Books uses state-of-the-art technology to digitally reconstruct the work, preserving the original format whilst repairing imperfections present in the aged copy. In rare cases, an imperfection in the original, such as a blemish or missing page, may be replicated in our edition. We do, however, repair the vast majority of imperfections successfully; any imperfections that remain are intentionally left to preserve the state of such historical works.

ALBERT MÉTIN

Professeur à l'École Coloniale et à l'École des Hautes Études Commerciales.

LA
COLOMBIE BRITANNIQUE

Étude sur la colonisation au Canada

Avec vingt cartes et cartons

et trente-trois phototypies hors texte

PARIS
LIBRAIRIE ARMAND COLIN
5, RUE DE MÉZIÈRES, 5
1908

Published March, 25ᵗʰ. nineteen hundred and eight.
Privilege of Copyright in the United States reserved,
under the Act approved March, 3. 1905,
by Max Leclerc and H. Bourrelier, proprietors of Librairie Armand Colin.

Je suis heureux d'exprimer ici mes remerciements à tous ceux qui m'ont secondé, soit pendant les deux voyages que j'ai faits, l'un dans le vieux Canada, l'autre dans toute la Puissance, soit au cours des études que j'ai entreprises ensuite sur la colonisation canadienne.

A vrai dire, il faudrait, pour traduire complètement ma reconnaissance, énumérer sur cette première page tous les services de la Fédération et de la Province, et en dresser une liste aussi longue que celle de la Bibliographie. J'espère que tous me pardonneront d'exprimer ma gratitude sous une forme générale, au fond de laquelle la brièveté de forme n'enlèvera rien.

Je dois cependant faire une mention spéciale de MM. Hector Fabre, commissaire général du Canada à Paris, de Celles, bibliothécaire du Parlement, de diverses administrations dont les directeurs et les publications se trouvent énumérés dans la Bibliographie — Arpentage ou Survey fédéral — Service géologique fédéral — Départements provinciaux des mines, de l'agriculture — Bureau provincial d'informations — et Direction du chemin de fer Canadien Pacifique à Montréal, — à qui je dois tout particulièrement d'avoir possédé une collection complète des documents nécessaires, et qui ont bien voulu, en outre, me fournir un grand nombre de renseignements complémentaires.

C'est du Bureau provincial d'informations et du Canadian Pacific que me sont venues les photographies qui illustrent cet ouvrage [1].   A. M.

1. Les photographies ont été reproduites en phototypie par MM. Bauer, Marchet et Cⁱᵉ de Dijon.

LA MISE EN VALEUR

DE LA

COLOMBIE BRITANNIQUE

INTRODUCTION

On peut dire de la Colombie que la mise en valeur y précède l'étude scientifique et que la géographie y figure comme la suivante de l'économie.

Si Cook y paraît en explorateur des côtes, la relation de ses découvertes attire les acheteurs de fourrures et leurs querelles avec les Espagnols amènent la mission officielle de George Vancouver (p. 137) qui découvre le détroit séparant l'île Vancouver du continent et achève de dessiner les grands traits du rivage colombien (1792-94). L'Angleterre prend possession de la côte et l'amirauté britannique fait procéder à toute une série de reconnaissances et de sondages dont elle consigne les résultats sur ses cartes marines et dans ses instructions nautiques (Bibliographie nᵒˢ I et II). Excellent dans l'ensemble, le travail continue d'être amendé, rectifié, mis à jour pour les détails. Reste à entamer une étude orogénique et bathymétrique des fiords sur lesquels nous sommes loin d'avoir des données aussi précises et complètes qu'en Alaska (p. 21, note 1).

Quant à l'intérieur, ce sont des chasseurs de fourrures qui l'ouvrent avec le voyage initial de Mackenzie (1793), ce sont eux qui, pendant plusieurs années, continuent à l'explorer. Un naturaliste comme David Douglas, le parrain du sapin magnifique de la côte, préoccupé surtout de découvrir et déterminer des plantes nouvelles, apparaît comme une exception au milieu de tous les agents de Compagnie qui fondent des forts et tracent des itinéraires.

Cependant la première société de commerce, celle du Nord-Ouest, prit à son service comme « astronome et topographe » David Thompson, qu'elle chargea de plusieurs explorations (p. 142). Avant Thompson, la Compagnie n'avait laissé publier que peu des rapports faits par ses explorateurs. Thompson étudia tous ceux qui existaient, en recueillit les résultats, les compléta par ses relevés personnels dans la région du fleuve Columbia et publia une *Map of the North West Territory of the Province of Canada from actual Surveys during the years 1792 to 1812*, première carte sérieuse d'ensemble qui servit de base aux études géographiques pendant un demi-siècle[1].

Aux Compagnies succéda, pendant la période de l'or, l'administration directe de la métropole qui se préoccupait, elle aussi, de fins pratiques. Ce fut alors que le gouvernement britannique envoya du Canada laurentien la mission du capitaine Palliser[2], chargée de chercher une route à travers les montagnes pour aller de la Prairie au Fraser et d'étudier un tracé de voie ferrée sur ce parcours (1857-1860). Publié en 1863, le rapport définitif de la mission Palliser et la carte qui l'accompagne donnèrent une représentation plus exacte des deux grandes chaînes Selkirk et Rocheuses; c'était le résultat du plus grand effort d'ensemble fait depuis D. Thompson. Si l'on veut mesurer le progrès des connaissances à partir des voyages de Mackenzie, on n'a qu'à comparer la première et la dernière des grandes cartes de l'Amérique septentrionale éditées par les Arrowsmith de Londres et parues l'une en 1795, l'autre en 1863.

Après Palliser, les progrès de la connaissance géographique sont dus principalement aux services canadiens. Ayant accordé l'autonomie à ses possessions de l'Amérique septentrionale, la Grande-Bretagne leur abandonne le soin d'étudier leurs ressources naturelles, se réserve uniquement les affaires diplomatiques et par suite ne publie plus guère de documents, si ce n'est sur les contestations de frontières avec les États-Unis.

Devenue colonie autonome en 1865, la Colombie britannique organise un ministère des terres et travaux publics dont les agents commencent à faire arpenter les parties utilisables qui ne l'ont

---

1. A. O. WHEELER. *The Selkirk Range*, 1905 (Bibliogr. n° 20), t. I, pp. 120-125 et 183-187 (indic. bibliogr.). Reproduit dans la pochette de cartes et croquis formant le tome II, la partie sud-est de la carte de D. Thompson, celle qui est due aux découvertes de l'auteur.

2. Les résultats en ont paru dans les Parliam. Papers, 1859, 1860 et surtout 1863, *The Journals, Detailed Reports and Observations relative to the Exploration* by Captain *Palliser...*

point été sous le régime de la Compagnie ; mais ce service demande beaucoup de temps et d'argent et ne peut procéder que par étapes.

Il n'a pas encore atteint de grands résultats quand la Colombie adhère à la Fédération en 1871, par l'effet d'un nouveau pacte économique. Désireuse alors d'obtenir une ligne transcontinentale, la Province promet de céder à la Puissance une bande continue, large de 64 kilomètres, ayant pour axe central le futur tracé sur toute sa longueur dans la Province. C'est ce que l'on appelle la ceinture du chemin de fer ou *Railway Belt*. La pose du rail s'achève en novembre 1885; aussitôt la Puissance s'installe sur son domaine, recueille les résultats des explorations faites par la Compagnie de la voie Canadienne Pacifique, par le service géologique fédéral et met en campagne son excellent service topographique (*Survey*) à partir de 1889. Aujourd'hui le *Railway Belt* est relevé, cadastré, et la carte en est publiée (Bibliographie, n° XXI), depuis la Prairie jusqu'au bas Fraser.

La partie des Selkirk comprise dans cette zone a été spécialement relevée à partir de 1893. Les services fédéraux géologique et topographique, appelés à étudier la région minérale frontière des Selkirk sud-ouest et de la Chaîne de l'Or, ont publié des cartes régionales, la première en 1897, les plus complètes en 1904 et 1905 [1].

Pour les Rocheuses, si l'on met à part la section du chemin de fer, la topographie est plus avancée sur le versant de la Prairie, région de terres fédérales, que sur celui de la Colombie où le sol appartient à la Province; attaquées par la base de l'Alberta, entièrement cadastrée, les Rocheuses ont été relevées sur la face orientale depuis la passe Crows Nest jusque vers le 52° parallèle nord et les feuilles de la carte sont publiées régulièrement (Bibliographie, n° XXIII-XXV).

Ascensions et mesures d'altitude se multiplient depuis que le Canadien Pacifique donne accès au cœur des montagnes. Les hôtels de la Compagnie à Banff, Laggan, Stephen et Field dans les Rocheuses, à Glacier dans les Selkirk deviennent des centres de tourisme et d'exploration scientifique : des guides suisses installés par la Compagnie depuis 1899 prêtent leur concours aux amateurs et gens d'étude. Vers le temps où le transcontinental allait être achevé, se fondait un Club alpin canadien (1883). Des alpinistes étrangers, surtout des Suisses, apparaissent dès 1887. Le *Sierra Club* de San Francisco rivalise avec eux, et depuis 1890 les membres de l'*Appalachian Mountain Club* de Boston viennent prendre leur part dans

1. C'est l'œuvre racontée par son auteur le topographe A. O. WHEELER, *The Selkirk Range*, t. I, pp. 223-241. Bibliogr., n° XXVI. Pour le S.-E. minier, voir p. 49,. n. 1.

le plaisir de faire des ascensions inédites. Peu à peu les montagnes sont cataloguées et prennent les noms de savants comme Douglas, Thompson, Hector, Geikie, Dawson, d'alpinistes comme Fay, qui aborda les Selkirk dès 1887, le révérend Green, qui vint en 1888 gravir les Selkirk après les Alpes de Nouvelle-Zélande, comme Coleman, Collie, Wilcox, spécialistes des Rocheuses [1].

L'étude des glaciers a été, elle aussi, entreprise; plus longue, plus difficile, elle se trouve moins avancée, surtout dans les Selkirk. Pour la Chaîne côtière et celle des îles, d'accès malaisé, elle reste à faire; nous sommes loin d'être ici renseignés comme pour le Washington au sud, l'Alaska au nord [2].

C'est qu'en cet immense pays les employés de la Puissance et de la Province courent au plus pressé, étudient les zones d'attrait, mines à exploiter, régions à cultiver, abandonnant aux particuliers science pure ou tourisme. Cependant les services fédéraux ne laissent pas de recueillir et de compléter les renseignements de toute origine, témoin la mission de A. O. Wheeler dans les Selkirk et son ouvrage que j'ai déjà cité en note. Je suis loin d'avoir énuméré tout ce que nous avons reçu des services fédéraux.

Pour la géologie, nous leur devons les principales monographies, les cartes locales et les essais de cartes d'ensemble (Bibliographie, n⁰ˢ XXXII-XXXIX et 11-20). Il n'en faut pas moins rendre justice à l'excellent et très complet Rapport annuel du Département des mines de Colombie qui donne des études de détail, fort poussées, surtout économiques, des croquis et nombre d'intéressantes photographies (Bibliographie, n° 21).

Feu G. M. Dawson, chef du service géologique fédéral, a fait pour l'ouest canadien un travail de synthèse comparable à celui qu'accomplit son prédécesseur Selwyn pour l'est. Son œuvre est dignement continuée soit à Ottawa, soit dans la Province.

La climatologie est affaire fédérale et les rapports du service qui en est chargé ne laissent à désirer qu'un plus grand nombre de moyennes et de cartes spéciales (Bibliographie, n⁰ˢ 22-23 et page 81 du présent ouvrage).

---

1. W. D. WILCOX. *The Rockies of Canada*, New-York, 1900, in-8°, raconte les excursions et donne la liste des ascensions de montagnes supérieures à 2 900 mètres, dans les Rocheuses, depuis 1887 (le mont Stephen) jusqu'à 1890, pp. 301-302. — A. O. WHEELER, *The Selkirk Range*, t. I, donne l'histoire de toutes les ascensions avant 1905, pp. 274 et suiv., une liste des montagnes avec date des premières ascensions, pp. 213-222, et l'origine des principaux noms (voir aussi les renvois de la table alphabétique de cet ouvrage.

2. A. O. WHEELER, *ouvr. cit.*, t. I, pp. 144-185 et 233. — *An. Rep. Mines B. C. for 1903*, pp. 79, 83; *for 1904*, p. 266. — Note des pp. 28-29 et 97-99.

Toutes les publications d'ensemble relatives au recensement et aux Indiens se font à Ottawa (Bibliographie n⁰ˢ 45-58).

Quant aux renseignements économiques, il faut les demander aux documents de l'une et de l'autre administration.

Le gouvernement provincial s'efforce de poursuivre la reconnaissance et la cartographie du pays; mais ses ressources ne lui permettent pas d'entretenir un corps spécial du cadastre : les opérations, peu régulières, sont faites quand la découverte d'une région utilisable ou quand un projet de voie ferrée les rend nécessaires; d'habitude on les confie à des membres du service fédéral mis à la disposition de la Province et travaillant à son compte (Bibliographie n⁰ˢ 5 et 76). Dans la partie sud, comprise entre la ligne transcontinentale et la frontière des États-Unis, les découvertes minières à partir de 1886, la construction de la ligne ferrée du Crows Nest, la concession à la Compagnie Canadienne Pacifique d'énormes lots qu'il a fallu localiser au moins approximativement, ont eu pour effet de faire explorer et cadastrer tant bien que mal tout ce qui n'est pas trop montagneux ou trop boisé. Ensuite, la Province a envoyé ses arpenteurs dans le nord de l'île Vancouver, dans la région houillère de l'archipel de la Reine Charlotte, dans le couloir de Bella Coola qui ouvre un accès de l'Océan vers le plateau, dans deux vallées cultivables de l'intérieur, Bulkley et Nechaco, où l'on songe à poser les rails du Grand Tronc (Bibliographie, n⁰ˢ XLVII et XLVIII). Sur tous ces champs a été accompli un travail provisoire qui permet de concéder la terre aux colons et qui sera remis au point dès que le peuplement deviendra assez dense pour rendre nécessaire un cadastre définitif. A ces îlots relevés récemment s'ajoutent les deux zones qui furent les premières colonisées, le sud et le sud-est de l'île Vancouver, dont le cadastre a été commencé sous la Compagnie, enfin le delta et le bas Fraser, qui touchent à l'extrémité du *Railway Belt* et qui ont été repérés entre la fondation de New Westminster (1859) et celle de Vancouver City (1886).

Comme on n'a pas encore de cartes exactes de tout le territoire colombien, la superficie n'en peut être donnée que par à peu près. Un cinquième à peine est cadastré; deux cinquièmes, la bande littorale, le centre et les zones minérales des diverses montagnes connu passablement; un cinquième, les déserts du Cassiar et du Stikine au nord, une grande partie des îles et de la Chaîne côtière, à peine sondé par des itinéraires.

Qui prend contact avec la colonie par l'avenante capitale de Victoria ou par tout autre port du détroit de Géorgie trouve singulier d'apprendre que derrière ce ruban de civilisation déjà ancienne s'étendent de grandes régions où se poursuivent les découvertes, mais l'étonnement cesse dès que l'on connaît les obstacles qu'opposent aux explorateurs les montagnes et la forêt.

II

Autant qu'on peut l'affirmer d'après les observations acquises, les bandes de terrains et les soulèvements courent en général du sud-est au nord-ouest; mais les lignes de relief ne coïncident pas toujours avec les zones géologiques.

Dans la partie méridionale et centrale, les zones de sédimentation paraissent avoir été séparées en deux, dès les temps les plus anciens, par un butoir de terrains archéens [1] qui fait suite à celui des monts Bitter Root, limite entre Idaho et Montana, puis se dirige au nord-ouest en forme de coin allongé et à peu près suivant un axe mené du point où le fleuve Columbia franchit la frontière, c'est-à-dire coupe le 49° parallèle, dans la direction du coude nord du Fraser jusqu'à la rencontre de 52° 30′.

A l'est, dans les Rocheuses, dominent les calcaires de l'époque paléozoïque avec quelques recouvrements de crétacé inférieur, presque sans éruptions volcaniques anciennes ou modernes.

A l'ouest, les périodes primaire et secondaire sont représentées par d'autres dépôts et les roches ignées se sont fait jour à diverses époques; ces caractères se retrouvent, en partie du moins, jusqu'aux îles.

Dans toutes les régions étudiées, les sédiments les plus anciens —qui vont de l'étage cambrien au jurassique — apparaissent ployés, brisés, complètement métamorphisés par les actions mécaniques et par celle des roches éruptives qui les traversent soit en larges nappes, soit en « bosses » et en coulées ou dykes; les argiles sont devenues, tantôt des schistes argileux sombres avec des veines de quartz blanc, tantôt des schistes semi-cristallins ou des schistes chloriteux à reflet soyeux et à teinte verdâtre qui ressemblent assez aux « schistes lustrés » des Alpes; les calcaires sont transformés en cipolins ou en marbres; les fossiles ont disparu ou sont devenus méconnaissables. Aussi la classification de ces roches ne va-t-elle pas sans de grandes incertitudes que reconnaissent les auteurs des études géologiques les plus récentes.

1. *Geol. Surv. of Ca. Summary Rep., 1903*, A, pp. 95-97.

Au point de vue économique, les terrains de cette série présentent une importance capitale; c'est eux en effet qui renferment les zones de minerais complexes où dominent tantôt le fer, sous forme de magnétite, tantôt la galène plus ou moins argentifère, moins souvent les sulfures de cuivre, et où les métaux précieux se montrent en quantité parfois exploitable (carte de la p. 243). D'habitude les gisements se rencontrent au contact de deux roches différentes[1]; il arrive fréquemment que l'une des deux appartient au groupe des « roches vertes » éruptives, telles que diabases, diorites, gabbros, granite à hornblende, bien connues des mineurs dans l'Ouest américain et canadien.

Sur les étages précédents reposent, généralement en stratification discordante, plusieurs couches crétacées. Elles semblent avoir été déposées par deux extensions d'une mer boréale, l'une couvrant la Prairie et les Rocheuses, l'autre la Colombie à l'ouest du butoir. Ces dépôts n'appartiennent point à la série crayeuse, mais consistent ordinairement en grès et argiles de couleur sombre. Dans les Rocheuses, on ne trouve que des lambeaux de crétacé inférieur surélevés et déchirés lors du premier soulèvement de ces montagnes. A l'ouest, surtout vers le sud, au voisinage de la côte, se montrent des couches plus récentes, que surmontent les conglomérats, argiles et grès du laramien et du tertiaire apparentés aux dépôts analogues de la région pacifique des États-Unis.

Crétacé et tertiaire fournissent le combustible, anthracite dans les bassins les plus anciens, houille grasse et surtout lignites dans les plus récents.

Postérieurement à ces dépôts se fit jour une dernière série d'éruptions, celle de laves et basaltes, probablement miocènes, qui sont presque entièrement localisés à l'est de la Chaîne côtière, sur le plateau intérieur.

Dès lors la Colombie possédait les traits essentiels de son relief et ce que les Américains appellent sa « géologie solide ou fondamentale ». Les actions qui suivirent ne firent qu'en achever le modelé, soit en attaquant les roches en place, soit en les empâtant sous les dépôts meubles qui constituent la « géologie superficielle ».

La fin de l'époque tertiaire fut marquée par une intense érosion qui paraît due à de forts cours d'eau; elle élargit les fissures en couloirs,

---

1. La controverse sur l'origine chimique ou éruptive des filons ne divise pas les minéralogistes américains moins que ceux du Vieux-Monde. Voir par exemple : *An. Rep. Mines B. C. for 1902*, pp. 207, 226, 228 (d'après les Américains Kimball et J. F. Kemp); *Geol. Surv. of Ca. Preliminary Rep. Rossland Mining District, 1906*, pp. 21-24. — Bibliogr., n° 81.

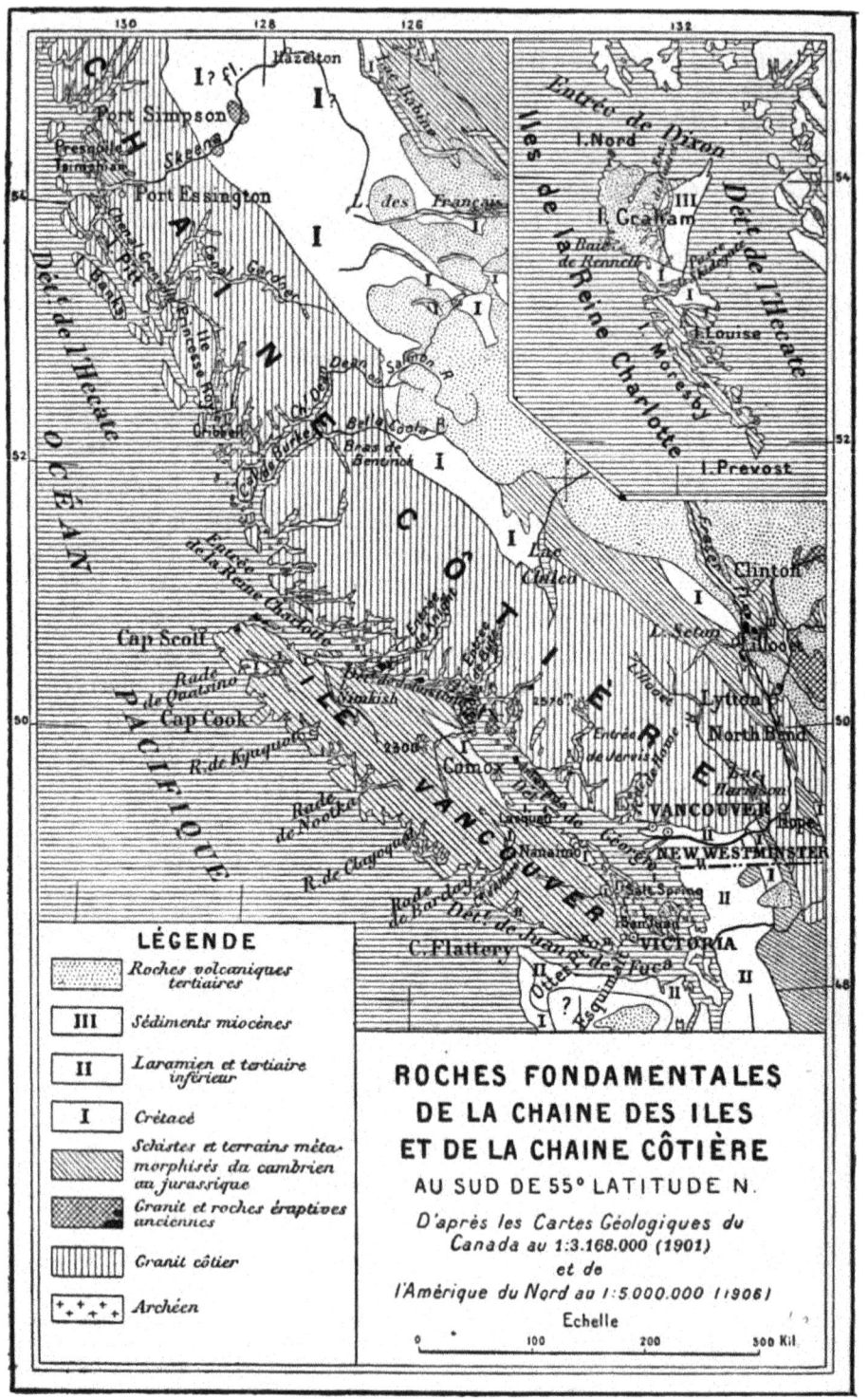

Importance de la bande de granit côtier (p. 8). Dans les deux cartes, zones minérales S.E.-N.W., au con-
de l'int, S. (p. 9). La zone min. côtière se prolonge en Alaska au contact indiqué (p. 29, note). — Com-

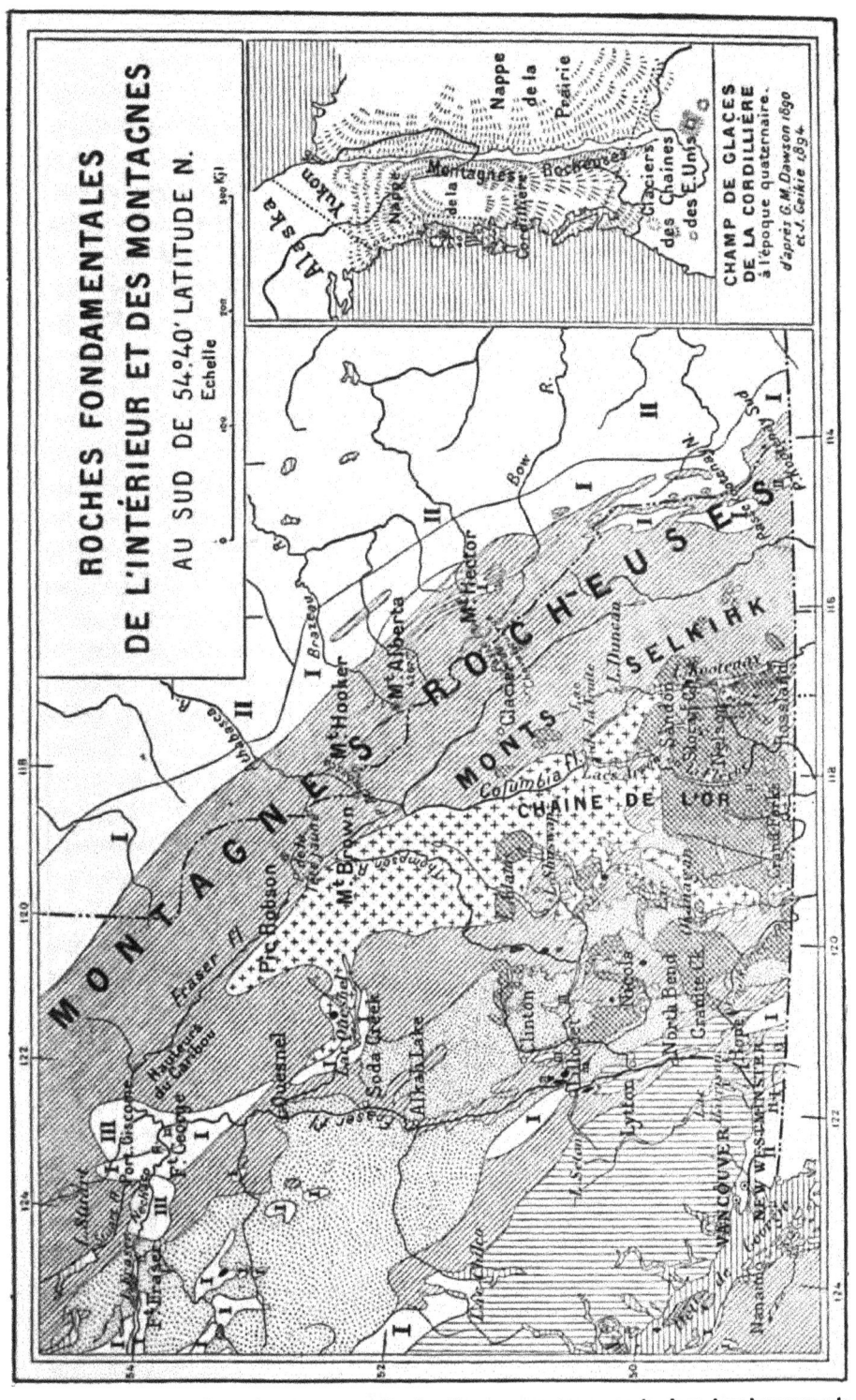

ROCHES FONDAMENTALES
DE L'INTÉRIEUR ET DES MONTAGNES
AU SUD DE 54°40' LATITUDE N.

Echelle

CHAMP DE GLACES
DE LA CORDILLÈRE
à l'époque quaternaire.
d'après G. M. Dawson 1890
et J. Geikie 1894

tact des terr. métam. et des roches érupt. anc. Ces dernières occupent une grande place dans les zones min.
parer la carte de la p. 943. — Les régions accessibles à la culture sont recouvertes de dépôts glaciaires.

les remplit d'alluvions et, des « ravins en V », fit des « vallées en U ».
Dans les sables et graviers de cette époque diluvienne gisent les
placers les plus riches formés de débris arrachés au quartz aurifère
et aux filons complexes des zones minérales, fortunes longtemps
ignorées parce qu'elles étaient cachées sous les dépôts glaciaires.

A l'époque quaternaire, un immense névé paraît avoir occupé tout
le centre intérieur de la Colombie entre les parallèles 55 et 59, c'est-
à-dire entre le versant du Fraser et celui du Yukon [1]. Il envoyait
des flots de glace au nord jusque vers le 63° parallèle, dans le Yukon
et une faible partie de l'Alaska, au sud jusqu'au bord du territoire
américain [2], à l'est enfin jusqu'au pied des Rocheuses, où il faisait
face à la mer de glace de la Prairie, mais sans se confondre avec elle.

Du côté de l'Océan, un énorme flot de glace descendait à travers
la Chaîne côtière : il couvrait le présent détroit de Géorgie et une
partie de ses deux côtes sur une largeur de 80 kilomètres avec une
épaisseur de 180 mètres au moins ; il s'y divisait en deux bras qui
remplissaient à peu près les détroits actuels [3]. Le bras du sud, le plus
puissant, prenait la direction de Louis de Haro et couvrait toute la
pointe sud-est de l'île Vancouver, puis il tournait à l'ouest par le
détroit de Juan de Fuca. Le bras du nord bifurquait dès le continent, passait au nord des îlots qui forment les piles d'un pont entre
la grande côte et Vancouver, et remplissait l'Entrée de la Reine
Charlotte.

Tel était le grand ensemble glaciaire distinct, dont la zone d'action
correspond presque exactement aux limites actuelles de la Colombie,
et que G. M. Dawson a baptisé « le Glacier de la Cordillière »,
Cordilleran Glacier (carton de la page 9).

D'après l'étude des stries et des moraines, G. M. Dawson a cru
pouvoir distinguer deux périodes successives, comprenant chacune
des mouvements secondaires de progrès et de recul, hypothèse que
les observations postérieures semblent confirmer [4].

Les traces du passage des glaciers s'observent à des altitudes qui

---

1. La glaciation en Colombie britannique a été, pour la première fois, étudiée par
G. M. DAWSON dans *Quarterly Jour. Geol. Soc.*, t. XXXIV, 1878, sous le titre de « *Super-
ficial Geology of B. C.* Le même auteur a ajouté des contributions à ce sujet dans *Geol.
Surv. of Ca. An. Rep., 1877-1878*, pp. 180 et suiv.; *1878-1879*, B, pp. 120 et suiv.; *1886*,
B, pp. 99 et suiv.; *1887-1888*, B, pp. 43 et suiv. Il a repris toute la question dans *Pr. a.
Tr. Roy. Soc. of Canada*, 1890, sect. IV. — James GEIKIE, *The Great Ice Age,* ...London,
3° éd., 1894, in-8°, reprend les conclusions de Dawson et reproduit une réduction de sa
carte. — Voir enfin *Summary Report of the Geol. Surv. of Ca., for 1906*, pp. 45 et surtout 74-80. — *Harriman Alaska Exp.* (n. de la p. 29), t. III (GILBERT).
2. *Geol. Surv. of Ca. Summary Rep., 1902*, A, p. 141.
3. *Yearbook of B. C.*, 1903, p. 6.
4. *Geol. Surv. of Ca. Summary Rep., 1900*, A, p. 87.

vont en croissant des îles aux montagnes orientales : on en relève jusqu'à près de 2 800 mètres sur le versant est des Selkirk [1].

Le manteau de dépôts s'arrête plus bas ; on y distingue diverses formations. La plus constante est une épaisse couche d'argile à blocaux (*boulder clay*), dure, imperméable, pétrie de galets qu'elle agglomère comme un ciment. Elle a pris assez de corps pour que les mineurs soient souvent obligés de la faire sauter à coups de dynamite ; sa couleur habituelle est gris bleu dans la masse, mais présente toutes les nuances du brun rougeâtre à la surface qui a subi l'oxydation par l'air et par l'eau. On la trouve jusqu'à plus de 1 000 mètres d'altitude.

Plus bas, le manteau d'argile à galets se recouvre parfois d'un limon blanc (*white silt*) formé de sédiments disposés en strates, sans cailloux ou du moins peu graveleux. Les limons blancs ont été reconnus presque partout, sur le versant côtier, aux bords du fleuve Stikine, de la rivière Pelly affluent du Yukon, des rivières Dease et Liard qui forment le Mackenzie comme sur ceux du fleuve Columbia, de la rivière Kootenay et de leurs affluents. Ils semblent s'être déposés dans les lacs qui se formèrent au moment de la fonte des glaces.

Enfin des cordons, des amoncellements de galets, des moraines qui s'échelonnent par-dessus le reste jusqu'au flanc des montagnes et au sommet des cols, marquent les étapes successives des franges de la nappe glaciaire ou des glaciers individuels lors de leur retrait définitif.

Par l'effet de la glaciation, les roches fondamentales n'affleurent pas, si ce n'est dans les cimes qui ne furent pas recouvertes ou dans les tranchées latérales des vallées où les couches ont été mises à nu par l'érosion. C'est là que les géologues ont dû étudier les formations antérieures à l'époque pléistocène; aussi leurs étages portent-ils fréquemment le nom de l'accident où ils rencontrèrent des coupes naturelles.

On peut dire qu'en Colombie l'agriculture ne trouve guère à s'exercer que sur des sols d'origine glaciaire, la roche en place restant pour elle d'intérêt presque insignifiant.

D'autre part, l'argile à blocaux et les autres dépôts de même origine obligent les eaux de surface à se creuser de nouveaux lits : elles sont cause que le réseau hydrographique apparaît plus enchevêtré et

---

1. *Geol. Surv. of Ca. Summary Rep.*, *1902*, A, pp. 70, 87 (Vancouver), 146 (Chaîne de l'Or, Rossland); *1903*, A, 46-48 (Selkirk, Lardeau), 93 (id., Nelson); *1904*, 83-85 (Lardeau).

plus indécis que ne laisseraient supposer les lignes grandes et simples du relief fondamental (pp. 41, 44-46, 62).

Auprès des alluvions pliocènes et des empâtements glaciaires, les formations contemporaines semblent insignifiantes. Les principales consistent en sables, graviers, boues et deltas, dus au travail des cours d'eau. Des tourbières occupent les creux humides de la côte et des îles. On ne trouve guère d'humus [1] parce que les parties boisées ont trop de pente et sont lavées par les eaux et que les régions planes ne possèdent qu'une végétation fort maigre dont les débris ne sauraient enrichir le sol.

La mer paraît s'être retirée des côtes probablement après la période glaciaire. Des terrasses marines avec coquillages apparaissent en effet à une dizaine de mètres au-dessus de l'Océan dans le sud de Vancouver près de Victoria, à une centaine sur la grande côte en face dans l'Entrée de Burrard; mais les observations restent trop fragmentaires pour qu'on puisse accepter sans réserves l'hypothèse de Dawson sur une invasion de l'Océan entre les deux époques glaciaires [2].

Si l'histoire géologique de la Colombie se fait en prenant comme base la région centrale, l'étude des phénomènes actuels, physiques ou économiques, devient plus claire quand on part de la côte. Abordée par l'Océan, la Colombie présente un ensemble de gradins alignés du sud-est au nord-ouest et de plus en plus hauts à mesure qu'on s'avance dans l'intérieur.

D'abord se présentent les îles Vancouver et de la Reine Charlotte, sommets d'une Chaîne maritime dont la base repose sur un plateau submergé; en Colombie leur point culminant, dans l'île Vancouver, s'élève à 2 300 mètres au-dessus du niveau marin.

Puis la Chaîne côtière, continue, presque impénétrable, s'allonge sur 1 400 kilomètres avec une largeur de 150 à 200 : elle atteint environ 2 600 mètres aux environs du 50° parallèle, presque sous la même latitude que le plus haut sommet de l'île Vancouver.

En arrière s'étalent les plateaux intérieurs, hauts de 600 à 1 500 mètres, larges de 120 à 350 kilomètres.

A leur bordure orientale ou plus exactement sud-est, se dressent des séries de hauteurs dont l'altitude croît à mesure qu'on s'avance vers l'intérieur, d'abord la Chaîne de l'Or et les monts Selkirk longs de 700 kilomètres si l'on compte leur prolongement du Caribou, larges au sud de 150, avec des sommets qui, sur l'arête principale

1. *Geol. Surv. of Ca. Summary Rep.*, *1906*, p. 78.
2. *Id.*, *1900*, A, p. 88; *1906*, p. 80.

des Selkirk s'élèvent entre 3 000 et 3 200 mètres ; enfin les Rocheuses canadiennes, longues de 3 000 kilomètres, larges de 100 au moins et présentant à leur section sud-est, entre Colombie et Alberta, les seuls sommets de la province qui dépassent 4 000 mètres.

Vers le 55° parallèle s'arrêtent le plateau intérieur, les Indiens, les espérances de colonisation agricole. Plus au nord ce sont des déserts mal connus séparés par une ligne de partage médiane, les Monts Cassiar, tandis que Chaîne côtière et Rocheuses se poursuivent sur les deux bordures.

Climat et Flore s'expliquent par les influences combinées de l'Océan et du relief (chapitres vi et viii).

III

Avant la période actuelle des voies ferrées, les colons vinrent presque tous par mer ; la mise en valeur s'opère toujours le long des côtes et en remontant les vallées.

Au milieu de cette nature forte et drue, quelque 25 000 Indiens et moins de 200 000 blancs — 178 657 habitants de toute couleur, soit moins d'un par 5 kilomètres carrés, au recensement de 1901) — sembleraient perdus sans l'extraordinaire activité économique américaine. On est surpris de voir ce qu'ils arrivent à tirer de la Colombie.

Pour chacune des années 1905 et 1906, la production de la Province s'évaluait, en chiffres ronds, à :

Pêches.	37 millions de francs.	
Bois	35 —	—
Agriculture	32 —	—
Mines	110 —	—

Si l'on ajoute une trentaine de millions pour les industries diverses, le total est d'environ 245 millions pour 200 000 habitants à peu près.

L'importance relative des modes de production ne s'indique pas seulement par leur rang de valeur : il faut noter, en effet, que, pour les poissons, les bois, les minerais et métaux, la Colombie exporte ; que, pour les produits agricoles, au contraire, elle doit importer environ 15 millions de francs de viandes fraîches ou salées, 10 millions de laitages, beurre, œufs, volailles, 4 millions de fruits frais, secs, préparés de diverses manières, 6 millions de produits divers, en tout 35 millions contre 32 fournis par la Province [1].

Exploitation intense des richesses offertes par la nature, pêcheries, forêts, mines, adaptation du sol à la culture commençant seulement et donnant, avec d'heureuses promesses, des résultats encore insuffisants, tel est le raccourci de l'économie colombienne, tel qu'il ressort des statistiques.

En dépit de leurs navires et de leurs voies ferrées, cependant qu'ils transforment en électricité la force de l'eau, détruisent la forêt, épuisent le poisson, emploient à réduire les minerais les procédés de fusion et de concentration les plus perfectionnés, les capitalistes et les ouvriers de Colombie subissent l'influence des forces physiques plus directement, avec plus d'évidence que les citoyens des régions peuplées et adaptées à l'usage des hommes par le travail d'innombrables générations ; et ce spectacle d'un groupe humain doué d'une merveilleuse civilisation matérielle, mais subissant la fatalité géographique comme les populations des premiers temps historiques, est une des leçons les plus curieuses que nous donne l'étude des pays neufs en général et de la Colombie britannique en particulier.

1. *An. Rep. Victoria Board of Trade*, 1906, pp. 32-33 (discours du Ministre de l'Agriculture). — *La Gazette du Travail*, septembre 1906, p. 296. — *Agriculture in B. C.*, 1907, p. 15.

PREMIÈRE PARTIE

LES TERRAINS ET LE RELIEF

CHAPITRE I

LA CHAINE DES ILES

Bien qu'elles soient séparées par une étendue de mer mesurant 200 kilomètres, les îles de Vancouver et de la Reine-Charlotte doivent être considérées comme les parties d'un même massif appelé la Chaîne maritime ou la Chaîne des îles. Ces terres s'apparentent l'une à l'autre et se distinguent de l'arête qui longe la côte pacifique des États-Unis par leur subdivision en îles, par la direction générale de leurs plis qui s'inclinent vers le nord-ouest à partir de la grande charnière marquée par les détroits de Fuca et de Haro, enfin par la nature de leurs roches où semblent manquer les coulées éruptives modernes qui, dans la chaîne littorale des États-Unis, recouvrent les dépôts primaires et crétacés.

Un autre caractère distinctif et commun est fourni par l'étude des profondeurs marines[1]. En effet l'île Vancouver et l'archipel de la Reine-Charlotte apparaissent comme les reliefs émergés d'un plateau sous-marin qui prolonge le continent canadien et qui en suit à peu près le contour. Ce socle manque brusquement au large des îles, où commencent les profondeurs océaniques; au contraire la sonde, entre les îles et la côte ferme, trouve généralement le fond à moins

---

[1]. Dans tout le chapitre Iᵉʳ les profondeurs et les détails sur la forme des côtes sont empruntés aux cartes marines indiquées dans les nᵒˢ I à IX de la Bibliographie, ainsi qu'au *B. C. Pilot 1903* (Bibliogr. nᵒ II). — Voir ici le carton *Relief* de la carte h. texte.

de 200 mètres, bien qu'un golfe sous-marin pénètre par un goulet entre les deux groupes insulaires.

Dans le détroit de l'Hécate, qui sépare l'archipel de la Reine-Charlotte de la Colombie propre et qui mesure au moins 50 kilomètres de large, il suffirait que le niveau de la mer baissât de 60 mètres pour que Graham rejoignît le continent.

En sa partie centrale, l'île Vancouver s'approche à 5 kilomètres du continent; elle est toute voisine du dernier anneau présenté par une chaîne d'îlots tendue entre l'île et la grande terre et si serrée qu'avant le capitaine Vancouver tous les navigateurs se crurent devant un isthme et rebroussèrent chemin.

Que les îles aient fait partie du continent au commencement de l'époque actuelle, l'étude de la flore et de la faune permet de l'affirmer sans témérité. Si, en effet, Vancouver possède quelques arbres propres comme le chêne de Garry, l'épaisse forêt de la côte colombienne se retrouve dans les îles à peu près exactement telle qu'elle apparaît sous les latitudes correspondantes des rivages continentaux, et il en va de même pour certains animaux de l'intérieur qui n'habitent point la côte ferme et dont la présence dans les îles ne s'expliquerait pas sans l'hypothèse d'une séparation postérieure à l'âge quaternaire (p. 120).

Ainsi l'histoire de la Chaîne maritime apparaît comme un chapitre de l'orographie colombienne.

L'île Vancouver.

L'île Vancouver mesure dans sa plus grande longueur, du sud-est au nord-ouest, 457 kilomètres, dans sa plus grande largeur, d'est en ouest, 128 kilomètres. Sa superficie, si on ne compte pas les nombreuses îles qui en dépendent, est d'environ 32 000 kilomètres carrés [1].

On n'a pas encore de cartes exactes de l'île dont l'intérieur n'est pas complètement exploré et dont un tiers au moins de la superficie reste mal connu. Néanmoins les recherches minières et les explorations donnent une idée de sa constitution [2].

1. Chiffre du recensement. Les derniers documents provinciaux donnent, en comptant toutes les dépendances, le chiffre rond de 40 000 kq., qui paraît un peu fort.

2. *Geol. Surv. of Ca. An. Rep.*, *1886*, avec carte hors texte du nord de l'île Vancouver. Ce rapport de G. M. DAWSON est analysé avec netteté et complété dans *An. Rep. Mines*, *B. C. for 1894* (résumé par Alexander BEGG, *Notes on Vancouver Island* dans *The Scottish Geog. Magaz.*, 1895) et aussi dans *An. Rep. Mines*, *B. C. for 1899*, pp. 777-808, avec *Sketch Map showing the Southern End of V. I.* (environ 1 : 750 000), la plus complète publiée jusqu'ici; id. *for 1902*, pp. 204-205, complété dans *Geol. Surv. of Ca. An. Rep.*, *1902-1903*, A,

Nous savons que les formations antérieures à l'époque crétacée occupent au moins les 9/10 de la superficie totale. Dawson les a appelées étage de Vancouver (*Vancouver Series*)[1]. D'après lui, leur épaisseur atteindrait au moins 750 mètres dans le nord-ouest de l'île. Ce sont les habituels sédiments métamorphisés parmi lesquels dominent les schistes sombres, tandis que des bancs de calcaires cristallins de toutes couleurs se présentent par endroits et sont, au bord de la mer, exploités comme marbre et comme pierre à chaux.

Diverses séries de roches éruptives, granit gris en bosses arrondies, « roches vertes » en dykes, coulées trappéennes avec un faux air de falaises basaltiques se rencontrent en pointements ou taches à travers tous ces terrains.

Sur les deux rivages de l'île, c'est-à-dire dans les régions les mieux connues, ont été relevées deux zones minérales (*Mineral Belts*).

A l'ouest, une série de magnétite ou fer oxydulé semble courir le long de la côte entre 15 et 25 kilomètres de la mer, au contact du calcaire cristallin et des « roches vertes » éruptives. Décelés ordinairement par un « chapeau de fer » saillant, des gisements ont été repérés en plus de dix endroits, échelonnés de la baie de Sooke au sud à la rade de Nootka et peut-être jusqu'au fiord de Quatsino près de la pointe nord-ouest[2]. Encore ne les connaît-on pas tous : au bord de la Crique magnétique, affluent du lac Maggie, côte nord de la rade de Barclay, l'aiguille de la boussole subit une déviation marquée qui paraît indiquer la présence d'une masse de fer oxydulé recouverte par d'autres roches[3]. Toujours dans cette zone minérale, les mêmes gisements ou du moins des gisements au contact des mêmes roches donnent des pyrites de fer et divers minerais de cuivre, surtout des sulfures. Depuis plus de douze ans, des filons complexes ont attiré l'attention des chercheurs dans cette région, surtout au fond de la rade de Barclay, sur les bords du Canal d'Alberni.

Longeant la côte orientale de l'île Vancouver, apparaît une autre zone minérale, moins régulière pourtant ou peut-être simplement moins connue. Au contact des mêmes roches qu'à la côte ouest, on

---

pp. 54-76 (WEBSTER), pp. 76-92 (HAYCOCK). — *Geol. Surv. of Ca. Geological Map of the D. of Ca. Western Sheet.* Édition de 1901, avec notes marginales de G. M. Dawson. — *B. C. Crown Lands Surveys*, 1901, p. 21.

1. *Geol. Surv. of Ca. An. Rep.*, *1886*, B, p. 37. — *An. Rep. Mines*, *B. C. for 1902*, pp. 226-235.

2. *An. Rep. Mines*, *B. C. for 1902*, pp. 207-220 (étude détaillée des gisements de fer de l'île Vancouver).

3. *Ibid.*, p. 210.

relève les mêmes minerais dans le sud-est, près du bras de Saanich où les calcaires argileux vancouvériens sont traités pour le ciment, puis, en se dirigeant vers le nord, dans plusieurs îles du détroit, notamment Texada formée de deux morceaux, l'un de sédiments métamorphisés, l'autre de roches éruptives.

Plus au nord, la zone minérale orientale paraît se continuer sur la côte de l'île Vancouver, car l'on croit avoir reconnu des gisements à l'embouchure de la rivière Campbell, près de l'entrée méridionale du détroit de Johnstone [1].

Vers la fin de l'époque secondaire, les eaux vinrent recouvrir, en partie tout au moins, les bords extérieurs de l'île actuelle, principalement au sud-est. Les dépôts de cette série recouvrent en stratification discordante l'étage de Vancouver; ils consistent surtout en une bande étroite et longue de crétacé supérieur qui commence à une vingtaine de kilomètres au nord de Victoria et court presque sans interruption sur la côte sud-orientale, jusqu'à la hauteur de l'étroit passage de la Discovery.

Des lambeaux de crétacé moyen et supérieur apparaissent aussi au voisinage de l'autre côte, mais sans continuité. Le principal forme un petit bassin dominé par de hautes montagnes de l'étage précédent, au fond du long Canal ou fiord d'Alberni. Dans la même région, des lambeaux de sédiments laramiens et tertiaires ont été reconnus sur les parties basses de la pointe sud-est.

Enfin des restes assez considérables de dépôts crétacés supérieurs vont à peu près d'une côte·à l'autre, dans la région relativement plate de la pointe nord, depuis les bras du fiord de Quatsino à l'ouest, jusqu'à l'anse Beaver au nord-est.

Tous ces terrains se composent principalement de grès fins ou grossiers, bleuâtres ou jaunâtres, et de schistes argileux à teinte foncée. Des couches de houille et de lignites s'intercalent entre les strates argileuses du crétacé; elles donnent lieu à des exploitations très importantes autour de Nanaimo et de Comox, sur la côte orientale de l'île (p. 297).

Les dépôts crétacés contiennent aussi par places des oxydes de fer sous forme de grains pisolithiques, d'hématite rouge, de limonite brune notamment près du bras occidental du fiord de Quatsino [2].

Après les dépôts dont on vient de parler, la géologie « fondamentale » de Vancouver se termine. Dans la suite, l'île subit l'intense

---

1. *Geol. Surv. of Ca. An. Rep.*, *1886*, B, p. 37 (G. M. Dawson). — *An. Rep. Mines*, *B. C. for 1902*, pp. 222-226; *for 1905*, p. 85.
2. *An. Rep. Mines B. C. for 1902*, p. 206.

érosion pliocène, puis la glaciation (p. 10), qui n'y fut pas aussi uniforme que dans l'intérieur. Tandis que les deux larges flots glaciaires des détroits débordaient sur les parties basses de la côte orientale et des deux pointes, la masse élevée de l'intérieur possédait, semble-t-il, ses névés et ses glaciers individuels[1].

Plusieurs fois modifié depuis l'époque primaire, le relief de l'île Vancouver se montre assez compliqué. Bien que l'étude méthodique n'en soit point encore faite, on peut dès à présent y reconnaître un massif très remanié ou fortement érodé où les hauteurs s'allongent en chaînes parallèles dans le grand axe de l'île, mais avec une multitude de coupures, de vallées, de dépressions dont plusieurs sont occupées par des lacs.

La principale ligne de hauteurs paraît suivre la côte est, à quelque distance de la mer; elle se compose de roches vancouvériennes et de granit. Au sud-est, elle commence vers la coupure de la rivière Cowichan, émissaire du lac Cowichan; ce cours d'eau sort du plateau par une large fente entre deux murailles de calcaire métamorphisé et de roches éruptives qui ne laissent aucun accès vers le nord ou vers le sud; à l'est, la vallée s'élargit pour déboucher dans la plaine littorale[2].

Au nord-est de Cowichan, les montagnes, toujours visibles du détroit, à travers la plaine côtière, atteignent 1 800 mètres dans la barrière qui sépare Nanaimo de l'intérieur, empêchant la profonde coupure maritime d'Alberni de rejoindre la côte est et de séparer l'île en deux; là, elles se réduisent à une dorsale élevée. Plus au nord elles se soudent de nouveau avec le massif intérieur et elles approchent de 2 300 mètres à leur point culminant, le pic Victoria, qui se dresse à l'est de la partie élargie de l'île.

Le reste des massifs intérieurs s'allonge à l'ouest des hauteurs précédentes, entre la coupure de Cowichan au sud et le fiord de Quatsino au nord-ouest. Dans le sens de son axe, il est séparé des montagnes orientales par une série de dépressions sud-est nord-ouest, marquée d'abord par le lac Cowichan, puis par le grand lac Central qui s'écoule dans le Canal d'Alberni, enfin par deux chapelets de lacs et de marais qui se déversent sur la côte orientale[3].

Ces hauteurs du centre ouest paraissent bordées du côté du large

1. *Geol. Surv. of Ca. Summary Rep.*, *1902*, A, pp. 70, 75, 87, 88, 146; *1906*, p. 80.
2. Alex. BEGG, dans *The Scott. Geogr. Mag.*, *1899*, p. 458.
3. *B. C. Crown Lands Surveys*, 1901, p. 59. — *Geol. Surv. of Ca. Summary Rep.*, *1902*, A, p. 78.

par une série de massifs et de murailles qui commencent au sud de la rade de Barclay avec la péninsule rocheuse du cap Beale, haut d'une trentaine de mètres, terminant un massif de 750 à 900 mètres séparant Barclay de la dépression parallèle où s'étale le lac Nitinat. Au nord de Barclay, les montagnes côtières s'élèvent à près de 900 mètres; dans la rade et ses voisines, les îlots sont de hauts rochers allant jusqu'à 300 mètres.

Le rebord montagneux se terminerait par les montagnes de 1 700 mètres qui se dressent au sud du Quatsino Sound et contrastent avec les terrains bas et humides de la lèvre nord ; il faut leur rattacher la haute et massive péninsule du Cap Cook où la crête principale dépasse 900 mètres.

Bordé de rochers, assailli par la houle du large et les tempêtes de l'Océan, le littoral occidental est une côte sauvage, déchiquetée à partir de l'endroit où lui manque la protection de la péninsule washingtonienne qui se termine au cap Flattery.

Aux plus profondes découpures les navigateurs anglais du xviii° siècle ont donné le nom de *Sounds*, mot à mot détroits, le même qu'ils appliquèrent aux fiords de Nouvelle-Zélande; je le traduirai par baie ou rade suivant que l'entrée en est plus ou moins ouverte; je rendrai habituellement le terme *Inlet*, employé concurremment avec *Sound*, par Entrée qu'usite le Canadien français. Les subdivisions des *Sounds* et *Inlets*, c'est-à-dire des baies et rades principales, s'appellent bras (*Arms*) et canaux (*Channels*).

Au fond des bras s'ouvrent des gorges par où débouchent de petits torrents qui dévalent des montagnes entre rochers et forêts. Chacun est coupé par des rapides qui en font un chapelet de lacs minuscules. Un dernier barrage naturel sépare l'eau douce de l'eau salée ; après lui, commence le delta. Parfois le ruisseau se termine en une lagune où la mer pénètre, soit à chaque flux, soit à intervalles éloignés, par marée d'équinoxe ou par grande tempête[1]. Lagunes et deltas forment une zone indécise à faible profondeur, d'étendue très limitée. La plus grande partie du fiord est, au contraire, profonde et offre un bon mouillage quand elle ne s'encombre pas d'îlots et de récifs, pointes d'arêtes qui prolongent sous les flots les murailles des rades et bras. Parfois même, les fiords semblent offrir plus de fond que le plateau sous-marin en bordure de la côte à leur débouché, cas analogue à ceux de l'Écosse, de la

---

1. *An. Rep. Mines B. C. for 1902*, pp. 209 et 210 (exemples en Barclay Sound).

Norvège et de l'Alaska[1]. On dirait une série d'anciens lacs ou de dépressions analogues à celles des lacs actuels et qui auraient disparu sous les flots sans perdre leur forme.

En général, les vallées côtières et les fiords sont orientés du nord-est au sud-ouest.

Lorsqu'on quitte l'abri du cap Flattery, la première découpure de l'île Vancouver et celle qui pénètre le plus avant dans les terres s'ouvre au delà du cap Beale : c'est la rade de Barclay et ses dépendances. Dans cette région, le plateau sous-marin qui règne sous les détroits et rattache Vancouver au continent se prolonge vers le large, avec des profondeurs inférieures à 100 mètres et des fonds de sables et de graviers. Bancs et récifs abondent à l'entrée de la large rade de Barclay : deux groupes d'îlots et de rochers y dessinent trois passes dont la plus large, celle du milieu, a toujours au moins 5 kilomètres avec des profondeurs de 50 à 100 mètres[2]; la passe sud qui longe le cap Beale est dominée par la rocheuse Copper Island qui se dresse à plus de 300 mètres au milieu des flots. D'autres îlots élevés lui font suite jusqu'à l'arête en travers de Tzartoos, haute de 100 mètres, qui sépare la rade extérieure de la rade intérieure. Au fond de la seconde s'ouvre, entre des hauteurs boisées de 700 à 1 000 mètres, l'étroit canal maritime d'Alberni, large en moyenne de 400 mètres, long de 37 kilomètres, qui incise l'île sur les 3/4 de son épaisseur et ne s'arrête qu'au pied de la muraille orientale : il est accessible aux plus gros navires, sauf dans l'extrême fond où se déposent les alluvions. Sa profondeur va jusqu'à 160 et même 180 mètres.

La côte nord du Barclay est bordée par des collines boisées de 300 à 1 000 mètres, qu'entaillent de nombreuses gorges tombant vers le sud. Toutes les formes d'embouchure s'y succèdent de l'intérieur à l'extérieur, séparées par les rides boisées du rivage ; havre Uchucklesit qu'une décharge de 200 mètres de long où l'eau salée pénètre par marée d'équinoxe unit à la saumâtre lagune Anderson ; fiords profonds comme Torquat dont on voulut faire un port de guerre, comme Effingham fréquenté par les Indiens ; lacs fermés comme Maggie qu'un barrage naturel sépare de la mer. Entre le fiord d'Effingham et le ravin de Maggie, la muraille boisée s'élève à 900 mètres ; entre la source de la Crique magnétique (p. 17), qui

---

1. Bulletin of the Geological Institute, Upsala, 1899, pp. 157-225, O. NORDENSKJOELD, Topographisch geologische Studien in Fjordgebieten : étudie les fiords d'Alaska, pp. 195-206 ; carte du Lynn Canal, p. 196.

2. An. Rep. Victoria Board of Trade, 1905, p. 48.

descend vers le sud à Maggie, et celles des ruisseaux qui s'écoulent au nord vers le lac Kennedy, dépendance de la rade Clayoquot, les prospecteurs n'ont pas trouvé passage à moins de 450 mètres.

Au nord de Barclay, court sur 35 kilomètres une étroite plage dangereuse[1] où la Wreck Bay doit son nom à un naufrage.

Ensuite se présentent les passes obliques de la rade de Clayoquot, toute différente des autres. Elle s'ouvre au nord-ouest, dans le sens du courant : son entrée est masquée par trois îles boisées que séparent des chenaux sinueux; elle a relativement peu d'eau et présente un fond de gravier et de sables avec de nombreux bancs et écueils. Son aspect est celui d'un fossé parallèle à la direction générale des montagnes, tortueux, prolongé par des lagunes basses; de nombreuses vallées transversales orientées dans le sens habituel des fiords débouchent sur son bord interne.

Plus au nord, le havre de Hesquiot s'abrite derrière un promontoire rocheux que Cook appela Pointe des récifs et que l'on nomme aujourd'hui Cap Estevan. La Pointe des blocs, le Trou dans la muraille indiqués par les cartes marines ne sont que les deux plus marquants des accidents naturels nombreux en ces parages. Au fond du havre de Hesquiot, la petite lagune du même nom communique avec l'Océan par un coureau que le jusant réduit à 3 mètres de largeur; plus haut dans la vallée s'allonge un chapelet de lacs[2].

A partir d'ici, la côte qui, depuis Barclay, était bordée par une barrière de récifs et d'îlots, dessinant à peu près l'isobathe de 60 mètres et formant une sorte de Skiœrgaard, plonge plus profondément dans l'Océan, bancs et îles disparaissent. Sur ce rivage accore s'ouvre la large baie de Nootka, la plus aisée d'accès, la première fréquentée par les navigateurs européens (gravure p. 138, pl. V, 1) : elle projette dans les terres un trident de bras divergents qui mesurent 11, 22 et 29 kilomètres : celui du nord-ouest, chenal étroit et long, sépare de Vancouver la grosse île de Nootka, et unit la baie de Nootka à l'Entrée d'Esperanza.

Les découpures continuent, séparées par de petites plages, sortes de Baies des Trépassés où les remous poussent les épaves; quand un navire se perd au large, c'est dans ces parages que le vapeur du gouvernement vient en chercher les débris[3].

Après les indentations de la baie de Kyuquot, le môle carré du

. 1. *Geol. Surv. of Ca. Summary Rep.*, *1902*, A, p. 79.
2. *B. C. Pilot*, 1905, pp. 324-339, 347, 351. — *An. Rep. Mines B. C. for 1902*, pp. 209, 210, 212.
3. *Yearbook of B. C.*, 1903, p. 19. — *B. C., Pilot*, 1905, pp. 354-360.

cap Cook s'avance de 20 kilomètres au milieu des flots, rompant le feston de fiords commencé au cap Beale.

Puis un système de profondes coupures comparable au Canal d'Alberni détache presque du reste la pointe septentrionale de l'île. C'est la rade de Quatsino. Profond de 60 à 160 mètres, accessible aux gros navires, le fiord étend un de ses bras, celui de Rupert, à 40 kilomètres de son entrée, à 12 seulement de la côte nord-est où se trouve l'ancien fort Rupert qu'un portage joignait au fond de Quatsino. Un autre bras s'insinue entre les hauteurs du sud, parallèlement à une dépression occupée par des lacs que la Crique du marbre déverse dans Rupert. Un troisième enfin, le plus long, s'allonge sur près de 50 kilomètres parmi les plaines marécageuses de la rive nord, où s'abattent pendant la saison des nuées d'oiseaux aquatiques.

La pointe nord-ouest de Vancouver est marquée par le cap Scott, dans une île voisine de la côte; un chenal de 5 à 6 kilomètres, fréquenté au temps du passage par les pêcheurs de flétan et de morue, sépare le cap Scott d'une longue chaussée qui prolonge l'île vers le nord-ouest jusqu'à 60 kilomètres au large; on y trouve deux îles et une infinité d'îlots et de rochers, nus, hérissés d'aiguilles; le dernier, Triangle Island, est une pointe de pierre qui domine les flots de 300 mètres environ [1].

A l'est, un socle sous-marin, pendant de celui du sud, est couvert par les eaux de l'Entrée de la Reine-Charlotte qui sépare du continent la partie septentrionale de Vancouver. Là commencent à paraître des îles formées partie de schistes et calcaires vancouvériens, partie d'éruptions granitiques, qui accompagnent les deux côtes, insulaire et continentale, jusqu'à Lasqueti et Texada [2], au milieu du détroit de Géorgie. La mer est moins profonde, plus calme que sur la côte du large; le littoral ne présente comme découpures que de petites anses arrondies (coves); le meilleur mouillage est à la baie de l'Alerte sur la face abritée de l'îlot du Cormoran.

Au fond de l'Entrée de la Reine-Charlotte commence le long détroit de Johnstone; pendant une vingtaine de kilomètres, la côte insulaire et celle du continent se font face, toutes deux rocheuses et boisées.

Plus découpée, la côte continentale ne tarde pas à se fragmenter en îlots. Au détroit de Johnstone succède la passe plus étroite qui porte le nom du premier navire qui la reconnut, la *Discovery*, montée par

1. *B. C. Pilot*, 1905, pp. 381-382, et *B. C. Crown Lands Surveys*, 1901, pp. 22-25.
2. *B. C. Pilot*, 1905, pp. 213-214.

Vancouver. La passe de la Discovery se prolonge pendant 38 kilomètres; sur plus de 2 kilomètres, au goulet de Seymour, entre l'île
Valdes et l'île Vancouver, sa largeur se réduit à 800 mètres. De
l'autre côté, entre Valdes et le continent, s'insinue le Goulet noir
(*Black Narrows*); en tout, d'une terre à l'autre, le passage n'est
coupé que par quelques « étroits » dont aucun ne dépasse 1 kilomètre
de large. Rêvant de compléter l'œuvre de la nature au profit de leur
ville, les habitants de Victoria ont demandé plusieurs fois qu'on
jetât des tabliers sur les chenaux pour unir par rail la capitale au
reste de la Province[1].

Dans ces défilés, les courants de marée accusent une vitesse de
6 à 12 nœuds par heure au flot, de 5 à 8 au jusant, et la mer ne
reste étale que pendant 10 minutes.

A la sortie méridionale de la passe, les deux côtes s'écartent et
prennent chacune un aspect différent.

Entre les montagnes de l'île Vancouver et la mer s'intercale un
long et étroit ruban de terrains crétacés qui s'abaisse lentement sur
une mer basse et se prolonge par des bancs et des îles parallèles au
littoral jusqu'à Salt Spring ou Admiral Island et au nord de la
péninsule Saanich tout près de Victoria. Ces îles sont les sommets
de hauteurs à demi émergées : Salt Spring a des collines qui
dépassent 700 mètres.

Déchirant la bande crétacée, la mer pénètre dans les formations
vancouvériennes entre la presqu'île de Saanich et le reste de l'île par
un bras qui s'allonge vers le sud comme pour aller à la rencontre
de la rade de Victoria.

De Nanaimo au bras de Saanich, l'aspect de la côte vancouvérienne diffère beaucoup suivant l'heure à laquelle on l'aperçoit : à
marée haute, la rade de Nanaimo paraît une immense nappe d'eau;
à marée basse il n'y reste qu'un chenal, d'ailleurs fort praticable,
entre des bancs qui prolongent les îles. Il en va de même pour les
havres de la côte et de Salt Spring Island et pour le bras de Saanich
où la mer découvre beaucoup[2].

Ce littoral bas est comme l'antithèse de la côte granitique et
découpée qu'offre l'autre face du détroit de Géorgie entre la passe de
la Discovery et l'Entrée de Burrard; mais il trouve son pendant plus
au sud dans la plaine côtière du bas Fraser et du Washington
septentrional.

---

1. *An. Rep. Victoria Board of Trade*, 1905, p. 48. — *B. C. Pilot*, 1905, pp. 242-244,
247, 251-255. — *Harriman Alaska Expedition* (n. de la p. 29), t. III (GILBERT) pp. 142-147.
2. *B. C. Pilot*, 1905, pp. 110, 121, 185, 189.

Vancouvérienne et continentale, les deux plaines littorales sont réunies par une écharpe d'îles sédimentaires qui se prolongent jusqu'à la côte américaine et qui séparent le détroit de Géorgie du détroit de Fuca. Ces îles appartiennent aux États-Unis, la frontière passant contre l'île Vancouver par le détroit de Louis de Haro.

Une véritable mer intérieure s'étend à l'abri de la grande île sur plus de 100 kilomètres du nord au sud. C'est le détroit de Géorgie qui communique avec le monde extérieur par le détroit de Louis de Haro entre l'archipel San Juan et l'île Vancouver, puis par le détroit de Juan de Fuca large de 16 à 20 kilomètres entre la même île et la presqu'île du mont Olympe dans l'État de Washington.

Le profil de ces deux passages forme une sorte de vallée avec une dépression centrale dont la profondeur augmente à mesure qu'on s'éloigne vers le large; elle atteint une centaine de mètres par le travers de Victoria, puis elle continue à s'abaisser jusqu'à près de 200 avec le plateau continental qui se poursuit pendant une cinquantaine de kilomètres après la sortie du détroit. Dans cette région de côtes rocheuses souvent cachées par les brumes, c'est un avantage qu'on puisse, à une telle distance, reconnaître en sondant l'approche de la terre, chercher et suivre le chenal central en se fiant aux indications du plomb [1].

Gênants pour les voiliers, les courants n'imposent guère aux vapeurs que l'obligation de surveiller leur route et les dangers n'équivalent pas à ceux qu'on court dans les étroites passes du nord. Au large, le courant de Californie, dérivé du tiède Kouro-Chivo japonais, longe la côte occidentale de Vancouver, se dirigeant au sud-est; sur le rivage opposé naissent des courants locaux. Au flot, la marée se précipite du large dans la mer intérieure; au jusant, deux mouvements se font sentir, partant de deux « poumons marins », la baie de Howe au nord, l'Entrée de Puget au sud, et donnent comme résultante un courant nord-ouest qui suit la côte occidentale de Vancouver en sens inverse du courant permanent de Californie [2].

Vers le sud-est, l'île Vancouver se termine par une pointe de terrains primaires et triasiques accidentés, mais peu élevés. Sur le détroit de Juan de Fuca, la côte, abritée par la haute presqu'île du cap Flattery (gravure p. 290, pl. XIII), est infiniment moins découpée que plus au nord. Les dentelures y sont simplement indiquées par des lagunes, de petits estuaires dont le principal est celui de San Juan,

1. B. C. Pilot, 1905, pp. 26-27, 86-91. — An. Rep. Victoria Board of Trade, 1905, p. 48.
2. Yearbook of B. C., 1903, p. 218. — B. C. Pilot, 1905, pp. 10-12.

des baies marécageuses où la mer découvre beaucoup, toutes régions de passage pour les oiseaux aquatiques. La pointe sud est marquée par Race Rock, masse hornblendique vert sombre.

A l'est de Race Rock, toute la région côtière garde les traces du grand flot glaciaire qui couvrit jadis les détroits et leurs bords : arrondies, les hauteurs boisées qui moutonnent jusqu'aux estuaires rocheux capricieusement découpés évoquent dans les imaginations anglaises le souvenir du Devonshire avec les collines de la forêt de Dartmoor et les *mouths* de la côte [1].

Entre les détroits de Fuca et de Haro s'ouvre, bien à l'abri, le groupe d'échancrures profondes où l'on a installé le port de commerce de Victoria et le port militaire d'Esquimalt. Ce ne sont plus des points de départ depuis que le port de Vancouver et ceux de l'Entrée de Puget ont été fondés, mais d'importantes escales sur une grande route. Toutes les lignes maritimes en effet, sauf celle de l'Alaska, sillonnent Juan de Fuca, et on peut affirmer que, par la grâce de la nature, le détroit ou, pour mieux dire, la mer intérieure de Géorgie, devait être le centre de la vie colombienne.

L'archipel de la Reine Charlotte.

L'archipel de la Reine Charlotte présente la forme d'un triangle dont la base, large de 95 kilomètres, serait au nord-ouest, la pointe au sud-est, et qui s'allongerait sur 290 kilomètres [2]. En partant de la pointe on distingue plusieurs îles de taille différente.

Au sud, la petite île Prevost se prolonge par une chaussée d'îlots et de récifs analogue à celle du Cap Scott à la pointe correspondante de l'île Vancouver.

Au centre, la longue île Moresby, montagneuse, très découpée, se réduit en deux endroits à moins de 3 kilomètres et demi, et serait mangée par la mer si elle n'était défendue par une arête de hauteurs; elle est flanquée, surtout à sa face intérieure, de plusieurs îles à peine séparées d'elle et qui sont des morceaux détachés de la masse principale.

La passe Skidegate, qui sépare les deux grandes terres, Moresby et Graham, s'ouvre en forme de baie (*inlet*) du côté du continent, puis se réduit vers l'est à moins de 3 kilomètres. Cet étroit défilé paraît

1. Alexander Begg, *ouvr. cit.*, 1899, p. 431. — *B. C. Pilot*, 1905, pp. 67-70.
2. *Geol. Surv. of Ca. An. Rep.*, *1878-1879*, B (G. M. Dawson), avec carte de l'archipel. — *An. Rep. Mines B. C. for 1902*, pp. 48-58. — *B, C. Crown Lands Surveys*, 1901, pp. 32-46. — *B. C. Pilot*, 1905, pp. 512-541.

être une vallée submergée. Les navires peuvent s'y aventurer avec des précautions. Le chenal offre au moins 20 mètres d'eau [1].

Au nord s'étale l'île Graham, la plus large, la moins découpée. Graham est pourtant fendue vers le centre de sa côte septentrionale par l'étroit canal maritime de Masset qui pénètre à plus de 30 kilomètres, puis, dans le milieu de l'île, s'épanouit en une lagune salée très large où se déversent des lacs, des marais, des rivières.

A l'angle nord-ouest de Graham, la petite île Nord marque la suite du soulèvement dans la direction de l'archipel alaskien, propriété des États-Unis.

L'étude géologique de la Reine Charlotte montre que les bords des terrains différents ne correspondent pas à la coupure de Skidegate, accident et non pas limite naturelle.

Au sud de l'archipel se continuent les schistes et les roches métamorphisées de l'île Vancouver, toujours traversés par des pointements éruptifs anciens; ils franchissent le chenal Skidegate à l'ouest et se terminent dans l'angle sud-ouest de l'île Graham.

Vers le centre de l'archipel apparaît une bande crétacée qui présente des étages plus anciens qu'à Vancouver, mais qui s'allonge dans le même sens que les fragments du crétacé vancouvérien. Elle commence à l'est dans l'île Louise, la plus septentrionale des satellites de Moresby, puis remplit l'angle nord-est de Moresby, franchit Skidegate et se termine à l'anse de Rennell sur la côte occidentale de Graham.

Elle présente des lits de charbon dont l'épaisseur varie de 0 m. 50 à 1 m. 50; par endroits, le combustible est de l'anthracite. Au même étage appartient une argile avec traces d'oxyde de fer [2]. Pénétrés par des dykes éruptifs, les sédiments crétacés carbonifères apparaissent en fragments et leurs morceaux se redressent parfois verticalement.

Au nord de l'anse de Rennell, le reste, c'est-à-dire les 4/5 de l'île Graham, est couvert de terrains plus récents qui n'ont point leur analogue en l'île Vancouver, mais qui ressemblent à ceux du plateau intérieur colombien. Dans cette partie qui fait la masse large de l'île,

---

1. *B. C. Pilot*, 1905, p. 539.
2. Le rapport, plus haut indiqué, de G. M. DAWSON, 1878-1879, contient, p. 87, un croquis des dépôts houillers du Long Arm e Skidegate. — *The An. Rep. Mines B. C. for 1902* contient, p. 48, un croquis de toute la région houillère au nord de la passe Skidegate et, pp. 54-58, un rapport de T. R. MARSHALL sur les gisements de charbon et de fer de l'île Graham. Le Dép. des mines de la Province annonce pour 1906 une étude détaillée sur Graham avec carte géologique d'après la mission de R. W. ELLS, dont un résumé a paru, pp. 53-55 de *Geol. Surv. of Ca. Summary Rep.*, 1905. La *Geolog. Map of Graham Island*, au 1 : 63,360 et la carte *Graham I. Coal Field* au 1 : 253 440 qui doivent accompagner le rapp. fédéral (*An. Rep. 1904*, B) sont déjà publiées.

G. M. Dawson a cru pouvoir établir deux grandes divisions approximativement séparées par la curieuse coupure maritime du Canal et de la lagune Masset.

A l'ouest de Masset, la surface présenterait des tables de roches éruptives modernes, probablement miocènes.

A l'est de Masset, s'étaleraient des sédiments miocènes formant la partie la plus récente peut-être, si l'on excepte les dépôts glaciaires, en tout cas la moins tourmentée de l'archipel. On y trouve des lignites.

L'archipel paraît être en grande partie recouvert de dépôts glaciaires.

Dans le relief, le trait principal est la présence d'une dorsale de hauteurs orientées comme celle de Vancouver; elle occupe tout le sud et le centre de l'archipel, c'est-à-dire la partie de Moresby formée de roches anciennes, région à la fois la plus élevée et la plus mince de l'île. Vers le centre de la longue Moresby se trouve le point culminant qui garde le nom espagnol de Mont San Cristoval : sa hauteur, évaluée à 1 500 mètres par Dawson en 1877, se réduirait à 1 200 ou 1 300 d'après la dernière carte publiée par le service géographique fédéral. A 50 kilomètres dans le nord, la montagne de la Tête Rouge (*Red Top Mountain*) aurait de 900 à 1 000 mètres. Elle doit son nom à une masse de rochers nus émergeant de la forêt, aspect ordinaire que présentent, vus du large, les hauts sommets de ces îles.

A la terminaison nord des terrains anciens, l'archipel s'élargit et, dans Graham, les hauteurs ne se présentent plus en haute chaîne allongée.

Néanmoins le massif maritime qui commence à l'île Vancouver ne se termine pas avec les terres canadiennes, dans l'archipel de la Reine-Charlotte. Il se continue sur plus de 500 kilomètres au nord par les îles américaines de l'Alaska [1].

A la plus septentrionale de ces îles fait suite un énorme soulè-

---

1. Sur l'Alaska, dont l'étude a été poussée très loin par les Américains, voir : 1° Harriman Alaska Expedition with cooperation of Washington Academy of Sciences. *Alaska*, New-York, 3 v. in-8°, avec cartes et très nombreuses gravures. I *Narrative, Glaciers, Natives* by J. Burrows, J. Muir a. G. B. Grinnell, 1901. II *History, Geography, Resources*, by W. H. Dall, Chas. Keeler, K. Gannett, W. H. Brewer, C. H. Merriam, G. B. Grinnell a. M. L. Washburn, 1901. III *Glaciers and Glaciation*, by G. K. Gilbert, 1904 (le vol. le plus méthodique). — 2° *U. S. Geol. Survey. Prof. Papers* n° 45. Alfred H. Brooks, *The Geography and Geology of Alaska, with a section on climate by* Cleveland Abbe *and a Topographic Map and description thereof, by* R. U. Goode, Washington, 1906, in-8°, avec photogr., cartes et cartons, dont une carte topogr. h. t. de Barnard au 1 : 2, 500 000, avec courbes de n. à 300 m. d'intervalle, cartes des axes de relief, pl. VII, p. 98, des forêts et glaciers, pl. XII,

vement qui se soude au continent, séparant de l'Océan la chaîne jusque-là côtière que je décris dans le chapitre suivant.

La frontière du Canada quitte alors la Chaîne côtière de manière à laisser aux Américains le Canal ou fiord de Lynn qui sépare la *Coast Range* des massifs maritimes; elle rejoint ceux-ci au mont *Fairweather*, haut de 4 600 mètres : dès lors, elle suit la crête dans la direction nord-ouest jusqu'au mont Saint-Élie (5 495 m.). Naguère on considérait le Saint-Élie comme le plus haut sommet des États-Unis et du Canada. Or on a mesuré à l'est de ce massif une montagne qui compte 5 945 mètres et à laquelle on a donné le nom de Logan, créateur de la géologie canadienne. Elle se trouve sur le Territoire du Yukon, appartenant à la Puissance.

La limite entre Colombie et Yukon quitte la crête maritime à la hauteur de la baie de Yakutat, au sud du Saint-Élie, pour suivre le 60° parallèle dans la direction de l'est.

Tout le versant canadien de cette région est une solitude de montagnes, de neiges, de glaciers, de torrents et de forêts, chaos ignoré des Indiens eux-mêmes. La frontière n'y a pas encore été tracée et le pays réserve aux alpinistes et aux géographes de nouvelles découvertes.

p. 38, geolog. pl. XX, p. 202 (esquisse Colombie et Alaska), pl. XXI (Alaska), pl. XXII, p. 204 (geol. glaciaire), (analysé dans Petermanns Mittheilungen, janvier 1907, sous le titre : A. Rühl, *Ueberblick über die geographischen und geologischen Verhältnisse Alaskas*, avec carte d'après les précédents). *U. S. Geol. Surv. Bulletins* : n° 284. *Rep. on Progress of Investigations of Mineral Resources of Alaska in 1905*, by Alfred H. Brooks a. others; n° 314, id., in *1906*; n° 287. *The Juneau Gold Belt, Alaska*, by Arthur C. Spencer and Charles Will Wright, avec deux cartes h. t. au 1 : 250 000, l'une topogr., l'autre géol., montrant la zone minérale au contact des sédiments métamorphisés et des diorites.

CHAPITRE II

LA CHAINE CÔTIÈRE

Le bas Fraser.

En vertu de la convention de 1846 (p. 146) et des arrangements conclus de 1859 à 1861, la frontière de terre entre les États-Unis et la Colombie britannique suit exactement le 49° parallèle et ne s'en écarte jamais pour s'identifier à une séparation naturèlle.

Elle laisse donc au Canada le delta du Fraser moins la pointe Roberts qui se trouve au sud du 49° parallèle; puis, entre delta et montagnes, elle coupe arbitrairement une zone littorale de terres basses qui commence dans le Washington, vers le fond de l'Entrée de Puget, court au pied des montagnes et s'arrête brusquement en Colombie, formant la plus petite en dimension des régions naturelles, mais aussi la plus favorable à la colonisation.

De la plaine littorale, la section colombienne est la moindre partie et de beaucoup, car on pourrait l'inscrire dans un quadrilatère dont les côtés mesureraient environ 100 kilomètres de l'ouest à l'est, 35 seulement du sud au nord. Le côté méridional serait le 49° parallèle de la mer à la montagne; quant aux côtés oriental et septentrional, ce seraient les deux murailles de la Chaîne côtière, sorte de rentrant à angle droit où la plaine s'enfonce comme un coin.

Le bas pays a un fond de sédiments tertiaires, suite de ceux qu'on rencontre sur la côte du Washington : ils consistent surtout en schistes argileux et grès tendres et conglomérats. Dans le ruban littoral, ils paraissent avoir subi peu de mouvements depuis leur formation; à peine quelques pointements de laves accidentent-ils légèrement le site où s'élève Vancouver. A l'époque pléistocène, toute la plaine a été recouverte par des nappes et coulées d'argile et de galets glaciaires [1].

Enfin le Fraser, fleuve charrieur, et ses affluents qui dévalent de hautes montagnes, continuent à faire un double travail : ils creusent et élargissent leurs vallées, couvrant la zone d'inondation par des apports de cailloux roulés et d'alluvions modernes, ils agrandissent le delta qui prolonge la plaine.

Le delta du Fraser commence à 20 kilomètres de la mer; il est formé d'îles basses et boisées comprises entre deux branches principales dont l'écartement aux bouches est d'environ 20 kilomètres; mais l'éventail de dépôts s'étale sur plus de 35 kilomètres de la pointe Gray au nord à la pointe Roberts au sud. Chassés par le courant de jusant venu de la rade de Howe au nord, ensuite par le courant de flot qui arrive du sud par le détroit de Rosario, une partie des boues refluent dans la large Baie frontière (*Boundary Bay*) où débouchent de petits estuaires côtiers dont l'un a reçu le nom caractéristique de Baie vaseuse (*Mud Bay*). Les bouches du Fraser sont barrées par des bancs que la marée seule permet de franchir. Tout le front de mer et la Boundary Bay présentent une zone d'alluvions qui découvre largement à marée basse, interposant une bande jaune entre la forêt de terre ferme et les flots du détroit de Géorgie; des balises marquent les passes, si peu distinctes dans les boues et avec l'arrière-plan de sapins que Vancouver ne sut pas les reconnaître dans son voyage entre la grande île et la côte ferme [2].

Sur le bord intérieur de la plaine, une zone de transition flanque le pied de la muraille granitique; elle comprend des affleurements de couches sédimentaires d'abord crétacées, puis de plus en plus anciennes à mesure qu'on s'approche de la montagne; ces terrains sont découpés et tourmentés.

Entre la frontière et le cours du Fraser, la vallée de l'affluent Chilliwack traverse d'est en ouest tous les étages, du granit au laramien, toutes les formes de relief, des hauts sommets à la plaine. La haute Chilliwack avec les torrents qui lui viennent du sud perpendiculairement à son cours est une région de gorges boisées se terminant à l'amont par des cirques nus que dominent des neiges et des glaciers. Crête et sources se trouvent au sud du 49° parallèle; malgré la nature, les traités les donnent aux États-Unis, mais la

---

1. *Geol. Surv. of Ca. Summary Rep.*, *1906*, p. 31.
2. *B. C. Pilot*, 1905, pp. 168-172 (gravure p. 204, pl. VIII, 1; mer à la sortie du delta).

frontière n'a pu être tracée qu'en 1901 par une tranchée dans les bois, jalonnée de poteaux en fonte [1].

Seule la série de fractures où le Fraser a taillé ses canyons perce de part en part les crêtes granitiques et donne un passage continu encore que malaisé entre le bas pays côtier et les plateaux intérieurs.

Parallèle à la montagne, la zone de transition se poursuit au nord du Fraser et vient mourir en pointe dans une fente qui sépare un moment la muraille granitique sud-nord de la muraille granitique est-ouest; au creux de cette ouverture, s'allonge le lac Harrison qui se déverse au sud dans le Fraser, qui reçoit au nord les eaux du lac Lilloet, voie de pénétration parallèle à celle du canyon, mais qu'un seuil de partage coupe au nord du Lilloet. Cette route naturelle, remplie de dépôts glaciaires, paraît analogue à la vallée du lac et de la rivière Chelan creusée en Washington sur le versant intérieur de la chaîne des Cascades [2].

De la sortie du lac Harrison à la mer, plus de zone de transition. La plaine bute contre le pied d'une muraille granitique qui suit à faible distance la rive nord du Fraser, puis la côte nord de l'Entrée de Burrard, baie où le port de Vancouver a été construit. Une série de dépressions allongées parallèlement vers le sud-ouest échancre et ravine la masse de granit; quatre d'entre elles sont remplies par de petits lacs qui concentrent les eaux des montagnes et qui s'écoulent dans le Fraser; une cinquième, la plus occidentale, envahie par la mer, forme le bras nord de l'Entrée de Burrard, transition entre les vallées lacustres de l'intérieur et les fiords qui découpent la côte à partir de ce point jusqu'à la frontière septentrionale. Dès lors plus de delta, plus de plaine interposée entre la montagne et la mer.

Du port de Vancouver, le contraste entre les deux rivages de l'Entrée de Burrard apparaît saisissant [3]; au sud, dans la direction de New Westminster, la plaine avec des croupes qui s'indiquent sous les débris de la forêt, la brousse ou les cultures; au nord, des crêtes et des pics rocheux voilés par la brume ou couverts de neige, émergeant de la forêt de sapins qui couvre leurs pentes jusqu'à la mer.

---

1. *An. Rep. Mines B. C. for 1904*, p. 266.
2. *U. S. Geol. Surv. Professional Paper*, n° 19, 1903, B. WILLIS, *Physiography... of the Chelan District*, p. 48, pl. VIII, pp. 62 et 64, pl. XIII et XIV.
3. *B. C. Pilot*, 1905, pp. 208, 218, 237.

La bande côtière de granit.

Le ruban de bas pays littoral est séparé des plateaux intérieurs, en Washington, par la chaîne des Cascades, en Colombie britannique par la Chaîne côtière (*Coast Range*).

La chaîne des Cascades est formée de terrains anciens que recouvrent des coulées volcaniques modernes; des cônes d'éruption la dominent, échancrés par des cratères bien conservés. Elle est caractérisée par sa direction sud-nord, ses sommets bien alignés et remarquablement égaux en hauteur [1].

Au nord-ouest de cette chaîne, un peu en dehors de son axe, se dresse, toujours en territoire américain, la pyramide volcanique du mont Baker (3 300 m.). Couverte de forêts, couronnée de neiges et de glaciers, elle s'avance en promontoire sur la plaine côtière, visible de presque tous les points du bas Fraser. Les fleuves qui reçoivent les eaux du mont Baker s'écoulent dans l'Entrée de Puget, séparés de la rivière Chilliwack par une crête élevée dont l'étude reste à faire.

A l'est du mont Baker, la chaîne des Cascades paraît se terminer dans le voisinage de la frontière et en territoire canadien par une sorte d'étoile d'où l'on voit les torrents descendre dans toutes les directions [2].

La Chaîne côtière se distingue nettement de la chaîne des Cascades par deux caractères : l'absence d'éruptions modernes et de cratères; la direction du sud-est au nord-ouest, parallèle à celle du massif des îles, direction qui fait un angle marqué avec celle des chaînes américaines.

Au sud-est des canyons du Fraser, la Chaîne côtière canadienne commence sous la forme d'un éperon granitique large de 40 kilomètres environ qui s'élève immédiatement vers le nord-ouest en s'élargissant.

D'amont en aval, les canyons du Fraser s'entaillent dans une sorte d'écharde granitique, avant-mont de la Chaîne côtière sur le plateau, puis dans une bande sédimentaire, enfin dans la masse granitique principale entre North Bend et la plaine; ils paraissent dus à une série d'accidents qui ne se sont pas produits à la limite de terrains ou de soulèvements différents.

A l'ouest des canyons et de la fente du lac Harrison (p. 32), la

---

1. *U. S. Geol. Surv. Professional Paper*, n° 19 : Smith a. Wills, *Contribution to the Geology of Washington*, 1903, planches des pp. 50 et 54.
2. *Geol. Surv. of Ca. Summary Rep.*, 1905, p. 48.

bande de granit côtier devient homogène; elle s'élargit tout d'un coup jusqu'à la mer, et, dès lors, mérite son nom de Chaîne côtière jusqu'au Canal de Lynn.

Du sud-est au nord-ouest, sa longueur est d'environ 1 400 kilomètres; de la mer au plateau sa largeur atteint 150 kilomètres en moyenne et dépasse 200 par endroits [1]. Elle semble formée en très grande partie d'une roche cristalline granitoïde à teinte grise, que G. M. Dawson a nommé le granit côtier. Cette région, dit Dawson, « bien que composée surtout de roches granitiques, renferme des zones de couches métamorphisées, les unes sédimentaires, les autres éruptives, dont la plupart semblent devoir être attribuées à l'époque paléozoïque, mais dont très peu ont été exactement déterminées. On n'a pas encore découvert dans cette bande des roches qu'on puisse sûrement appeler archéennes, et son origine est probablement beaucoup plus récente que celle des roches cristallines de l'intérieur [2] ». On estime que le granit côtier date de la fin de la période secondaire [3].

Des schistes et des calcaires métamorphisés analogues à ceux de Vancouver ont été reconnus sur la face maritime de la Chaîne côtière, mais loin vers le nord, en affleurements sur quelques points du Canal de Gardner, puis en lambeaux plus considérables au nord de l'estuaire du fleuve Skeena : là ils forment plusieurs îlots et la masse de la grande péninsule Tsimshian que de profondes découpures détachent presque entièrement du granit côtier.

Dans les îles côtières de la Princesse Royale, de Gribbell et de Pitt qui s'allongent entre 52°30' et 54°, on a découvert, en plusieurs gîtes, des affleurements métalliques comparables à ceux de l'île Texada et de la zone minérale sise au nord du détroit de Géorgie (p. 18). Ce sont à Pitt de la magnétite, dans les deux autres îles des minerais complexes de cuivre avec traces d'or et d'argent. Les filons se rencontrent au contact d'une roche sédimentaire ou métamorphisée, et d'une roche éruptive; la seconde est, comme à Vancouver, la diorite ou la diabase, parfois, mais plus rarement, le granit; la première est la roche que les prospecteurs appellent gneiss; elle joue dans les îles du nord le même rôle que le calcaire cristallin caractéristique de la zone métallique reconnue au nord du détroit de Géorgie [4].

1. *Geol. Surv. of Ca. An. Rep.*, *1887-1888*, B, p. 24 (G. M. Dawson). — *Handbook of Ca.*, 1897, pp. 38, 40 (*id.*).
2. *Geol. Surv. of Ca. Geol. Map*, 1901, *Western Sheet* (notice marginale).
3. *Id. Summary Rep.*, *1906*, p. 48.
4. *An. Rep. Mines*, *B. C.*, *1902*, p. 52, *1905*, pp. 82, 85. — Carte Spencer-Wright (p. 29, n.).

Sur la face intérieure de la Chaîne côtière, une bande de terrains anciens avec gisements de quartz aurifère et de minerais flanque le granit depuis la frontière, sauf une courte interruption vers le milieu des canyons du Fraser (p. 33), jusqu'à la hauteur du 52° parallèle.

Une autre bande analogue apparaît plus au nord vers 56°30′ et, s'élargissant, accompagne le granit jusque dans le Territoire du Yukon, coupée et parfois cachée par des masses éruptives de tout âge et de toute grandeur. C'est une zone minérale qui paraît riche, autant qu'on peut en juger d'après les explorations actuelles. Les gisements au contact du calcaire métamorphisé et des roches vertes, diorites en diabases, y ont été observés, notamment au débouché de la passe du Cheval-Blanc, dans l'extrême nord-ouest de la Province [1].

Le relief de la Chaîne côtière n'est guère connu que par des itinéraires transversaux et par les données souvent insuffisantes des prospecteurs [2].

On sait que les sommets côtiers approchent de 2 000 mètres dès la rive nord de l'Entrée de Burrard, et que cette altitude est dépassée en plusieurs points des massifs qui s'étendent entre Burrard et l'Entrée de Knight à la sortie du détroit de Johnstone. Le point culminant connu jusqu'à présent atteint 2 576 mètres vers le fond de l'Entrée de Jervis. Sur toute la longueur, des pics se dressent à 1 800 ou 2 000 mètres.

L'altitude moyenne dépasse certainement 1 000 mètres. Les crêtes s'allongent suivant une ligne sinueuse qui passe en général par le fond des fiords, à une distance de la pleine mer qui varie entre 80 et 130 kilomètres.

Peu de contrastes se présentent aussi frappants que celui des deux pentes, celle de l'Océan plus longue, avec des forêts aussi denses que celles des îles, des champs de neige et de glace dont les torrents s'échappent en cascades à travers le fourré ; celle du plateau moins haute, mais plus brusque, accusant, dans son aridité, la différence de ses roches avec les formations qui butent contre elles et présentant, malgré l'élévation du socle intérieur, l'aspect d'une chaîne difficile à franchir.

Pour descendre du plateau vers le rivage on ne trouve, comme passages continus, que les rares couloirs ou canyons par où se précipitent à la mer les fleuves les plus puissants, le Fraser, le Skeena,

1. *An. Rep. Mines B. C. for 1905*, p. 85.

2. La plupart des itinéraires de fonctionnaires se trouvent dans le volume *Brit. Columbia Crown Lands Surveys*, imprimé en 1901 par la Province et dans divers *Annual Reports of the Minister of Mines, B. C.* (Bibliogr. n°⁵ 5 et 21). Les altitudes dans le répertoire de M. WHITE (n° XVII de la Bibliogr.) et sur la carte n° XIII de la Bibliogr.

le Nass en Colombie, le Stikine dont les bouches appartiennent à l'Alaska; les eaux s'y jettent en rapides infranchissables, les parois se rapprochent à tel point qu'il est difficile d'y frayer une route.

On doit noter que les canyons et les fiords forment deux systèmes de fractures différents qui ne se correspondent point. Les fleuves ne se jettent pas dans les fiords ou du moins pas au fond des fiords; ils suivent d'autres cassures qui paraissent avoir existé au moins dès l'époque pliocène et peut-être auparavant [1].

Les fiords s'arrêtent au pied de l'arête principale. Quand on les remonte de l'Océan, on voit à droite et à gauche les hauteurs s'élever en gradins échelonnés que couvrent les forêts. Au fond seulement se dressent de hautes cimes avec des escarpements de rochers nus accompagnés de cônes de débris et d'éboulements. En ce qui concerne les découpures, les profondeurs [2], les deltas, toutes les descriptions données pour la côte ouest de l'île Vancouver s'appliquent ici, avec cette variante que les « Entrées » de la grande côte s'avancent plus loin dans les terres.

Au nord de l'Entrée de Burrard qui s'intercale à la limite de deux terrains et de deux reliefs, les fiords du détroit de Géorgie, taillés en plein granit côtier, s'ouvrent en général vers le sud-ouest. Bute Inlet, large en moyenne de 3 kilomètres, long d'au moins 70, a son fond dominé par des hauteurs de 1 800 à 2 000 mètres, mais il s'ouvre au sud sur la chaussée d'îles qui semble préparer l'union de Vancouver au continent; au nord, il avoisine le lac Chilco d'où sort une rivière qui va rejoindre le Fraser sur le plateau. Double raison qui a fait plusieurs fois envisager Bute comme la voie naturelle d'une ligne transcontinentale aboutissant à la capitale, dans l'île Vancouver : pourtant ce passage sur lequel se fondent tant d'espoirs ne possède pas même un sentier.

L'étranglement qui commence en face de Bute et qui rapproche à quelques kilomètres la partie la plus massive, la plus haute de l'île Vancouver et l'une des sections élevées de la Chaîne côtière, fut, suivant Dawson, un môle interposé entre deux flots de glace coulant de l'intérieur en sens inverse dans chacun des détroits.

Actuellement les fiords s'inclinent nettement à l'ouest dès Knight, le premier qui débouche à la sortie du détroit de Johnstone. Large de 1200 à 2500 mètres, plus étendu que les précédents, il s'enfonce pendant 53 kilomètres dans la direction E.-N.-E., puis

1. *Geol. Surv. of Ca.*, *An. Rep.*, *1879-1880*, B, p. 4 (G. M. Dawson). — *Summ. Rep. 1906*, p. 47.
2. *Pilot of B. C.*, surtout p. 275 (Knight Inlet coupé en deux bassins), p. 497 (Portland Inlet avec au fond « the usual low, woolly, swampy land ».)

se coude vers le nord et se prolonge pendant 42 kilomètres. Taillé dans le même massif élevé que les fiords du détroit de Géorgie, il est dominé à son extrémité de terre par des hauteurs de 2 000 à 2 200 mètres. Sa profondeur, relativement grande, ne paraît jamais inférieure à 45 mètres, sauf en un point où il est barré par une arête sous-marine[1].

Dès que l'abri de l'île Vancouver fait défaut, la côte, assaillie par l'Océan présente des ouvertures plus nombreuses, plus profondes, plus compliquées, subdivisées en bras qui divergent dans tous les sens. Les chenaux parallèles à l'axe général de la chaîne ont été souvent envahis d'un bout à l'autre par les flots et changés en passes qui séparent du continent des îles de toute taille. On peut déjà remarquer cette fragmentation dans le détroit de Johnstone (p. 23), mais, quand on a doublé le cap Caution, elle prend des proportions plus considérables[2].

Au nord de l'Entrée de la Reine-Charlotte, l'Entrée de Rivers communique par un étroit goulet où les Indiens viennent guetter le passage du saumon avec une lagune allongée qui pénètre à plus de 50 kilomètres dans les montagnes; elle est entourée de falaises élevées.

Le Canal de Burke, encore plus long, se subdivise en quatre bras secondaires; au fond du plus oriental débouche la vallée marécageuse des Bella Coola, de laquelle une passe, exceptionnel avantage, permet d'atteindre non sans peine les lacs du plateau intérieur (p. 383).

De Bella Coola au fleuve Skeena, les navires peuvent faire route presque toujours à l'abri de la houle, grâce à une série de couloirs qui se prolongent pendant plus de 300 kilomètres entre les falaises boisées des îles et du continent. Ce sont d'abord les chenaux qui serpentent entre les îles des Indiens Bella-Bella, puis la longue et étroite passe de Tolmie qui s'insinue entre le continent et la grande île Princesse Royale dominée au sud par le Cône (732 mètres), au nord par des mamelons de granit arrondi. Au nord l'île Gribbell, massif de 1 200 mètres, prolonge Princesse Royale et ferme l'entrée du Canal de Gardner[3].

Les rives de Gardner, hautes, abruptes, boisées, s'enfoncent à près de 150 kilomètres dans l'est entre des forêts désertes et meurent au pied d'une crête élevée où apparaissent des glaciers formant peut-être le plus imposant des tableaux de nature vierge qui s'offrent au

1. *B. C. Pilot*, 1905, p. 275.
2. *B. C. Crown Lands Surveys*, 1901, pp. 94, 104.
3. *An. Rep. Mines B. C. for 1905*, p. 85. — *Harriman Alaska Exp.* (v. p. 29), t. III, p. 147.

visiteur des fiords colombiens. A vol d'oiseau, le fond de Gardner est infiniment plus rapproché que Bella Coola des lacs qui parsèment le plateau intérieur, mais si raide est la muraille de 1 800 à 2 134 mètres que nul n'a pu y trouver passage [1].

Un fiord jumeau de Gardner, le chenal de Douglas, qui s'enfonce vers le nord-est, offre au contraire, dans son bras de Kitimat, un passage qui mène au cours moyen du fleuve Skeena; mais la route de mer lui est préférée.

Au sortir de Gardner, les navires prennent la partie septentrionale de la longue série de passes plus haut indiquées : c'est l'étroit chenal Grenville entre la longue île Pitt et le continent où une crête domine la mer de 780 mètres.

On arrive ainsi au débarcadère des bouches du Skeena où la mer découvre largement, et plus loin à ceux de la péninsule Tsimshian et au mouillage abrité et profond de Port Simpson, tous points où les blancs ont suivi les Indiens comme sur la rivière Bella Coola.

A l'extrême nord, le long Canal de Portland est partagé dans le sens de son axe par la frontière entre Alaska et Colombie; sur 32 kilomètres, il est large de 5 kilomètres à peine, sur les 96 kilomètres suivants, de 1 600 mètres. L'Entrée de l'Observatoire, qui s'en détache vers l'Est, a 6 kilomètres et demi de large sur 69 kilomètres. Ces bras sont profonds, l'eau s'y montre peu salée à cause des torrents que versent les névés et glaciers voisins. Les fiords de Portland s'arrêtent devant des barrières de 1 700 à 1 830 mètres; sur la rive nord-ouest, en territoire américain, le Pic Adams dresse à 2 347 mètres son sommet couvert de neige [2].

---

1. *B. C. Crown Lands Surveys*, 1901, p. 49 (POUDRIER). — *An. Rep. of the Vancouver Board of Trade 1904-1905*, p. 68.
2. *B. C. Crown L. S.*, 1901, pp. 110-112. — *B. C. Pilot*, 1905, pp. 497-511.

CHAPITRE III

LES PLATEAUX

Les plateaux intérieurs s'étendent du sud-est au nord-ouest sur une longueur d'environ 800 kilomètres; de la Chaîne côtière aux montagnes de l'est, leur largeur atteint 160 kilomètres à la hauteur de la ligne transcontinentale, plus du double au 52ᵉ parallèle. Dans la région méridionale, comprise entre la frontière et le chemin de fer Canadien Pacifique, les montagnes qui s'avancent à l'ouest des Rocheuses réduisent la largeur du plateau à 120 kilomètres.

Au centre de la Province, vers le 53ᵉ et le 54ᵉ parallèle, le plateau est de nouveau comprimé; de la Chaîne côtière aux Rocheuses, une série de crêtes parallèles s'alignent, serrées comme les plis d'une étoffe par un cordon, et dessinent une grande impasse.

Entre les deux étranglements du sud et du centre s'étale un ensemble de plateaux drainés par le Fraser. C'est la région que je vais décrire.

On y trouve, toujours orientées du sud-est au nord-ouest, des zones minérales analogues à celles du littoral, composées de roches primaires, triasiques, peut-être jurassiques [1], partie métamorphiques, partie éruptives.

Les sédiments crétacés sont nombreux. Ils comprennent des argiles, des schistes argileux sombres, souvent noirâtres, qui ont valu le nom de *Black* à plusieurs accidents du sol, enfin des grès bleus et jaunes; toujours disloqués, déchirés, ils portent la trace des mouvements postérieurs à leur dépôt qui les ont mis en lambeaux.

Jusqu'à présent le crétacé de l'intérieur n'a pas fourni de combustible exploitable.

1. *An. Rep. Mines B. C. for 1905*, p. 196.

Des lignites assez riches et assez épais pour rémunérer l'extraction, ont été reconnus en divers points, principalement sur une ligne Similkameen, Nicola, Kamloops, lac Fraser, sources de la rivière Bulkley, qui coupe le plateau en diagonale du sud-est au nord-ouest. Ces dépôts forment plusieurs lits successifs, assez minces, dans des couches de schistes durs argileux, d'arkose, de grès qui sont, au sud, coupées par des failles et qui paraissent correspondre au tertiaire à lignites fournissant presque tous les gisements de combustible exploités en Washington et Montana [1].

Plus importantes et plus caractéristiques de la région sont les masses de basaltes épanchées par des éruptions contemporaines de celles qui recouvrirent intérieur et montagnes en Oregon et Washington; mais en Colombie cette dernière phase d'activité volcanique se cantonna sur le plateau; d'autre part elles ne s'étendit qu'à la période miocène, tandis que celle des Etats-Unis nord-ouest s'est prolongée jusqu'à notre temps [2].

Les tables volcaniques du fleuve Columbia en Washington et celles de la Province de Colombie forment deux groupes distincts séparés presque entièrement au voisinage de la frontière.

Pourtant une première coulée s'étale dès le nord du Washington au pied oriental de la Chaîne côtière, et va jusque vers 49°30'. Là les nappes se multiplient, les principales paraissant toujours sortir de fractures ouvertes le long de la Chaîne côtière. On en trouve d'ailleurs en taches et masses isolées sur toute la largeur du plateau.

Au nord de la rivière Thompson, les nappes se soudent, s'élargissent considérablement et couvrent tout le centre du plateau sur plus de 700 kilomètres du sud au nord, sur plus de 300 kilomètres de l'ouest à l'est. D'après la carte géologique de 1901, les basaltes s'arrêteraient vers 54°30' de latitude nord; si l'on se réfère aux dernières explorations, ils iraient au contraire jusque sur les montagnes qui séparent les affluents du Stikine; ils s'approcheraient ainsi de la Chaîne côtière plus que la carte ne l'indique [3].

Au nord de 55°, on les retrouve en pointements jusque dans le Yukon. D'autre part, on a vu qu'ils forment toute la partie nord-ouest de l'archipel de la Reine-Charlotte (p. 28).

Les basaltes n'ont pas subi de soulèvements et de plissements

1. *Geol. Surv. of Ca. An. Rep.*, *1894*, B, p. 244 (G. M. DAWSON). — *Geol. Map. of the Coal Basins of... Yale district*, dans *An. Rep.*, *1906*, A. — *An. Rep.*, *Mines B. C. for 1905*, p. 196.
2. *Proc. and Trans. Royal Soc. of Ca.*, *1890*, sect. IV, p. 15 (G. M. DAWSON).
3. *Geol. Surv. of Ca. Geological Map. Western Sheet*, *1901*. — *An. Rep. Mines B. C. for 1905*, p. 107.

comme les roches antérieures : aussi se présentent-ils sous l'aspect de tables généralement élevées formant des plateaux nus qui n'offrent aucun attrait et à qui les richesses minières font défaut. Tout autre est l'aspect des vallées larges et profondes que les eaux ont creusées dans la masse volcanique, élargissant les fissures en couloirs, lavant les parties meubles, taillant les falaises et les cirques qui caractérisent les découpures creusées par les cours d'eau dans le plateau intérieur depuis le moyen Fraser jusqu'au fleuve Skeena [1].

Plusieurs directions principales se reconnaissent dans les vallées : l'une va du sud-est au nord-ouest, dans l'axe des soulèvements; c'est celle que suit le haut Fraser dans la première partie de son coude. Une autre court à peu près du nord au sud dans l'axe des cassures par où s'échappèrent les basaltes. On la reconnaît dans la partie moyenne du Fraser et dans les canyons. Combinées, ces deux directions font les deux longs coudes des vallées Fraser et Columbia.

Dès l'époque pliocène, les grands mouvements du sol prenaient fin, et les cours d'eau commençaient à creuser dans la roche de larges vallées où le lit actuel ne forme parfois qu'un mince ruban [2].

Après cette première sculpture du sol, l'intérieur a été recouvert d'un manteau glaciaire plus continu qu'aucune autre région de Colombie; il pénètre jusque dans les grandes vallées des montagnes occidentales où il conserve les mêmes aspects. A la surface des plateaux, s'étend l'argile à blocaux granuleuse sur laquelle ondulent des restes de moraines en dos de cochon (*hogsback*) qui retiennent les eaux et transforment les cours d'eau en chapelets de lacs réunis par des méandres.

Le phénomène le plus curieux est celui de dépôts créant une mince et basse ligne de partage au milieu d'un ancien fossé ou d'une surface jadis plane (pp. 44-46 et 62).

Les creux, vallées ou anciens bassins lacustres, se recouvrent de limon blanc, répandu sur des surfaces plus larges et en dépôts plus épais que dans toute autre partie de la Province. Dans la vallée supérieure de la Columbia, entre 823 et 671 mètres d'altitude, ces couches présentent une épaisseur de 15 à 30 mètres [3]. Dans la vallée supérieure de la rivière Nicola, près du lac Okanagan, de semblables formations se rencontrent en terrasses jusqu'à 730 mètres d'altitude [4].

---

1. *Bur. of. Prov. Inf. Bull.* n° 9. *The undeveloped Areas of the Great Interior of B. C.*, 1904, p. 30.
2. *Proc. and Trans. Roy. Soc. of Ca.*, 1890, IV, pp. 16, 52 (G. M. DAWSON). — *Geol. Surv. of Ca. An. Rep.*, 1894, B, p. 321, et fig. des pp. 326, 348 (*id.*); gravure ici p. 330, pl. XIV, 1.
3. *Pr. and Tr. Roy. Soc. of Ca.*, 1890, Sect. IV, p. 45.
4. *Geol. Surv. of Ca. An. Rep. 1894*, B, pp. 300, 306.

D'après une analyse récente, le *white silt* de la vallée Nechaco
ressemblerait aux limons du grand lac post-glaciaire Agassiz qui
occupait la partie la plus basse de la Prairie en Manitoba. Il se compose de particules d'argile, de silice, de calcaire, toutes extrêmement
fines ; la seule différence avec le limon d'Agassiz, c'est qu'il renferme
moins d'argile et qu'il offre une couleur plus pâle [1].

Sur les plateaux, l'argile à galets et les moraines forment un sol
maigre, caillouteux, avec une succession de mares et de dos ou
bosses ; pas d'arbres, sauf au voisinage de l'eau, et souvent peu
d'herbe ; à peine y peut-on faire l'élevage dans les meilleures places.

Dans les vallées, le limon blanc et les décompositions plus récentes
des roches en place donnent un terrain assez fertile et d'autant plus
apte à la culture que les gelées y sont moins à craindre, et que
l'irrigation s'y fait aisément.

Les alluvions modernes, moins importantes que les anciennes,
s'étendent le long des cours d'eau par-dessus les dépôts glaciaires ;
on y trouve des placers de surface moins riches que les pliocènes ;
mais ce sont les seuls gisements minéraux qui ne soient pas recouverts, si l'on excepte les filons des hautes montagnes, et c'étaient de
beaucoup les plus accessibles. Par eux a commencé l'exploitation ;
grâce à eux, l'intérieur s'est peuplé.

On a dit qu'un observateur, s'il se bornait à suivre les vallées,
recevrait l'impression que l'intérieur de la Colombie est un pays de
gorges et de montagnes. Pour prendre une idée exacte de l'ensemble,
il faut gravir un sommet d'où l'on découvre un large horizon ; alors
les accidents se placent chacun à son rang, le socle caché par les
montagnes, les tables coupées par les vallées s'imposent au regard et
l'on se rend compte qu'on a sous les yeux les restes imposants d'un
plateau.

Dans le pédoncule méridional de ce plateau, entre la Chaîne côtière
et les montagnes de l'ouest, se pressent les bandes de terrain les plus
variées, granit gris (p. 34), zone minérale intérieure, lambeaux de crétacé, nappes de basalte. Toutes s'orientent du sud-est au nord-ouest,
mais le partage des eaux se fait suivant une ligne d'ouest en est, à peine
indiquée par de médiocres bombements que les chemins passent sans
peine [2]. Au sud c'est le bassin de la rivière Similkameen qui coule vers
le fleuve Columbia, au nord celui de la rivière Nicola qui va au Fraser.

Du versant pacifique, on débouche sur la Similkameen par le

---

1. *An. Rep. Mines B. C. for 1905*, pp. 136 et 139.
2. *Id.*, p. 201.

sentier de Hope qui part du bas Fraser, escalade la dernière crête de granit côtier et conduit au sortir des forêts maritimes dans des gorges où serpentent de maigres cours d'eau; les rochers nus des sommets, les ceintures de pins clairsemés sur les pentes, la sérénité du ciel, annoncent au voyageur qu'il pénètre dans la région de l'intérieur (gravures pp. 238 et 330, pl. X, 1 et XIV, 1).

Comme sur le plateau des Etats-Unis, les dépôts que les Américains appellent alcalins apparaissent en efflorescences salines, mélangées au limon de surface dans les parties desséchées ou bien entourent en croûtes l'eau de mares amères, restes de lacs post-glaciaires en voie de disparition. D'après des analyses faites au laboratoire d'expériences agricoles de l'Arizona, leur composition représente ordinairement[1] :

5,25 p. 100 de carbonate de soude ;

22,95 p. 100 de bicarbonate de soude ;

24,97 p. 100 de chlorure de sodium ou sel de cuisine ;

27,78 p. 100 de chlorure de calcium ;

19,05 p. 100 de sulfate de soude.

Parmi tous ces sels, le plus grand ennemi de la végétation est le carbonate de soude, mais la plupart des autres ne valent guère mieux. Aux places qu'ils blanchissent, se forment des plaques galeuses, sans autres plantes que de rares herbes grasses particulières. Taches alcalines et lacs amers se prolongent dans la partie la moins arrosée du plateau, sur la rive orientale du Fraser, jusqu'entre le 52° et le 53° parallèle, où la crique et le lac Alcalins (*Alkali Lake*), la crique de la Soude (*Soda Creek*) leur doivent les noms qu'ils portent.

Dans le bassin de la rivière Nicola, affluent de gauche du Fraser, l'allure de plateau s'établit. Seuls quelques pitons basaltiques mettent un peu de pittoresque dans le paysage, dominant les lacs de 300 à 450 mètres[2]. Sur les dépôts glaciaires, les rivières ont un cours hésitant, sinueux, au milieu de lacs en chapelets; les lagunes amères, les efflorescences alcalines se montrent dans les intervalles entre les eaux douces. Après avoir cherché sa voie en décrivant un arc de cercle, la Nicola trouve à l'ouest une fissure dans le basalte et s'y taille un canyon par où elle rejoint celui du Fraser.

A l'est de la rivière Nicola, la coupure nord-sud du lac Okanagan et du chapelet des lacs plus petits réunis par la rivière de ce nom sépare les bassins précédents de la région montagneuse. C'est une entaille faite entre des terrains différents, à l'ouest, des granits et des

1. *7th. Report of the Department of Agriculture B. C.*, *1902*, pp. 208-209.
2. *An. Rep. Mines B. C. for 1905*, pp. 198, 200.

basaltes, à l'est, des schistes primaires et archéens; les bords sont escarpés surtout à l'est avec des hauteurs voisines de 1 500 mètres. Au lac Osoyoos, où la frontière la rencontre, le fond de cette dépression n'est plus qu'à 300 mètres [1].

A proprement parler, c'est le grand bassin du Fraser moyen en amont des canyons qui mérite le mieux le nom de plateau. Là s'étalent les 9/10 des nappes basaltiques recouvertes d'argile à blocaux; elles y forment une sorte d'ovale incliné du sud-est au nord-ouest, inscrit dans des zones sédimentaires plus anciennes qui le séparent des hautes montagnes bordières.

Au nord-ouest pourtant, la limite ne peut être tracée entre le basalte intérieur et le granit côtier, confondus en un chaos de montagnes forestières, neigeuses, inexplorées [2]. Les tables centrales ont une altitude qui varie généralement de 750 à 900 mètres; le climat aidant, elles se montrent sèches, arides, mais le pourtour plus élevé et mieux arrosé leur envoie toute une ramure de cours d'eau qui ont découpé des vallées pénétrables et déposé de fertiles alluvions.

Taillés dans les échancrures du versant intérieur de la Chaîne côtière et dans la bande sédimentaire, des lacs s'écoulent de l'ouest vers le Fraser par des émissaires qui traversent le basalte.

Au nord-ouest et au nord, une autre série de lacs qui, avec la précédente, dessine un demi-cercle allongé, s'étale, entre 650 et 700 mètres, en avant des hauteurs qui, bornant le bassin du Fraser, s'échelonnent en retrait les unes sur les autres dans une direction nord-est. Des vallées longitudinales les séparent qui se déversent soit au nord dans le fleuve Skeena, soit au sud dans le Fraser, mais les lignes de partage entre les deux versants se marquent à peine et la plupart portent des traces de communications récentes.

Si l'on part de Hazelton, le port intérieur du fleuve Skeena, pour se diriger au nord-est en traversant successivement les divers échelons montagneux, on laisse au sud la profonde vallée de la rivière Bulkley, affluent du Skeena. La rivière Bulkley coule vers le nord, mais tout un chapelet de petits lacs, que suit le sentier muletier du Fraser au Skeena, s'étend entre la source et le lac Fraser, restes d'une ancienne communication.

Ce sont des plateaux basaltiques échancrés en cirques qui sépa-

1. *Agric. in B. C.*, 1904, p. 72. — *Geol. Surv. of Ca. Summary Rep.*, 1902, A, pp. 138-148.
2. *Bureau of Prov. Inf. The undeveloped Areas of... B. C.*, pp. 25, 26 et 40. — *An. Rep. Mines B. C. for 1905*, pp. 111-112, 117 et 126-130. — *Geol. Surv. of Ca. Summary Rep.*, 1906, p. 35.

rent à l'ouest la Bulkley de la Chaîne côtière. Sur la rive orientale
se dentelle une crête d'aspect tout différent, celle de la chaîne Babine,
le plus long des échelons intérieurs et l'un des plus hauts, qui dresse
à 2 500 mètres ses pics neigeux au-dessus des forêts; elle paraît
composée principalement de couches crétacées et de schistes ployés,
brisés en tous sens [1].

Au pied de son versant oriental s'allonge, parallèlement à la vallée
de la Bulkley, le lac Babine, le plus considérable des lacs nord-
ouest; sa vallée est, avec celle de la rivière Bulkley, la seule qui
envoie ses eaux vers le nord, au fleuve Skeena. Mais au sud du lac
Babine, un ancien conduit, jalonné de petites mares, rejoint les
témoins de l'ancien chenal Bulkley-Fraser.

Au sommet nord-est de la barrière montagneuse, en retrait marqué sur la chaîne Babine, mais toujours avec la même direction,
toujours séparés par des vallées longitudinales avec des lacs, se
trouvent les monts de la Poêle à Frire (*Firepan Mountains*), égaux
en hauteur aux Babine, mais moins longs, puis les monts ou plutôt
le petit massif de l'Omineca avec moins de relief et plus de largeur,
région montagneuse plutôt que chaîne. Ces hauteurs paraissent
formées principalement de terrains anciens. Hautes de 1 500 à
2 000 mètres, couvertes de conifères, elles dominent de 1 000 ou
1 200 mètres des vallées à fond plat, comblées par les alluvions
anciennes et garnies d arbres à feuilles caduques [2].

Sur la pente orientale des Monts Omineca coule la rivière Omineca, la première qui se dirige à l'est vers la rivière de la Paix, un
des bras du Mackenzie.

Avec leurs prolongements, les monts Firepan et Omineca forment
un nœud hydrographique entre trois versants, Skeena, Fraser, Mackenzie, mais ici encore, les lignes de partage demeurent insignifiantes [3]. Ainsi, dans la vallée longitudinale qui sépare les Firepan
des Omineca, coulent en sens inverse, vers le nord le Skeena qui sort
du lac de l'Ours à 885 mètres, vers le sud la rivière du Bois Flotté
(*Driftwood River*) qui va au lac Tacla, le premier de la série frasérienne.
Entre le lac de l'Ours et la source du Driftwood on ne mesure que
320 mètres de dépôts glaciaires, où trois petites mares rappellent l'existence d'un ancien lac; là passe le portage de la Cache des Beaux Jours [4].

---

1. *Geol. Surv. of Ca. An. Rep.*, *1894*, C., p. 14 (MAC CONNELL). — *An. Rep. Mines B. C. for
1905*, p. 131.

2. *Geol. Surv. of Ca. An. Rep.*, *1887-1888*, R., p. 45 (G. M. DAWSON).

3. *Id.*, *1894*, C. (MAC CONNELL), p. 7. — *An. Rep. Mines B. C. for 1905*, pp. 97,
100, 102.

4. *B. C. Crown Lands Surveys*, 1901, pp. 67-71.

De même, vers le nord-est, le Fraser pousse le sommet de son grand coude à 12 kilomètres du petit lac Sommet qui donne naissance à la bien nommée Rivière-Croche (*Crooked River*), affluent de la Rivière aux Panais (*Parsnip River*), elle-même branche méridionale de la Rivière de la Paix. Entre les deux versants on traverse une région plate à peine bosselée par des cordons de graviers, et qui fut peut-être le fond d'un lac post glaciaire; les couches de surface y reposent sur des sédiments lacustres miocènes révélés par les

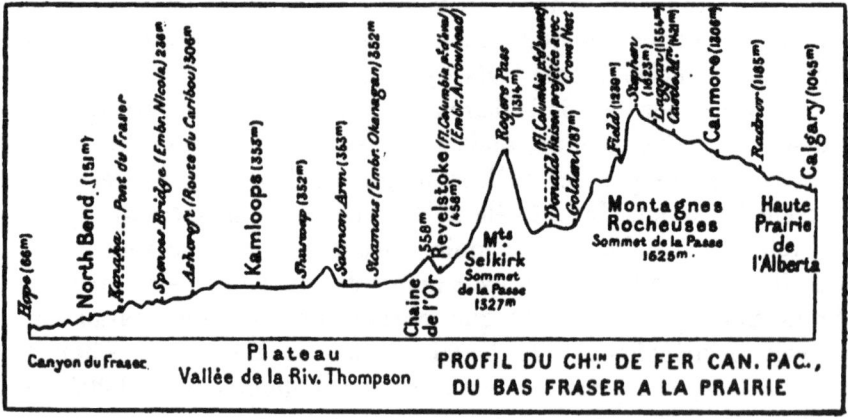

PROFIL DU CHIN DE FER CAN. PAC.,
DU BAS FRASER A LA PRAIRIE

Donne assez exact. l'importance relative des hauteurs et des pentes, sauf p. la Chaîne côtière, sciée par le Canyon et p. la Chaîne de l'Or. A l'W. de cette Ch., entre 2 br. du l. Shuswap, Notch Hill (516 m.). La Grande vallée (p. 61) trop large ici, le rail suivant son axe entre Donald et Golden.

tranchées naturelles des rivières. Les Indiens y avaient tracé un portage qu'on emploie toujours et auquel les Européens ont donné le nom de Giscome [1].

Cette ouverture dans la barrière septentrionale par où fuit vers le nord-est une partie des eaux du plateau, fait pendant à la fente de l'Okanagan par où s'échappe vers le sud-ouest une partie des eaux méridionales, par où sortait peut-être autrefois la rivière Thompson [2].

Si l'on fait exception pour ces deux fissures et celles du versant Skeena, tout le système des vallées s'embranche sur le long couloir du Fraser, le plus caractéristique de tous. Sur chaque bord de la vallée, le plateau est tranché à pic par des cassures où le basalte apparaît à nu. D'une falaise à l'autre la vallée, profonde de 100 à

1. *B. C. Crown Lands Surveys*, 1901, p. 70.
2. *An. Rep. Mines B. C. for 1905*, pp. 97, 98, 135, 136.

150 mètres, mesure souvent plusieurs kilomètres de largeur. Tout cet espace est rempli par des banquettes (*benches*) en escalier, creusées dans les alluvions accumulées depuis la période pliocène. A première vue, l'œil du voyageur s'arrête sur les terrasses boisées formant gradin entre le fleuve et la falaise de basalte nu. Le cours d'eau présent trace son lit parfois sinueux au milieu de ces dépôts qu'ont laissés des fleuves plus considérables, qu'ont découpés les inondations, les pluies, les éboulements. Souvent il y a place, à côté

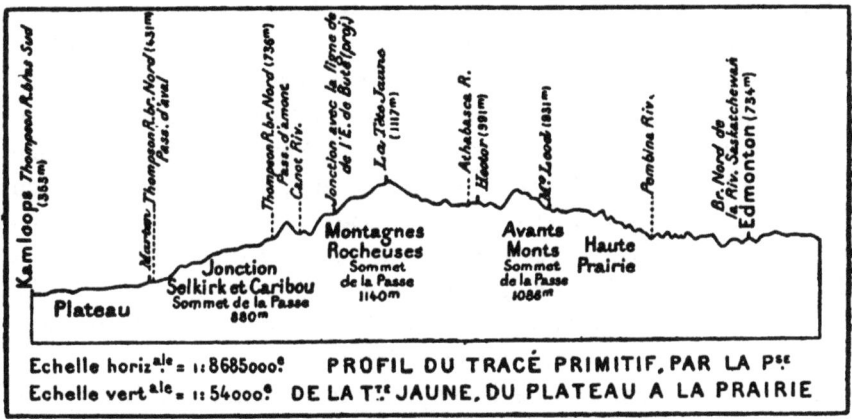

Echelle horiz.ale = 1:8685000°   PROFIL DU TRACÉ PRIMITIF, PAR LA Psse
Echelle vert.ale = 1:54000°   DE LA Tꝫe JAUNE, DU PLATEAU A LA PRAIRIE

Chaînes de montagnes moins accusées. Le Grand Trunk (p. 72 et T. alph.) prendra probablement la même passe, puis tournera ensuite au N.-W. par la haute Vallée du Fraser, coupée à 1 046 m. entre Tête Jaune et Jonction avec ligne projetée de Bute. Sur cette dernière, voir p. 36.

de lui, pour des mares, des étangs, des lacs de toutes tailles s'étalant sur les divers paliers.

Quelquefois le cours d'eau atteint le fond des alluvions anciennes, et commence à scier la roche en place ; ou bien encore, il abandonne l'ancienne vallée pour se tailler une nouvelle route à travers une fissure du basalte. Dans le premier cas, le résultat est une gorge au canyon étroit surmonté de gradins pliocènes ou glaciaires qui s'élargissent en montant, dans le second, un canyon étroit et à pic du haut en bas [1].

Avec de moindres proportions, les vallées des affluents de droite présentent les mêmes caractères dans la traversée du basalte. Ainsi, les rivières Nechaco, Blackwater, Chilcotin, coulent dans des cassures larges de 3 à 4 kilomètres, entre des falaises basaltiques d'une centaine de mètres, avec 25 à 50 mètres de terrasses alluviales

. *Geol. Surv. of Ca. An. Rep.*, *1894*, B, p. 321 (G. M. DAWSON).

en gradins. Telles sont du moins les principales sections; d'étroits canyons les séparent où la rivière bouillonne en rapides, mais où les murailles rapprochées permettent parfois de jeter un pont de fortune [1].

Entre deux séries de gorge, et avant de rejoindre le Fraser, la Nechaco creuse un sillon profond de 25 à 30 mètres, dans le fond plat d'un ancien lac où la Province compte établir des colons (p. 382).

La région située à l'est du Fraser moyen forme une partie moins considérable du plateau volcanique. Dans l'angle entre Fraser et Thompson, les terrains anciens ont été soulevés en massif, peut-être par la même commotion qui donna la première ébauche des canyons. Là une chaîne élevée à laquelle les calcaires métamorphisés ont valu le nom de montagne de Marbre, s'étend sur la rive gauche du Fraser. On l'appelle ailleurs montagne de Pavillon, du nom d'une station située sur le Fraser, et plus au sud, dans la direction du confluent, montagne Claire (p. 89). Cette dernière partie est surmontée de basaltes appartenant à la même bande où Fraser et Thompson taillent leurs canyons. Les sommets y sont découpés. Le Cairn, point culminant qui domine le plateau sur la Thompson inférieure, semble dépasser 2 300 mètres [2].

Partant des canyons de la Thompson, un chemin charretier s'élève vers le nord-est par la vallée de la crique Bonaparte entre la montagne de Marbre à l'ouest, et à l'est la falaise basaltique bordant le plateau (gravure p. 330, pl. XIV, 1); des cassures (*schasms*) permettent par endroits de traverser la chaîne de Marbre. A Clinton, le chemin se heurte au pied du basalte, dans une sorte de cirque. Alors il grimpe le long de falaises et débouche sur l'une des parties les plus sèches du plateau. Ici se prolongent les dépôts alcalins, qu'on a déjà vus plus au sud : sur le plateau du Bois Vert (*Green Timber Plateau*) un large éventail de moraines retient tout un groupe de mares salées. Venant des bassins arides du Washington ou de l'Oregon intérieur, un voyageur pourrait s'élever jusque-là sans être dépaysé. Cet ensemble de hautes steppes n'est qu'un triste lieu de passage entre les stations de la voie ferrée et les mines du nord.

L'aridité s'y accuse d'autant plus que les rivières de montagnes ne pénètrent pas le plateau de l'est comme celui de l'ouest; elles le tournent pour aller dans le Fraser au nord, dans la Thompson au sud.

---

1. *An. Rep. Mines B. C. for 1905*, pp. 94, 95, 99 et grav. p. 72 (R. Bulkley), repr. ici p. 138, pl. V, 3.
2. *Geol. Surv. of Ca. An. Rep., 1894*, B, p. 210.

CHAPITRE IV

LES MONTAGNES

Chaîne de l'Or, monts Selkirk, hauteurs du Caribou.

A l'est du plateau se dresse un ensemble de massifs apparentés et distincts des Rocheuses ; ce sont la Chaîne de l'Or, sierra occidentale des Selkirk, les monts Selkirk et leur prolongement septentrional, les hauteurs du Caribou, qui se terminent en pointe dans le grand coude du Fraser.

Sur le flanc occidental de tout cet ensemble apparaissent les terrains archéens qui semblent former l'axe géologique du pays (p. 6). Ils comprennent des gneiss grisâtres, des micaschistes calcarifères, des calcaires cristallins, une série de schistes verdâtres, schistes à amphibole, chloriteux, magnésiens, enfin des quartzites, le tout réuni par G. M. Dawson sous le nom d'étage du Shuswap (*Shuswap Series*). Ces formations [1] en effet ont été étudiées principalement sur les berges du lac Shuswap, au bord occidental du plateau, pendant les reconnaissances faites pour la construction du chemin de fer Canadien Pacifique. Elles sont pénétrées par des intrusions de granit. Le maximum de largeur de cette zone peut être évalué à 180 kilomètres, à la hauteur du 50ᵉ parallèle entre le lac Okanagan à l'ouest et le lac Kootenay à l'est.

Au sud de cette ligne, les terrains archéens et les lambeaux

---

1. *Geol. Surv. of Ca. An. Rep. 1888-1889*, B, avec *Reconnaissance Map of a Portion of the W. Kootenay District*, au 1 : 506,880 (G. M. Dawson) ; complété par la série suivante : *Part of Trail Creek Mining Division*, 1897, au 1 : 63,360 ; dans *An. Rep. 1901, West Kootenay Sheet Geologically coloured* et *W. K. S. Economic Minerals and Glacial Striae* au 1 : 253,440, 1904 ; dans *An. Rep. 1901, Geological and Topographical Map of Boundary Creek Mining District*; id. *Topogr. Edit. Econ. Min. a. Striae* au 1 : 63,360, 1905. (Avec notices marginales.) — A. O. Wheeler, *The Selkirk Range*, t. I, Appendix C. (G.-M. Dawson), pp. 405-409, coupe géol. des Selkirk, p. 406. — *An. Rep. Mines B. C. for 1903*, p. 111.

paléozoïques qu'ils portent sont en grande partie recouverts par des granits, des porphyres et d'autres roches éruptives.

Vers le nord au contraire, la masse archéenne affleure largement dans la Chaîne de l'Or et sur les pentes occidentales des monts Selkirk. Là elle présente une épaisseur d'environ 1 500 mètres. Puis elle s'amincit en pointe vers le nord-ouest, projette un éperon dans la région du lac Quesnel, enfin disparaît sous les schistes paléozoïques des monts Caribou.

Vers l'est, des sédiments paléozoïques se superposent au Shuswap archéen, formant, du sud au nord, la masse principale des Selkirk proprement dits.

L'étage inférieur, qui emprunte son nom à la rivière de Nisconlith, affluent de la Thompson en aval du lac Shuswap, consiste en schistes, phyllades et argillites noirâtres, calcarifères, mêlés de calcaire bleuâtre et de quartzites sombres. Son épaisseur va jusqu'à 4 500 mètres. Il apparaît surmonté par des schistes et quartzites gris avec argillites noires, masse épaisse de 7 500 mètres, où sont taillées les hautes crêtes et que G.-M. Dawson a nommées étage des Selkirk. Cette série va jusqu'à la base du silurien.

D'autres formations moins anciennes s'observent dans les avant-monts et les vallées. On ne sait s'il faut faire un étage à part pour les énigmatiques schistes qui portent le nom de Kaslo, localité sise sur le lac Kootenay ; ce sont peut-être des roches volcaniques vertes, surtout des diabases, laminées et altérées.

A l'époque carbonifère paraissent se rattacher les schistes noirs du lac Slocan où dominent les quartzites.

Au milieu des schistes fissurés et sombres, les veines de quartzites tranchent par leur aspect solide et leur couleur. Dans tous les étages, les bancs de calcaires affleurent sous forme de crêtes très érodées, découpées en pitons, que les prospecteurs appellent dykes parce que leur silhouette ressemble de loin à celle des véritables coulées éruptives, très fréquentes dans les terrains miniers en Colombie, et parce qu'elles aussi annoncent souvent des gîtes rémunérateurs.

Tous ces dépôts subirent plusieurs soulèvements et de nombreuses séries de roches éruptives les traversent qu'il est difficile d'identifier tant elles sont métamorphisées [1].

Aucun district minéral dans la Province ne possède autant de terrains volcaniques antérieurs à l'époque tertiaire que le sud du plateau, de la Chaîne de l'Or et des Selkirk entre la frontière et le

---

1. *An. Rep. Mines, B. C. for 1905*, p. 196.

50ᵉ parallèle, aucun non plus n'en peut montrer une aussi grande variété; il est vrai que les recherches ont porté, dans cette région riche en métaux, sur une superficie relativement considérable.

La première série d'éruptions paraît remonter au commencement de l'époque secondaire. Elle comprend de larges épanchements d'un granit souvent gris comme celui de la côte, puis des nappes et coulées de « roches vertes » granitoïdes où la pyroxène et l'amphibole altérées au contact de l'air ont perdu leur couleur primitive et laissent dominer la teinte blanche du feldspath, enfin, par endroits, de nouveaux granits postérieurs aux roches vertes[1].

Toutes ces éruptions de la première époque se firent surtout dans le sud. Entre le 49ᵉ et le 50ᵉ parallèle, les roches granitoïdes recouvrent presque partout les terrains archéens et primaires sur une étendue d'environ 5 000 kilomètres carrés. La masse ignée a métamorphisé les roches préexistantes. Elle paraît en avoir soulevé des îlots qui se montrent maintenant comme des épaves de schistes flottées (*floated up*) sur le socle cristallin; toutefois ces lambeaux feuilletés sont considérés par certains géologues comme des transformations de déjections volcaniques meubles et non de sédiments préexistants[2].

Plus tard les premières nappes et les schistes insulaires ou bordiers furent recoupés par de nouvelles coulées; c'étaient des porphyrites à gros cristaux et des roches trachytoïdes grisâtres et rugueuses, des rhyolites, des andésites, des felsites, en filons multipliés, mais de petites dimensions, qui se présentent sous l'aspect de dykes. Elles s'accompagnent de brèches et conglomérats où la pâte est formée par des roches éruptives vitreuses[3], de dépôts volcaniques autrefois meubles, calcites, tufs calcaires, argiles et argillolites, qui sont parfois laminés et prennent une apparence schisteuse[4].

Rossland[5], centre de mines près du point où le fleuve Columbia franchit la frontière, fournit un bon exemple de ces formations. La ville paraît occuper l'emplacement d'un ancien volcan comparable à celui du Trégor en Bretagne : elle se trouve sur le bord d'une bande de roches éruptives granitoïdes, diabase, diorite ou gabbro, vertes,

---

1. *An. Rep. Mines, B. C. for 1905*, p. 204.
2. *Annales des Mines* 1900, t. XVII, pp. 245, 246, 260, 269 (P. JORDAN). — *An. Rep. Mines B. C. for 1904*, p. 170.
3. *An. Rep. Mines, B. C. for 1905*, p. 201.
4. *An. Rep. Mines, B. C. for 1905*, pp. 195, 201.
5. Voir la note bibliogr. de la p. 49.

blanchissant à l'air ; ce ruban s'allonge d'ouest en est sur 4 à
5 kilomètres avec 1 500 mètres de large.

Tout autour, s'étend une ceinture de porphyrite à pâte noire avec
gros cristaux verts ; une partie a pris la forme de schistes siliceux
dont l'aspect rappelle le grès. L'affleurement présente une surface
bosselée où l'éminence principale est la Montagne Rouge qui doit son
nom à la teinte rousse que l'oxydation donne à la partie des roches
volcaniques attaquées par l'air. Les principaux gisements minéraux,
sulfures de cuivre, de fer, d'or et d'argent, se trouvent au contact des
diabases et des porphyrites [1].

A l'extérieur de la ceinture, des tufs et des schistes comme ceux
qui forment le sommet de la Montagne Rouge, des boues de calcaire
paraissent devoir être attribuées à l'action volcanique.

Enfin des dykes de porphyre, tantôt quartzeux, tantôt basiques,
coupent les roches précédentes.

Dans toute la région sud des monts Selkirk et de la Chaîne de l'Or,
la richesse minérale est grande et infiniment variée. L'or se rencontre
dans les veines de quartz. Mais, comme dans les îles et sur la côte,
les gisements les plus riches se trouvent au contact des sédiments
métamorphisés et des roches éruptives, surtout des porphyres appartenant à la dernière série par ordre de date. Ils consistent en filons
ou dépôts complexes : la galène, sulfure de plomb et d'argent, en est
la dominante, le second rang appartient au fer oxydulé ou magnétite
tantôt en veines, révélées par un « chapeau de fer », tantôt en
concrétions spéculaires. La blende ou sulfure de zinc, les sulfures
de cuivre et d'or sous forme de pyrrhotines, chalcopyrites, apparaissent à côté des précédents minerais, souvent mélangés à eux.
C'est aux sulfures de métaux précieux qu'est due la prospection,
puis l'exploitation du sud intérieur : s'ils ne les contenaient en proportion marchande, les autres filons seraient encore en sommeil
comme dans la région côtière.

Actuellement toute une série de zones minérales allongées du sud-
ouest au nord-est a été reconnue depuis le versant intérieur de la
Chaîne côtière (p. 35) jusqu'à la pente orientale des Selkirk ; elle
se distribue ainsi sur les deux flancs du butoir archéen.

Ces zones minérales se continuent parfois dans les États-Unis. Au nord
elles paraissent cesser où manquent les roches éruptives anciennes,
mais, en l'état actuel, on ne peut tracer leurs limites de ce côté.

---

1. *Annales des mines*, 1900, t. XVII, p. 275 (JORDAN). — *Geol. Surv. of Ca. Preliminary Rep.
on the Rossland, B. C. Mining District*, by R. W. BROCK, 1906, pp. 9, 14-16 ; Notices et
coupes de la carte *Part of Trail Creek M. D.* 1807 (p. 49, note 1).

La Chaîne de l'Or, avant-mont des Selkirk qui rétrécit singulièrement la partie méridionale du plateau canadien, paraît commencer au nord de la frontière, immédiatement après la dépression que marque la basse vallée de la rivière du Chaudron (*Kettle River*), qui coupe plusieurs fois le 49ᵉ parallèle avant de se jeter dans le fleuve Columbia. Dans cette région, la Chaîne de l'Or est formée surtout d'une partie de ces masses éruptives granitoïdes qui occupent une place si étendue sur le plateau, entre les parallèles 49 et 50 : ce n'est pas la première de ces masses en partant de la Chaîne maritime, mais c'est la première qui appartienne à un soulèvement puissant et bien défini : elle enveloppe complètement les ravins de la haute Kettle et de ses affluents, elle les sépare à l'ouest du lac Okanagan. Ces vallées n'ont de débouché qu'au sud, dans le sens de la pente, car les contreforts qui les divisent, les murailles d'où s'échappent leurs sources, sont également infranchissables.

A l'est, la pente de la Chaîne de l'Or serre de près les deux lacs La Flèche (*Lakes Arrow*), expansions du fleuve Columbia.

Dans la partie voisine de la frontière se trouvent les zones minérales de la crique frontière (*Boundary Creek*) sur la Kettle et ses affluents, puis de la crique du Sentier (*Trail Creek*) sur la rive droite de la basse Columbia. Le cuivre y domine, associé aux métaux précieux. Mines et fours de fusion se trouvent dans une région confuse de montagnes presque toutes égales en altitude, qui semblent les ruines d'un plateau[1].

Ensuite la Chaîne prend la forme d'une arête qui se dirige du sud au nord ; son altitude est de 1 500 à 2 300 mètres, aucun sentier tracé n'en franchit la crête.

Au nord du 50ᵉ parallèle, les roches éruptives anciennes font place aux terrains archéens ; la direction reste sud-nord et la Chaîne sépare les versants de la Columbia à l'est, du Fraser à l'ouest : elle s'amincit, sans perdre de sa hauteur. Sur la pente occidentale, la vallée assez large de la rivière Spallumcheen, sous-affluent du Fraser, ouvre un passage jusqu'au pied de la muraille centrale ; un sentier l'emprunte, première voie permanente depuis la basse Kettle, s'élève entre les cimes, et par la vallée du Feu (*Fire Valley*) descend à Killarney dans la vallée de la Columbia sur le lac Arrow inférieur.

Au nord, la muraille n'est plus entamée par l'homme avant la Passe de l'Aigle, qu'emprunte le chemin de fer Canadien-Pacifique. Là une fente étroite qui ne dépasse guère 1 500 mètres dans sa plus

---

1. P. 49, n. 1. — *Geol. Surv. of Ca. Summary Rep.*, *1900*, A, pp. 64-65 ; *1902*, A, pp. 93-94, 144.

grande largeur, « coupée si droit qu'elle semble taillée exprès pour le rail », fut révélée en 1865 à un explorateur par le vol d'un aigle qui s'y engagea[1]. Quand on la traverse, on la trouve remplie en quatre points par de petits lacs à cuvettes glaciaires qui s'écoulent les uns vers le Fraser, les autres dans la Columbia. A l'ouest la pente devient plus rapide, mais telle est la profondeur de la coupure qu'entre le sommet du col à 558 mètres et le fleuve Columbia, sur 12 kilomètres, la ligne ne descend que de 100 mètres[2].

Au nord de la ligne transcontinentale, le dos de terrains archéens se poursuit dans la même direction, continuant à séparer la Columbia des affluents du Fraser. Vers le coude de la Columbia, il s'amincit encore, au point de se confondre avec le prolongement des Selkirk. C'est toujours à l'ouest que la pente se trouve le mieux ménagée. Là s'allongent une série de lacs réservoirs, du Shuswap au Quesnel, qui alimentent les affluents du Fraser. Avec ses sources et ses forêts, la Chaîne de l'Or apparaît comme un énorme Bocage à l'arrière-plan des plateaux arides.

Les monts Selkirk forment un groupe de massifs en losange allongé du sud-est au nord-ouest dont les côtés sont nettement marqués au nord par le coude de la Columbia, au sud par le coude inverse de la rivière Kootenay, affluent de la Columbia. C'est une véritable île de hauteurs dont la longueur atteint 450 kilomètres et la largeur au centre environ 100 kilomètres.

Au sud de la frontière, dans l'État d'Idaho, la première pointe du losange apparaît, faisant suite au soulèvement des monts de la Racine Amère (*Bitter Root Mountains*) et des monts Cœur d'Alène, que suit la limite entre Idaho et Montana ; mais, entre ces massifs et les Selkirk, s'étend la dépression du Lac et de la Rivière Pend d'Oreille empruntée par deux voies transcontinentales du Nord-Américain.

Dans les monts Bitter Root, l'ossature se compose de terrains analogues à ceux de la Chaîne de l'Or et des Selkirk ; en outre, des pointements de roches volcaniques tertiaires se montrent par endroits[3], tandis que la masse des schistes colombiens ne porte aucune trace d'éruptions récentes, sauf en quelques points du versant est, vers le Kootenay, dans le voisinage de la frontière. Dans les

1. *C. P. R. Annotated Time Table, Westbound Edition*, p. 59. — A. O. Wheeler, *The Selkirk Range*, t. I, p. 194.

2. *C. P. R. Annotated Time Table, Eastbound Edition*, p. 18.

3. *U. S. Geol. Surv. Professional Paper.* N° 27, 1904. Lindgreen. *A Geological Reconnaissance across the Bitter Root Range*. Pl. I, pp. 10, 11.

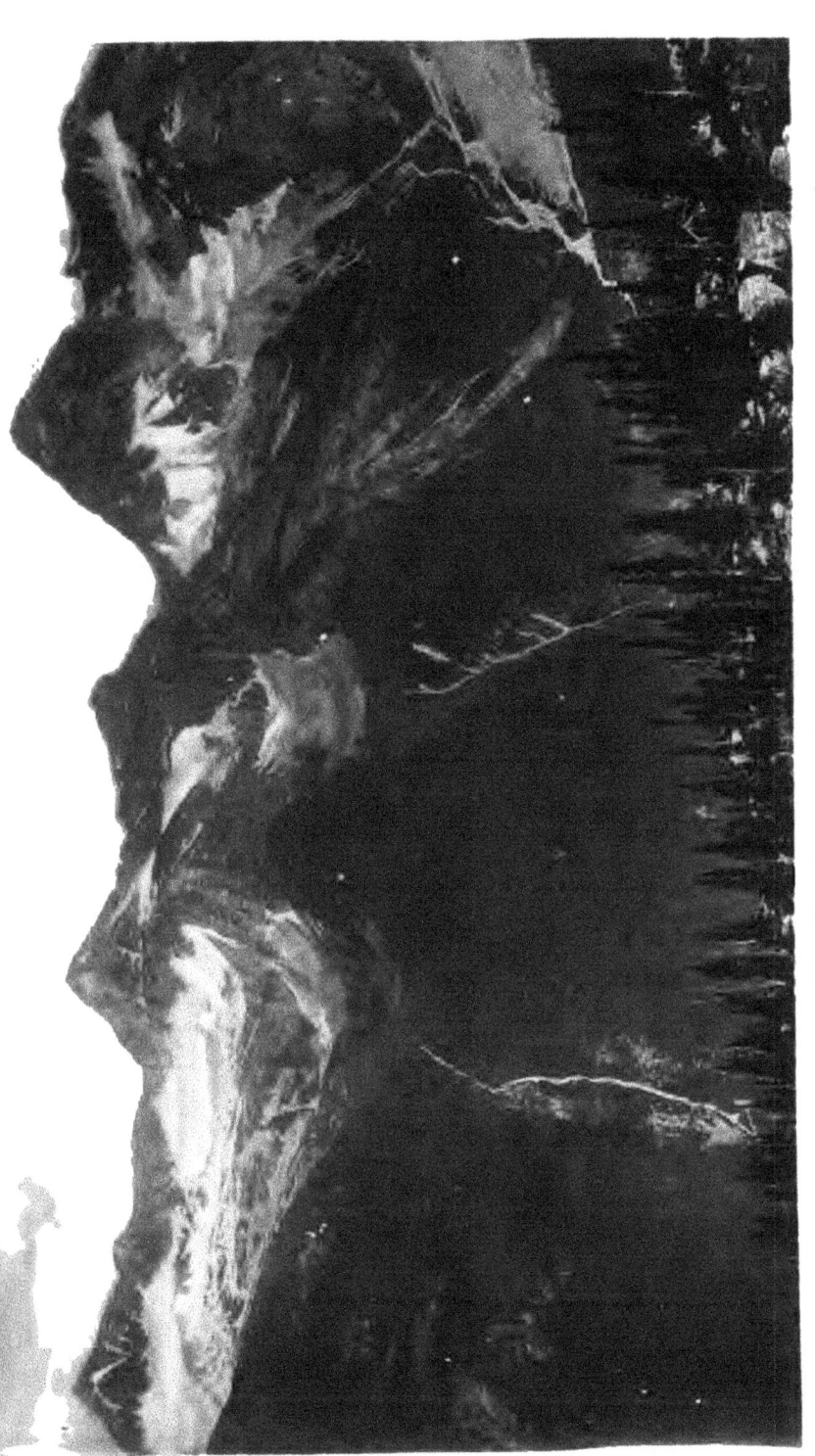

MASSIF PRINCIPAL DES MONTS SELKIRK, vu de l'Ouest.

Le chemin de fer Canadien Pacifique (P. 59) contourne le cirque au sud (droite), puis vient chercher au nord (gauche) la Passe Rogers. Du sud au nord, le mont Sir Donald (3294ᵐ), point culminant, avec le Grand Glacier, puis 3 pics supérieurs à 2850ᵐ.

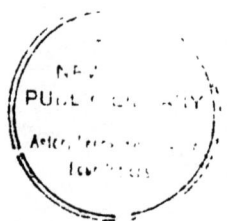

Selkirk, l'aspect général des massifs est celui de sierras aux crêtes dentelées et striées de neiges.

Pyramides ou « cathédrales » découpées dans les schistes, dômes arrondis de granit, les sommets de 2 500 à 3 200 mètres, qui dressent leur tête au-dessus du vêtement de forêts, présentent les formes les plus variées.

Comme pour la Chaîne de l'Or, c'est le versant oriental qui offre la pente la plus brusque. Sans manquer au reste des monts Selkirk, les abîmes, les falaises abruptes se multiplient tout particulièrement sur la face qui fait pendant aux Rocheuses. De vertigineux ravins en V s'y terminent par des cirques grandioses.

Dans toute la chaîne, les gouffres, les cassures sourcilleuses bordées par des talus et des cônes d'éboulis qu'accroissent sans cesse les avalanches de neiges et de pierres, caractérisent les régions schisteuses et accusent très souvent les lignes où se heurtent deux terrains différents.

Bien que le grand losange des Selkirk, derrière ses fossés presque continus, offre une apparence d'unité, la variété des formations et les soulèvements successifs qui les ont fait jouer ont fragmenté la partie la plus épaisse, celle qui s'étend entre la basse Columbia et le lac Kootenay [1]. Le plus méridional des massifs ainsi formés s'épanouit jusqu'à la coupure transversale est-ouest par où la rivière Kootenay descend du lac Kootenay à la Columbia. Granit et autres roches éruptives anciennes n'y manquent point, mais le gros est formé de schistes primaires qui, au sommet des plis, se découpent en crêtes. Là se trouve la zone métallifère de Nelson avec des minerais de cuivre associé aux métaux précieux comme dans celles de Boundary et de Trail, au sud de la Chaîne de l'Or (pp. 348-368).

C'est entre les schistes au sud, les granits au nord, que s'est ouverte en partie la fracture par où s'échappe la rivière Kootenay ; sur chacun de ses bords s'élèvent des montagnes qui dépassent 2 000 mètres ; les plus hautes se trouvent au nord où l'on voit des crêtes nues déchirées, tourmentées, dépassant la limite supérieure des forêts qui court vers 2 300 mètres [2].

Entre le lac Slocan et le lac Arrow inférieur, les crêtes granitiques du Walhalla et de la Walkyrie élèvent à 2 700 mètres leurs pics striés de neiges et de glaciers.

Entre le lac Slocan et le lac Kootenay s'étend une zone de schistes

1. *Handbook of Ca.*, 1897, pp. 40-42.
2. *Geol. Surv. of Ca. An. Rep.*, 1888-89, B, pp. 21 et 24. — *Summary Rep.*, 1903, A, pp. 92 et 93.

et de granits avec gisements où domine la galène riche en argent (*Silver Lead*, p. 355).

Au nord vient un autre massif composé presque uniquement de terrains archéens analogues à ceux de la Chaîne de l'Or et de roches granitiques. Il bute à son bord septentrional sur une autre bande de schistes métallifères, celle du lac de la Truite (*Trout Lake*). A ce contact s'ouvre une remarquable coupure qui va du nord du lac Kootenay au nord du lac Arrow supérieur, et qui, entre le Trout Lake et le lac Arrow, est une fente étroite et profonde; une ligne de partage insignifiante, probablement une moraine, sépare les versants des deux lacs; longue de 60 kilomètres, la fente se prolonge pendant 25 autres kilomètres sous les eaux du bras nord-est du lac Arrow supérieur. Les éboulements y sont fréquents. L'un d'eux, le 28 février 1903, a précipité dans le lac 600 000 tonnes de schistes tombant d'une hauteur de 900 à 1 200 mètres [1].

Entre les deux lacs, Arrow et Kootenay, la fissure sépare deux étages composés principalement de schistes qui apparaissent retournés et tordus sur les deux parois. Au sud c'est la fin des terrains archéens, avec des schistes magnésiens et chloriteux tirant sur le vert. Au nord c'est une nouvelle bande de schistes primaires métallifères, d'espèce diverse, avec la plus belle série de « dykes » calcaires qui, par sa silhouette de ruines, fait songer aux dolomies des Alpes tyroliennes [2]. Quelques véritables dykes formés par des éruptions de felsite coupent les sédiments anciens, mais ils ne sont pas très nombreux. Au milieu de ces formations, des veines de quartz se croisent dans deux directions presque perpendiculaires; quelques-unes renferment de l'or [3].

Très escarpée, la paroi nord s'élève rapidement jusqu'aux massifs du cœur des Selkirk, qui dépassent 3 000 mètres; les pics qui la dominent directement vont de 2 400 à 2 750 mètres. Par une pente moins abrupte, la paroi sud monte jusqu'à des hauteurs de 1 800 à 2 400 mètres.

En amont du lac de la Truite, les deux murailles se rapprochent à tel point que la distance de crête à crête ne paraît guère dépasser 40 kilomètres.

Des glaciers que le premier plan de hauteurs cache au fond de la vallée donnent naissance à des torrents qui descendent en cas-

1. *An. Rep. Mines, B. C. for 1903*, p. 111. — *Geol. Surv. of Ca. Summary Rep.*, *1903*, A (R. W. BROCK), pp. 42, 44, 55, et *Sketch Map shewing Lardeau a Trout L. Mineral Belts*, au 1 : 506,880.

2. *Id.* A, pp. 45, 70.

3. *An. Rep. Mines B. C. for 1903*, pp. 111, 116, 117.

cades. Tout le fond se couvre de forêts; les sapins et les cèdres escaladent les pentes jusqu'à 2100 mètres.

Au delà du lac de la Truite cessent les dépressions qui séparent les massifs, voies naturelles qui livrèrent passage aux prospecteurs. Le long et profond fossé du lac Kootenay se poursuit quelque temps au nord par les ravins boisés des affluents septentrionaux des lacs; mais ces gorges s'arrêtent au fond de cirques couronnés de neiges et glaciers, sur la partie la plus élevée des Selkirk : en ce nœud central, tous les massifs secondaires s'attachent à la haute muraille qui, sous le nom de Purcell Range, formait jusqu'à ce point la chaîne orientale et qui va désormais rester seule.

Cette arête principale a commencé, au sud, sur la frontière du Montana et de la Colombie, par les massifs autour desquels la rivière Kootenay se coude avant de rentrer au Canada. Elle se compose de roches moins variées que les montagnes à l'ouest du lac Kootenay; on y relève surtout des formations paléozoïques où dominent l'aspect schisteux, les teintes sombres, dans les parties que la forêt ne cache point. On y trouve la dernière zone de minerais complexes à l'est, celle du Kootenay oriental où domine le plomb argentifère.

Au voisinage immédiat de la frontière, ce sont moins des montagnes que des plateaux ondulés, hauts de mille mètres environ avec des arbres clairsemés, sans sous-bois, en un mot l'aspect de parc. Par les dépressions qui rayonnent autour des centres élevés coulent en sens opposé des rivières qui vont se jeter en des points divers de la boucle, ouvrant de toutes parts des voies d'accès. Une vallée longitudinale, celle de la rivière Mouillée (*Mooyee River*), qui conflue au sud avec le Kootenay, sépare en deux la première partie des Selkirk; après les Indiens, les prospecteurs l'ont suivie; à la piste des années 60, succède la voie ferrée contemporaine.

Dans cette région, la ligne du Crows Nest traverse les Selkirk sur une longueur d'environ 90 kilomètres à vol d'oiseau, mais avec un tracé sinueux qui mesure plus du double. Partant de Kootenay-quai à la pointe sud du lac Kootenay (528 m.), la voie monte par l'étroite gorge de la rivière de la Chèvre, taillée dans une nappe granitique, ensuite par celle d'un affluent, au premier échelon des Selkirk qu'elle franchit à 886 mètres; puis elle descend de quelques mètres seulement et fait un coude brusque au nord pour remonter la vallée longitudinale de la haute Moyee remplie de forêts magnifiques; elle longe sur une corniche et en traversant un tunnel le lac Mooyee, expansion de la rivière, qui remplit la vallée; puis elle quitte la Mooyee, passe à près de 920 mètres entre les bosses granitiques qui

marquent le sommet du second échelon et descend par une courbe
qui atténue les rampes à 724 mètres dans la vallée large de la rivière
Kootenay.

Entre la ligne du Crows Nest et le transcontinental Canadien
Pacifique, sur 250 kilomètres du sud au nord, la chaîne principale
des Selkirk forme une sierra continue et cette barrière se prolonge
au nord de la voie. Dans toute la Colombie, aucun obstacle naturel
ne garda aussi longtemps la réputation d'être infranchissable.

En 1858, la mission anglaise Palliser, envoyée de l'est pour chercher un passage, reconnut plusieurs cols des Rocheuses, les tra-
versa, mais dut s'arrêter devant les Selkirk. Aujourd'hui, après
après 40 années de prospection minière, on n'a point encore établi
de voie frayée transversale entre les deux lignes ferrées.

Une piste quitte Pilot Bay sur le lac Kootenay et cherche à
rejoindre le petit lac Sainte-Marie sur un affluent du haut Kootenay
dont la vallée, par exception, pénètre assez largement jusqu'au pied
de la muraille orientale. Une autre quitte le lac Duncan sur un
affluent septentrional du lac Kootenay, remonte, au milieu des
forêts, les gorges de l'impétueuse crique Hamill nourrie par des
glaciers, coupe la crête à la passe de Wells et dévale par la crique
Toba ou Toby sur le lac Windermere, expansion de la haute Columbia
(grav., p. 340, pl. XV, 1). Ces sentiers sont suivis de temps à autre par
des prospecteurs ou par des conducteurs de bestiaux qui tentent de ravitailler les camps miniers. La piste de la passe de Wells a 130 kilomètres de long; on met deux jours et demi pour la parcourir à cheval;
le 1er juillet 1904, un cavalier qui la suivait y trouva tant de neige
qu'il dut ramener son cheval au point de départ et passer à pied [1].

La région la plus élevée, mais aussi la moins large, a été choisie
pour faire passer la ligne Canadienne Pacifique. Pendant près de
douze années, les missions envoyées de l'est par la Compagnie
Canadienne Pacifique et par le gouvernement fédéral cherchèrent
où faire passer le Transcontinental. A la station de Moberly, sur le
versant oriental, on montre encore la première maison du pays, une
cabane de bois où l'ingénieur Moberly passa l'hiver de 1871-1872 [2].
On venait alors de décider la construction de la ligne. Ce fut deux
années seulement avant son achèvement, en 1883, que le major
Rogers découvrit une fissure à 1 310 mètres de haut entre des
rochers hauts de plus de 3 000. Il fallut faire monter le rail jusqu'à
la passe Rogers.

1. *An. Rep. Mines B. C. for 1904*, p. 161.
2. *C. P. R. Annotated Time Table, Eastbound Edition*, p. 25.

Pour l'atteindre, en partant de l'ouest[2], la voie franchit le fleuve Columbia par le pont de Revelstoke, puis s'engage dans les défilés de l'Illecillewaet, affluent de la Columbia, et remonte fidèlement le torrent auquel les boues glaciaires donnent une teinte « purée de pois », tantôt le long de canyons rocheux, tantôt à travers des élargissements où se pressent les sapins ; de bout en bout, elle change treize fois de rive.

Sur les 35 premiers kilomètres, la voie s'élève en ligne droite de Revelstoke (458 m.) au canyon Albert (679 m.) ; en ce dernier point, elle domine de 91 mètres le fond d'un ravin où la largeur de l'Illecillewaet se réduit à 6 mètres. Dix kilomètres plus loin, la voie s'est élevée à 1 090 mètres dans une platière boisée qu'elle suit pendant 5 kilomètres jusqu'au Pic de Ross où apparaît un glacier ; elle se trouve là sur le fond humide d'un grand cirque de montagnes qui se dresse au-dessus des sapins. Vers le sud une dizaine de sommets dépassent 2 800 mètres (gravure, p. 54, pl. I). Le plus haut (3 294 m.) a reçu le nom de mont Sir Donald en l'honneur de sir Donald Smith, l'un des promoteurs de la ligne, devenu, sous le titre de lord Strathcona, le premier pair canadien et le haut commissaire de la Puissance à Londres.

Au nord de la ligne, le massif de l'Ermite est dominé par le Pic Rogers (3 211 m.), le Pic Suisse (3 205 m.) et quatre autres de plus de 3 000 mètres.

A travers les créneaux apparaissent les glaciers dont les coulées blanches rayées de bleu et de vert descendent jusqu'aux sapins et se prolongent par des torrents en cascades, sources de l'Illecillewaet. La voie escalade le côté sud du cirque, passe en contrebas de glaciers et trouve enfin la passe au pied méridional d'une colossale pyramide qui doit à sa forme le nom de mont Chéops.

Le couloir où s'engage la voie s'incline vers l'est, mais très légèrement ; sur 1 600 mètres de long, la différence de niveau n'est que de 13 mètres entre l'arrêt de Summit à l'entrée (1 327 mètres), et celui de Rogers Pass à la sortie (1 314).

A l'est, le débouché s'ouvre tout à coup entre deux masses de rochers dépassant 3 000 mètres qui formaient une muraille compacte avant la commotion d'où naquit la fracture actuelle. On a donné à la montagne du sud le nom du premier ministre Macdonald fondateur du Dominion, auteur politique du Canadien Pacifique, à la montagne

---

1. *Topographical Map of the Selkirk Range* (Bibl. n° XXVI), feuilles N.-W. et N.-E.

du nord le nom de Tupper qui lui succéda à la tête du parti conservateur fédéral.

A droite et à gauche, des parois nues tombent par un abrupt de 1 500 à 1 800 mètres et se rejoignent à angle vif dans le fond presque linéaire de la gorge par où va descendre la voie. On se trouve là dans un nouveau cirque bordé par huit sommets qui s'échelonnent en gradins jusqu'au revers oriental du géant Macdonald commandant les amphithéâtres de l'un et l'autre versant. Mais sur cette pente moins arrosée et plus brusque, la forêt se réduit à la partie humide des vallées; sapins et cèdres sont plantés si bas que leurs pointes atteignent à peine le rail, et qu'à les voir du wagon on estime mal leur hauteur. Les roches nues dominent à plus de 1 000 mètres la ceinture des arbres, sans autres vêtements que les lichens et les coulées presque verticales des éboulements. En quelques points les tranches vertes des glaciers apparaissent, mais elles n'ont pas la même ampleur qu'à l'ouest.

Loin d'aller tout droit, comme dans les défilés de l'Illecillewaet, la voie se fait sinueuse pour longer en corniche et sous galerie la muraille du mont Tupper, au flanc nord du cirque. Toujours accrochée entre la crête et l'abîme, elle dévale à 6 kilomètres et demi de Rogers Pass, sur la pente gauche du haut ravin de la crique Beaver, affluent de la Columbia, et dès lors suit ce cours d'eau jusqu'au fleuve, ce qui la fait dévier vers le nord.

Onze kilomètres après la passe, l'arrêt de Bear Creek se trouve à 1 067 mètres et domine de 300 le fond des gorges. A partir d'ici, la difficulté fut de franchir les ravins en V qui entaillent le talus principal entraînant vers le lit de la Beaver les eaux de la pente à laquelle est suspendue la voie. Il a fallu jeter sur eux d'audacieuses passerelles dont la plus hardie, sur la Crique pierreuse (*Stony Creek*), domine de 91 mètres le lit du torrent[1].

Au bas de la descente, la crique Beaver s'échappe par un canyon si étroit qu'un arbre abattu peut servir de pont à un sentier pour traverser la rivière.

Très court, ce dernier défilé débouche bientôt sur la vallée alluviale de la haute Columbia, plate, large, que les Selkirk continuent de border au nord comme au sud du Canadien Pacifique. Leur prolongement septentrional s'inscrit dans le grand coude du fleuve Columbia. Mêmes schistes, mêmes formes, mêmes forêts jusqu'à 1 800 ou 2 000 mètres, mêmes sierras dénudées et neigeuses que dans

---

1. *C. P. R. Annotated Time Table, Eastbound Edition*, pp. 20-24, *Westbound Edition*, pp. 50-67. — Gravure de la p. 384, pl. XVI, 3.

le reste des massifs. Les points culminants ne semblent pas dépasser 2 800 à 2 900 mètres, mais la hauteur moyenne s'abaisse à peine [1].

Par delà le coude de la Columbia, le soulèvement se réduit à un seul dos de terrain qui prolonge l'axe des Selkirk, mais se compose presque entièrement de gneiss et terrains archéens. Il court en face des Rocheuses. Sur le versant opposé, celui du plateau intérieur, il pousse vers le nord-ouest un contrefort avec sommets de 2 000 à 2 300 mètres qui borde au nord le lac Quesnel, l'un des nombreux réservoirs alignés à la limite des terrains archéens.

Enfin la pointe nord de l'axe principal se termine dans le coude du Fraser où la recouvrent les formations primaires retroussées et surélevées qui constituent la chaîne du Caribou. Ce dernier massif comprend des schistes ardoisiers précambriens d'une nature particulière, que les géologues nomment étage du Caribou, puis d'autres schistes, des quartzites, des calcaires qui paraissent aller jusqu'au dévonien et qui rappellent les terrains qu'on observe dans les parties des Rocheuses situées sous la même latitude [2].

Vue du plateau intérieur, la chaîne du Caribou dessine sur le ciel clair de la région aride des cimes chauves de 2 000 à 2 500 mètres qui gardent longtemps la neige; elle domine de hauts plateaux ravinés, herbeux, et ses pentes ont une ceinture de maigres conifères [3].

Depuis l'État de Montana jusqu'au coude supérieur du Fraser, les monts Selkirk et Caribou à l'ouest, les Rocheuses à l'est, se trouvent séparés par une grande dépression longitudinale qui se prolonge sur 1 100 kilomètres du sud-est au nord-ouest, à une altitude qui varie de 700 à 1 000 mètres.

Les deux chaînes lui tournent leurs versants les plus rapides, pentes schisteuses et boisées des Selkirk avec traînées d'avalanches qui raient de clair le vert sombre des forêts, gradins nus des Rocheuses, aux escarpements de dolomies et calcaires roux et dorés, sectionnés par les canyons, séparés par une zone forestière des pics aigus qui surmontent la chaîne [4].

Dans la section la moins ignorée, celle du sud où coulent en sens inverse la Columbia et le Kootenay, la « Grande Vallée » paraît avoir

---

1. *An. Rep. Mines B. C. for 1905*, pp. 149-150.
2. *Geol. Surv. of Ca. An. Rep.*, 1887-88. *Maps of the principal auriferous Creeks in the Caribou District* by Amos G. Bowman, et cartes hors textes, surtout n°s 364, 368, 370, 372. — *An. Rep. Mines, B. C. for 1905*, p. 54.
3. *Geol. Surv. of Ca. An. Rep.*, 1887-1888, R, p. 32 (G.-M. Dawson).
4. *C. P. R. Annotated Time Table, Westbound Edition*, pp. 50-51.

la même histoire que celle du plateau (p. 7), creusement pliocène, comblement glaciaire, puis nouvelle érosion à l'époque actuelle. On y trouve des platières de limon blanc (p. 11) : on y voit onduler des bourrelets de moraines et de galets; ainsi 1 800 mètres de sables et de graviers séparent le haut Kootenay courant au sud d'un lac-réservoir qui donne naissance au fleuve Columbia s'échappant vers le nord; c'est le Plat du Canal (*Canal Flat*) ainsi nommé d'une communication que les « voyageurs » ont tenté d'ouvrir jadis pour supprimer la nécessité du portage.

Si l'on descend le Kootenay, on voit, vers le sud, la vallée s'élargir en une sorte de bassin allongé, haut de 7 à 800 mètres, que ravinent les torrents, que surmontent des tertres et de petits plateaux de gravier[1]; ce sont les Plaines du Tabac (*Tobacco Plains*), où pousse le tabac sauvage qu'y récoltaient les Indiens.

Au nord, la Columbia quitte la grande vallée par un coude brusque, mais l'axe de la vallée primitive est tenu par la rivière du Canot qui, venant du nord, conflue avec la Columbia au sommet de l'angle. On passe sans grand'peine des sources de la rivière du Canot à celle du Fraser qui remplit la rigole du fossé jusqu'au point où il décrit à l'ouest, èn tournant les monts du Caribou, un coude parallèle à celui de la Columbia.

J'ai déjà dit qu'aucun obstacle sérieux ne s'oppose au portage entre le coude Fraser et la Parsnip, tributaire méridional de la rivière de la Paix (p. 45); affluent septentrional de la même rivière, la Finlay qui coule droit au Sud, prend sa source près du seuil Sifton qui ouvre la voie vers la rivière Kachilka, le dernier des cours d'eau parallèles aux Rocheuses, qui conflue avec le Liard. Il semble donc que l'immense fossé se continue vers le nord, suivant le pied des Rocheuses, après la fin des monts Caribou, sur une longueur presque égale à celle qu'il présente de la frontière au coude du Fraser.

Les Montagnes Rocheuses.

Seules, en Colombie, les Montagnes Rocheuses conservent le nom, la direction, la formation et l'allure générale des chaînes correspondantes aux États-Unis. Sur le 49° parallèle, nul obstacle naturel ne marque la frontière entre Rocheuses de Montana et Rocheuses de Colombie. On n'a pas tracé la ligne politique de séparation avant l'été de 1903; tout arbitraire, elle se marque par une coupe recti-

---

1. *Geol. Surv. of Ca. An. Rep., 1883-84*, B, p. 27; *1885*, B, p. 156.

ligne large de 30 mètres dans la forêt et par des poteaux en fonte
sur les hauts rochers qui dépassent la ligne d'arbres[1].

De la frontière américaine au 54ᵉ parallèle, la Colombie ne possède que la pente occidentale des Rocheuses, la plus courte ; tout le
reste, c'est-à-dire les deux tiers de la largeur, appartient à l'Alberta.
Au nord du 54ᵉ parallèle, la limite interprovinciale suit le 120ᵉ de
longitude ouest, laissant à la Colombie toutes les Rocheuses, leurs
avant-monts et un morceau de la grande plaine orientale. Dans
cette partie, les Rocheuses s'inclinent fortement au nord-ouest et se
rapprochent de la Chaîne côtière. Puis, après la coupure par où
s'échappe la rivière aux Liards, elles font un saillant vers l'est,
arrivent au voisinage du fleuve Mackenzie et en bordent la rive
gauche jusqu'à son delta. Cette dernière section des montagnes se
trouve hors de la Colombie, elle appartient au Territoire de Mackenzie.

Ainsi comprises, du 49ᵉ parallèle à l'Océan Glacial, les Rocheuses
canadiennes s'allongent en une « Cordillière » d'au moins 3 000 kilomètres.

La seule partie relativement étudiée est la plus méridionale et la
plus haute qui s'étend des États-Unis au voisinage du 54ᵉ parallèle ;
encore l'exploration, quoique moins malaisée et plus avancée que
dans les Selkirk, n'y est-elle point terminée[2].

Dans cette partie, les Rocheuses paraissent formées, comme au
nord-ouest des États-Unis, par un gigantesque retroussement des
couches primaires qui se continuent du lac Winnipeg aux montagnes sous les sédiments plus modernes de la Prairie. Ces terrains
qu'on suppose avoir buté contre la masse des Selkirk et de la Chaîne
de l'Or se montrent redressés, repliés vers l'est, les couches
anciennes parfois charriées par dessus les couches plus récentes,
dans de gigantesques plissements en V. Des lambeaux de crétacé
inférieur, analogue à celui de la Prairie et sans doute déposé dans
les mêmes eaux, avant le soulèvement, se trouvent pincés entre les
plis des roches primaires, en forme d'auges allongées dans le sens
général de la chaîne ; on y trouve des gisements de houille grasse
qui sont au sud, exploitées sur les deux versants[3].

1. *An. Rep. Mines, B. C. for 1903*, pp. 79-80.
2. *Geol. Surv. of Ca. An. Rep.*, *1886*, B (G. M. DAWSON), avec une *Reconnaissance Map
of a Portion of the R. Mns. between Lat. 49° N. a. 51°30′ N.* (1 : 380 160) avec teintes géol.
Souvent citée sous le nom de carte des Rocheuses p. Dawson.
3. *Geol. Surv. of Ca. An. Rep.*, *1886*, D. (MAC CONNELL). Etude de la vallée de la Bow,
avec coupe de la *Cascade Trough*, p. 42 et, en appendice, *Geol. Sect. across the R. Mns,
in the vicin. of the C. P. Ry*,.. coupes prises exclusivement sur le versant de la

Dans une haute vallée longitudinale des Rocheuses, celle de la Rivière aux Têtes Plates, tout près de la frontière américaine, on voit suinter le pétrole. A certains signes on croit pouvoir conjecturer sa présence en d'autres vallées longitudinales du versant sud-ouest. Il sourd au pied des roches cambriennes qui forment le principal échelon des Rocheuses; si sa présence est indiscutable, son origine met en émoi les géologues : comme, en effet, on n'a jamais rencontré de pétrole dans des terrains si anciens, on a été amené à se demander s'il ne viendrait pas de combustible contenu dans les dépôts crétacés, ramenés par un plissement en V sous les dépôts cambriens et métamorphisé par la chaleur[1].

D'après Mac Connell[2], l'épaisseur des couches qui se succèdent sur le versant colombien des Rocheuses au sud-ouest se traduirait par les évaluations suivantes : 3 000 mètres d'argillites noires, de grès et de conglomérats constituent l'étage cambrien et précambrien de la *Bow River*. Puis viennent 3 000 mètres de calcschistes et de schistes appelés étage de la *Castle Mountain*. L'Olenellus, caractéristique de la faune cambrienne inférieure, se rencontre au sommet de la *Bow River* et à la base de la *Castle Mountain*; enfin 400 mètres de dolomies et quartzites à halysites forment le sommet, supportés par 500 mètres de schistes argileux et calcaires à graptolites. Ces roches appartiennent au carbonifère et au dévonien.

Au sud, les formations les plus anciennes l'emportent, au nord, les calcaires dévoniens et carbonifères. Visibles de loin, les strates prennent l'aspect d'assises de maçonnerie aux teintes variées[3], à la tranche découpée et crénelée. Les sommets méritent les noms que leur donnent les géologues et géographes américains, *serrated*, *castellated*, *rampartlike*.

Excepté les dépôts glaciaires, on ne trouve dans les Rocheuses aucune formation plus récente que le crétacé inférieur. Le premier soulèvement du massif paraît remonter avant la fin de l'époque secondaire et s'être produit immédiatement avant ceux de Vancouver et des îles qui, de l'autre côté du butoir archéen, ont reçu des sédiments crétacés supérieurs. Il a été suivi de plusieurs autres.

Prairie, reprod. dans Suess, *La Face de la Terre*, trad. fr., t. I, pp. 801-805. — L'étude des gisements de combustible des Rochcuses est en ce moment méthodiquement poursuivie par le service géol. fédéral : voir p. ex. les *Summary Rep.*, *1905*, pp. 59-62, 62-67; *1906*, pp. 66-74. — *An. Rep. 1904*, *Geol. a. Topogr. Map of Crows Nest Coal Fields*, au 1 : 126,720, avec coupes et notes marg.

1. *An. Rep. Mines B. C. for 1903*, pp. 86, 92; *for 1905*, p. 141.
2. *Yearbook of B. C.* 1903, p. 8, d'après le rapp. de 1886 (cité p. préc. note 2), pp. 17-33. — A.-O. Wheeler, *The Selkirk Range*, t. 1, appendix C, p. 405 (d'après G.-M. Dawson).
3. W. D. Wilcox, *The Rockies of Canada* (voir p. 71), pp. 225-226.

Plus récentes que les Selkirk et la Chaîne de l'Or, les Rocheuses sont plus élevées, mais l'érosion s'y continue rapidement, en raison de la hauteur et de la rapidité des pentes.

Leur plus grande épaisseur se trouve vers le sud et le centre. A la traversée du Canadien Pacifique, les Rocheuses présentent à peu près 100 kilomètres de largeur.

Comme pour les autres montagnes de la Province, la direction générale va du sud-est au nord-ouest, mais la ligne de partage n'est pas continue; pour la suivre, la limite entre Colombie et Alberta dessine de crête en crête un zigzag incliné au nord-ouest. Les Rocheuses se composent, en effet, d'échelons en forme de coins à pointe tournée vers le nord; séparés par des cassures longitudinales, ces massifs apparaissent en retrait les uns sur les autres. Sur le versant colombien leurs limites sont marquées par des rivières qui coulent dans une vallée longitudinale intérieure, puis sautent par une cluse dans une autre vallée parallèle moins haute, plus à l'ouest.

Sur le versant de la Prairie, les cours d'eau s'échappent par des *gaps* ou brèches perpendiculaires à l'axe, relativement droites et courtes, dont le profil a été achevé par l'érosion des anciens glaciers.

Le nombre des passages transversaux est l'un des caractères qui distinguent les Rocheuses des Selkirk et de la Chaîne de l'Or. Ce sont habituellement des ouvertures pratiquées entre les vallées longitudinales de l'ouest, placées à des latitudes légèrement différentes : aussi les voies qui les empruntent ont-elles un tracé sinueux; elles franchissent l'arête principale par des cols hauts et longs, séjour d'anciens glaciers, semés aujourd'hui de petits lacs; elles débouchent enfin dans la Prairie par des brèches. On ne compte pas moins de douze passes reconnues dans la partie la plus élevée où les sommets atteignent de 3 000 à 4 000 mètres : la plus méridionale près de la frontière est aussi la plus haute avec 2 400 mètres; la plus septentrionale, près du 54° parallèle, n'en a que 1 615.

Vallées et cols découpent en massifs le long soulèvement des Rocheuses. De la frontière à la passe du Crows Nest, franchie par la voie ferrée méridionale de Colombie, se poursuit un premier groupe de montagnes qui a commencé en Montana. L'altitude moyenne y est considérable, les sommets de la crête principale vont de 3 000 à 3 650 mètres. L'ensemble est large de 100 kilomètres environ et se divise en deux crêtes qui encadrent la vallée supérieure de la Rivière aux Têtes Plates (*Flat Head River*), ainsi nommée d'après une tribu indienne du Montana. Ce cours d'eau va droit au sud, traverse des gorges, puis suit une haute platière d'alluvions, couverte de marécages et de forêts qu'au bout de 40 kilomètres la frontière coupe arbitrairement avec ses deux murailles de montagnes. En ce point le fond de la vallée n'a pas moins de 1 200 mètres d'altitude. Ainsi la partie canadienne de la Flat Head River forme un coin enfoncé dans les Rocheuses, dépendance naturelle du Montana qui possède tout le reste du cours et du bassin.

Deux sentiers traversent toute la région de la Flat Head pour réunir la vallée supérieure de Kootenay à la Prairie. Le plus méridional part des plaines du Tabac, va chercher sur le territoire des États-Unis une passe qui lui permet de franchir la première chaîne à 1 600 mètres, traverse les marécages et les forêts de la platière, puis, revenant au nord, rentre en territoire canadien et escalade la chaîne principale par la passe du Kootenay sud, haute de 2 400 mètres. C'est celui qui emprunte le col le plus élevé des Rocheuses, difficulté qui, jointe aux autres obstacles naturels et à l'inconvénient de passer la frontière internationale, a fait abandonner cette voie : la piste y disparaît sous la végétation ou s'y noie sous l'eau.

Au nord, l'autre sentier part de l'Elk, affluent de la rivière Kootenay, franchit la chaîne occidentale à 2 160 mètres, descend dans la gorge à vives arêtes où la Flat Head court, peu après sa source, puis remonte de l'autre côté pour traverser l'échelon occidental à la passe de Kootenay nord, haute de 2 050 mètres. Pénible à cause des montagnes et des forêts, cette voie a pourtant sur la précédente l'avantage d'être plus courte et toute canadienne. Les Indiens l'avaient frayée pour pénétrer de la Prairie dans la Grande Vallée, les blancs les y suivirent dès les premières découvertes minières [1]. Une tradition dit que des chercheurs de mines ou de terres auraient passé par un de ces cols, probablement celui du sud, vers 1854 ; en tout cas l'un et l'autre ont été réellement reconnus en 1858 par les membres de la mission Palliser [2].

Sur les deux passes méridionales, la suivante au nord, celle du Nid de Corneille (*Crows Nest Pass*), offre l'avantage de n'obliger qu'à une seule ascension et de ne pas dépasser 1 345 mètres. Aussi a-t-elle été choisie pour la voie ferrée transversale du sud qui lui emprunte son nom. Pratiquée comme les précédentes par les Indiens, elle aurait été franchie par des blancs dès 1841.

On a déjà vu comment la ligne du Crows Nest traverse les Selkirk pour atteindre les bords du haut Kootenay (p. 57). Après avoir franchi cette rivière, elle gagne la vallée de son affluent l'Elk, un des

1. *An. Rep. Mines, B. C. for 1903*, pp. 81-83.
2. A. O. WHEELER, *The Selkirk Range*, t. I, pp. 140-142.

cours d'eau les plus puissants et les plus rapides du versant occidental des Rocheuses qui entaille tous les chaînons latéraux, et offre une voie de pénétration en zig-zag jusqu'au pied de la muraille principale[1].

De même que la plupart des torrents à l'ouest des Rocheuses, l'Elk débouche dans la Grande Vallée par un canyon tranché à pic, où la rivière descend de 180 mètres au moins sur 25 kilomètres; cette dernière section ne peut servir de passage; elle appartient, comme les chaînons et la vallée des Têtes Plates, au coin accidenté, sauvage et désert, de l'extrême sud-est colombien.

Du pont de Wardner sur la rivière Kootenay (782 m.), la voie ferrée gagne directement Elko, situé à 952 mètres de haut, sur l'Elk, en amont du canyon inférieur. Cette montée de 37 kilomètres se fait au pied des premiers échelons des Rocheuses, dominés au nord par le Pic des Trois Clochers (2542 m.); la voie y traverse plusieurs criques parmi des terrasses d'alluvions et de graviers déposés par les anciens glaciers, et couverts d'une végétation maigre avec arbres isolés.

D'Elko à Michel, pendant 66 kilomètres, la voie remonte vers le nord-ouest la vallée longitudinale de l'Elk, où elle rencontre bientôt la forêt des montagnes. Parvenue à 1162 mètres d'altitude, elle quitte l'Elk et tourne à l'est par la gorge de son affluent, la crique Michel; enfin, au bout de cette gorge, elle s'élève de 61 mètres par un lacet où elle se replie sur elle-même pendant 5 kilomètres, et atteint la passe à 1345 mètres. Depuis Elko, la pente est de 12 millimètres par mètre, pas la moitié de celle que gravit la ligne transversale nord.

Les paliers qui précèdent immédiatement le sommet du col sont occupés par de petits lacs glaciaires, sources de torrents. Sur le versant colombien c'est le lac Sommet à l'entrée même de la passe; sur l'autre, le lac de l'Ile à la sortie, puis le lac du Crows Nest à 1337 mètres. Du côté de l'Alberta, la ligne est dominée au nord par une montagne arrondie de 2378 mètres surnommée le Nid de Corneille, appellation qui a passé ensuite au col, puis à la ligne. Empruntant pour descendre la vallée de la rivière Crows Nest, la ligne sort des montagnes par une brèche, à 35 kilomètres est du col.

Au nord de la passe Crows Nest et jusqu'à la passe Kananaskis, sur 95 kilomètres, la crête principale forme une arête continue bordée, sur le versant colombien, par des crêtes secondaires également-

---

1. *C. P. R. Annotated Time Table, Eastbound Edition*, pp. 59, 62.

ment difficiles à franchir[1]. Entre les Rocheuses propres et leurs échelons occidentaux court d'abord vers le sud la gorge longitudinale du haut Elk, boisée, peu pénétrable ; elle ne communique avec la Prairie que par un col élevé et difficile au pied du mont Gould (3 230 m.) ; cette passe descend à l'est sur la branche nord de la rivière Livingstone ; on l'appelle North Fork Pass.

Plus au nord, la section supérieure de la rivière Kootenay forme un nouveau couloir longitudinal comparable au premier, et toujours sans communications directes à travers les échelons de l'ouest. A l'est, trois passes élevées franchissent la crête principale, celles de la rivière Kananaskis, reconnue par la mission Palliser en 1858, de l'Homme Blanc, qui devrait son nom au passage du missionnaire De Smet, le premier blanc qui y suivit les Indiens (1845), enfin celle qui conserve le nom de Sir George Simpson, qui la franchit en 1841. Toutes trois se maintiennent aux environs de 2 000 mètres. Elles aboutissent sur le versant d'Alberta à des affluents méridionaux de la rivière aux Arcs (*Bow River*).

La Bow River offre, du côté de la Prairie, une brèche et un couloir de pénétration tels qu'on n'en a point rencontré depuis le Crows Nest ; c'était, d'après Dawson, le principal passage par où les glaciers « cordillérins » descendaient sur le bord de la Prairie. Grâce à une fortune singulière elle aboutit, sur la ligne de faîte, à une passe moins élevée que les précédentes, celle du Cheval qui rue (*Kicking Horse Pass*), à 1 625 mètres[2]. Découverte par Sir James Hector, de la mission Palliser, elle a porté quelque temps son nom, puis l'a perdu pour prendre l'actuel, qui vient d'une ruade lancée à Hector par un de ses chevaux au moment où il franchissait le col. Sur la pente colombienne de cette passe[3] descend à l'ouest le torrent du Cheval qui rue, entaillant tous les échelons secondaires et ne laissant à faire qu'une seule montée pénible. A tous ces avantages, la passe joint celui de se trouver à peu près dans l'axe où la passe Rogers traverse les Selkirk, la passe de l'Aigle, la Chaîne de l'Or (pp. 53 et 58). La nature elle-même marquait le tracé du Canadien Pacifique par ces trois créneaux (coupes des pages 46 et 47).

Comment la ligne traverse Chaîne de l'Or et Selkirk pour atteindre la haute Columbia, on l'a vu plus haut. Arrivée là elle remonte le fleuve vers le sud pendant 45 kilomètres, cherchant une

1. D'après les feuilles au 1 : 40 000ᵉ publiées par le *Topographical Survey of the Rocky Mountains*, Ottawa (nᵒˢ XXIV-XXV de la Bibl.).
2. D'après la *Sketch Map*... (Bibliogr., nᵒ XXII).
3. Les dates établies ou traditionnelles, l'origine des noms sont empruntées à A.-O. WHEELER, *The Selkirk Range*, t. I, pp. 128, 144.

ouverture dans la paroi des Rocheuses. A Golden (787 m.), elle quitte enfin la Grande Vallée pour s'engager dans le canyon inférieur de la rivière du Cheval qui rue (*Kicking Horse River*), affluent de la Columbia[1], gorge aux parois verticales « couleur de bronze », au couronnement découpé en pics. Pour y faire passer le rail on a dû tailler une corniche et percer des tunnels dans les saillants des rochers.

Au bout de 19 kilomètres, la voie se trouve 213 mètres plus haut que la Columbia, à l'arrêt qui porte le nom de l'explorateur Palliser ; son tracé se modèle alors sur les coudes anguleux que décrit la rivière pour se glisser entre les échelons des Rocheuses. Tantôt massifs et sans brèches comme la Queue de Loutre (*Otter Tail*) au sud, tantôt crénelés et ravinés comme le mont Hunter et la chaîne couleur d'ocre de Van Horne au nord, les arêtes secondaires présentent des saillants successifs qui se masquent l'un l'autre et semblent barrer la vallée. Entre ces bastions, les rentrants sont des ravins par où les eaux ruissellent vers la rivière du Cheval qui rue. Sur le versant sud, en deux endroits de la base des Otter Tail, l'érosion a découpé des *hoodoos*, nom indien de nos « demoiselles », c'est-à-dire de longs piliers instables de graviers et de limon protégés de la pluie par une dalle ou un large galet de pierre en chapeau et restés debout, alors que l'eau lavait et chassait à la rivière le reste des dépôts meubles. Sur les sommets apparaissent les traînées des premières neiges persistantes.

Après avoir gravi, depuis Moberly, 767 mètres en 41 kilomètres, la voie débouche à 1 239 mètres dans la haute platière de Field, fond d'un ancien lac qui se vida par le canyon inférieur. Un instant apaisé, le torrent s'y divise en bras au milieu des traînées de cailloux roulés et des marécages (gravure p. 70, pl. II, 1). De toutes parts le voyageur est entouré de montagnes. La plus haute, qui a reçu le nom de Stephen, premier directeur du Canadien Pacifique, culmine à 3 175 mètres; c'est une large masse arrondie à l'épaule de laquelle pend obliquement vers l'ouest un glacier long de 300 mètres, brusquement arrêté par une tranche de 30 mètres en épaisseur; ici commencent les grands champs de neige.

A côté du mont Stephen et plus à l'est contrastent avec son dôme les clochers découpés du pic Cathédrale; en face, le mont Field commande le versant nord; caché derrière lui, à 11 kilomètres de la rivière du Cheval qui rue, un cirque grandiose de pics rubannés de

1. *C. P. R. Annotated Time Table. Eastbound Edition*, pp. 25, 32; *Westbound Edition*, pp. 44, 50.

glaciers verts, entoure le lac d'Émeraude où se mirent cèdres et sapins, réservoir dont les eaux s'écoulent vers la platière de Field. Tout près, par une gorge de 80 mètres à pic que traverse une arche naturelle de roches, descend le torrent de la vallée Yoho, une merveille des Rocheuses, découverte pendant la construction de la ligne; le fond en est marécageux; les sapins couvrent les pentes; à l'étage supérieur des pics de 3 600 à 3 900 mètres dressent leurs cimes nues, laissant fuir par leurs déchirures les eaux des glaciers qui tombent en cataractes au milieu des arbres. La chute de Takkakkaw mesure 365 mètres de hauteur; deux autres l'égalent presque.

Au sortir de Field, remontant toujours la rivière du Cheval qui rue, la ligne s'élève dans une gorge où elle se cramponne au rocher, dominant de 150 à 180 mètres le torrent « qui semble un fil d'argent au fond du ravin ». C'est le canyon supérieur de la Kicking Horse River (gravure p. 70, pl. II, 2).

Ensuite la voie atteint une nouvelle platière que remplit le lac Wapta ou Kicking Horse. A 1 582 mètres d'altitude, ce bassin reçoit les eaux bouillonnantes du ruisseau des Cataractes issu de lacs et de glaciers, et courant du sud au nord perpendiculairement à la ligne. Le chemin de fer côtoie le lac, franchit le ruisseau des Cataractes, dernière branche permanente de la rivière du Cheval qui rue; puis il continue à monter pendant 6 kilomètres dans un de ces longs couloirs graveleux, dénudés, semés de lacs qui caractérisent les hautes passes des Rocheuses; elle y longe le petit lac Sink, puis le lac Sommet, tous deux isolés en temps normal, mais qui, aux crues, s'écoulent dans l'une ou l'autre direction; là elle se trouve à 43 mètres plus haut que le lac Wapta sur une selle froide, venteuse et déserte où un poteau avec l'inscription *Great Divide* rappelle seul la présence de l'homme [1]. C'est la limite entre versant du Pacifique et versant de la baie de Hudson, entre Colombie et Alberta, entre l'heure officielle des montagnes et celle de la Prairie, différentes de 60 minutes.

Sur le versant oriental, la ligne descend rapidement par le ravin d'un affluent dans le couloir largement taillé où coule la Bow River qui naît de glaciers situés plus au nord; elle atteint la Bow à Laggan, 1 554 mètres, après avoir descendu 171 mètres sur 6 kilomètres 1/2. Suivant constamment la brèche de cette rivière, elle sort des Rocheuses à 113 kilomètres de Laggan par un défilé entre 1 290 et 1 128 mètres d'altitude.

Au nord de la passe du Cheval qui rue, les cimes les plus élevées

---

1. D'après la *Sketch Map showing the Vicinity of Lake Louise, Moraine Lake et Vermilion Pass* (Bibliogr., n° XXII).

Pl. II

1 - PLATIERE DE FIELD (1235ᵐ).
Station et Hôtel du C. P. R. en bois, dominés par le mont Stephen (3175ᵐ). Strates caractéristiques (p. 64). Brûlés (p. 218) sur les pentes inférieures.

2 - CANYON SUPERIEUR DE LA RIVIERE DU CHEVAL QUI RUE.
En amont de Field. Ligne C. P. R. avec voie d'évitement. Ravin en V, contrastant avec la vallée
en U de Field.

s'échelonnent du sud-est au nord-ouest sur 120 kilomètres environ, depuis le mont Hector (3 424 m.), qui domine la ligne transcontinentale, jusqu'au mont Alberta (4 267 m.), point culminant des Rocheuses canadiennes. Tous deux ont été gravis pour la première fois en 1895 par Norman Collie continuant l'œuvre d'ascension et d'exploration commencée en 1893 par Coleman, dont le nom reste attaché à un pic de 3 352 mètres. Les sommets vont de 3 000 à 3 650 mètres, avec une ceinture de forêts jusqu'à 2 100; plus haut, des glaciers et des neiges.

Au nord immédiat du massif qui porte le géant Alberta, la chaîne s'amincit et s'abaisse un moment dans la passe Athabasca (1 740 m.), par où les Indiens se rendaient, bien avant l'arrivée des blancs, des sources de l'Athabasca à celles de la Columbia. L'un des premiers explorateurs scientifiques de la Province, le botaniste Douglas, la visita en 1827; trompé par le commandement que l'atténuation du relief et le voisinage de la Prairie donnent aux sommets qui s'élèvent à la sortie orientale, il évalua entre 4 000 et 4 800 mètres l'altitude des deux principales qu'il appela mont Hooker et mont Brown, en l'honneur de savants anglais [1].

Comme il ne les avait pas localisées avec précision, on les a cherchées longtemps sans les trouver. En 1893, Coleman a établi que la montagne aujourd'hui nommée Brown atteint 2 700 mètres à peine, et que cette altitude n'est guère dépassée au voisinage de la passe Athabasca [2].

Il se peut que l'actuel mont Brown ne corresponde point à celui de Douglas et que les hautes montagnes indiquées par lui soient le mont Alberta, fort au sud de la passe, et le mont Geikie

---

1. *Geogr. Journal*, 1900, p. 252 (Norman COLLIE). — W. D. WILCOX, *Camping in the Canadian Rockies*. New-York, 1897, pp. 219 et 255. — *Americ. Geologist*, vol. XIV, août 1894, pp. 83-92 (COLEMAN).

2. *Geogr. Journal*, 1895, pp. 56-61, COLEMAN, *Mt Brown and the Sources of Athabasca*, croquis, p. 96; 1896, pp. 49-64; W. D. WILCOX, *Lake Louise*, croquis au 1 : 160 000, p. 51, carte bathym.; p. 53; 1899, pp. 337-355; Norman COLLIE, *Explorations in the Canadian Rockies, A Search for Mt Hooker and Mt Brown*, pp. 358-375; W. D. WILCOX, *Sources of the Saskatchewan*, croquis, p. 361, *Sketch Map of the Canadian Rockies*, 1897-98, au 1 : 500 000 (entre les parall. 51 et 53); 1900, pp. 252 et suiv.; Norman COLLIE, *Explorations in the Canadian Rocky M.*, croquis, p. 255, rééd. de la *Sketch Map of the Can. Rockies*, complétée depuis WILCOX, avec glaciers, pistes; 1903, pp. 485-488; id. *Further Explorations in the Rocky Mns.* (autour de la vallée de la Bow), avec la *Sketch Map* déjà ind.; pp. 502-510; COLEMAN, *The Brazeau Ice Field* (glacier des sources de la Saskatchewan), croquis, p. 503.

W. D. WILCOX, *The Rockies of Canada*, New-York, 1900, in-8°, gravures et cartes, rééd. complétée de *Camping in the Canadian Rockies*, 1897, en forme de mémoires d'alpiniste, reproduit les récits d'ascension déjà publiés par l'auteur et ajoute un certain nombre de détails et de renseignements.

Tout ce que j'ai cité se rapporte presque exclusivement aux hautes montagnes et aux glaciers au nord de la vallée de la Bow.

(3 352 m.), fort au nord, qui porte le nom d'un géologue contemporain, et qui se trouve entre la passe Athabasca et celle de la Tête
Jaune (*Yellow Head Pass*).

La passe de la Tête Jaune fait communiquer la Miette, affluent de
l'Athabasca, avec le lac Bouse de Vache (*Cow Dung*), source du
Fraser. Relativement commode, elle n'offre qu'une piste frayée par
les Indiens avant l'occupation, mais elle a failli être prise pour
donner passage au Canadien-Pacifique (coupe des pp. 46-47) et elle a
les plus grandes chances d'être choisie pour les rails du Grand Tronc
entre la Prairie et Port Simpson sur le Pacifique.

Au nord de la Tête Jaune se dresse le pic Robson, dernier massif
des Rocheuses qui dépasse 4 000 mètres.

Les Rocheuses se prolongent le long du Fraser, partageant toujours
les deux versants. A l'angle du 53ᵉ parallèle et du 120ᵉ méridien la
limite interprovinciale les quitte pour suivre le 120ᵉ, laissant toute la
chaîne à la Colombie. Tout près de là, une passe de 1 615 mètres
met en communication la Rivière aux boucanes (*Smoky River*) à l'est,
et les sources de la Rivière aux Panais (*Parsnip River*) à l'ouest.

Bientôt se dessine le rentrant de l'axe général vers le nord-ouest :
les Rocheuses s'abaissent, leurs sommets vont tout au plus de 1 500
à 2 000 mètres. Les rivières traversent la muraille par des cluses
dans les calcaires carbonifères et dévoniens [1], et vont poursuivre
leur cours dans la plaine orientale.

Dès lors, c'est au centre du plateau, dans les monts Cassiar, que se
trouvent les sources. Les Rocheuses ne sont plus ni arête de partage, ni limite politique.

1. *Geol. Surv. of Ca. An. Rep., 1894*, C. (MAC CONNELL), pp. 7, 12, 18.

CHAPITRE V

LE NORD DE LA PROVINCE

Bassins du fleuve Skeena et de la rivière de la Paix.

L'intérieur nord se divise en bassins adossés dont les eaux coulent les unes à l'ouest, les autres à l'est, à travers les déchirures, soit de la Chaîne côtière, soit des montagnes Rocheuses.

Au nord-ouest du 54° parallèle, le fleuve côtier Skeena et ses affluents répètent, en sens inverse, la rivière Nechaco et les affluents nord-occidentaux du Fraser (p. 44).

Sur la rive sud, le fleuve Skeena reçoit l'abondante contribution du grand lac Babine [1], puis, en aval, une forte rivière de montagnes, la Bulkley qui coule dans un véritable couloir aux bords escarpés sous un couronnement de basalte. Par les fentes des crêtes volcaniques tombent des torrents qui naissent au fond de hauts cirques surmontés de glaciers. A droite, l'affluent Telkwa est formé par un réseau de rivières qui prennent leurs sources au-dessus de la limite des arbres, dans des bassins de 1 600 à 1 700 mètres, commandés par des falaises de 300 à 450 mètres à pic; plus haut s'élèvent des sommets neigeux d'au moins 2 400 mètres [2].

Entre ces parois, le cours moyen de la Bulkley suit le fond d'un ancien lac allongé du sud-est au nord-ouest, comme ceux qui subsistent dans la région; cette expansion s'étend, dans l'axe de la rivière, sur 80 kilomètres avec une largeur de 6 à 13, une altitude de 750 à 550 mètres. L'aspect général est celui qu'on a décrit pour les vallées du Fraser moyen et de ses affluents occidentaux (gravure p. 130, pl. IV, 1 et 2).

1. *B. C. Crown Lands Surveys*, 1891, p. 57. — *An. Rep. Mines, B. C. for 1905*, pp. 116, 132.
2. *An. Rep. Mines, B. C. for 1905*, pp. 126, 128, 138.

A la pointe inférieure de l'ancien lac, les contreforts des montagnes se resserrent tout d'un coup et se font face à 1 500 mètres d'intervalle[1]. Entre Moricetown et le confluent avec le fleuve Skeena, la rivière Bulkley a scié des roches éruptives en canyons profonds et étroits qu'elle descend par des rapides (gravure p. 138, pl. V, 3). Enfin, ses eaux limoneuses et bouillonnantes se jettent dans le fleuve Skeena, à Hazelton.

Sur la rive nord, les affluents du Skeena, venus de régions moins élevées, ont moins de pente et moins d'eau[2].

En aval de Hazelton, le Skeena franchit la Chaîne côtière par des défilés où la navigation est possible; les vapeurs à fond plat le remontent jusqu'au confluent de la Bulkley sur 290 kilomètres, mais les bâtiments à quille ne sauraient s'aventurer à plus de 80 dans l'intérieur[3].

Dans le dernier golfe canadien, le Canal de Portland, débouche le fleuve Nass[4], qui arrive du nord-est en décrivant une série de coudes dans une région à peine explorée.

Plus au nord, toutes les embouchures et les côtes appartiennent au territoire d'Alaska : dès lors la Colombie intérieure est coupée de l'Océan.

A l'ouest du haut Fraser et du fleuve Skeena, tout l'intérieur appartient au versant très étendu de la rivière de la Paix (*Peace River*). La ligne de partage n'est point continue, à peine se marque-t-elle, sauf dans la région où les monts Omineca font face aux contreforts des Rocheuses (p. 45). La rivière Omineca descend à l'est des montagnes qui portent le même nom, contourne par des plis sinueux leurs éperons brisés, puis débouche dans la grande vallée longitudinale qui s'étend du nord au sud entre les Rocheuses et le reste de la Province (p. 61). Un dépôt d'argile glaciaire en forme le fond plat; les montagnes la dominent d'environ 1 200 mètres. Une forêt épaisse et uniforme d'épinettes et de mélèzes y continue celle des monts Omineca et s'élève à l'est jusqu'à 1 600 mètres de haut. Au-dessus de la ligne des arbres, on distingue des glaciers sur les Rocheuses[5].

Deux rivières, au sud la rivière aux Panais, au nord la rivière

---

1. *An. Rep. Mines, B. C. for 1905*, pp. 114, 116, 124, 136. — *Rap. An. Marine et Pêcheries*, 1905, pp. 209, 210.
2. *B. C. Crown Lands Surveys 1901*, p. 57.
3. *B. C. Pilot*, 1905, p. 445.
4. *Rapp. An. Marine et Pêcheries*, 1905, p. 206. — *Pilot of B. C.*, p. 501.
5. *Geol. Surv. of Ca. An. Rep.*, *1894*, C, pp. 7, 12, 18, 35 (Mac Connell).

Finlay suivent, en sens opposé, l'axe de la Grande Vallée et viennent mêler leurs eaux à celles de l'Omineca. Toutes trois présentent de larges biefs séparés de temps à autre par des étranglements. Réunies, elles forment la rivière de la Paix (*Peace River*), qui, sautant les rapides de Finlay et de Parle Pas (gravure p. 384, pl. XVI, 1), franchit en canyons les Rocheuses, puis leurs contreforts de la Prairie pour rejoindre le Mackenzie.

Au sortir des montagnes, la Paix traverse le coin de plaines qui appartient à la Colombie; elle en sort entre le fort Saint-John (445 m.) et Dunvegan (400 m.), premier poste du territoire d'Athabasca.

Par cette rivière remonte jusque dans la Grande Vallée le « poisson bleu » des voyageurs franco-canadiens, appelé encore truite arctique et qui paraît être une variété d'ombre (*Thymallus*). Il ne se rencontre que sur le versant de l'océan Glacial; on le pêche en Colombie dans la rivière aux Panais jusqu'au lac Mac Leod par 55° de latitude nord [1].

Déserts du fleuve Stikine et de la rivière aux Liards.

La région qui s'étend entre le 57° et le 60° parallèles est la plus déserte et la plus mal connue de la Province : coupée à l'ouest de l'Océan par l'Alaska, touchant à l'est une partie de la plaine orientale qui reste vierge, elle n'attire personne.

Sous cette latitude, l'intérieur semble divisé en deux versants par les monts Cassiar qui en occupent le centre et courent du sud-est au nord-est : ce sont des plissements de schistes, au milieu desquels s'allongent dans l'axe de la chaîne des dos de granit; l'altitude approximative va de 1 800 à 2 500 mètres [2].

Vers l'Océan s'écoule le fleuve Stikine, assez mal connu [3]. Il est formé par une branche sud et par une branche nord qui lui apporte les eaux du lac récepteur Tooya. Son cours moyen traverse en canyons une nappe de roches éruptives modernes; le fleuve y est grossi par son affluent septentrional le Tahl-Tan qui contourne un massif épais de roches éruptives modernes. Dans ces canyons, Dawson a signalé un fait commun en Californie, mais rare en Colombie, des vallées alluviales creusées dans les basaltes tertiaires, puis recouvertes par une coulée de laves plus récentes [4].

1. *B. C. Crown Lands Surveys*, 1901, p. 74.
2. *An. Rep. Mines, B. C. for 1902*, pp. 49, 53 (étude du district de Cassiar).
3. *An. Rep. Mines, B. C. for 1904*, p. 97.
4. *Geol. Surv. of Ca. An. Rep., 1887-1888*, B, p. 78 (figure).

La masse éruptive du Stikine et de la Tahl-Tan forme un groupe de hauteurs entre les schistes et grès de Cassiar [1] à l'est, le granit de la Chaîne côtière à l'ouest; de part et d'autre s'étendent des vallées longitudinales, et ces plis semblent se faire sentir jusqu'à la frontière nord. Ainsi, sur le versant occidental du Cassiar, la vallée longitudinale du lac et de la rivière Tooya, qui s'écoule vers le Stikine, paraît se continuer par celle du lac et de la rivière Teslin appartenant au réseau du Yukon.

Des glaciers apparaissent, bien que les sommets ne dépassent guère 1 500 à 1 600 mètres. Le Stikine se prête à la navigation, mais non sans difficultés, entre la sortie des canyons et l'estuaire [2].

Les glaciers de la masse éruptive dominant au nord le cours du Stikine moyen donnent naissance aux bras principaux du fleuve côtier Taku qui traverse la chaîne côtière dans une région appartenant à l'Alaska.

Sur le versant oriental, la rivière aux Liards, c'est-à-dire aux peupliers (*Liard River*), se forme par un réseau fourchu dont les branches sont disposées en trident comme au sud celle de la Paix. La branche nord vient du territoire du Yukon. Celle du centre sort du lac récepteur Dease, dans un pli longitudinal au cœur des monts Cassiar, tout près de la vallée d'un affluent du Stikine, avec lequel il communique par un portage. La rivière issue du lac Dease porte le même nom que lui : elle serpente vers l'est au milieu d'un plateau d'environ 600 mètres qui s'étend entre les monts Cassiar et les montagnes Rocheuses, couvert par une grande forêt d'épinettes, mamelonné de collines arrondies dont les sommets dominent la contrée d'environ 400 mètres [1]. Son lit est tracé dans une rainure à canyons nombreux, où les rapides et les bancs de sable se succèdent les uns aux autres.

Une fois formée, la rivière aux Liards entame les Rocheuses par une série de gorges taillées dans les calcaires paléozoïques. En amont des Rocheuses se présentent les dangereux rapides du Tourbillon (*Whirlpool*), puis, à l'entrée de la chaîne, un canyon coudé, que l'on évite par le *Portage du Diable*. Ensuite vient le grand canyon d'où la rivière sort par la *Porte de l'Enfer*, terme d'une navigation périlleuse et souvent interrompue.

En plaine, le Liard reçoit la rivière du Fort Nelson, qui borde en Colombie le flanc oriental des Rocheuses, puis passe dans le Territoire de Mackenzie où elle baigne Fort Liard, de la Compagnie de Hudson, la première habitation de son cours.

1. *Geol. Surv. of Ca. An. Rep.*, *1887-1888*, B, p. 50-55.
2. *Id.*, *Ibid.*, *1888-89*, D, p. 9 (MAC CONNELL).

L'Extrême Nord.

A l'angle nord-ouest de la Province, la Colombie s'interpose partout entre la bande côtière de l'Alaska qui suit l'Océan jusqu'à la ligne de partage, et le territoire de Yukon dont la limite sud est formée par le 60° parallèle (p. 29).

Le très profond canal maritime de Lynn, entouré de glaciers, qui pénètre du sud au nord dans le continent, marque une séparation naturelle. En Colombie, la région la plus connue est celle qui a a pour axe la piste et la voie ferrée allant du Canal de Lynn vers le Yukon et le Klondike.

On sait que la Chaîne côtière s'y compose toujours du même granit gris; étroite, elle serait facile à franchir si l'hiver ne durait si longtemps et si la limite des neiges et des glaces ne se trouvait fort bas par la conséquence de la latitude et l'effet des précipitations abondantes [1].

Entre l'Océan et l'intérieur, la passe du Cheval Blanc franchit un premier seuil à 896 mètres pour descendre à un torrent qui court vers les lacs Tutshi et Tagish; puis elle traverse une seconde crête et débouche à 602 mètres sur le lac Bennett.

La passe de Chilkoot, qui avoisine la précédente au nord-ouest, plus haute mais plus directe, traverse la Chaîne côtière à 1 068 mètres et tombe elle aussi sur le lac Bennett. Quand on franchit l'un ou l'autre des cols, on voit non loin briller les glaciers entre les cimes.

Sur le versant intérieur de la chaîne se trouve une zone métallifère analogue à celles qu'on a déjà décrites. A la passe du Cheval Blanc, des gisements minéraux se rencontrent au contact des calcaires cristallins et des roches éruptives, comme à l'île Vancouver et dans l'intérieur. Sur le bras aux Vents (*Windy Arm*) du lac Tagish, des calcaires et des schistes sont traversés par des roches éruptives basiques vertes, à grain fin, méconnaissables à force d'être décomposées, mais qu'on croit analogues aux diorites et diabases des autres zones métallifères. Les mêmes minéraux s'y rencontrent au contact des roches sédimentaires et des dykes éruptifs, sur l'affleurement, chapeaux de fer ou pyrites qui rouillent le sol, puis, aux entrailles du filon, minerais complexes où dominent, dans le cas particulier du *Windy Arm*, les sulfures et les antimoniures d'argent;

1. *An. Rep. Mines, B. C. for 1905*, pp. 60, 64, 65, 85.

outre ces filons, de nombreuses veines de quartz aurifère coupent les roches [1].

Peut-être doit on voir dans toute la région qui occupe, au nord-ouest, le versant intérieur de la chaîne côtière, la suite de la ceinture minérale intérieure que les prospections viennent de révéler dans le bassin moyen du Skeena, sous les basaltes des rivières Bulkley et Telkwa.

A l'extrémité nord-ouest de l'intérieur colombien ces terrains, très tourmentés, se présentent en plis parallèles dont la hauteur moyenne se tient entre 1 200 et 1 500 mètres. Découpées, ravinées, les crêtes sont boisées jusque près du sommet; la neige y paraît de bonne heure et s'y maintient peut-être toute l'année. Aux sources, des glaciers ou de petits lacs profonds comme dans les Rocheuses (p. 70).

Aux creux des plissements, de grands lacs récepteurs forment un rameau de nappes allongées vers le nord et qui, toutes, s'écoulent dans le Yukon. En allant de la Chaîne côtière vers l'intérieur, on rencontre, sur une largeur de 110 kilomètres, le lac Bennett, au débouché de la passe, puis le lac Tagish et le lac Atlin (gravure, p. 384, pl. XVI, 2). Celui du centre, le lac Tagish, donne naissance au bras principal de la rivière Lewes, une des branches du Yukon; les autres lacs communiquent avec le Tagish par des émissaires qui s'insinuent dans les fentes des murailles de rochers dressées entre les vallées. De chaque côté le Tagish envoie à leur rencontre un fiord, au nord-ouest, vers le Bennett, le *Windy Arm*, au sud-est, vers l'Atlin, le *Taku Inlet*, qui avec la nappe principale dessinent un grand Z d'eau entre montagnes et forêts. Le Windy Arm est bordé par la crête la plus élevée de la région, qui dresse à près de 2 000 mètres ses parois abruptes flanquées à la base d'éboulis et de débris précipités par les avalanches [2].

Les fractures qui déchirent les montagnes sont souvent barrées par les dépôts des anciens glaciers formant des bassins secondaires. Outre les fiords ou bras qui découpent le contour des grandes nappes, un essaim de lacs mineurs les entourent et se déversent en leur sein [3].

A l'est du lac Atlin, l'horizon s'élargit sur une dépression marécageuse sans arbres, avec des buttes blanches de carbonate de magnésie, une source minérale chargée de ce sel, des restes de « roches magnésiennes [3] », probablement des sédiments primaires

1. *An. Rep. Mines, B. C. for 1905*, pp. 62, 63.
2. *Id., Ibid., id.*, pp. 61, 65, 85.
3. *Id., Ibid., 1905*, p. 64. — *Geol. Surv. of Ca. An. Rep., 1899*, B (J. C. GWILLIM); *Geol.*

qu'on n'a pas encore déterminés exactement. Au nord s'étale une masse de granit recoupé de filons éruptifs postérieurs. Les roches sédimentaires, schisteuses ou friables sont sillonnées par de nombreuses petites veines de quartz cristallin et dur.

Toute la surface est couverte d'alluvions déposées par une série de criques parallèles qui coulent de l'est vers le lac Atlin; creusées à l'époque pliocène, les vallées renferment, comme celles du Caribou, des alluvions anciennes aurifères, le « vieux dépôt jaune » (old yellow deposit) des prospecteurs, cachées sous l'argile bleuâtre à blocaux qu'ont laissée les glaciers pléistocènes et que recouvrent à leur tour les apports plus maigres des cours d'eau actuels. Mais ici les criques ne prennent pas toujours la même direction que les rivières pliocènes : parfois, comme en Californie, elles ont creusé un nouveau ravin à vives arêtes qui recoupe plusieurs fois une ancienne vallée à fond plat, aujourd'hui comblée et sèche [1].

Sur une grande partie de la dépression à l'est du lac Atlin, les pierres et les blocs ne sont pas roulés; d'autre part, au lieu de s'étrécir dans un chenal, l'ensemble des dépôts meubles s'étale en éventail sur une pente à peine sensible, découpée par l'érosion en banquettes et en tertres. On se perd en conjectures sur l'origine de cette singulière formation. Les blocs paraissent avoir été apportés par des glaciers; la découverte de coquilles peut-être marines, dans les alluvions de la crique au Pin, fait supposer l'existence d'un golfe ou d'un lac saumâtre au bord duquel aurait trempé l'extrémité des glaciers.

Les placers les plus riches du nord-ouest se trouvent dans les alluvions jaunes pliocènes de cette région. Mais la madre de oro, le gisement aurifère en place d'où les pépites furent arrachées, reste encore à découvrir [2].

En remontant les criques vers l'est, on traverse une arête parallèle aux autres et on descend sur le lac Teslin qui s'écoule, lui aussi, vers le Yukon; seule sa pointe méridionale appartient à la Colombie. On atteint ordinairement ce lac du sud par un affluent du fleuve Taku, en suivant une piste pénible à travers collines et forêts. Quelques prospecteurs ont pénétré jusque-là. Mais plus loin dans l'intérieur, c'est le grand désert encore inconnu du nord-est colombien.

a Topogr. Map op the Atlin Mining District, dat. 1902, au 1 : 253 440, courbes de n. tous les 250 m.; 1900, Map of Atlin Gold Fields, dat. 1901, géol. et orog. au 1 : 380 160. — Buron, les Richesses du Canada, p. 245, d'après les explorations de 1899 et 1900.

1. An. Rep. Mines, B. C. for 1904, pp. 58, 73 (Spruce Creek), 78, 82.

2. Id., Ibid., pp. 55, 60.

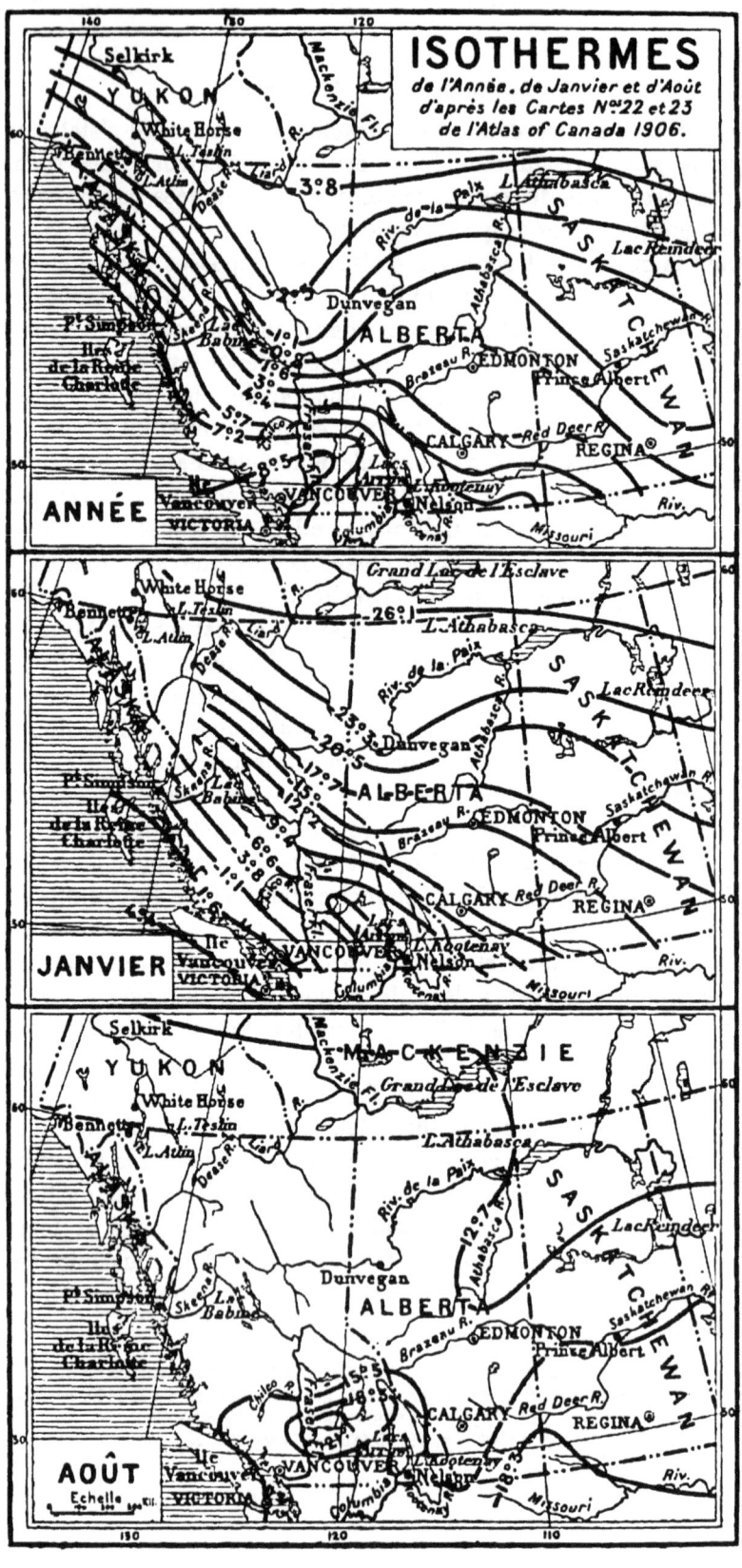

ISOTHERMES
de l'Année, de Janvier et d'Août
d'après les Cartes N°22 et 23
de l'Atlas of Canada 1906.

ANNÉE

JANVIER

AOÛT

DEUXIÈME PARTIE

LES CLIMATS, LES EAUX, LA VÉGÉTATION

CHAPITRE VI

VENTS, PLUIES ET SAISONS [1]

Les vents humides de l'Océan laissent leur eau sous forme de pluie ou de neige sur la Chaîne côtière : au cours de cette condensation se dégage de la chaleur latente et, par suite, les vents tombent à la fois secs et tièdes dans l'intérieur; le même phénomène de précipitations sur le versant ouest, de souffles chauds sur le versant est se reproduit de chaîne en chaîne jusqu'au pied des Rocheuses, dans l'Alberta. Ces brises de l'ouest, qui arrivent par bouffées, même en hiver où elles fondent la neige, ressemblent au fœhn des Alpes et viennent de causes analogues. Elles ont reçu en Alberta le nom

1. Le *Yearbook of B. C.*, 1903, pp. 29-45, publie les moyennes jusqu'en 1901 pour les précipitations (en pouces), les températures (en degrés Fahrenheit); il indique le nombre des jours de pluies, de neige, les dates extrêmes des chutes de neige et des gelées. Toutes les données antérieures à 1901 ou de l'année 1901 lui sont empruntées, sauf indications contraires. Je les ai comparées aux observations publiées chaque année depuis par le Service météorologique Fédéral (voir Bibliographie, n°° 22-23), auxquelles elles sont pour la plupart empruntées (précip. en pouces, temp. en Fahrenheit). Toutes les données postérieures à 1901 sont prises au *Reports of the Meteorological Service*, sauf indications contraires. J'ai traduit les pouces en mm., les degrés Fahrenheit en centigrades.

Des cartes des pluies et des températures, avec lignes isothermes, ont été publiées à la fin du *Handbook of Canada*, 1897, avec un article de R.-F. STUPART, chef du Service météorologique (échelle très petite), à la fin du *Report of the Meteorological Service for 1895*, paru en 1897 (4 cartes h. t. isoth. et précip. 1° juin, 2° juillet, 3° août, 4° juin-août) et dans l'*Atlas of Ca.*, 1907, Cartes 25-26 A.

Le chef du Service météor. a publié une étude sur les climats des plateaux et des montagnes, *Climate of the Upper Mainland of B. C.*, dans A.-O. WHEELER, *The Selkirk Range* t. I, Appendix D, pp. 410-412.

indien de vents chinouques (*chinook winds*), qu'on a adopté en Colombie [1].

Les pluies se distribuent fort inégalement entre la région maritime humide, les plateaux intérieurs arides, les montagnes plus arrosées qui forment les trois zones principales allongées du sud-est au nord-ouest, dans le sens du relief. Si l'on considère les isothermes, on voit immédiatement qu'ils tracent des limites climatiques nord-sud correspondant aux bandes de pluies qui font suite à celles des États-Unis pacifiques et se distinguent de celles qu'on observe à l'est des Rocheuses. On dirait que les zones de climat sont comme retroussées contre les lignes de hauteurs au lieu de s'étager parallèlement à l'équateur. Toutefois, dans chacune des bandes qui se succèdent du rivage aux Rocheuses, il faut distinguer un midi où le climat est moins rigoureux et un nord où les vents septentrionaux apportent durant l'hiver la neige en abondance. La limite entre les deux varie avec l'altitude ; elle se trouve partout au nord du 51° parallèle.

Les extrêmes de froid s'observent habituellement en mars, ceux de chaleur en juin, surtout à l'intérieur, mais, dans l'ensemble, le mois le plus froid est janvier, le plus chaud, juillet.

Le climat maritime

Multipliant les contacts entre la terre et l'eau, les innombrables découpures des fiords pénètrent jusqu'à l'arête de partage côtière et font sentir sur tout le versant occidental l'action de l'Océan qui toujours modère la chaleur et le froid. Il faut ajouter que le courant tiède venu du Japon longe du nord au sud la côte extérieure de l'île Vancouver ; l'eau y accuse 5° centigrades de plus que dans le détroit de Géorgie [2].

Pendant la plus grande partie de l'été, l'air se déplace de la mer moins chaude vers les montagnes côtières, donnant naissance à des vents de l'ouest ou du sud-ouest chargés d'eau qu'ils laissent tomber en pluie [3]. Les souffles du large cessent souvent à la nuit [4].

Pendant l'hiver l'appel d'air se fait du nord-ouest et du nord, plus froids : les vents septentrionaux dominent apportant de la neige, mais les tièdes *chinouques* de l'ouest ne cessent jamais complètement [5] ; parfois ils renaissent un moment fondant la neige sur le sol ou la

1. *Yearbook of B. C.*, 1903, p. 48. — Pour le sens de chinouque, voir p. 166.
2. *Agriculture in B. C.*, 1904, p. 111.
3. *Yearbook of B. C.*, 1903, p. 25.
4. *Scott. Geogr. Mag.*, 1899, p. 453 (ALEX. BEGG). — 7ᵗʰ *Report of the Depart. of Agriculture*, B. C., 1902, pp. 142-143.
5. *B. C. Pilot*, 1905, pp. 7-10.

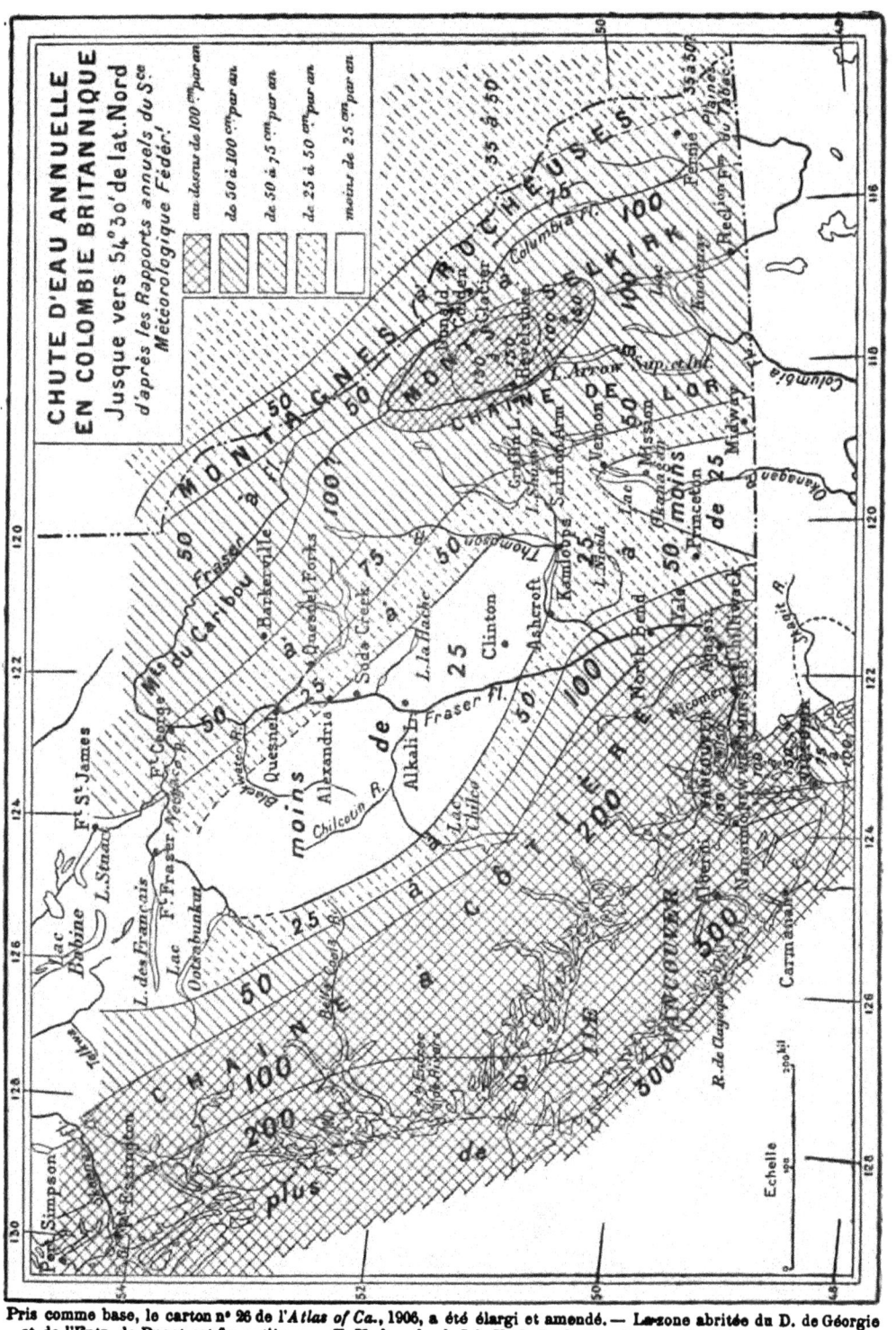

Pris comme base, le carton n° 26 de l'*Atlas of Ca.*, 1906, a été élargi et amendé. — La zone abritée du D. de Géorgie et de l'Entr. de Puget est fig. entière aux E. U. dans la pl. I de U. S. Geol. S. — Water–Supply a. Irrig., P. n° 111. H. Landes. *Prel. R. on the Underg. Wat. of Wash.*, 1905, auquel est empr. la courbe pointillée. — *EN P. INÉD.*

changeant en pluie tandis qu'elle tombe. Ils surviennent même en janvier, le mois le plus rigoureux ; ils pénètrent jusque dans l'intérieur par les déchirures de la Chaîne côtière [1].

Les grosses pluies règnent pendant l'automne et l'hiver, de septembre à janvier ; elles ont ensuite une autre saison d'avril à juin, avant l'été. Parfois les beaux jours d'automne sont prolongés par l'été indien qui dure jusque vers la Toussaint, semblable à notre été de la Saint-Martin, mais moins inconstant. Cependant la côte du large ne connaît guère de mois sans pluie [2]. On a pu dire, comme pour le rivage sud du Chili avec lequel elle a tant d'analogies, qu'il y pleut treize mois par an. La Pérouse, l'un des premiers navigateurs qui explorèrent la côte occidentale de l'île Vancouver, la déclare presque aussi brumeuse que celle de Terre-Neuve [3]. En 1905, sur sept créations à l'usage des navigateurs réclamées par la Chambre de commerce de Victoria, quatre étaient des sirènes ou cloches de brouillard [4]. Au visiteur qui ne tombe pas sur une belle année et n'a pas la chance de voyager pendant les jours clairs de l'été, le littoral laisse le souvenir de brumes marines dignes de la Bretagne, d'averses de montagnes comparables à celles des Alpes et parfois des versants tropicaux : à peine de temps à autre une éclaircie permet-elle d'apercevoir un instant l'admirable tableau de grandes forêts et de hautes montagnes que présente, par un temps clair, la nature côtière de la Colombie.

D'énormes quantités d'eau s'abattent dans la région exposée sans protection aux vents du large. Le maximum a été recueilli sur la côte occidentale de l'île Vancouver, à Clayoquot, qui reçut, en 1903, 3 745 millimètres d'eau : d'après des observations faites de 1901 à 1903, la moyenne annuelle y serait 3 650 millimètres de pluie et 300 millimètres de neige. Dans les mêmes parages, le phare de Carmanah reçoit en moyenne 2 735 millimètres de pluie et 469 de neige d'après les observations faites jusqu'en 1901.

Aucune partie de l'île n'est exempte de neige, mais le sud-est s'en trouve assez bien défendu par les montagnes. Par contre la neige tombe en abondance sur les sommets de l'île et s'y maintient toute l'année. Placé au pied de hautes murailles, le petit port d'Alberni, qui occupe le fond du fiord le plus profond de l'île, a reçu, en 1903, 1 381 millimètres de neige pour 1 441 de pluie.

1. Yearbook of B. C., 1903, p. 48.
2. Geol. Surv. of Ca. An. Rep., 1879-80, B, pp. 6-10. (G. M. Dawson).
3. Voyage de La Pérouse autour du monde, Paris, 1797, t. II, pp. 214 et suiv.
4. An. Rep. Victoria Board of Trade, 1904-5, pp. 11-12.

La côte nord-ouest du continent, à partir du point où elle perd l'abri de l'île Vancouver, reçoit des quantités de pluie presque égales à celles du rivage occidental de cette île : la neige y tombe en plus grande abondance par l'effet de l'élévation de latitude. A l'embouchure du fleuve Skeena, Port Essington reçut, en 1901, 3 454 millimètres d'eau et 2 210 de neige : pour l'humidité cette région vient immédiatement après Clayoquot. Les autres postes d'observation de la côte ferme nord-ouest reçoivent tous plus de 2 550 millimètres de pluies et plus de 1 300 de neige, excepté le plus septentrional, Port Simpson, près de la frontière de l'Alaska.

D'après des calculs faits jusqu'en 1901, Port Simpson reçoit en moyenne, par an, 2 347 millimètres de pluie et 965 de neige. Le nombre moyen des jours de pluie s'y élève à 197 par an, le minimum étant 7 pour le mois d'août; le nombre moyen des jours de neige ne va qu'à 23 seulement. En 1901, la dernière neige y est tombée le 2 mai, la première le 25 novembre, la dernière gelée a eu lieu le 26 avril, la première le 9 novembre. A son climat relativement moins humide comme à son havre naturel, Port Simpson doit d'avoir été choisi comme siège d'un fort important par les anciennes compagnies marchandes, puis comme terminus du chemin de fer transcontinental en construction.

La région la moins humide des côtes colombiennes est celle qu'abrite du large la longue muraille de l'île Vancouver; elle comprend le rivage oriental de cette île et la partie sud-ouest de la côte ferme qui se font face sur les bords du détroit de Géorgie. Elle s'arrête sur le continent à la crête de la Coast Range. C'est au sud de cette zone protégée qu'ont été construites les principales villes, Victoria, New Westminster, Vancouver.

A Victoria, dans la pointe méridionale de l'île Vancouver, les vents de sud-ouest et d'ouest continuent à dominer pendant l'été, de mai à août, les vents du nord à se faire sentir pendant l'hiver, d'octobre à février, plus particulièrement en janvier; mais les derniers cèdent parfois, surtout en février, la place aux vents secs de l'est et du sud-est qui viennent du continent[1].

A Nanaimo, plus au nord, abrité par toute l'épaisseur de l'île, les vents secs du continent remplacent plus souvent pendant l'hiver ceux du large et ceux du nord.

Sur le continent, à New Westminster, port du delta, et plus avant dans la plaine côtière, à Chilliwack, débouché des montagnes, les

---

1. 7ᵗʰ *Report of the Agricult. Depart. of B. C.*, *1902*, p. 142-143.

vents d'est disputent le premier rang à ceux de l'ouest; ils dominent de novembre à février pendant l'hiver. Viennent ensuite par ordre d'importance les vents de sud-ouest qui règnent du mois de mai au mois d'août, pendant l'été. Au printemps ou à la fin de l'été s'établissent parfois des courants du sud. L'hiver de cette région n'ignore pas les vents neigeux du nord; on les observe surtout dans les stations comme Agassiz placées au pied des montagnes, assez loin de la côte [1].

Pluie et neige [2] dans la région côtière abritée du large.

(LES DEUX RIVES DU DÉTROIT DE GÉORGIE.)

	VICTORIA		NANAIMO		NEW WEST-MINSTER		VAN-COUVER		CHILLI-WACK		AGASSIZ		NICOMEN	
Alt. . . .	26ᵐ		10ᵐ		100ᵐ		59ᵐ		4ᵐ,5		16ᵐ		18ᵐ	
Lat . . .	48°21′		49°10′		49°13′		49°17′		49°10′		49°14′		49°12′	
Long . .	123°19′		123°57′		122°54′		123°5		121°57′		121°31′		122°22′	
	Pluie.	Neige.	Pluie.	Neige.	Pluie.	Neige.	Pluie.	Neige.	Pluie.	Neige.	Pluie.	Neige.	Pluie.	Neige.
Moyennes jusqu'en 1900.	793	406			1 360	787					1 534	1 168	1 904	1 017
1903.	620	469	883	508	1 378	835	1 490	451	1 583	916	1 363	1 016	1 981	998
Nombre moyen de jours par an.	157	10			146	15					195	25	166	18
Période la plus humide.	oct.-mars.				oct.-mars.						oct.-juin.		sept.-juin.	
Mois le plus humide.	déc.				nov.						déc.		nov.	
En 1901.														
Neige : dernière, première.	17 fév. 22 oct.				5 avr. 11 nov.						5 avr. ?		21 fév. 14 déc.	
Gelée : dernière, première.	10 avr. 3 nov.				6 mai 30 sept.						20 avr. 11 nov.		3 mai 18 nov.	

Bien que Victoria reçoive dans une année beaucoup plus d'eau que Londres, elle a pourtant un été moins brumeux. La proportion des jours ensoleillés serait à Victoria de 34 p. 100 contre 27 p. 100 à Londres et 37 p. 100 à Torquay, dont le climat peut se comparer à celui de la capitale colombienne [3].

1. 7ᵗʰ Rep. of the Agricult. Depart. of B. C., 1902, pp. 142-144.
2. On compte 1 mm. d'eau par 10 mm. de neige.
3. P.-H. BRYCE, Climate and Health Resorts of Canada, cité par the 26ᵗʰ An. Rep. Victoria Board of Trade, 1905, pp. 83-85. Cet ouvrage est une broch. de prop. du C. P. R., souvent rééd.

Heures de soleil dans l'année[1].

(COMPARAISONS ENTRE LA PRAIRIE ET LA COTE PACIFIQUE.)

	1900	1901	1902	1903
Battleford (partie sèche de la Prairie).	2 013	2 012	2 123	2 026
Nanaimo			1 774	1 682
Victoria.	1 831	1 902	1 786	1 667
Agassiz.	1 392	1 269	1 299	1 282

En certaines années heureuses, Victoria, protégée du nord par les hauteurs de l'île, jouit d'hivers sans gelées graves et presque sans neige : c'est que l'été indien se prolonge et qu'ensuite, par exception, les vents du nord ne soufflent pas. Alors les géraniums peuvent être laissés en pleine terre et les célèbres roses de Vancouver épanouissent jusqu'aux fêtes de Noël leurs fleurs sur les treillages des maisons[2]. Sur l'autre rive, le bas Fraser charrie de décembre à avril des glaces flottantes venues du plateau, mais il se trouve rarement pris, même par embâcle, dans la région de New Westminster[3]. Toutefois l'humidité de l'air rend la fraîcheur pénible à supporter sur la côte, et la même cause fait qu'à température égale, les chaleurs y sont plus débilitantes que dans l'intérieur sec.

Température de la région maritime exposée aux vents du large.

	ILE DE VANCOUVER		COTE NORD-OUEST	
	CLAYOQUOT	ALBERNI	BELLA COOLA	PORT SIMPSON
Altitude	12ᵐ	91ᵐ	45ᵐ	8ᵐ
Latitude	49° 11′	49° 15′	52° 20′	54° 34′
Longitude	125° 47′	124° 49′	126° 54′	130° 26′
	1903	1903	Observ. jusqu'en 1901	
Janvier : maximum.	16°,27	11°,6		12°,2
— minimum.	0°,55	— 4°		— 22°,4
— moyenne	4°,6	2°	2°,3	0°,8
Mars : minimum	— 6°,4	— 8°,8	— 14°,4	
Juin : maximum	25°	37°,3		
Juillet : maximum	23°,3	34°	36°,1	23°,5
— minimum	5°,8	4°,4		3°,8
— moyenne.	13°,4	16°,9	16°,1	13°,4
Moyenne de l'année.	8°,4	9°	6°,5	7°

1. *Rep. Meteorol. Serv.*, *1903*, p. 377.
2. *Yearbook of B. C.*, 1903, p. 27.
3. *B. C. Pilot*, pp. 171-172.

Température de la zone littorale abritée du large.

(DÉTROIT DE GÉORGIE.)

	VICTORIA	NANAIMO	VAN-COUVER	NEW WEST-MINSTER	AGASSIZ	NICOMEN
	Observ. jusqu'en 1900.	190 .	1903.	Observ. jusqu'en 1900.	Observ. jusqu'en 1900.	Observ. jusqu'en 1900.
Janvier :						
Maximum.	14°	10°,6	10°,5	10°,5	11°,1	11°,1
Minimum	— 5°,6	— 3°,9	— 2°,2	— 8°,6	— 11°,8	— 11°
Moyenne. .	3°,8	3°,5	3°,8	1°,9	— 0°,6	1°,7
Mars :						
Minimum .	— 2°,4	— 7°,7	— 8°,3	— 3°,4	— 4°,7	— 4°,4
Juin :						
Maximum.	29°,1	30°,5	26°,6	28°,7	30°,4	29°,4
Juillet :						
Maximum.	30°,8	30°,2	26°,6	31°,1	33°,3	31°
Minimum .	7°	6°,6	7°,2	8°	5°,9	7°,5
Moyenne. .	15°,5	16°,5	16°,9	17°,6	17°,4	18°
Moyenne de l'année.	9°,3	8°,9	9°,3	8°,9	8°,3	8°,3

Il faut noter que si les moyennes annuelles de la côte donnent
l'impression d'un climat tempéré, les coups de chaleur n'y sont pas
rares l'été soit sur le détroit de Géorgie, soit dans la partie exposée
au large. Alberni sur la côte occidentale de l'île Vancouver, Chilliwack, sur le bas Fraser, tous deux, il est vrai, encadrés de hautes
montagnes qui réfléchissent les rayons solaires, ont des maximum
qui dépassent légèrement ceux de l'intérieur, ensoleillé mais d'altitude
élevée, 37°3 et 36°3 en juin 1903; à la même époque Bella Coola,
enfoncé dans les murailles d'un fiord, mais au nord du 52° parallèle,
accuse un maximum de 36°1.

Dans la zone côtière, les maximum d'été se tiennent habituellement entre 25°5 et 36°6.

Climat de la zone aride et climat des montagnes.

L'intérieur de la Colombie britannique est l'extrémité septentrionale
de la zone aride (*Dry Belt*) qui commence au Mexique, occupe aux
États-Unis tout le plateau entre Chaîne côtière et Rocheuses et de
plus, à l'est des montagnes, la partie de la Prairie la plus éloignée
de l'Atlantique.

En Colombie la barrière entre plateaux et Prairie est double; elle comprend à l'ouest les Selkirk, à l'est les Rocheuses, séparées par la grande vallée longitudinale où la zone aride pousse un petit saillant plus étroit que les précédents et infiniment moins étendu vers le nord. On trouve donc dans le sud de la province, en allant de l'ouest à l'est, quatre zones de climat différentes, plateau intérieur aride, Selkirk humides, partie sud de la grande vallée semi-aride, Rocheuses arrosées, mais moins que les Selkirk.

La partie la plus sèche couvre le plateau intérieur, s'étend de la frontière américaine jusqu'aux environs du 53ᵉ parallèle (pp. 43 et 48) [1].

Au voisinage des États-Unis, Princeton, sur la rivière Similkameen, n'a reçu en 1901 que 130 millimètres de pluie, Midway, sur la rivière Kettle, en 1902, que 170 millimètres, minimum de précipitation pour la Province dans chacune de ces deux années. Pour la dernière station, la moyenne annuelle jusqu'en 1900 est de 261 millimètres de pluie et 637 de neige.

A la vallée de la Mission, sur le lac Okanagan, il ne tombe que 240 millimètres d'eau, la moyenne du sud tunisien sous la latitude de Sfax [2].

Au pied de la Chaîne de l'Or, Salmon Arm, sur le lac Shuswap, ne reçoit que 330 millimètres, pas même ce qu'il faut pour dépasser le chiffre de 376 millimètres au-dessous duquel les météorologistes américains classent une région sous la rubrique « aride ».

En général la pluie tombe entre avril et septembre, avec maximum en juin, par averses d'été, violentes, courtes et rares; pendant l'hiver, c'est sous forme de neige que l'eau se condense et se précipite, même dans l'extrême sud. Sur tout le plateau intérieur, la culture n'est guère possible sans irrigation.

Dès que l'on franchit la ligne de partage côtière, on est frappé de la différence entre le versant maritime, et le vaste intérieur, sec sous un firmament lumineux (pp. 35 et 43). Le nom de Montagne Claire donné aux sommets découpés qui se dressent entre Fraser et Thompson en amont du confluent, les premiers qu'on aperçoit quand on débouche de la côte par le canyon, semble inspiré par le contraste entre la silhouette toujours nette de ces hauteurs sur le ciel bleu et les nuages qui voilent si souvent le sommet des montagnes côtières [3].

1. *Geol. Surv. of Ca. An. Rep.*, *1894*, B, pp. 433-451 (Climat de Kamloops, au confluent des deux fourches de la rivière Thompson, observ. de 1882 à 1890).

2. *Annales des Mines*, *1900*, t. XXVII, p. 219 (JORDAN).

3. *Geol. Surv. of Ca.*, *1894*, B, p. 14.

La zone sèche subit les variations extrêmes des climats sans pluies, les sauts de température s'y font d'autant plus brusquement que l'altitude est plus élevée et les coups de froid (*cold snaps*) alternent avec les vagues de chaleur (*warm spells*). On compte qu'au-dessus de 500 mètres les gelées nocturnes se prolongent si tard et recommencent si tôt que toute culture devient impossible. Ainsi Midway, à l'extrême sud, sous la latitude d'Epernay, avec une altitude de 549 mètres, compte 8 à 10 semaines de gel continu et les gelées blanches y sont à craindre une bonne partie de l'année. On croit, il est vrai, pouvoir diminuer les chances des *Summer frosts* dans les vallées, en drainant les marécages, et l'expérience faite aux États-Unis semble confirmer un tel espoir; mais on ne peut guère donner cet avantage qu'aux fonds abrités [1].

Température du plateau aride au sud du 51e parallèle.

	Observ. jusqu'en 1901. KAMLOOPS	Observations de 1903.				
		LAC NICOLA	VERNON. COLDS-TREAM RANCH	OKANAGAN MISSION	PRIN-CETON	MIDWAY
Alt.	354ᵐ	646ᵐ	379ᵐ	365ᵐ	502ᵐ	549ᵐ
Lat.	50° 41′	50° 9′	50° 14′	49° 52′	49° 29′	49°
Long. . . .	120° 29′	120° 39′	119° 15′	119° 29′	120° 29′	118° 46′
Janv. Max.	8°,7	8°,8	6°,1	6°,5	5°,5	3°,3
Janv. Min.	— 19°,6	— 18°,3	— 14°,4	14°,9	— 26°,1	— 20°,2
Janv. Moy.	— 3°,3	— 4°,2	— 4°,2	— 2°,2	— 8°	— 6°
Mars : Min.		— 31°,6	— 22°,2	— 20°,3	— 31°,6	— 17°,2
Juin : Max.		31°,6	33°,3	33°,6	35°	
Juillet Max.	36°,4	30°,2	32°,2	32°	33°,3	36°,5
Juillet Min.	8°,6	5°,5	6°,6	5°	2°,2	2°,3
Juillet Moy.	20°,3	15°,3	17°,2	17°,5	15°,8	18°,3
Moyenne de l'année [1].	8°,2	5°,1	6°,3	6°,9	4°,5	5°,8
En 1901						
Neiges : Dernière . .	6 avril.	23 mars.			7 mai.	31 mars.
Première . .	11 nov.	19 nov.			22 nov.	7 déc.
Gelées : Dernière . .	10 mai.	10 mai.			15 juin.	7 juin.
Première . .	30 sept.	15 sept.			16 sept.	4 sept.

En revanche, sur les plateaux intérieurs, les journées de soleil sont plus nombreuses et le printemps plus hâtif que dans la région

1. *Bur. of Prov. Inf. The undeveloped Areas of... B. C.*, p. 15; *id.*, p. 99 (vallée de la Nechaco). — *An. Rep. Mines. B. C. for 1905*, p. 137.

humide et brumeuse de la côte. Soit dans la vallée de la rivière Kootenay à l'extrême sud, soit dans le bassin moyen du Skeena au nord, les pruniers sauvages, les rosacées de toute espèce, les airelles se couvrent de fleurs plus tôt que sur le littoral au climat plus tempéré, mais au ciel moins clair. Sur le lac Okanagan, à Mission, latitude de Mayence, les cerisiers et les pruniers fleurissent avant la fin d'avril[1].

Pluie, neige et climat du plateau intérieur entre 52° et 55° de latitude nord.

	QUESNEL	BARKER-VILLE	BULLION. QUESNEL FORKS	FORT SAINT-JAMES LAC STUART	
Altitude	518ᵐ	1.274ᵐ	695ᵐ	548ᵐ	
Latitude	52°59'	53° 2'	52° 45'	54° 28'	
Longitude	122°30'	121° 35'	121° 55'	124° 12'	
				A	B
		Observations jusqu'en			Observations de
	1901	1901	1903	1903	1895-1903 [2]
Pluie.	127	457	543	342	241
Neige	508	3.810	1.940	1.219	1.495
Nombre moyen de jours de pluie par an	29	62			48
Nombre moyen de jours de neige par an	40	62			31
Période la plus humide			juin-juillet		
Janv. { Maximum.	13°,8	4°,5	6°,1	8°,8	(1899)
Janv. { Minimum..	— 29°,4	— 28°,4	— 23°,3	— 36°,7	— 43°
Janv. { Moyenne. .	— 6°,3	— 6°,9	— 7°,6	— 9°,2	
Mars : Minimum. .	— 16°,1		— 32°,2	— 36°,5	
Juin : Maximum.	30°,5		32°,2	30°,5	
Juillet { Maximum.	27°,2	28°,4	28°,3	36°,1	(1895) 35°,7
Juillet { Minimum..	3°,8	0°,9	5°,5	— 3°,7	
Juillet { Moyenne. .	15°,7	12°,7	13°,3	12°,6	
Moy. de l'année.		2°,3	3°,2	1°,1	0°,6
		En 1901 :			
Neige :					
Dernière	26 février.	8 juin.	5 juin.	22 avril.	
Première	2 nov.	27 sept.	30 oct.	9 sept.	
Gelée :					
Dernière	29 mai.	28 juin.	3 juin.	23 juin.	
Première	9 sept.	2 sept.	1ᵉʳ août.	24 juillet.	

1. *Geol. Surv. of Ca. An. Rep., 1888-89, B. C.*, pp. 2, 65. — *Yearbook of !B. C.*, 1903, p. 48.

2. *An. Rep. Mines, B. C. for 1905*, pp. 102-103.

Au nord du 52° parallèle, la Chaîne côtière laisse filtrer des brises chinouques qui viennent en février, mars et parfois même en janvier fondre la neige et la glace sur le bord occidental du plateau [1]. C'est surtout la coupure par où Bella Coola communique avec les lacs de la rivière Nechaco, affluent du Fraser moyen, qui semble leur livrer passage. A 835 mètres de haut, sous la latitude de Manchester, le lac Ootsabunkut ou Ootsa paraît geler rarement et la neige ne persiste jamais longtemps sur les hauts sommets qui l'avoisinent. Depuis longtemps les Indiens connaissaient cette singularité et menaient leurs chevaux hiverner autour du lac Ootsa, où l'herbe ne reste pas longtemps cachée sous la neige pas plus que l'eau sous la glace [2].

Peut-être est-ce à la même raison que Fort Fraser, à la latitude d'York, doit un hiver relativement doux, qui l'avait fait choisir par la Compagnie de la Baie de Hudson pour l'hivernage des animaux de bât et de lait, tandis qu'à une cinquantaine de kilomètres au nord, Fort Saint-James subit un climat plus rigoureux que l'élévation en latitude ne suffit point à expliquer [3].

Dans tous les cas, ces couloirs à zéphirs ne s'ouvrent que sur des zones fort restreintes. Au nord du 52° parallèle, les gelées envahissent de plus en plus les nuits d'été. Le 25 août 1875, G.-M. Dawson vit geler des pommes de terre par 52°, dans la vallée de la rivière Chilcotin, affluent du Fraser. En juillet 1905, les pommes de terre du gardien du télégraphe avaient éprouvé le même sort dans la vallée de l'affluent Blackwater, environ 150 kilomètres plus au nord [4].

La neige y paraît de très bonne heure sur les côtes. Ainsi le 23 août 1905, elle arrive en rafale et chasse les prospecteurs essaimés entre 800 à 1 600 mètres dans les montagnes qui bordent à l'ouest la Telkwa, affluent du fleuve Skeena; le 13 septembre suivant elle se met à tomber en abondance et sans arrêt. Sur l'autre rive, la chaîne Babine, d'égale altitude, se couvre de neige en septembre [5].

L'hiver se manifeste par le gel plus que par la neige. L'air en effet reste sec et quand on s'éloigne de la région visitée par quelques souffles de la côte, quand on passe sur la rive orientale du Fraser, on

---

1. *Yearbook of B. C.*, 1903, p. 48. — *Geol. Surv. of Ca. An. Rep.*, 1894, B, pl. 4.
2. *Bureau of Prov. Inform. The undeveloped Areas of... B. C.*, 1904, pp. 21, 22, 24. — *An. Rep. Mines, B. C. for 1905*, pp. 109-110.
3. *An Rep. Mines, B. C. for 1902*, p. 102.
4. *Bureau of Prov. Inf. The undeveloped Areas of. B... C.*, p. 31.
   An. Rep. Mines, B. C., for 1905, pp. 96, 117, 129, et 132.

y retrouve le plateau aride et alcalin du sud. La sécheresse s'étend même aux montagnes relativement élevées du Caribou qui, prolongeant l'axe des Selkirk, bordent à l'est le plateau intérieur; il n'y tombe pas assez de neige pour alimenter les réservoirs des placers pendant le court été de quatre mois et l'eau y manque souvent dès les premiers jours d'août. Quesnel, Barkerville et Bullion (Quesnel Forks), dont je donne plus haut les observations, sont les centres aurifères de cette région.

Au nord, la zone aride des steppes fait place à la ceinture de montagnes qui borne au nord le bassin du Fraser, région d'humidité médiocre si on la compare à la côte, mais plus arrosée, plus neigeuse surtout et plus boisée que le plateau proprement dit.

Fort Saint-James, sur le lac Stuart, par 54°-28 de latitude nord, sur le parallèle de Belfast, et à 670 mètres d'altitude, occupe le bord septentrional des steppes et prairies et se trouve tout voisin des montagnes et de la forêt. De 1895 à 1903, Fort Saint-James, sur le lac Stuart, connaît en moyenne par an 17 jours de tempête, 3 seulement de brouillards, 5 d'orage. Sous son ciel clair et son climat extrême, voici comment les signes des saisons successives sont interprétés par le représentant de la Compagnie de la Baie de Hudson en 1905.

27 février	Arrivée des oiseaux de neige (venant du sud).
15 mars	— des corneilles.
22 —	On annonce le passage des oies.
23 —	On voit passer des canards.
25 —	Les oies.
26 —	Le rouge-gorge d'Amérique.
31 —	Oiseaux bleus.
23 avril	Les canots descendent à Quesnel, 432 kilomètres, 5 jours de descente, trouvent les rivières Stuart, Nechaco et le fleuve Fraser libres de glace, peut-être ouverts depuis une semaine ou à peu près.
26 avril	Aperçu un pic doré.
1ᵉʳ mai.	Le lac Stuart libre de glace.
2 —	On voit les hirondelles.
8 —	On commence à travailler la terre pour la Compagnie, puis on sème l'orge, l'avoine, les légumes.
22 —	Violettes et dents de lion en fleurs.
2 juin.	Églantines et ancolies en fleurs.
4 —	Trèfle rouge et blanc.
11 —	Grande crue du lac Stuart.
14 —	Les fraises sauvages mûrissent.
16 juillet.	On commence à couper les foins.
28 —	Pommes de terre nouvelles à dîner.

19 août . . . . On commence à arracher les pommes de terre.
28 novembre . . . . . Le lac gelé d'un bord à l'autre devant le fort.
31 décembre . . . . . La partie profonde du lac Stuart n'est pas
                              encore prise, ce qui est exceptionnel [1].

Le silence de l'hiver, le mouvement des oiseaux avec le retour de
la belle saison, l'été bref mais relativement chaud, revivent dans ces
notes sans recherche : beaucoup de gelées, mais beaucoup de soleil,
peu ou point de pluie et de brouillards, telle est l'impression qu'elles
laissent jointe aux observations météorologiques plus haut indiquées [2].

Au nord de la zone montagneuse et boisée qui ferme en impasse le
bassin du Fraser, la limite des pluies maritimes paraît être non plus
la Chaîne côtière, mais les monts Cassiar allongés du nord au sud
dans le centre de la Province. Par les trouées du granit côtier
s'échappent des fleuves tels que l'Océan n'en a plus reçu depuis le
Fraser, savoir le Skeena, le Stikine, le Nass; par elles aussi pénètrent les vents humides qui déposent leurs eaux sur les pointes des
massifs intérieurs et des Cassiar, y forment des champs de neige, des
glaciers, des lacs, toute une région de sources et de réservoirs.

Sur l'autre versant des Cassiar, l'intérieur a un ciel plus clair,
mais un climat plus sec. Le passage d'une atmosphère à l'autre se
ferait à la traversée des Cassiar presque aussi nettement qu'au passage de la Chaîne côtière dans la région méridionale [3].

A l'est, la sécheresse serait comparable à celle du Caribou; par
l'effet de la transparence de l'air, comme de la latitude, le gel y
prendrait une intensité extraordinaire. Entre le 56° et le 57° parallèles,
à la latitude de l'Écosse, certains terrains resteraient déjà gelés
toute l'année à une faible distance du sol [4] et la couche qui dégèle
serait trop faible pour permettre aux arbres de prendre racine. C'est
le commencement de ce qui devient la règle à l'extrême-nord de la
province et en Yukon.

Bordant au sud-est la zone aride, les monts Selkirk forment une
région de névés, de glaciers, de lacs et l'approche de leur versant,
surtout à l'ouest, se reconnaît au nombre des cours d'eau. Ainsi les
alentours du lac Shuswap, près du chemin de fer Canadien Pacifique,

1. *An. Rep. Mines, B. C., for 1905,* p. 104.
2. Voir, pour d'autres stations, *Yearbook of B. C.,* 1903, p. 48 (*Seasonal Notes,* 1901).
3. *Geol. Surv. of Ca. An. Rep., 1887-1888,* B, p. 24 (G.-M. DAWSON).
4. *Ibid.,* p. 47.

forment une région où l'agriculteur n'a pas besoin d'irriguer comme dans le reste du plateau [1].

Griffin Lake, où la ligne Canadienne Pacifique aborde les montagnes, 170 kilomètres à l'est du lac Kamloops et 107 mètres plus haut, reçoit par an 341 millimètres de pluie et 2 565 de neige de plus que Kamloops.

Vers le haut de la passe que franchit le chemin de fer Canadien Pacifique, pour la station de Glacier, sise à 1 256 mètres, la moyenne de 5 années donne le plus fort total connu de la Province, 329 millimètres de pluie, avec maximum en septembre (109), et 12 mètres de neige, avec maximum en novembre (2 438). Juin, juillet, août sont les seuls mois sans neige [2].

Dans le creux entre Chaîne de l'Or et Selkirk, Revelstoke, où le Canadien Pacifique sort des Selkirk par 51° de latitude et 450 mètres d'altitude, a reçu en 1903 environ 762 millimètres de pluie et 3 403 de neige. Au cœur des Selkirk, mais tout près du versant oriental plus sec, Reclamation Farm, vers la pointe méridionale du lac Kootenay, reçoit annuellement 457 à 508 millimètres de pluie en été et 305 à 914 millimètres de neige. Sans les gelées d'été, conséquences de l'altitude et de la sécheresse atmosphérique, les vallées deviendraient pays de culture ; elles le sont ou le peuvent être dans leurs parties les plus profondes.

Pendant l'hiver, de la fin de novembre au milieu de mars, tous les cours d'eau, tous les lacs, sauf Kootenay, le plus grand, sont pris par les glaces [3].

Il est difficile de se faire actuellement une idée du climat soit pour les vallées, soit pour les hauteurs, car les observations ne sont pas en nombre suffisant.

Pour la vallée de Reclamation Farm, d'après des observations recueillies jusqu'en 1901, la moyenne de janvier est — 3° 9, le maximum 8°, le minimum —21°. En mars, le mois le plus froid, on a relevé —21·5 (1903) ; la moyenne de juillet est 19° 5, le maximum 31°, le minimum 9° 6 ; la moyenne de l'année est 7° 7.

A Glacier, c'est-à-dire au cœur des montagnes, les observations de 5 années donnent comme maximum 30° en juillet, comme minimum — 29° 4 en février et en décembre ; la moyenne de l'année est 2° 6 [4].

1. *Agriculture in B. C.*, 1904, p. 74.
2. Stupart, dans A. O. WHEELER, *The Selkirk Range*, t. I, Appendix D, pp. 414 et 416.
3. *Yearbook of B. C.*, 1903, p. 26.
4. Même référence que note 2.

La Grande Vallée qui sépare les Selkirk des Rocheuses forme entre la frontière et la ligne Canadienne Pacifique une étroite bande aride qui s'amincit vers le nord et se termine plus bas en latitude que les deux autres zones sèches, celle du plateau intérieur à l'ouest, et surtout celle de la Prairie à l'est.

Climat de la haute vallée Columbia-Kootenay.

	TOBACCO PLAINS (HAUT KOOTENAY)		DONALD (HAUTE COLUMBIA)
Altitude	700ᵐ		785ᵐ
Latitude	49°1'		51°29'
Longitude	115°3'		117°10'
	1901	**1903**	**Moyennes de 10 années** [1]
Pluie.	367	268	313
Neige.	711		3302
Nb. de jours de pluie par an.	77		
— de neige — .	17		
Période la plus pluvieuse . .	Mai-Juin		Été et novembre.
En 1901.			
Dernière neige	15 avril		
Première —	9 novembre		
Dernière gelée	9 juin		
Première —	15 septembre		
D'après les observations jusqu'en 1903.			
Janvier { Maximum	8°,9		5°,5
Janvier { Minimum	— 24°,5		— 42°,2
Janvier { Moyenne.	— 4°,5		— 12°,2
Juillet { Maximum	35°,5		34°,5
Juillet { Minimum	3°,8		0°
Juillet { Moyenne.	17°,8		16°,1
Année { Maximum	36°,1 (juin)		36°,1 (juin)
Année { Minimum	— 28° (mars)		— 42°,2 (janvier)
Année { Moyenne.	6°,6		2°,7

La dernière zone, celle des Montagnes Rocheuses, dépasse les Selkirk de plusieurs centaines de mètres : aussi arrête-t-elle les derniers nuages et condense-t-elle l'eau qui n'a point été précipitée sur les précédentes barrières. Mais, malgré son altitude, elle est moins humide que les Selkirk, à cause de son éloignement de l'Océan. On n'en saurait dire plus, car, sur le versant colombien, les observations précises et régulières font défaut.

1. Stupart, Appendix D. de A.-O. WHEELER, *The Selkirk Range*, t, I, p. 413.

CHAPITRE VII

LE RÉGIME DES EAUX

Glaciers et Lacs.

Dans les Chaînes maritime et côtière, les neiges et les glaciers, malgré l'extraordinaire diminution de leur ancien champ, descendent encore relativement plus bas qu'en Europe sous la même latitude, grâce à l'abondance des précipitations : leur importance s'accroît à mesure qu'on s'avance dans la direction du cercle polaire.

Déjà vers le nord de la Californie, au mont Shasta, par 41°,30′, à peu près la latitude de Naples, les glaciers ont leur limite inférieure à 2 400 mètres. Au nord-ouest de l'État de Washington le massif du mont Olympe, qui fait pendant à l'île Vancouver sur le bord du détroit de Fuca et qui est exposé aux vents humides du large, conserve les neiges et a de petits glaciers, bien que ses cimes s'arrêtent à 2 470 mètres [1].

Dans l'île Vancouver, des hauteurs qui ne dépassent guère 2 300 mètres, aux îles de la Reine-Charlotte, sous la latitude du pays de Galles, des pics inférieurs, paraissent avoir des névés et des glaciers d'étendue médiocre mais persistants. Dans la Chaîne côtière enfin, on en signale plusieurs groupes notamment au fond du Canal de Bute vers 50° 40 et de celui de Gardner par 50° 30′, région où ils existeraient déjà sur les deux versants [2].

Au nord du 57° parallèle, c'est-à-dire vers la latitude d'Aberdeen, les glaciers commencent à s'étaler dans les fonds en ces mers de

---

1. *U. S. Geol. Surv. Professional Papers*, n° 7. *Carte de* DODWELL *et* RIXON. — ISRAEL RUSSELL. *The Glaciers of North America*, publiés dans *Geogr. Journal*, *1898*, XII, puis à part ; Résumés dans *Arch. des sc. phys. et nat.* Genève, 1898, VIII, p. 363. — Not. bibl. des pp. 28-29.
2. *B. C. Pilot, 1905*, p. 321. — *Yearbook of B. C. 1903*, p. 23. — *An. Rep. Mines, B. C. for 1905*, p. 111. — *Geol. Surv. of Ca. Summary Rep., 1906*, p. 35.

glace que l'Américain Russell appelle glaciers de piedmont. Dès le voisinage du 57°, G. M. D. Dawson en a découvert quatre dans les gorges basaltiques que traverse en Colombie le fleuve Stikine avant de se jeter à l'Océan en territoire d'Alaska. Ces glaciers débouchent tout d'un coup entre les brèches de la muraille à 5 ou 6 kilomètres du lit, puis s'étalent en éventail sur le fond alluvial de la vallée. Sous la même latitude, la Chaîne côtière, soit sur les humides pentes maritime qui appartiennent à l'Alaska, soit sur celles de l'intérieur, présente de nombreux petits glaciers de sommets [1].

Les plus beaux glaciers de piedmont s'étendent sur les rivages de la mer, près de la frontière nord de Colombie, aux environs du Canal de Lynn, puis vers le 60° parallèle, sur le versant du géant Saint-Elie [2]. Tous sont en territoire américain. Sur le versant canadien, beaucoup de glaciers restent à repérer, sinon à découvrir. Moins connus encore sont ceux qu'on a signalés sur Monts Cassiar qui partagent l'intérieur Nord (p. 76).

Dans les Selkirk on a commencé l'étude des glaciers sur le passage du Canadien Pacifique. Les franges de glace qu'on aperçoit du train lorsqu'on aborde la chaîne en venant de l'Océan (p. 59) sont les bords occidentaux d'un grand champ de neige qui occupe la partie la plus haute de massifs, principalement au sud de la voie; encore qu'il ne soit point complètement exploré, on croit pouvoir évaluer son étendue à une centaine de kilomètres carrés [3].

Comme le versant occidental est le moins abrupt et le plus arrosé, les glaciers s'y trouvent plus nombreux et plus étendus : ils s'abritent dans de hautes vallées intérieures et descendent suivant une direction nord-est, sur la pente du torrent Illecillewaet. Le principal, appelé « Grand Glacier », est une mer de glace où confluent plusieurs glaciers latéraux; son extrémité pend entre le mont Sir Donald et une autre cime qui lui fait face à l'ouest; elle s'arrête vers 1 500 mètres d'altitude, précédée d'une énorme moraine.

Le Grand Glacier paraît stationnaire, les autres en diminution. Le Petit, sur le flanc du mont Sir Donald, recule depuis 1887. Depuis la même date, le glacier de l'Illecillewaet a perdu 15 m. 8 par année; d'août 1898 à août 1899 sa langue a diminué de 4 m. 9 [4].

1. *Geol. Surv. of Ca. An. Rep., 1887-88*, B, p. 56 (G.-M. DAWSON).
2. *U. S. Geol. Survey. An. Rep., 1882-83*, pp. 309, 355. *Existing Glaciers in the U. S.* Voir surtout pp. 350-355, avec figures.
3. D'après la carte n° XXVI de la Bibliogr.
4. *Archives des sciences physiques et naturelles*, Genève, juillet 1900; *5° rapport de la Commission internationale des Glaciers*, pp. 39-40; voir aussi 1899, t. II, p. 51. — *American Geo-*

Sur la pente sud de ce nœud des Selkirk, les glaciers descendent jusqu'à près de 1 800 mètres dans la direction des torrents qui vont au lac Kootenay : celui qui donne naissance à Glacier Creek paraît mesurer 12 kilomètres de long et 300 mètres d'épaisseur[1].

Dans les Rocheuses, les glaciers se répartissent sur une plus longue étendue du sud au nord, mais ils descendent moins bas à latitude égale parce que les montagnes reçoivent moins de pluies.

On en voit dès la frontière, faisant suite à ceux des Rocheuses américaines ; mais, ici encore, l'étude des glaces et neiges n'est commencée qu'aux environs de la voie Canadienne Pacifique ; elle s'étend pourtant sur un rayon plus grand que dans les Selkirk.

Au sud de la passe du Cheval qui rue, de grands champs de neige s'étalent sur la chaîne principale entre des crêtes jaunes découpées qui culminent au mont Victoria (3 461 m.). De nombreux glaciers s'y forment qui descendent jusqu'aux environs de 1 800 mètres dans les vallées. Plus allongées, les pentes du versant oriental en offrent un nombre supérieur à celui de l'autre versant : ils y paraissent en progrès. Ainsi le glacier de Freshfield s'étendait plus loin en 1897 qu'en 1860 où Hector le reconnut pour la première fois. Celui de la haute rivière Bow, reste du principal flot qui dévalait vers la Prairie à l'époque pleistocène, aurait oscillé, et, tout compte fait, gagnerait du terrain[2]. Mais, comme la pluie tombe en moindre quantité de ce côté, la zone de glaciers y reste collée à la crête principale.

Dans tout le massif du mont Victoria, sur 12 kilomètres de long et 12 de large, on n'a pas reconnu moins de 8 glaciers ou groupes de glaciers qui nourrissent des rivières sur l'une et l'autre pente.

Au nord de la passe du Cheval qui rue, s'étend le champ de neiges et de glaces qui semble le plus considérable des Hautes Rocheuses canadiennes[2] ; il se répand dans les creux d'un massif qui porte les sommets les plus élevés, dépassant 4 200 mètres (p. 71). D'après Norman Collie, la principale masse de névés et de glace, entre les monts Bryce et Athabasca, aux sources de la Saskatchevan, mesurerait environ 250 kilomètres carrés[3].

Entre le 52e et le 53e parallèles, une altitude de 2 700 mètres au plus suffit pour que les neiges persistent et pour que survivent de petits glaciers, témoins d'anciens plus étendus. Coleman en signale

---

logist, t. XXII, 1898, p. 188. — A.-O. WHEELER, The Selkirk Range, t. I, pp. 355-364, résume ce qu'on sait des glaciers des Selkirk jusqu'en 1905 et donne, pp. 361-2, une bibliogr. surtout américaine.

1. Geol. Surv. of Ca. Summary Rep., 1903, p. 46, 1904, pp. 84-85.
2. Archives des sciences physiques et nat., 1899, t. II, pp. 50-51.
3. Geog. Journal, 1900, p. 252 (voir ici, p. 71, n. 2).

un qui descend à 1 300 mètres environ, près du sommet de la passe Athabasca [1]. De là vers le nord, malgré l'abaissement du faîte et la sécheresse relative, les Rocheuses ne cessent plus de posséder névés et glaciers, moins étendus il est vrai et se prolongeant moins bas que ceux de la Chaîne côtière sous les mêmes latitudes septentrionales.

Dans les Rocheuses, il arrive, comme dans les Pyrénées, que la place des glaciers soit tenue par des lacs petits, mais très creux, brillant au fond de cirques élevés [2]. Tels sont, dans la haute vallée de la Bow, les « Lacs dans les nuages » (*Lakes in the Clouds*), Miroir à 1 990 mètres, Agnès à 2 088, creusés dans les gradins du roc et sans écoulement apparent. Tel encore sur le versant sud-ouest de la passe du Cheval qui rue, à 2 255 m., le curieux lac Oesa, le lac de glace des Indiens qui ne dégèle pas plus de 5 semaines par an, transition entre glaciers et eaux courantes.

A l'étage immédiatement inférieur, les torrents s'arrêtent un instant dans les lacs-réservoirs des passes et des vallées retenus par des moraines; souvent ils y tombent par de magnifiques cascades (P. 70).

D'autres bassins récepteurs, plus étendus, plus profonds, établis dans des cassures, dépressions ou creux de la roche en place analogues à ceux des fiords, mais toujours encerclés de dépôts glaciaires, concentrent au pied des montagnes les eaux des pentes supérieures. On peut citer comme exemples ceux qui donnent naissance au fleuve-Columbia et tout l'immense demi–cercle des lacs drainés par les affluents nord-ouest du Fraser (p. 44).

Sur les plateaux, des lacs, des étangs, des mares, tantôt doux, tantôt amers, dispersés en tous sens comme les fragments d'une glace brisée, sont retenus par des moraines et autres dépôts de même origine.

Enfin, dans les sections les plus creuses et les moins étroites des vallées, l'eau s'étale en « expansions » qui sont un élargissement de la rivière; à cette catégorie appartiennent les deux lacs Arrow ou la Flèche de la Columbia et, pour une partie au moins, les lacs parallèles Okanagan à l'ouest, Kootenay à l'est; diverses combinaisons en effet se rencontrent, unissant des cavités et des nappes d'origine diverse en forme d'étoile ou de « pieuvre ». Assez souvent des éventails (*fans*) ou deltas perpendiculaires à la direction générale contribuent au dessin actuel des étangs et même des profonds « lacs-fiords ». A la fonte des neiges, les expansions et, plus encore, les

1. Voir les notes bibliographiques de la page 71.
2. Sur les lacs des Rocheuses, *Quart. Journal. Geolog. Soc.*, t. VII, 1899, pp. 247-260, avec fig. et carte (W.-D. Wilcox). Du même, *Camping in the Canadian Rockies* (ici, p. 71, n. 2).

récepteurs subissent des crues de plusieurs mètres qui noient périodiquement les terres basses des bords et des vallées : c'est d'habitude en juin que l'eau atteint le niveau le plus élevé.

Comme dans toutes les régions glaciaires, le travail de création des fleuves n'est pas terminé ; des chapelets de lacs s'égrènent encore sur leur cours. Mais le réseau colombien ne présente plus les grandes nappes lacustres qu'on trouve dans le reste du Canada, sauf dans la partie aride de la Prairie.

Si l'on excepte le lac Atlin, dont la superficie colombienne, moins la pointe septentrionale coupée par la limite du Yukon, mesure 85 000 hectares, soit un tiers en plus que le Léman, le plus grand lac de Colombie reste le Babine avec 79 000 hectares : il s'allonge entre deux chaînes du nord au sud sur 250 kilomètres ; sa largeur ne dépasse guère 10 kilomètres.

Dans la même bordure nord-ouest du bassin fraserien, le lac Stuart vient au second rang avec 57 074 hectares, à peine moins que le Léman : il s'allonge sur 80 kilomètres ; à l'ouest de la bordure, le lac Chilco a 44 417 hectares.

Sur la bordure orientale, le lac Quesnel a 38 072 hectares, les lacs Shuswap et Adams ensemble, 45 397, dont 31 930 pour le premier, 13 467 pour le second. Au sud-est enfin, le lac Kootenay égale le Stuart ; puis vient le lac Okanagan avec 34 897 hectares, ensuite les deux lacs Arrow de la Colombia. Sauf Quesnel, ces lacs de l'Est sont très profonds : Dawson a trouvé jusqu'à 275 mètres d'eau dans l'Adams [1].

En tout, la Province possède 631 615 hectares de lacs seulement sur les 32 566 095 du Canada [2].

Les fleuves Fraser et Columbia.

Soit dans les montagnes, soit à la côte, la « houille blanche », le pouvoir d'eau, comme disent les Canadiens, abonde partout ; on l'emploie déjà dans quelques mines ainsi que pour les besoins des villes, et la Colombie, comme Québec et les provinces de l'Est, peut concevoir l'espérance de gagner, par l'emploi des chutes à la production de l'énergie électrique, l'industrie et le supplément de population qu'elle apporte.

Par contre, les cours d'eau ne se prêtent guère aux transports

1. *Proc. a. Trans. Roy. Soc. of Ca.*, *1890*, sect. IV, p. 50. — *Geol. Surv. of Ca. Summary Rep.*, *1903*, A, pp. 45-46.
2. *Yearbook of B. C.*, *1903*, p. 11.

marchands. C'est ce que montre l'étude des deux principaux, les seuls dont le régime soit connu ou, plus exactement, soupçonné.

Le bassin du Fraser couvre environ 300 000 kilomètres carrés. Le fleuve mesure près de 1 200 kilomètres; sur les 300 premiers, il coule du sud-est au nord-ouest le long de la grande vallée entre les Rocheuses et le prolongement des Selkirk.

Tournant ensuite au sud, le Fraser prend une direction opposée à celle de son cours supérieur; il est attiré dans une profonde vallée creusée par un grand fleuve pliocène et semblable à un « gigantesque canal d'amalgamation », long d'environ 600 kilomètres [1].

A Quesnel, le Fraser entre dans la table de basalte : jusqu'à la crique de Soude (*Soda Creek*), sur 95 kilomètres, il coupe le plateau volcanique par une fente récente où son cours est plus direct, ses eaux moins divisées. C'est le seul bief navigable avant Yale, tête du Fraser inférieur; un service de vapeurs à roue arrière y fonctionne pendant la belle saison [2].

En aval de Soda Creek, c'est la vallée trop large où le fleuve serpente entre des terrasses. Enfin il atteint le premier éperon du granit côtier et s'y taille un canyon sauvage jusqu'au confluent de la Thompson [3].

En amont, le principal affluent de la rive droite est la Nechaco grossie de la Stuart, deux cours d'eau collecteurs des lacs nord-ouest; au confluent, dans une haute plaine, chacune des deux rivières mesure environ 80 mètres de large en été; soutenu par les lacs d'amont, leur débit est abondant. On ne trouve pas de gué [4]. Plus bas, la Nechaco est étranglée à deux reprises par des canyons où sa largeur se réduit beaucoup. Enfin elle se jette dans le Fraser au Fort George, l'établissement le plus septentrional du fleuve.

La Compagnie de la Baie de Hudson a pu faire aller un vapeur du Fort George jusqu'à Fort Saint-James, point où la rivière Stuart sort du lac Stuart : si le service a été suspendu, c'est uniquement faute de clientèle [5].

Sur la rive gauche, le Fraser reçoit la maigre contribution du la Quesnel. Exceptionnellement grand pour la région, ce réservoi recueillerait plus de 3 200 kilomètres de criques [6]; mais l'eau devient si rare en été qu'un barrage deux fois reconstruit et amélior

1. *Geol. Surv. of Ca. An. Rep.*, *1887-88*, R, p. 27.
2. *Yearbook of B. C.*, *1903*, p. 10. — *An. Rep. Mines, B. C. for 1905*, p. 93.
3. *Geol. Surv. of Ca. An. Rep.*, *1894*, B, p. 107, avec carte, (G.-M. Dawson).
4. *An. Rep. Mines, B. C. for 1905*, pp. 110 et suiv.
5. *Ibid.*, p. 101.
6. *Report of the Fisheries Commissioner for B. C. for 1905*, p. 6.

n'en peut retenir assez pour une exploitation hydraulique d'alluvions
aurifères.

Avec la rivière Thompson apparaissent les torrents de hautes
montagnes alimentés par les pluies abondantes et les neiges. De la
Chaîne de l'Or, qui se dresse au bord du plateau, sort un groupe
d'affluents rapides qui se concentrent dans le lac Shuswap. Lac-
pieuvre, *octopus lake*, le Shuswap projette en divers sens 5 bras
principaux, 6 si l'on compte le lac Adams qui s'y jette par un court
émissaire. Vers le sud un de ces tentacules se prolonge dans
la direction du lac Okanagan, dont il est séparé par moins de
50 kilomètres. Sur l'étendue intermédiaire, Dawson a reconnu la
présence de limon blanc, stratifié, sur une épaisseur qui paraît
atteindre par places 150 mètres[1]. Il semble qu'on ait affaire là aux
dépôts d'un grand lac post-glaciaire qui s'écoulait vers le sud : le
Shuswap, l'Okanagan en seraient les restes, ainsi qu'une série de
petits lacs avoisinant la pointe sud du Shuswap et la pointe nord de
l'Okanagan. Dans cette région entre les deux pointes, la rivière
Spallumcheen, descendue de la Chaîne de l'Or, serpente sur le plateau, hésite de petits lacs en petits lacs, décrit une succession de
courbes différentes, enfin, parvenue à mi-chemin entre les deux lacs,
se laisse près d'Enderby dévier au nord et vient au bras sud du lac
Shuswap. L'emplacement où s'élève Enderby est joint au lac Okanagan par un facile portage, que remplace aujourd'hui l'embranchement de la voie ferrée entre Thompson et Okanagan.

Avant la pose du rail, de petits vapeurs à fond plat et à roue
arrière, calant 50 centimètres, faisaient le service jusqu'à Enderby,
pendant l'été[2]. En aval, le lac Shuswap est aisément navigable, puis
la rivière Thompson le devient tant bien que mal dans un bief d'une
centaine de kilomètres, entre le lac Shuswap au pied des montagnes
et le lac Kamloops à l'entrée des canyons.

Kamloops signifie pointe entre deux rivières; c'est le nom indien
du bec qui s'avance au confluent de la Thompson proprement dite
venant du lac Shuswap et de la Thompson du nord. Unies, les
deux Thompson forment une longue expansion appelée lac Kamloops; des escarpements basaltiques s'y reflètent dans le miroir d'eau
claire[3], mais ce n'est pas la barrière éruptive, aujourd'hui rompue,
qui retient les eaux; c'est le delta d'un affluent perpendiculaire à l'axe
général, la Rivière du Mort (*Deadman's River*), qui arrive du nord.

1. *Geol. Surv. of Ca. An. Rep.*, *1877-78*, B, pp. 65 et 68.
2. *An. Rep. Mines, B. C. for 1904*, p. 229.
3. *Geol. Surv. of Ca. An. Rep.*, *1894*, B, pp. 428, 181.

Cependant le lac Kamloops n'est pas une simple retenue, il remplit une rainure profondément creusée; on n'y trouve pas moins de 100 à 150 mètres dans la partie centrale[1].

Au sortir de Kamloops commencent les canyons où la navigation devient impossible. La Thompson s'y fraye une voie en zigzag et finit par se jeter, à angle droit, dans le canyon du Fraser.

Au confluent, le Fraser est large de 114 mètres, profond de 3 et coule à la vitesse de 10 kilomètres à l'heure, en temps normal. Ses crues, comme celles des autres rivières du plateau, se font au commencement de l'été, après la fonte des neiges. Dans celle de 1903, le Fraser atteignit, au 15 juin, la plus grande largeur qu'on ait observée, 365 mètres : sa profondeur était à ce moment de 15 m. 25. Dans la belle saison, la température moyenne de l'eau varie de 2°,2 en avril à 13°,3 en juillet. Bien qu'en hiver la température descende fort au-dessous du point de glace, le fleuve ne gèle pas à cause de la rapidité de son cours.

Plus resserrée que le Fraser, la Thompson, à l'étiage, ne mesure que 55 mètres de large; mais elle est profonde de 5 à 7 mètres et court à la vitesse de 16 kilomètres par heure. Dans un étranglement de son canyon final, sa largeur se réduit à 18 mètres aux basses eaux, mais la profondeur y va jusqu'à 15 mètres. Les eaux ont une température moins variable que celles du Fraser, 5° en avril, 12°,2 en juillet. Elles doivent cette constance aux lacs régulateurs; les bassins qu'elles traversent retiennent aussi une partie des sédiments. Aussi l'eau de la Thompson apparaît-elle moins trouble que celle du Fraser, même en temps de crue[2].

Après le confluent, le Fraser continue vers le sud son cours en gorges taillées partie dans le roc, partie dans les alluvions anciennes. Dans son lit de grands bancs de sable (*bars*) qui émergent aux basses eaux. Du Banc de Boston (*Boston Bar*) à Yale, sur 37 kilomètres, le fleuve descend à raison de 2 mètres par kilomètre.

A Yale, qui n'est plus qu'à 60 mètres, les gorges commencent à s'élargir et se muent en vallées. A partir de Hope, le Fraser quitte les montagnes et tourne à l'ouest dans la plaine (p. 31). De Hope à l'ancien Fort Langley, en amont de New Westminster, le courant est encore de 6 à 12 kilomètres à l'heure et atteint 21 à 22 en temps de crue. A Langley, le fleuve coule presque au niveau de la mer; la marée commence à se faire sentir, la vitesse se réduit à 5 kilomètres et demi par heure. La profondeur atteint 18 mètres en moyenne.

1. *Geol. Surv. of Ca. An. Rep.*, *1894*, B, p. 327.
2. *Report of the Fisheries Commissioner for B. C. for 1903*, pp. 6-8.

Bien que le bas Fraser gèle rarement, les glaces fiottantes venues du plateau y gênent la navigation de décembre à avril; à cette époque aussi, les eaux baissent, les maigres se plaçant habituellement de janvier à mars. En avril commence la fonte des neiges et glaces qui fait monter le fleuve; la crue est au plus haut point de juillet à août. Septembre, octobre et novembre sont les meilleurs mois pour la navigation.

Avant la construction de la voie ferrée, les vapeurs monoroues remontaient pendant 6 à 9 mois de l'année malgré les bancs jusqu'à Yale, à 180 kilomètres de l'embouchure [1]. Aujourd'hui un service fonctionne régulièrement de New Westminster au confluent de la forte rivière Chilliwack alimentée par les glaciers des montagnes frontières.

Le delta commence à New Westminster, 25 kilomètres avant l'embouchure, port où remontent les navires calant 6 mètres. A marée haute le bras principal du delta offre 14 mètres d'eau [2].

Le fleuve Columbia draine un grand bassin de 700 000 kilomètres carrés, mais, seul, son réseau supérieur avec 100 000 kilomètres carrés appartient au Canada.

Il vient de la grande dépression entre Rocheuses et Selkirk; la source du fleuve est le lac Columbia à 850 mètres d'altitude environ séparé du Kootenay par une étroite terrasse de graviers (p. 62).

Au sortir du lac Columbia, le fleuve suit un sillon marécageux où la trace des eaux qui remplirent autrefois la vallée se marque par des flaques, puis il traverse de part en part le lac Windermere (823 m.), après quoi le fleuve reprend son cours sur le fond plat de la dépression. Il gèle de novembre à mars, il déborde à la fonte des neiges, mais pendant la belle saison, il peut être remonté jusqu'au Windermere par des vapeurs à roue d'arrière. Un service est fait sur 175 kilomètres du lac Columbia à Golden où le Canadien Pacifique atteint la vallée de la haute Columbia [3].

A gauche les Selkirk, à droite les Rocheuses envoient au fleuve de rapides torrents, comme ceux dont les vallées ont été empruntées par le transcontinental.

A Donald, le Canadien Pacifique franchit le fleuve par un pont de

---

1. *Yearbook of B. C.* 1903, p. 10.
2. Régime et partie maritime d'après *B. C. Pilot, 1905,* pp. 168-172. -· Sur le chenal maritime, la *Gazette du Travail,* avril 1906, p. 1128. Sur les glaces du Fraser, *id.,* févr. 1907, p. 957.
3. *Agriculture in B. C.,* 1904, p. 91.

fer en aval duquel la « Grande-Vallée » n'a plus guère d'établissements permanents.

Vers le 52ᵉ parallèle, la Columbia se coude vers l'ouest comme
le Fraser, tourne autour de la pointe nord des Selkirk et se
dirige vers le sud, dessinant un grand angle (*Big Bend*) avec son
cours précédent.

Dans la nouvelle vallée le lit, est barré par les rapides, que les
voyageurs canadiens français appelèrent La Porte. En amont de La
Porte la vallée est peu fréquentée : quant à la partie des Selkirk
autour de laquelle se dessine le coude, on peut la considérer comme
inconnue. On évalue à 5 850 kilomètres carrés l'ensemble des montagnes et hautes vallées compris entre le coude et la ligne Canadienne Pacifique.

En aval de La Porte, 65 kilomètres plus au sud, le fleuve est
recoupé par le Canadien Pacifique au pont de Revelstoke. Entre
Donald, emplacement du premier pont, et Revelstoke, le coude du
fleuve mesure environ 265 kilomètres de long; l'altitude de Donald
est de 716 mètres, celles de Revelstoke de 450, ce qui donne une
pente d'un peu moins d'un mètre par kilomètre. Largement étalée,
peu profonde, la nappe d'eau coupée de bancs présente à l'étiage
300 à 450 mètres de largeur; construit en prévision des crues, le
pont de Revelstoke a plus d'un kilomètre et demi.

Des vapeurs monoroues remontent tant bien que mal en deux
jours de la station de Revelstoke à La Porte où cesse le bief navigable; ils s'arrêtent la nuit par prudence. La descente se fait en
moins d'une journée [1].

A l'aval de Revelstoke, entre le Canadien Pacifique et la frontière américaine, deux expansions, les lacs La Flèche, occupent la
plus grande partie du cours.

Le premier ou lac La Flèche Supérieur (*Upper Arrow Lake*) commence une cinquantaine de kilomètres au sud de Revelstoke, dans
une dépression à la limite des schistes primaires et des terrains
archéens. Du nord au sud il mesure 72 kilomètres, sa largeur n'est
que de 2 à 3, sa superficie est de 25 694 hectares [2]. Sa profondeur
vers la pointe nord irait jusqu'à 213 mètres [3].

Au nord et au nord-est du lac, la Columbia et plusieurs torrents
alimentés par les neiges des Selkirk forment de courts deltas de
boue et de galets au milieu des forêts qui s'avancent jusqu'au lac.

1. *An. Rep. Mines, B. C. for 1905*, p. 149.
2. *Yearbook of B. C.*, 1903, p. 11.
3. *Proc. a. Trans. Roy. Soc. of Ca.*, *1890*, II, p. 50 (G.-M. DAWSON).

Les eaux de la Columbia s'épurent et se régularisent dans ce bassin.

De hautes montagnes couronnées de forêts de sapins encadrent le lac; des falaises le bordent, tombant à pic dans l'eau; peu de berges; de temps à autre une vallée avec la moraine d'un glacier mort, le delta d'une rivière récente brise le cadre de hauteurs et de forêts et permet l'établissement d'une maison ou d'un groupe d'habitations.

A 32 kilomètres plus bas, la Columbia forme une deuxième expansion : c'est le lac La Flèche Inférieur, en forme d'arc détendu tournant sa convexité vers l'est. Le lac inférieur présente une superficie de 16 578 hectares [1].

En aval la Columbia décrit un cours sinueux parmi des berges de granit toujours hautes, souvent resserrées.

Grossi du Kootenay, près de Robson, le fleuve se rejette vers le sud, passe aux États-Unis près de Fort Sheppherd et ne tarde pas à franchir de nouveaux rapides qui gardent le nom franco-canadien de Petites Dalles.

Jusqu'à la frontière, la Columbia gèle pendant l'hiver, vers le commencement de novembre à l'amont de Revelstoke, un mois plus tard à l'aval et dans les deux lacs La Flèche situés entre 400 et 430 mètres de haut [2]. L'été un service de plaisance est fait par les vapeurs du Canadien Pacifique entre Revelstoke et Robson, au confluent du Kootenay.

En somme, si on excepte l'hiver et la période de crues qui se place au commencement de l'été, la Columbia est navigable depuis sa source jusqu'aux rapides du coude, en un point encore mal déterminé; et ensuite, depuis les rapides de La Porte jusqu'aux Petites Dalles sur 280 kilomètres au moins.

La rivière Kootenay est au Canada le principal affluent du fleuve Columbia.

Nourri comme la Columbia, par les glaces et les neiges des deux chaines les plus élevées, le Kootenay court puissant, rapide, creusant un lit profond dans la Grande Vallée. A Wardner, où la ligne du Crows Nest le franchit en une partie relativement étroite de son cours, le pont lancé entre deux berges élevées a 225 mètres de long et domine l'eau de 51 mètres [3].

Plus bas la Grande Vallée s'élargit formant les plaines du Tabac (p. 62) que la frontière coupe à 150 kilomètres de la source.

1. *Yearbook of B. C.*, 1903, pp. 11, 26. — *Agriculture in B. C.*, 1907, p. 41.
2. *Geol. Surv. of Ca., An. Rep.*, 1888-89, B, p. 17. — *An. Rep. Mines, B. C.*, 1905, p. 149.
3. *C. P. R. Annotated Time Table. Westbound Edition*, p. 77.

Après un coude aux États-Unis, le Kootenay bute contre les pentes nord des monts de la Racine amère, revient au nord en franchissant des gorges où les canots même ne peuvent s'aventurer, puis retrouve une platière et rentre au Canada par une large vallée ouverte entre deux massifs des Selkirk; il y forme des marécages, de faux bras, s'élargit à 200 mètres avec profondeur de 13 à 18 m. dans le chenal principal, et il se jette par un delta dans la pointe sud du grand lac Kootenay orienté à peu près comme les lacs La Flèche. Cette large vallée commence à Bonner's Ferry en Idaho, elle mesure dans le sens du cours d'eau une centaine de kilomètres, d'une muraille à l'autre 5 à 8 kilomètres. Elle semble comblée par les alluvions d'une ancienne nappe dont le reste forme l'actuel lac Kootenay. Aux crues de juin qui élèvent de 3 à 6 mètres le niveau du lac Kootenay, les eaux refluent sur une partie de la vallée [1].

Plus long et plus large que les autres expansions des montagnes sud-est, le lac Kootenay s'allonge sur 110 kilomètres du nord au sud; sa profondeur est à peu près la même que celle des lacs. Sur ses bords se dressent des montagnes boisées dont l'altitude croit à mesure qu'on s'avance vers le nord, c'est-à-dire qu'on approche du nœud central des Selkirk. Dans cette masse couronnée de névés et de glaciers, la dépression du lac se prolonge au nord par deux hautes vallées qui lui amènent les eaux des Selkirk centraux après les avoir concentrées et purifiées l'une dans le lac de la Truite (p. 56), l'autre dans le lac Duncan. Le lac de la Truite mesure 29 kilomètres de long, 800 de large et sa profondeur va jusqu'à 233 mètres [2]. Placé dans l'axe même du lac Kootenay, le lac Duncan lui est uni par un couloir marécageux qui semble avoir été rempli par un bras avant l'époque actuelle. Mieux abrité que les lacs La Flèche, le lac Kootenay ne gèle pas, bien que plus élevé (550 mètres).

Ses rives sont découpées. Parmi ses indentations, la plus importante est la langue qui s'insinue à l'ouest dans une fracture de la nappe granitique, formant le havre naturel où l'on a construit Nelson, la métropole du pays. De sa pointe occidentale s'échappe une forte rivière qui reprend le nom de Kootenay : si large que soit le déversoir, il ne suffit pas à écouler la masse d'eau qui descend vers le lac à la fonte des neiges et le fait déborder.

Au sortir du lac, sur une cinquantaine de kilomètres, le Kootenay traverse des cluses étroites où ses eaux se précipitent avec une pente de deux mètres par kilomètre, puis le barrage naturel de Bonington

1. A.-O. WHEELER, The Selkirk Range, t. I, pp. 249, 256.
2. Geol. Surv. of Ca. Summary Rep., 1903, pp. 45-46.

lui impose une chute devant laquelle les saumons s'arrêtent à la remontée [1]. Pour donner l'électricité aux centres miniers de Trail Creek et de Rossland, on utilise le pouvoir d'eau fourni par les cataractes.

Du nord arrive au Kootenay la rivière Slocan, émissaire du lac Slocan, le plus profond des lacs fiords, qui s'étale au cœur des Selkirk entre lac Kootenay et lacs La Flèche.

A 25 kilomètres plus bas que les chutes, le Kootenay se jette dans la Columbia.

Les affluents occidentaux de la Columbia ne peuvent se comparer avec ceux des montagnes. Nés, ou du moins courant sur le plateau aride, ils manquent d'eau et ne peuvent servir à la navigation. Les plus notables n'appartiennent au Canada que par leur cours supérieur, ils rejoignent la Columbia en Washington.

Correspondant avec les trains qui arrivent par l'embranchement du lac Shuswap, une ligne de vapeur dessert le lac Okanagan allongé sur 120 kilomètres du nord au sud; mais la rivière Okanagan, qui s'en échappe pour rejoindre la Columbia dans l'une des régions les plus arides de Washington, ne se prête pas à la navigation.

1. *Geol. Surv. of Ca. An. Rep.*, *1888-89*, B, p. 21.

CHAPITRE VIII

LES FORÊTS

Forêt de l'Ouest et Forêt arctique.

Les forêts occupent en Colombie 725 000 kilomètres carrés, près des trois quarts de la Province[1] ; elles couvriraient toute la superficie sans l'intrusion de la zone aride au sud du plateau intérieur, sans l'altitude qui met une partie des sommets au-dessus de la ligne des arbres, enfin sans les défrichements qui dépouillent progressivement les rivages du détroit de Georgie et les vallées des montagnes[2].

Depuis les futaies drues et hautes de la côte, des Selkirk et des Rocheuses jusqu'aux arbres clairsemés en forme de parc (*park like*) des plateaux secs, les forêts colombiennes présentent toutes les formes et tous les degrés de densité.

Suivant la règle générale, le nombre des familles diminue à mesure qu'on s'avance vers le nord.

C'est aux arbres à aiguilles que les bois colombiens doivent leur aspect le plus fréquent comme le plus majestueux, c'est eux qui fournissent les espèces originales, celles qui permettent de distinguer en Colombie deux grandes zones[3] : au sud et tout le long des rivages, la forêt des montagnes occidentales, suite de celle des États-Unis ; au nord la forêt arctique couvrant de la Chaîne côtière à la Baie

---

1. *Yearbook of B. C.*, 1903, p. 243.
2. L'ouvrage classique de Schimper, *Pflanzen Geographie*, trad. angl., *Geography of Plants*, Oxford, 1900, in-8°, donne peu de chose sur la géographie botanique de la Colombie. La base reste le sommaire si précis de Macoun dans *Handbook of Ca.* et son grand catalogue (Bibliographie, n° 24), que j'ai pris comme base, ainsi que les cartes de limite d'arbres (Dawson), reunies dans la carte de l'*Atlas of Ca.*, 1907 (*ibid.*, n°⁵ 26-27), en les complétant par des renseignements pris aux autres ouvr. qu'indique la Blibliog. (n°⁵ 24-34 et 65-76) et la n. des pp. 28-29 (Brooks, p. 38, pl. XIII ; *Harriman Al. E.*, t. I, pp. 235-236.)
3. Macoun, dans *Handbook of Ca.*, p. 291.

de Hudson tout l'espace entre la Prairie au sud, les déserts glacés ou Barren Grounds au nord.

Pour la forêt occidentale l'arbre caractéristique est le sapin de Douglas (*Pseudotsuga Douglasii* ou *mucronata*), sapin rouge ou sapin à feuilles d'if (*Pseudotsuga taxifolia*) des botanistes américains[1]. Il apparaît au sud dans l'état d'Orégon, et persiste un peu au delà du 54° parallèle, du moins pour la côte ferme. Entre ces limites il croît même dans la zone aride; on le retrouve en forêts sur les Selkirk et les Rocheuses, puis par petits groupes ou isolément à l'est sur les avant-monts jusqu'au voisinage de Calgary en Alberta. C'est le plus bel arbre de l'Ouest : sur la côte sa taille peut atteindre 90 mètres, son diamètre, 3 m. 65[2].

Bien différents sont les maigres conifères de la forêt arctique, les épinettes blanches et noires (*Abies alba et nigra*) et les mélèzes (*Larix americana*) pour lesquels 30 centimètres font un diamètre exceptionnel : ils couvrent montagnes et plateaux, mais s'arrêtent à l'intérieur de la Chaîne côtière et n'arrivent pas au littoral.

A travers les diverses forêts et zones de climats se retrouvent ces bois blancs qui, d'un bout à l'autre du Canada, courent le long des rivières comme des tendons continus que ne coupent ni la ceinture aride des plateaux, ni même celle de la Prairie. Ce sont des saules, des aulnes, des peupliers comme l'arbre aux liards ou *cottonwood*, des bouleaux dont les variétés occidentales diffèrent peu ou point des variétés orientales. Il en va de même pour les buissons ou herbes appartenant à la famille des rosacées et à quelques autres dont les baies ou les fruits baptisés prunes ou pommes sauvages fournissent un supplément de nourriture aux Indiens soit à l'est, soit à l'ouest des Rocheuses. Tels sont le pommier à bouquet, *Crab apple* des Anglais (*Amelanchier alnifolia*), le *Velvet berry* ou baie de velours ou *Salmon berry* (*Rubus Nutkanus*), sorte de framboise, des fraises, diverses variétés de myrtilles, le *Blaeberry* (*Vaccinium ovatum*), le *Huckleberry* (*V. myrtillus*), enfin la baie aux ours ou *Bearberry* (*Rhamnus Purshiana*), anacardiée que les Espagnols de Californie mirent à la mode comme laxatif sous le nom de *Cascara*. Ces plantes attirent les ours, notamment l'ours noir, qui partage ses préférences entre elle et le chou-putois (*Lysichitum kamtchatense*), plante d'odeur répugnante qui abonde sur la côte et dans les montagnes.

A l'origine les lignes d'arbres à feuilles caduques demeuraient

1. *Yearbook of B. C.*, 1903, p. 247.
2. MACOUN, I, p. 473.

noyées parmi les conifères, sauf dans la région aride où parfois seules elles subsistent en galerie le long des cours d'eau. Un rapport officiel d'exploration en 1905 croit pouvoir attribuer la prédominance des bois blancs dans le nord-ouest de la zone sèche, un peu avant la forêt arctique, à des incendies naturels qui auraient tué les conifères [1]. En effet, les feux de brousse (*bush fires*), si fréquents dans les pays boisés, sont mortels aux résineux qui ne survivent plus une fois atteints au tronc et dont les rejetons croissent très lentement, tandis que les autres arbres reforment rapidement leurs rideaux et s'emparent de la place brûlée.

Entre les deux forêts, occidentale et arctique, la limite ne se trace pas aisément parce que les espèces se pénètrent et parce que les données des explorateurs ne suffisent pas pour qu'on trace une carte exacte et précise. On peut cependant dire que la zone intermédiaire commence à la ligne septentrionale où cesse le sapin de Douglas; elle part de la région côtière un peu au nord du 54ᵉ parallèle, sur le bas du fleuve Skeena, décrit en zone aride deux rentrants vers le sud, séparés par un saillant qui remonte au nord jusque vers le lac Tacla dans l'impasse de montagnes, de sources, de réservoirs qui termine le bassin du Fraser et enfin tourne autour des Rocheuses qu'elle franchit au nord des massifs les plus élevés.

La forêt de l'Ouest mérite son nom sur la côte et sur les pentes de la Chaîne de l'Or, des Selkirk et des Rocheuses; entre ces régions elle se réduit au rang de parc, et même se diminue en brousse; parfois, mais plus rarement, elle manque dans les zones sèches du plateau qui se prolongent jusqu'à la limite méridionale de la forêt arctique.

La forêt arctique s'étend vers le nord jusqu'aux déserts glacés dont la plus grande partie se trouve hors de Colombie dans le territoire du Yukon. Plus continue d'est en ouest que la forêt du sapin de Douglas, elle paraît subir moins l'influence des zones de climat nord-sud qui se partagent la province, mais elle n'offre pourtant pas le même aspect en région pluvieuse et en région sèche, en rivage, en plateau et en montagne.

Aussi tout en distinguant du sud au nord les deux forêts d'essences différentes, convient-il, pour décrire l'aspect sous lequel se présente la végétation, de conserver les mêmes divisions que pour le climat : région maritime, plateaux arides, montagnes séparées par la Grande Vallée.

---

1. *An. Rep. Mines, B. C. for 1905*, p. 101.

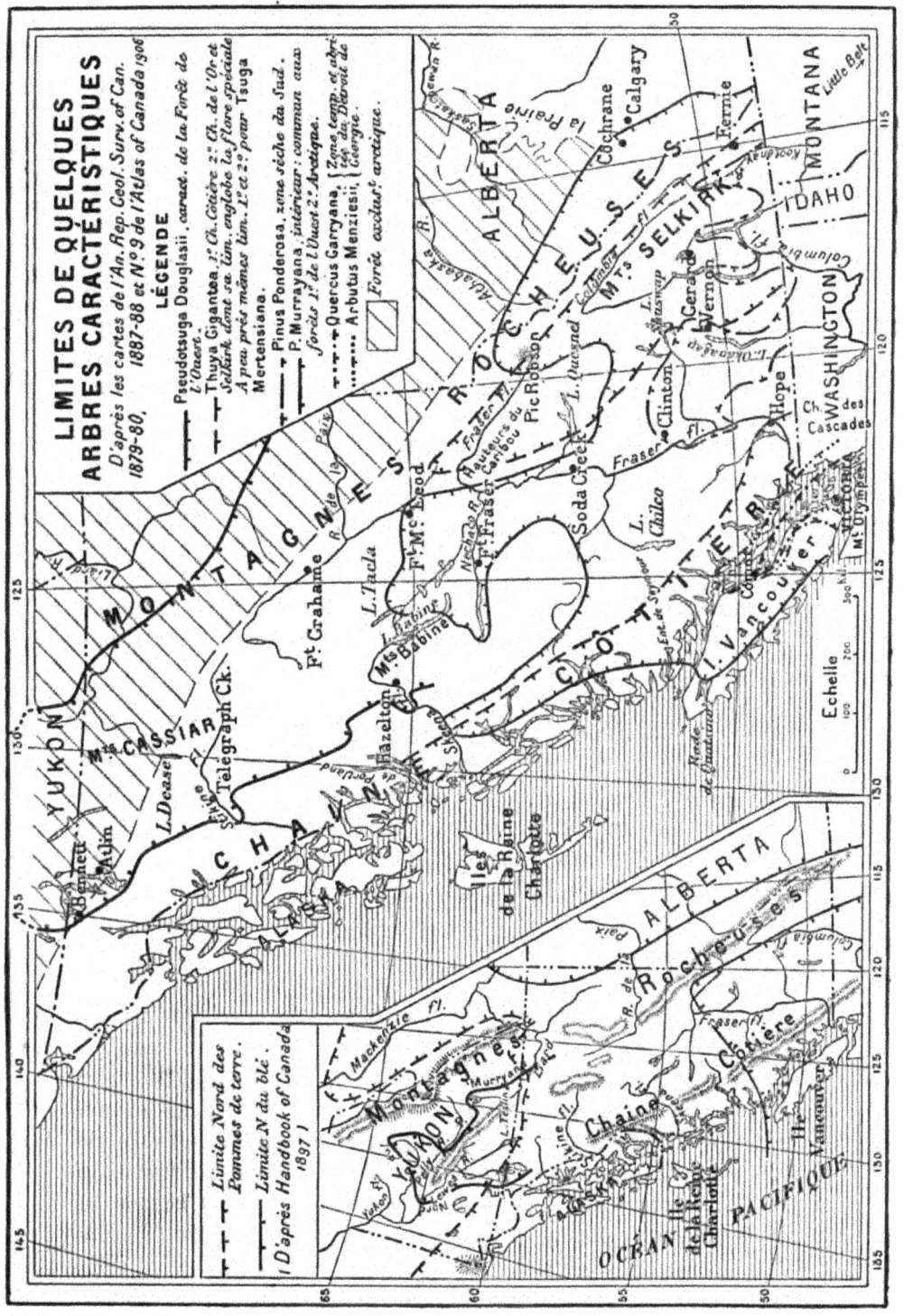

Le *Ps. Douglasii* est le sapin de Douglas (p. 111), le *Th. gigantea* est le cèdre blanc de l'W. (p. 115), le *Ts. Mertensiana* est la pruche ou hemlock (p. 115), le *P. ponderosa* est le pin jaune (p. 121), le *P. Murrayana* est le pin noir ou cyprès (p. 124). Pour le *Q. Garryana* ou chêne blanc de l'W. p. 119, l'*A. Mensiesii* ou madrona, p. 117. Voir aussi T. alph.

Les forêts côtières.

Avant l'arrivée des Européens, une forêt vierge abritant des sous-bois aussi touffus que ceux des forêts tropicales couvrait toutes les îles et s'étendait sur la côte du nord au sud, avec 100 à 150 kilomètres de largeur, depuis les falaises côtières jusqu'aux escarpements et aux neiges de la ligne de partage. Sauf sur les bords de la mer intérieure où se sont établis les colons et les commerçants, sauf au fond des fiords où les marchands de bois ont pénétré, ce superbe manteau s'étale encore sans déchirures.

A mesure qu'on s'élève en latitude, la limite supérieure des arbres s'abaisse à cause de la rigueur croissante du climat. Dans le Mont Olympe sur la côte américaine du détroit de Fuca, au voisinage du 48° parallèle, elle se trouve à 1 830 mètres; près de la frontière d'Alaska elle tombe à 1 280 mètres [1].

On peut distinguer, dans les îles et sur la côte colombienne, la forêt du sud et la forêt du nord, la première passant à la seconde entre le 51° et le 54° parallèle suivant les régions.

Croissant sous un climat doux et humide, la forêt côtière méridionale est la plus haute, la plus drue, la plus luxuriante. Les futaies magnifiques du Mont Olympe et de la chaîne des Cascades, qui font du Washington l'un des premiers états de l'Union pour le bois de charpente, se continuent avec les mêmes espèces dans les îles de Vancouver et de la Reine Charlotte ainsi que sur les pentes occidentales de la Chaîne côtière. Pour se donner un parc unique au monde, la jeune cité de Vancouver n'a eu qu'à conserver, dans une presqu'île rocheuse entourée par les flots, un morceau de la flore primitive dominée par les hauts sapins de Douglas (gravure, p. 114, pl. III).

C'est sur la côte que cet arbre atteint son plein développement et c'est là qu'il montre une vigueur sans pareille. Au voisinage des villes les plus anciennes comme Victoria et New Westminster, on trouve dans des défrichements vieux de soixante années des racines de sapins de Douglas qui ne sont pas encore mortes. Sciée au ras du sol, la plante pousse encore des rejets. Son bois résiste fort longtemps à la corruption : aussi l'utilise-t-on à la construction des navires, des ponts, des quais. Quand on refit la canalisation de Vic-

---

1. *Geol. Surv. of Ca. An. Rep.*, *1887-88*, B, p. 210 (G.-M. Dawson). — *U. S. Geol. Surv. Prof. Pap.*, n° 7. Dodwell *and* Rixon, *Forest Conditions in the Olympic Forest Reserve, 1902*, p. 13.

Pl. III

SAPINS DE DOUGLAS.

Dans le fragment de forêt côtière aménagé en parc public pour la ville de Vancouver.

toria, la capitale, on déterra des conduites de Douglas qui ne s'étaient pas gâtées après vingt-neuf années de service [1].

On a coupé beaucoup trop de ces arbres si utiles et, comme leur croissance se fait lentement, il est à craindre qu'ils ne disparaissent des régions accessibles, mais il en reste ailleurs des réserves. Craignant en effet l'humidité excessive, le Douglas se cantonne sur les pentes et ne descend guère jusqu'aux flots, à partir de l'Entrée de Seymour, vers le 51e parallèle, où manque au continent l'abri de la grande île.

Après le sapin de Douglas, les plus beaux arbres de la forêt côtière sont le cèdre blanc de l'Ouest ou thuya géant (*Thuya gigantea* ou *plicata*) et la pruche ou *hemlock* de Mertens (*Tsuga Mertensiana*). Moins résistantes à la sécheresse que le sapin de Douglas, ces deux espèces ne se rencontrent pas sur le plateau aride et n'existent en dehors de la côte que dans les monts Selkirk; mais sur les bords de l'Océan, le thuya géant va en Colombie jusqu'au Canal de Portland, un degré plus au nord que le Douglas [2], et ne disparaît qu'au delà, dans le territoire d'Alaska.

Le cèdre de l'Ouest ou thuya géant est moins élevé, mais presque aussi gros que le sapin de Douglas; il arrive à 50 mètres de haut et dépasse 3 mètres de diamètre. Son bois servait à fabriquer les canots indiens de la côte; les colons en tirent de belles pièces de bois qu'on envoie dans l'Est pour les travaux d'ébénisterie; ils le débitent en bardeaux pour couvrir les maisons de bois si nombreuses en Colombie.

La pruche est un conifère mince, élancé, élevant sur une longue tige le panache de feuilles découpées qui lui vaut son nom anglais de *hemlock* ou ciguë; sa hauteur atteint 45 mètres dans les Selkirk et dépasse 60 à la côte [3].

Fûts de Douglas et colonnettes de pruche, mélangés, donnent à la forêt occidentale, de l'Oregon à la Colombie, un aspect qui frappe au premier coup d'œil et qui ne sort plus de la mémoire.

Dans l'État de Washington, les forêts comprennent 46 p. 100 de sapins de Douglas, 21 p. 100 de pruches, 12 p. 100 de cèdres blancs [4].

Mais, si l'on prend la région toute maritime du Mont Olympe, — la plus arrosée du Washington, — on y voit la pruche, qui s'accommode de l'humidité, occuper 42 p. 100 de la forêt et prendre

---

1. 7ᵗʰ *Rep. of the Dep. of Agriculture B. C.*, 1902, pp. 215-16.
2. *Geol. Surv. of Ca. An. Rep.*, 1879-80, carte h. t. (DAWSON). — *Atlas of Ca*, 1906, carte 9.
3. MACOUN, I, p. 47. — *Geol. Surv. of Ca. An. Rep.*, 1887-88, B, p. 210 (DAWSON).
4. *U. S. Geol. Surv. Profess. Pap.*, n° 5. GANNETT. *The... Forests of Washington* (carte et tableau).

le premier rang : reste au sapin de Douglas 24 p. 100, au cèdre 10 p. 100, enfin 6 p. 100 au picea du Stikine, que les Anglais appellent *Menzies spruce* (*Picea Stichensis*) : le dernier est un arbre trop mince pour fournir des bois de charpente; il se couvre d'aiguilles courtes, dures et pointues, si bien qu'on ne peut saisir ses branches sans s'y piquer. Au sud il croît principalement dans la bande humide et venteuse du littoral; plus on s'avance vers les régions froides, puis il devient abondant.

Dans la partie colonisée de la côte colombienne, ces conifères continuent à pousser de compagnie, étalant les franges de leurs aiguilles vert sombre depuis le rivage jusqu'à 1 200 mètres : à mi-hauteur, le pin blanc de l'Ouest (*Pinus monticola*) se mélange à eux.

Au-dessus de 1 200 mètres, la pruche persiste, mais le sapin de Douglas cède la place au cyprès jaune ou de Nootka (*Cupressus* ou *Chamæcyparis Nutkaensis*), qui sur la montagne de Yale, à la sortie méridionale des canyons fraseriens, s'élève jusqu'à 1 675 mètres [1]. Cet arbre fournit un excellent bois, mais on l'exploite malaisément parce qu'il croît à une altitude trop élevée pour qu'on puisse transporter les troncs abattus.

Plus haut encore, les pentes sont couronnées par la pruche des montagnes (*Tsuga Pattoniana*) et le sapin blanc (*Abies amabilis*), reconnaissable à ses élégants cônes verts. En Californie, la pruche des montagnes ne croît guère au-dessous de 3 000 mètres, en Colombie on commence à la rencontrer dès 825 mètres [2].

Dans les îles et sur la côte ferme, les terrains les plus boisés ne sont pas les meilleurs, contrairement à ce qui se passe dans l'est : ils sont en effet couverts de sapins et autres arbres à aiguilles persistantes qui donnent fort peu d'humus. On considère comme les meilleures places à défricher les creux à aulnes (*Alder bottoms*) quand ils ne sont pas trop marécageux. L'*Alnus rubra* ou *glutinosa* y croît en taillis sur les fonds de dépôts glaciaires où l'argile abonde plus que les cailloux. Aux aulnes s'y mêlent quelques bois blancs, le peuplier liard ou l'arbre à coton (*Populus trichocarpa* ou *balsamifera*), le bouleau à canots (*Betula papyrifera*), plus rare que les précédents et dont l'écorce est moins utilisée par les Indiens que dans la Prairie, vu l'abondance d'excellent bois pour la construction des barques. Bien que détruits en grand nombre par les colons qui s'installent dans les vallées, ces bois tendres de croissance rapide semblent gagner du terrain; dans la partie non cultivée des fonds ils s'emparent très

1. MACOUN, dans *Handbook of Ca.*, p. 295. — *Yearbook of B. C.*, 1903, p. 238.
2. MACOUN, I, p. 472.

vite du terrain que la hache et le feu du blanc enlèvent au sapin et que la culture ne vient point protéger contre le retour de la forêt nouvelle.

Sur les crêtes rocheuses qui séparent les fonds à aulnes, peupliers et bouleaux, se dressent des conifères de tout genre ; si on les détruit sans les remplacer du tout, la place ainsi perdue est généralement occupée par deux variétés d'érables (*Acer macrophyllum* et *Acer glabrum*). L'érable à larges feuilles donne un bois frisé qu'on exploite pour l'ébénisterie, principalement dans l'île Vancouver. A ces deux arbres il faut ajouter une variété demi-rampante, l'érable vigne (*Acer circinatum*), maigre et tordu comme un sarment ; on ne le voit guère que sur les rochers des côtes [1].

C'est par exception et simplement dans l'étroite zone de falaises balayées par le vent et les embruns de mer que l'on doit parler de plantes rabougries : partout ailleurs, l'air humide de la côte favorise au contraire le développement de végétaux qui ne prospéraient pas dans l'intérieur avec la même plénitude. On l'a déjà vu pour le sapin de Douglas et les grands conifères. Tel est aussi le cas de l'érable à larges feuilles et surtout de l'érable glabre, arbres sur la mer intérieure de Géorgie, réduits au rang de buisson dans la zone centrale élevée et aride. Dans la même région maritime, des buissons toujours verts deviennent des arbres dont la taille étonne le botaniste ; ainsi le genévrier de Virginie [2] (*Juniperus occidentalis*), surnommé cèdre rouge à cause de ses proportions, un arbousier (*Arbutus Menziesii*) ou madrona, un cornouiller (*Cornus Nuttalii*), quelques autres encore qui rappellent à l'ouest du Pacifique les lauriers et arbres analogues caractéristiques de la flore japonaise sur le rivage oriental. Comme l'érable-vigne, ces plantes s'établissent sur les pointes rocheuses qui s'avancent dans la mer et en couvrent la nudité d'un manteau qui ne change guère plus avec les saisons que celui des conifères. Interposés entre la haute futaie et les récifs ou falaises, les feuilles toujours vertes de l'arbousier semblables à celles du laurier, son écorce intérieure rouge entrevue à travers les déchirures de l'épiderme, les larges involucres blanches des fleurs des cornouillers mettent une ceinture de riches nuances entre le vert des vagues, le gris des rochers et la frange sombre et dentelée des grands sapins qui ferment l'horizon intérieur.

Sous ces voiles de feuilles, l'eau qui tombe du ciel en abondance s'évapore à peine ; lacs, marécages, tourbières et fondrières sont

1. *Yearbook of B. C.*, 1903, p. 242.
2. *Geol. Surv. of Ca. An. Rep., 1886*, B, p. 107. — MACOUN, I, p. 461.

plus nombreux que dans le reste de la province ; les plantes aquatiques, les grandes fougères, la massue du diable (*Fatsia horrida* ou *Panax*), caractéristique de la zone forestière humide[1], proche parente de l'*Aralia* japonaise aux larges feuilles glauques, le *Salal* (*Gaultheria shallon*), sorte de bruyère répandue sur de larges espaces, les mousses, les lichens couvrent terre, pierres, bois mort et mettent dans toute l'étendue du sous-bois la gamme complète des verts.

En avril et en mai, les fleurs ajoutent à la richesse des tons ; on trouve le long des côtes sud-ouest, principalement aux environs de Victoria, de belles orchidées comme les Calypso, une grande variété de liliacées, lis, fritillaires, tulipes, scilles, apparentées à celles de la Californie septentrionale et de l'Oregon. Jusqu'à la même latitude, des espèces polaires apparentées principalement à la flore d'Alaska se propagent sur les sommets élevés des montagnes, soit sur le continent, soit dans les îles[2]. Ainsi, avec ces deux étages séparés par la très large zone des forêts, la région de Victoria et de Vancouver concentre en un microcosme régional des représentants de toutes les flores du Nord-Ouest américain.

Bien qu'elle forme surtout la partie la plus humide et la plus dense de la forêt côtière, la forêt de l'île Vancouver n'en présente pas moins quelques caractères particuliers. D'abord la différence se marque nettement entre la côte intérieure, boisée jusqu'aux flots, sauf dans les parties défrichées, et la côte du large où la végétation s'arrête sur des rochers escarpés battus par la houle de l'Océan.

A la côte occidentale, le sapin de Douglas ne s'approche pas autant de la mer que sur l'autre ; enfin on ne le rencontre plus au nord d'une ligne unissant le fiord de Quatsino à la baie de l'Alerte sur la côte nord-est. Sa limite septentrionale est donc trois degrés et demi plus au sud que sur la côte ferme. A partir de la zone où il se fait rare, d'autres conifères plus résistants soit au froid, soit à l'humidité, donnent à la forêt son caractère.

Ainsi le cyprès ou cèdre jaune, arbre des montagnes, apparaît au-dessus de 1 280 mètres sur les pentes du mont Benson dominant Nanaimo, port de l'île Vancouver sur le détroit ou mer intérieure de Géorgie ; quand on va vers le nord, on le trouve à des altitudes de moins en moins élevées : à la pointe il vient tout près de la côte[3]. La pruche de Mertens ou *hemlock de l'Ouest*, qui ne craint point

1. MACOUN, I, pp. 189 et 537. — *Geol. Surv. of Ca. An. Rep.*, *1887-88*, B, pp. 2 et 214.
2. *Id.*, III, p. 3, et dans *Handbook of Ca.*, *1897*, p. 102.
3. *Id.*, dans *Handbook of Ca.*, pp. 91, 295.

l'humidité, se compte déjà dans la proportion de 42 p. 100 parmi les arbres qui garnissent les pentes du mont Olympe à l'extrémité océanique du Washington[1], dont le climat ressemble à celui de l'île Vancouver. Dans cette île elle prend une importance croissante du sud au nord. A la pointe septentrionale les seuls beaux arbres sont les pruches et les cèdres. Il en est de même dans les îles côtières et dans l'archipel de la Reine Charlotte où le cèdre fournissait aux artistes haïda de magnifiques poteaux à totem.

Le sud de l'île Vancouver offre au contraire une grande variété d'arbres. Là se rencontrent deux chênes spéciaux à la flore vancouvérienne, le chêne blanc de l'Ouest (*Quercus Garryana*) et le *Quercus Jacobi*; cantonnés dans la partie sud-est, la mieux abritée, ils apparaissent à la péninsule de Sooke et remontent le long de la côte intérieure jusqu'à Comox (49°30′) mais en devenant de plus en plus chétifs. Ils poussent isolés au milieu du gazon indigène; ces « parcs » de chênes occupent les moraines et les parties les plus cail. louteuses des dépôts glaciaires; dans les districts peuplés où l'on s'applique à les conserver, tout en détruisant les autres arbres indigènes, ils donnent au paysage une allure presque anglaise que la nature ne représente nulle part ailleurs qu'en Colombie[2].

Sur la section nord de la grande côte, dès l'Entrée de Knight, le sapin de Douglas se fait rare, pour disparaître complètement à l'embouchure du fleuve Skeena. Entre ces deux points, règne une ceinture de pruches et de thuyas ou cèdres semblable à celle du nord de Vancouver et des îles de la Reine Charlotte[3].

On a vu que le *Thuya gigantea* croît jusque vers la frontière méridionale de l'Alaska, mais sous cette latitude, il se montre fort dégénéré. Plus au nord le bois marchand devient rare, du moins sur le territoire colombien, qui ne possède plus le versant maritime[4].

Seul parmi les conifères, le maigre et résistant picea du Stikine (*Picea Stichensis*) arrive jusqu'en Alaska sans trop se rabougrir avant le 59° parallèle. Apparu dès le nord des États-Unis, il forme 6 p. 100 de la forêt littorale dans le Mont Olympe, juste avant le 49° parallèle[5]. Près de la frontière d'Alaska, il constitue par endroits, à lui seul, les 8/10 de la forêt.

En somme, au nord comme au sud, une bande continue de forêts où dominent un nombre plus ou moins grand d'arbres à aiguilles

1. *U. S. Geol. Surv. Prof. Paper*, n° 7, déjà cité, pp. 15-16.
2. *Agriculture in B. C.*, 1904, p. 110. — *Yearbook of B. C.* 1903, p. 240.
3. *An. Rep. Mines, B. C., for 1905*, p. 85 (Gribbell Island).
4. *Geol. Surv. of Ca. An. Rep. 1887-88*, B, pp. 210, 214 et cartes.
5. *U. S. Geol. Surv., Professional Papers*, n° 7, p. 16

propres à la côte pacifique sépare toujours du littoral les régions
intérieures. Les Indiens n'y pénétraient que par quelques pistes ; dans
les parties vierges, l'explorateur doit se frayer un chemin par le fer
ou par le feu.

Dans l'île de Vancouver vit le daim à queue noire (*Cariacus colom-
bicus*), que l'on rencontre aussi en quelques points de la côte ferme.
Cette sous-variété est protégée par une loi provinciale qui défend
de tuer les daims à queue noire, de vendre leur chair, leur peau et
leurs bois [1].

Le grand cerf Wapiti (*Cervus canadensis*), qui habite l'intérieur,
mais non la côte Colombie britannique, se rencontre dans la partie
centrale de l'île Vancouver : c'est même la seule région de Colombie
où il se montre en nombre [2].

De même le puma (*Felis concolor*), appelé panthère dans le pays,
ne se trouve au nord des États-Unis que dans l'île Vancouver et à
la partie méridionale des plateaux intérieurs.

La loutre de mer (*Latax lutris*, p. 135) abondait tout particulière
ment à Vancouver.

Parmi les autres carnassiers, le carcajou ou glouton, appelé en
anglais wolverine, plantigrade intermédiaire entre le blaireau et
l'ours, les diverses variétés de l'ours noir (*Ursus americanus*), le
lynx du Canada, le loup sont communs aux États-Unis, à l'île et au
sud de la Colombie.

Dans l'archipel de la Reine Charlotte plusieurs espèces méridionales ne se retrouvent pas ; la faune, comme la flore, est moins variée
que celle du sud et ressemble à celle de la côte ferme sous la même
latitude. Pourtant le caribou ou renne sauvage (*Rangifer tarandus
Caribou*), animal canadien qui parcourt l'intérieur de la Colombie, mais
ne s'aventure pas dans la forêt côtière, aurait été vu aux îles de la
Reine Charlotte [3].

Végétation de la zone intérieure.

Pour la végétation aussi bien que pour le climat, les défilés par où
le Fraser traverse la Chaîne côtière forment un couloir entre deux
régions distinctes comme le « robinet » du Rhône à Donzère. D'un

1. Sauf indications spéciales, les renseignements sur la faune sont pris au Bulletin
n° 24 du *Bureau of Prov. Information. Game in B. C., 1906* ; résumé de l'éd. de 1903, n°° 1-7,
dans Buron, *Les Richesses du Canada*, Paris, 1904, in-8°.
2. *Game in B. C., 1906*, p. 9.
3. G.-M., Dawson, dans *Proc. and Tr. R. Soc. of Ca., 1890*, sect. IV, pp. 51-52.

côté, la forêt de conifères géants, de l'autre, les bouquets de pins clairsemés et de grands espaces découverts. Dans l'intérieur comme sur la côte, les zones de végétation font suite à celles des États-Unis, mais le relief accidenté de la Colombie introduit plus de variété.

Aux États-Unis, la nappe de terrains éruptifs modernes qui forme le plateau de la Columbia est une grande steppe sans arbres ; mais immédiatement avant la frontière canadienne, vers le 48° parallèle, les terrains se plissent entre la Chaîne côtière et les montagnes intérieures ; alors les pins reparaissent sur les pentes ; la zone sans arbres se réduit à une bande qui remonte la vallée de l'Okanagan dans la partie centrale du plateau et vient mourir en Colombie britannique [1]. Dans cette province, le plateau intérieur se montre rarement nu, sauf au voisinage des camps miniers, où les colons ont coupé les bois pour les transformer en poteaux ou en combustible.

L'arbre caractéristique du plateau sec, soit aux États-Unis, soit en Colombie, est le pin jaune (*Pinus ponderosa*), arbre à gros fût, avec une écorce résineuse jaune rouge, une large frondaison étalée qui le distingue des sapins en pyramide qu'on trouve sur la côte et dans les montagnes [2] : ses fruits sont de longs cônes que les Indiens ramassent pour en manger les graines. Les pins jaunes poussent souvent écartés l'un de l'autre ; leurs aiguilles laissent passer le soleil ; ils n'ont pas de sous-bois ; l'aridité du sol, la chaleur de l'air, désagrément habituel aux futaies de pins, sont plus sensibles ici que partout ailleurs.

En Washington, le *Pinus ponderosa* fournit 75 p. 100 des arbres à la forêt éparse qui s'égrène sur le versant intérieur de la chaîne des Cascades [3]. En Colombie, il semble rester l'arbre le plus répandu, sur le plateau méridional jusque vers 51°30 de latitude, une centaine de kilomètres au nord de la ligne Canadienne Pacifique [4], dans les vallées sud des Selkirk et dans celle du haut Kootenay jusque vers 50°51. Par ordre d'importance viennent ensuite, le sapin de Douglas, le seul des grands conifères côtiers qui s'acclimate dans la zone sèche, où il se présente en bouquets parmi les arbres régionaux, et le pin noir (*Pinus Murrayana*), inconnu sur la côte,

---

1. SARGENT, *Forest Trees of N. A.*, p. 572, carte des forêts de l'Idaho, pp. 574-5 et carte des forêts du Washington. — *U. S. Geol. Survey. Prof. Papers*, n° 4, H. GANNET, *The Forests of Oregon, 1901*; n° 5, id., *The Forests of Washington, 1901*; n° 6, PLUMMER, *Forest conditions in the Cascade Range* (cartes hors texte de ces divers fascicules).
2. MACOUN, I, pp. 460, 463, 466. — *Geol. Surv. of Ca. An. Rep.*, 1894, B, pp. 429-432.
3. *U. S. Geol. Surv. Prof Papers.*, n° 6, PLUMMER, carte et pl. III, p. 12.
4. *Geol. Surv. of Ca. An. Rep.*, 1879-80, B. Carte h. t. (G.-M. DAWSON). — MACOUN, I, p. 466.

arbre caractéristique de toute la région intérieure (p. 124); tous trois, rares sur la steppe, habitent surtout les pentes des crêtes. Après eux prennent rang le pin ronce (*Pinus contorta*), petit, gauche et noueux, les peupliers qui bordent les cours d'eau (*Populus tremuloïdes et trichocarpa*), enfin le *Juniperus occidentalis*, cèdre sur la côte (p. 117), mais ici maigre genévrier qui mêle sa brousse à celle des pins ronces sur les monticules de graviers glaciaires.

La flore des plateaux secs se prolonge sur toute l'étendue des nappes basaltiques recouvertes d'argile à blocaux jusqu'au nord du bassin du Fraser. Voici comment on peut décrire ses divers aspects.

Dans les platières, fonds d'anciens lacs, et dans les vallées de limon ouvertes entre deux murailles volcaniques, des galeries de peupliers, de bouleaux, de saules, de bois blancs et de buissons de rosacées à feuilles caduques suivent les lignes d'eau; entre ces arbres croissent des gazons, brome, phléole et de hautes plantes herbacées qui s'élèvent parfois à la hauteur d'un cavalier comme une belle onagrariée aux fleurs de feu, parente de la fuschsia, le *Fire weed* (*Epilobium angustifolium*) et plusieurs légumineuses, par exemple le pois-vigne (*Lathyrus venosus*), des gesses et des vesces[1] (grav. p. 130, pl. IV, 2). A la belle saison, les plantes à fleurs, légumineuses, gentianes, composées, géraniums, couvrent les prairies de gaies couleurs qui brillent à travers l'argent des houppes panachant les graminées et du coton qui enveloppe les fruits des peupliers et bois blancs. Macoun compare la flore de la vallée de la rivière Nechaco vers le 54° parallèle à celle de Belleville sur le lac Ontario, dix degrés plus au sud[2].

Sur les plateaux qui règnent entre les vallées, la vue s'étend au loin sans autre obstacle que des ondulations; pas d'arbres ou seulement quelques arbres isolés (gravure p. 238, pl. X, 1). Le sol verdoie après la fonte des neiges, mais il s'en faut que tout soit herbe à pâturages. Dans les meilleures parties poussent en bouquets des graminées qu'on rencontre aussi dans les vallées, mais qui sur le plateau ne sont plus dominées par des plantes plus fortes et prennent la première place, jusque vers 900 mètres, où elles disparaissent. C'est le *bunch grass* ou gazon à touffes, des Anglo-Américains, « le chiendent » des Franco-Canadiens. Communs à la Prairie sèche et aux plateaux, les *bunch grasses* appartiennent à plusieurs variétés

1. *B. C. Crown Lands Surveys*, p. 79. — *Bureau of Prov. Inf.*, *The undeveloped Areas of...* B. C., 1904, pp. 31, 61. — *Geol. Surv. of Ca. An. Rep.*, 1877-78, B, p. 48.
2. *Crown Lands Surveys*, p. 92. — *An. Rep. Mines, B. C. for 1905*, p. 98.

de l'*Agropyrum* (*tenerum* par exemple)[1] et de la *Poa*. Ces herbes atteignent parfois cinquante centimètres de haut : elles peuvent alimenter les chevaux et les bœufs, même après qu'elles ont séché sur pied. Mais elles ne forment point un tapis continu et, sur de longs parcours, le voyageur ou le prospecteur ne trouve pas de quoi nourrir sa monture.

De temps à autre une grande tache verdoyante donne de fausses espérances ; on s'approche et on trouve des roseaux coupants, des joncs durs, des renonculacées et d'autres plantes aquatiques couvrant un marais ou une fondrière dont il faut faire le tour[2].

Dans la partie la plus sèche, les bosses des moraines dessinent des monticules graveleux sans végétation ; on fond des creux brillent les efflorescences alcalines (p. 43). Accompagnant jusqu'au bout la zone des hauts déserts, une épine de la famille des rosacées, la *Purshia tridentata*, qui forme le fourré ou *chaparral* du Mexique nord et du Texas, persiste en Colombie dans la région la plus sèche de l'intérieur jusque vers Soda Creek, où s'évanouissent les dépôts alcalins[3]. Il en est de même pour des variétés d'*Aster*, de *Gilia*, d'*Erigonum* qui, ne dépassent la frontière nulle part ailleurs au Canada ; avec ces plantes de déserts, une *Opuntia*, variété de cactus, petite, dégénérée mais proche parente de celle du sud, va jusqu'à la même latitude et se rencontre encore au confluent de la rivière Chilcotin avec le Fraser[4], par 52 degrés de latitude nord, alors que dans la région sèche de la Prairie, elle s'élève jusqu'à 56° 12′ en la vallée de la Peace River. La brousse des *Artemisia*, composées à odeur pénétrante, parentes de l'absinthe, que les voyageurs canadiens français ont appelé sauges et qui ont valu le nom de plaine des sauges aux espaces les plus arides des plateau du Washington persistent sur ceux de Colombie et paraissent aller jusque tout près du fleuve Stikine[5]. Comme les chiendents, toute cette originale végétation s'étend à la fois sur les vallées et les premiers étages des plateaux.

Avec la nature inanimée et les plantes, la présence de plusieurs animaux du sud contribue à prolonger dans la partie la plus méridionale et la plus sèche du plateau colombien l'aspect des hautes terres de l'Ouest américain : c'est ainsi qu'on y rencontre le serpent à sonnettes, certains lézards, le scorpion, le crapaud à cornes, le

1. *Geol. Surv. of Ca. An. Rep.*, *1894*, B, pp. 7-9.
2. *An. Rep. Mines*, *B. C. for 1905*, pp. 94, 95.
3. *Id.*, I, p. 132, et dans *Handbook of Ca.*, p. 101.
4. *Id.*, I, pp. 177-8. — *The undeveloped Areas of... B. C.*, p. 31.
5. *Id.*, I, pp. 250-9. — *B. C. Crown Lands Surveys*, p. 61.

puma ou panthère : enfin, jusque dans la vallée de la Nechaco, les glapissements des coyotes réveillent les colons au cours de la nuit [1].

Mêmes phénomènes naturels, même flore, même faune se retrouvent sur l'autre versant des Rocheuses, dans la partie aride et saline de la Prairie.

Sur les plateaux, la limite nord du puma et du serpent à sonnettes touche presque à la limite sud d'un cervidé septentrional, le caribou ou renne sauvage, qu'on rencontre jusqu'aux environs du lac Okanagan et dans le bassin de la rivière Kootenay [2]. Avec lui se rencontrent quelques variétés du daim virginien, par exemple celui qu'on appelle mulet à cause de ses longues oreilles (*Cariacus macrotis*) : commun sur le plateau sec jusqu'au pied des montagnes, ce cervidé se laissait approcher par l'homme avant que la construction de la voie et des hôtels eût permis aux chasseurs européens de se répandre dans le pays [3].

Le castor, qui vivait jadis aux États-Unis et au Canada, décimé par les chasseurs, a reculé vers le nord et ne se montre en abondance qu'à partir du 53° degré, dans la région du lac Ootsa et des lacs affluents du moyen Fraser.

Dans l'intérieur colombien, un étage supérieur d'altitude et de végétation est formé par quelques crêtes (*ranges*), qui dominent le plateau, principalement sur le pourtour où, comme les monts du Caribou, elles forment les avant-monts des hautes chaînes. On y remarque la même forêt de mi-côte qu'on trouve dans les états montagneux et arides du Nord-Ouest américain. Dominant le plateau nu, dominée elle-même par les sommets chauves, la ceinture d'arbres se répète de pente en pente à la même hauteur, aussi régulière qu'une stratification : elle occupe l'étage où la neige tombe en quantité suffisante à la croissance des arbres et monte jusqu'au niveau où les vents et les gelées ne lui permettent plus de vivre [4]. En Colombie, ces bandes boisées sont formées surtout de pins noirs de l'Ouest (*Pinus Murrayana*) et de picéas (*Picea Engelmanni*). Le pin noir atteint jusqu'à 30 mètres de haut, mais son diamètre ne dépasse pas 60 centimètres; d'allure mince et longue, de feuillage sombre, il justifie le nom de cyprès qu'on lui a donné dans la partie sèche de la Prairie, où il reparaît au delà des Rocheuses. Bien que son bois ne vaille pas celui du pin jaune, plus résistant et de plus gros calibre, on l'emploie, quand on n'en peut trouver d'autre, pour faire des traverses de rail et des

1. *7th Rep. of the Depart. of Agriculture, B. C.,* 1902, pp. 23, 24, 182. — *The undeveloped Areas of... B. C.,* 1904, p. 28.
2. *Bureau of Prov. Inform.,* n° 17. *Game of B. C.,* p. 9.
3. A. O. WHEELER, *The Selkirk Range,* t. I, Appendix B, p. 394.
4. *Annales des Mines, 1900,* t. XVII, p. 219. (JORDAN, *Notes sur la Col. brit.*)

poteaux de mines; en Washington, les bûcherons américains appellent le pin noir arbre aux poteaux de cabane (*Lodgepole Pine*).

Sur le versant intérieur de la chaîne des Cascades, au sud du 49° parallèle, le *Pinus Murrayana* est l'arbre dominant jusqu'à 1500 mètres, le sapin baumier (*Abies subalpina*) de 1500 à 1800, le pin à écorce argentée (*Pinus albicaulis*) de 1800 à 2200 mètres; au-dessus de cette altitude, on peut rencontrer encore quelques isolés de ces essences ou de celles qu'on a précédemment décrites[1]. De haut en bas, des groupes de Douglas se mêlent sur les pentes aux autres arbres à aiguilles. Dans le voisinage de Kamloops, près du 51° parallèle, l'*Abies subalpina* domine dès 1060 mètres, le *Pinus albicaulis* dès 1350 et la limite supérieure des arbres ne dépasse guère 2130 mètres[2]. Deux degrés plus au nord, elle s'abaisse à 1500 mètres[2].

Sur les plateaux, les bois, surtout ceux de conifères, ont été et sont encore ravagés par les incendies que la sécheresse rend plus fréquents et plus dévastateurs. Presque autant que l'aridité, le feu contribue à donner au pays l'aspect de steppe, de prairie ou de brousse qui se poursuit dans presque tout le bassin du Fraser.

Quand on s'avance vers l'immense demi-cercle de lacs et l'amphithéâtre de hauteurs qui ferme au nord ce bassin, la brousse de ronces et de bois blancs s'épaissit, grandit, annonçant une barrière haute et sombre d'arbres qui se découpe en golfes et en caps, accusant fortement la barrière de montagnes qui sépare les versants.

Parmi les conifères du sud, seul le *Pinus Murrayana* prolonge son existence au nord du bassin du Fraser, jouant dans l'intérieur le même rôle que le picéa du Stikine sur la côte. Le pin ronce (*Pinus contorta*) l'accompagne, mais s'arrête avant lui. A lui se mélangent les deux espèces les plus caractéristiques de la forêt arctique canadienne, l'épinette noire et l'épinette blanche (*Abies nigra*, *Abies alba*), qui ne tardent pas à dominer.

Plus au nord, dans le bassin moyen du fleuve Stikine, vers le 58° parallèle, la forêt intermédiaire se montre surtout arctique et ne présente pas un aspect très différent de celui qu'elle offre au voisinage de la baie de Hudson; pour la moitié, la forêt ou la brousse se compose d'épinettes; viennent ensuite les peupliers et autres bois blancs ou arbres à feuilles caduques, puis, en dernier lieu, le *Pinus Mur-*

---

1. PLUMMER, *ouvr. cit.* Tableaux de la page 12.
2. *Geol. Surv. of Ca. An. Rep.*, *1887-88*, B, pp. 47, 213 (abaissement de la lim. sup. des forêts avec la latitude); *1894*, B, pp. 7, 9 et 429-432. — MACOUN, dans *Handbook of Ca.*, p. 293. — *An. Rep. Mines, B. C. for 1905*, pp. 114, 116, 126, 131.

rayana, l'*Abies subalpina*, dont la limite inférieure devient très basse, derniers et maigres survivants des espèces méridionales[1].

Sur les pentes des monts Cassiar qui séparent le haut Liard des fleuves côtiers, les forêts ne monteraient pas plus haut que 460 mètres[2].

Les épinettes et les bois blancs qui fournissent encore du bois de charpente dans les montagnes au nord du bassin fraserien ne donnent plus guère que des poteaux de mines et des bûches sur le flanc des Cassiar, aux sources du Liard ou à celles du Stikine[3].

Dans l'extrême nord-ouest, plus humide, région de la passe du Cheval Blanc, des lacs Atlin et Teslin, la forêt ou brousse, toujours formée principalement d'épinettes et de bois blancs, persiste à une altitude plus élevée, jusqu'à 900 mètres environ, la limite extrême des arbres isolés courant entre 13 et 1 500 mètres[4]; mais les fûts restent grêles et les mineurs se demandent où ils pourront trouver des poteaux après quelques années d'exploitation.

Bien qu'une partie de l'intérieur septentrional à l'est et à l'ouest des monts Cassiar présente l'aspect de parc et même de steppes par l'effet de la sécheresse ou par la conséquence du gel continu de la terre à faible profondeur, le manteau de la forêt arctique se prolonge sans déchirures continues jusqu'au nord de la Colombie. Il ne commence à s'effranger qu'au Territoire du Yukon après le seuil qui sépare le Liard supérieur de la rivière Pelly vers 61°30′.

Plus loin encore s'avancent les arbrisseaux isolés : jusqu'à Fort Selkirk, par 62°46′, jusqu'à la ligne de partage entre fleuves Yukon et Mackenzie par 64°15′ on rencontre le *Pinus Murrayana*[5]. Le *Pinus contorta* qui l'accompagne et qu'on a souvent confondu avec lui s'est arrêté un peu avant la limite nord de la Province, au Canal de Lynn, entre le 58° et le 59° parallèles; il en va de même pour le pommier à bouquet, le poirier sauvage et plusieurs autres buissons. Au contraire les bouleaux et les épinettes, de plus en plus rabougris, brousse plutôt que taillis, se clairsèment encore au Yukon et dans l'Alaska au nord de la limite des arbres proprement dits.

A travers la forêt septentrionale, les castors bâtissent leurs huttes le long des cours d'eau; des poissons nouveaux se montrent quand

---

1. *Geol. Surv. of Ca. An. Rep.*, *1887-88*, B, p. 210.
2. *Ibid.*, p. 125.
3. *An Rep. Mines*, *B. C. for 1904*, pp. 52, 95, 98.
4. *Id., for 1905*, pp. 61 et 64.
5. *Geol. Surv. of Ca. An. Rep.*, *1887-88*, B, p. 211, 213, 214.

on a franchi la ligne de partage et qu'on arrive aux eaux qui se déversent dans l'Océan arctique (p. 75).

Les montagnes entre Fraser et fleuves du nord et la ceinture plus épaisse de forêts qui les couvre paraissent former la limite méridionale d'un cervidé, l'élan, *original* des Français, *moose* des Anglais, que l'on reconnaît à ses bois palmés (gravure p. 130, pl. IV, 4).

Dans la région septentrionale des déserts, se rencontrent les animaux à fourrure des régions boréales : ainsi les renards, rares dans le reste de la Province, s'y montrent fort nombreux et tous y appartiennent aux variétés boréales.

Les forêts des montagnes.

Quand on s'approche de la Chaîne de l'Or, on voit, à côté du sapin de Douglas toujours présent, reparaître les deux autres grands conifères de la Chaine côtière. En effet le cèdre (*Thuya gigantea*) et la pruche (*Tsuga Mertensiana*) couvrent les pentes des Selkirk jusqu'aux environs du 55° parallèle ; c'est leur dernier habitat dans la direction de l'est [1].

De nouveau les taillis sont dominés par les colonnes élancées des *hemlocks* à silhouette dentelée, qui donnent au paysage de Selkirk son aspect propre et l'allure des forêts évoque le souvenir de celles de la côte, bien que les sapins aient un diamètre plus restreint et soient d'une quinzaine de mètres moins hauts (gravures pp. 266, pl. XII, 1, et 340, pl. XV, 2).

Leur taille est égalée par celle du *Picea Engelmanni*, que l'on rencontre déjà lui aussi dans les zones précédentes et qui forme dans les Selkirk de grandes futaies avec des colonnes de 45 mètres. C'est l'un des arbres caractéristiques des Selkirk et des Rocheuses occidentales [2]. Ses longs fûts ont fourni des poutres, des traverses, des pilotis pour les ponts du Canadien Pacifique. Le picéa d'Engelmann s'exploite facilement parce qu'il croît dès le bas des pentes, immédiatement au-dessus des arbres à feuilles caduques et des buissons qui couvrent le fond des vallées; il s'élève sur le flanc des montagnes jusqu'à 1800 mètres.

Plus haut domine la pruche associée d'abord avec un conifère de mi-hauteur qu'on rencontre aussi sur la côte, le pin blanc de l'ouest (*Pinus monticola*); ce pin reparaît pour la dernière fois dans les Selkirk. Enfin, à la frange supérieure des forêts se représente un

---

1. MACOUN, dans *Handbook of Ca.*, p. 292. — *Id., Notes on the Natural History of the Selkirk and adjacent Mountains*, Appendix B, de A.-O. WHEELER, *The Selkirk Range* t. I, pp. 399-404.
2. A.-O. WHEELER, I, p. 470.

autre arbre des sommets côtiers, le hemlock des montagnes (*Tsuga Pattoniana*), qui s'élève jusqu'au voisinage des glaciers.

Dans la partie sud-ouest des massifs vient finir le mélèze occidental (*Larix occidentalis*), bel arbre des États-Unis qui ne dépasse guère au nord le coude de la Columbia. Sa haute taille, ses aiguilles vert tendre durant l'été, ses rameaux sans feuilles l'hiver, donnent des lignes et un ton très particuliers à la partie de forêt montagneuse dans laquelle le mélèze s'associe aux autres conifères.

De la frontière au sommet du coude de la Columbia, les forêts et les arbres isolés montent jusque entre 2200 et 2300 mètres[1]. Plus haut on rencontre des plantes boréales analogues à celles des déserts glacés de l'Alaska, et d'autres qui rappellent beaucoup plus la flore des sommets côtiers que celle des Rocheuses[2].

Grâce aux pluies, aux neiges, aux sources qui s'échappent des glaciers, à la nature imperméable du sol, le sous-bois des Selkirk est, sur le versant occidental, presque aussi garni, aussi dru, aussi vert que celui de la Chaîne côtière. La *Fatsia horrida* y reparaît avec ses larges feuilles et ses épines, le chou-putois y répand son odeur fétide, les *Pteris*, *Osmundia*, *Polypodium* et d'autres grandes et belles fougères y trouvent leur dernier gîte oriental dans la Province; mousses, lichens cachent bois mort, rochers, terre végétale, empêchant la prospection. Dans les hautes vallées envahies par la futaie et les taillis, le voyageur a peine à pousser son cheval et ne trouve pas d'herbes pour le nourrir[3]. Un explorateur contemporain a dit que la règle d'or à observer dans les Selkirk se formule ainsi : « Tenez-vous au-dessus de la ligne des forêts ». Dans les parties découvertes s'étalent les bruyères colombiennes (*Bryanthus*, *Cassiope*) aux clochettes pourpres ou blanches, où l'un des premiers explorateurs, Sir George Simpson, crut retrouver la vraie bruyère écossaise, les myrtilles, une belle liliacée, l'*Erythronium* aux grandes fleurs violettes, des orchidées comme la fleur-mocassin, des violettes, des légumineuses, des primevères, des renonculacées comme l'anémone des Alpes (*Anemone occidentalis*), des saxifrages, des composées montagnardes, *Asters*, *Arnicas*, *Antennaria*, qui rappellent l'edelweiss[4].

---

1. *Geol. Surv. of Ca. An. Rep.*, *1888-89*, B, p. 24 (région entre lacs Kootenay et Slocan). — *An. Rep. Mines*, B. C., *for 1905*, p. 111 (Trout Lake), *for 1905*, pp. 149-150 (Coude de la Columbia).

2. Macoun, dans *Handbook of Ca.*, p. 100.

3. *An. Rep. Mines*, B. C. *for 1903*, p. 111 (Trout Lake). — A.-O. Wheeler, *The Selkirk Range*, t. I p. 167 et p. 275 (Versant ouest au voisinage de la ligne ferrée). — W. D. Wilcox, *The Rockies of Canada*, p. 280.

4. Wheeler, *ouvr. cit.*, pp. 132, 211, 234.

On a vu que la grande vallée Columbia-Kootenay laisse pénétrer une pointe de zone sèche entre les Selkirk et les Rocheuses. Le Pin jaune (*Pinus Ponderosa*), arbre caractéristique des hautes terres arides, reparaît dans la vallée, le sapin de Douglas s'y maintient ; l'aspect général est celui de parc avec arbres isolés ou semés en bouquets lâches sur un tapis d'herbes sauvages, de gazon en touffes, de plantes à fleurs ; chaparral et cactus viennent finir dans les hautes plaines du Tabac que coupe la frontière, tandis que les buissons de sauges (*Artemisia*) remontent vers le nord. De fortes rivières formées par les neiges et les glaces des deux chaînes trouvent dans la vallée l'habituelle galerie de bois blanc à feuilles caduques.

Beaucoup plus étroite que la zone aride des plateaux, cette bande sèche est aussi moins longue vers le nord. Entre les parallèles 51 et 52, elle est mangée par la forêt des Selkirk à l'ouest, la forêt des Rocheuses à l'est, que rejoint bientôt, vers le 53° parallèle, la forêt arctique arrivant du nord.

Dans les Rocheuses comme dans les précédentes montagnes, la végétation apparaît plus fournie et plus belle sur le versant occidental ; mais partout la forêt se montre moins fourrée et moins haute que celle des Selkirk ; les fleurs de montagne sont à peu près les mêmes, mais on ne trouve plus les magnifiques sous-bois des régions mieux arrosées [1].

Après qu'on a franchi le fleuve Columbia, le *Tsuga Mertensiana* disparaît, le *Thuya gigantea*, cèdre sur la côte, se réduit à un arbuste nain qui prolonge péniblement son existence sur le versant occidental des Rocheuses et meurt à la ligne de partage.

Dans le sud entre le 49° et le 53° parallèle, les conifères qu'on a déjà vu dans les Selkirk, et l'épinette de la forêt arctique, qui tient souvent dans les Rocheuses plus de place que les précédents, occupent 90 p. 100 de la forêt ; le reste appartient à deux conifères de haute altitude, le mélèze des montagnes (*Larix Lyalli*) et le pin à écorce argentée (*Pinus albicaulis*), qu'on a déjà rencontré dans les zones occidentales, enfin à des arbres de vallées, le pin des Rocheuses (*Pinus flexilis*), et les taillis à feuilles caduques [2].

Si l'on compare à la forêt des Rocheuses méridionales canadiennes celle du *Little Belt*, deux degrés au sud de la frontière internationale, sur le versant oriental des montagnes, on s'aperçoit que l'épinette arctique ne descend pas jusqu'à cette latitude. La forêt du Little

1. W.-D. Wilcox, *The Rockies of Canada*, pp. 60-66, 75, 180.
2. Macoun, dans *Handbook of Ca.*, p. 292.

Belt comprend 44,7 p. 100 de sapins de Douglas, 34,2 p. 100 de pins noirs ou pins de Murray, le « cyprès » mince et long de la Prairie, 11,4 p. 100 de picéa d'Engelmann, 8,2 p. 100 de pins des Rocheuses (*Pinus flexilis*), 1,4 p. 100 de baumiers des montagnes (*Abies subalpina*), 0,07 p. 100 seulement de pins jaunes (*Pinus ponderosa*), arbre de la zone sèche intérieure [1].

Le Pinus flexilis croît auprès des sources, tandis que l'épinette arctique occupe la largeur des vallées ; à leurs aiguilles sombres se mélange le vert tendre des feuillages saisonniers.

Au-dessus des creux, les pentes d'éboulis se parsèment de pins noirs secs et maigres.

A 1 500 mètres d'altitude commence la zone des beaux sapins, où règne le Douglas déjà représenté dans les étages inférieurs.

Entre 2 100 mètres et 2 300 mètres, la limite supérieure des arbres est tracée par une ligne de pins à écorce argentée et de mélèzes des montagnes, très reconnaissable en automne, quand jaunissent les aiguilles du mélèze. Là aussi, le sapin baumier des montagnes (*Abies subalpina*) balance au vent les élégants cônes pourpres qui renferment ses graines.

Les limites d'altitude que donne Macoun pour la partie des Rocheuses entre les parallèles 49 et 53 sont à peu près celles que Plummer indique pour la chaîne des Cascades en Washington, à peu près du 47° au 48° parallèle, et qui s'abaissent notablement dans la Chaîne côtière colombienne au nord du 49° parallèle. Si Macoun n'a point exagéré pour les Rocheuses, il semblerait que dans ces montagnes les diverses zones forestières s'élèvent notablement plus haut que dans les massifs plus humides de l'ouest [2].

Au point où elles s'arrêtent, la flore herbacée et cryptogamique des « chaumes » compte plusieurs espèces boréales qui se propagent depuis l'extrême nord sur la ligne continue des sommets de la plaine. Semblables, sauf une ou deux exceptions, à celles de la zone continentale intérieure à l'est du fleuve Mackenzie [3], elles forment une troisième bande fort différente pour le botaniste des bandes boréales qu'on rencontre au même étage dans les Selkirk et sur la Chaîne côtière (pp. 118 et 128). Les plantes herbacées des vallées et du plateau disparaissent à partir de 1 800 mètres. Jusqu'entre 2 300 et 2 750, monte une flore tout à fait semblable à celle des *Barren Grounds*.

---

1. *U. S. Geol. Surv. Profess. Pap.*, n° 30. LEIBERG, *Forest Conditions in the Little Belt Mountain Forest Reservation, Montana*, 1904, p. 16.

2. MACOUN, dans *Handbook of Ca.*, p. 92. — PLUMMER, *ouvr. cité*, p. 13. Comparer notamment les limites du *Larix Lyalli*, arbre régional.

3. *Id.*, dans *Handbook of Ca.*, pp. 93, 99.

Pl. IV

1 et 2 - PLATIERE DE LA RIVIERE BULKLEY (p. 73).
Galeries d'arbres aquatiques (p. 111). Foin sauvage recueilli par les éleveurs (pp. 231
et 381). Hautes herbes (p. 122).

3 et 4 - CASSIAR. INTERIEUR NORD (p. 75).
Maigre taillis d'épinettes et de bouleaux (p. 125). Chablis. Bouc des montagnes
(p. 131). Elan (pp. 127, 176).

Au-dessus de la forêt, les « hautes chaumes » des montagnes qui se dressent sur le plateau sont parcourues par le bélier des montagnes (*Ovis montana*), aux cornes recourbées et pointues, qu'on rencontre déjà aux États-Unis et qui se trouve jusque sous le cercle polaire ; au nord, l'espèce commune fait place à des variétés locales qui prennent l'hiver une toison toute blanche : les diverses variétés ont reçu des noms particuliers (*Ovis Dallei, O. Stonei, O. Fannini* ou bélier du Yukon)[1].

Le bélier à grosses cornes[2] ou *Bighorn Sheep* (*Ovis canadensis*), qui doit son nom à deux énormes cornes d'Ammon recourbées, est un animal de mêmes mœurs et de même région, plus spécialement colombien : il commence à se montrer en Montana et Idaho, mais tout près de la frontière canadienne et vit jusque dans les montagnes du fleuve Skeena : il paraît menacé d'extinction.

Le bouc des montagnes (*Haplocerus montanus*) vit dans les mêmes endroits, mais il est plus rare : on le trouve jusque dans la Chaîne côtière ; il n'habite pas d'île, sauf Pitt, voisine du continent[3] (p. 130, pl. IV, 3).

A ces trois animaux, beaucoup de localités doivent des noms, tels que Sheep ou Goat River, Mountain.

Au-dessus de la ligne des arbres vivent la grande marmotte ou siffleur (*Arctomys columbianus*), le Pika ou petit « lièvre », gros comme un écureuil (*Lagomys princeps*), qui se terre dans les éboulis et les hautes prairies sèches à « foin du Pika », quelques autres rongeurs et une variété de porc-épic.

Le grand carnassier plantigrade des Rocheuses américaines, le grizzly (*Ursus horribilis*), se trouve dans toutes les montagnes intérieures jusqu'au Fraser ; on en a tué à la frontière d'Alaska. Les autres variétés d'ours, le glouton, le lynx, sont communes à toutes les régions de la Province.

Les montagnes ont leurs oiseaux de passage, diverses espèces américaines de grouse (*Bonasa, Dendrapagus*), dont la plus caractérisée, la plus courue des chasseurs, est le ptarmigan à queue blanche (*Lagopus leucurus*), des oiseaux d'eau comme les harles ou becscies (*Merganser*) et le canard arlequin (*Histrionicus histrionicus*).

Les grands rapaces y sont représentés par l'aigle à tête chauve (*Haliætus leucocephalus*) et l'aigle doré (*Aquila chrysaëtos*[4]).

1. *Game in B. C.*, p. 8.
2. *Game in B. C.*, p. 9. Décrit dans Wilcox, *The Rockies of Canada*, p. 259.
3. *Id.*, *ibid.* Décrit dans Wilcox, *ouvr. cit.*, pp. 268 et 271.
4. Sur la faune des Selkirk, et des montagnes en général, John Macoun, Appendix B de A.-O. Wheeler, *The Selkirk Range*, t. I, pp. 393, 399.

TROISIÈME PARTIE

COLONISATION ET PEUPLEMENT

CHAPITRE IX

FORMATION DE LA COLONIE

Occupation des Côtes (1778-1794).

C'est par l'Océan que les Européens commencent à connaître la Colombie. Les premiers explorateurs de la côte furent des marins espagnols que les vice-rois du Mexique envoyaient à la découverte le long du littoral pacifique. Comme les relations de leurs voyages étaient généralement tenues secrètes, longtemps on ne connut leurs découvertes que par des bruits vagues, où il était difficile de démêler la vérité. Nous ne savons pas encore exactement quels ont été les premiers navigateurs des eaux colombiennes.

Faut-il tenir pour exacte la croisière d'un Juan de Fuca que le gouvernement espagnol aurait envoyé au nord vers 1592 et qui aurait découvert le passage entre la pointe sud de l'île Vancouver et le continent? A tort ou à raison, son nom fut donné à ce détroit par le capitaine anglais Meares dans les dernières années du xviiiᵉ siècle. Faut-il faire remonter à Juan de Fuca l'hypothèse d'un imaginaire golfe ou défilé d'Anian qui figure sur une carte de 1598 et qui est supposé se prolonger vers l'Océan glacial, ouvrant un passage du Pacifique à l'Atlantique? On ne sait[1].

Bancroft n'a trouvé aucune preuve des voyages indiqués comme accomplis par les Espagnols entre 1596 et 1609. A son estimation,

---

1. H. H. BANCROFT, t. XXVII, pp. 32 et suiv. — Justin WINSOR, *Narrative and Critical History of America*, t. II, pp. 462-470.

le premier qui ne laisse aucun doute, est l'expédition de Bartolomeo de Fonte, envoyé du Callao en 1640 pour arrêter des navires anglais armés à Boston, qu'on croyait destinés à la côte pacifique, mais qui n'y parurent pas [1].

Plus d'un siècle s'écoula avant qu'on vît des Européens chercher à s'établir sur la côte et les îles et en disputer la possession aux Espagnols. Au xviii° siècle seulement apparaissent les Russes, qui arrivent de Sibérie. Entre 1725 et 1741, Behring, envoyé par le gouvernement de Saint-Pétersbourg, explore la mer et le détroit qui porte son nom, reconnaît les îles Aléoutiennes et une partie de la côte d'Alaska ; suivant ses traces, les marchands russes commencent à venir dans ces parages acheter les fourrures des phoques et des renards pour les revendre en Europe et en Chine [2].

A ces nouvelles le gouvernement espagnol s'inquiète et il organise deux expéditions en 1734 et 1775. Le chef de la première, Perez, reconnaît sommairement une partie des rivages appartenant aux îles columbiennes, le chef de la seconde, Heceta, prend formellement possession au nom du roi d'Espagne de toute la côte jusqu'au 49° parallèle, qui sert aujourd'hui de frontière continentale entre États-Unis et Colombie [3].

Au nord du 49° parallèle, les Espagnols vont rencontrer de nouveaux concurrents. En 1778, l'anglais James Cook, pendant le troisième de ses grands voyages, reconnaît le cap Flattery, pointe extrême du Washington actuel, ne voit pas l'entrée de Fuca, prend la côte de l'île qu'on appelle aujourd'hui Vancouver pour la suite de celle du continent, la suit et fait un séjour dans un de ses fiords où des navires espagnols avaient déjà mouillé en 1774 [4]. Il l'appelle rade de Nootka, d'un nom indien qui s'est conservé depuis ; enfin il explore la côte nord-ouest et met le cap sur d'autres régions.

Peu de temps après, une flottille du roi d'Espagne, sous le commandement d'Arteaga et de Bodega y Cuadra, paraît dans les lieux qu'a visités Cook ; elle s'avance jusqu'au 58° parallèle et ses chefs prennent possession de la côte au nom du roi leur maître.

En 1786, le Français La Pérouse cherchant à continuer les découvertes de Cook dans le Pacifique, longe les côtes de Colombie entre le 40° et le 60° parallèles, mais n'ose s'aventurer dans les découpures

---

1. H. H. BANCROFT, t. XXVII, p. 116.
2. D'après les deux premiers chap. de BANCROFT, t. XXIII (*History of Alaska*).
3. BANCROFT, t. XXVII, pp. 150-158.
4. *A Voyage to the Pacific Ocean... performed under the Direction of Captains Cook, Clerke and Gore... 1776-80*, London, 1784, 3 v. in-4°. Trad. fr., *Troisième Voyage de Cook...* Paris 1785, 4 vols. in-8° et un atlas in-4°. — Carte reproduite dans BANCROFT, t. XXVII, p. 169.

dù rivage, à cause d'une brume persistante, et par conséquent ne peut rectifier les erreurs ni préciser les incertitudes de James Cook[1].

L'expédition de Cook eut au bout de quelques années une conséquence économique dont son chef n'avait sans doute pas eu le pressentiment. Dans la relation qu'on en publia après la mort du capitaine et le retour des survivants, figurait une description de la loutre de mer, en anglais *Sea Otter*, portant une fourrure comparable à celle de la loutre ordinaire; le rédacteur du voyage indiquait que la loutre de mer était chassée et sa peau préparée par les Indiens de Nootka.

Or les fourrures se vendaient très bien à l'autre bord du Pacifique dans l'Empire chinois. La Compagnie anglaise des Indes, qui avait à cette époque le monopole du commerce avec la Chine, ne tarda pas à profiter de l'occasion signalée. En 1785, un de ses officiers, Hanna, partit de Canton avec la *Sea Otter*, mit le cap sur Nootka, suivant les indications du voyage de Cook, y parvint heureusement, traita avec le chef indien, fit le premier achat commercial des fourrures, puis ramena sa cargaison à Canton en 1786 et l'y vendit 103 000 francs[2]. Une seconde expédition de la Compagnie partit de Bombay pour Nootka en 1786 : elle fut suivie d'autres.

Dès 1787, des acheteurs, attirés par le bruit des premiers succès, commencèrent à venir directement à Nootka depuis l'Angleterre. Sans y tenir beaucoup, ces commerçants se trouvèrent amenés à continuer l'exploration parce que la carte de Cook était fort incomplète et aussi parce que chacun s'efforçait à découvrir de nouveaux villages indiens encore inconnus pour y conclure d'avantageux marchés. L'un d'eux, l'Anglais Dixon, donna le nom aux îles de la Reine Charlotte, découvrit l'étroite passe Skidegate qui les sépare, reconnut et baptisa plusieurs îles de la côte, Princesse Royale, Prince de Galles : entre Prince de Galles et l'île nord de l'archipel de la Reine Charlotte, le détroit ou Entrée de Dixon conserve le nom de ce capitaine (1787). La relation de son voyage fut publiée avec une carte en 1789[3]. La même année, l'Anglais Meares accomplissait une croisière de fourrures dont il fit paraître la relation en 1790; il y joignit une carte plus complète que les précédentes : la côte occi-

---

1. *Voyage de La Pérouse autour du monde*, Paris, 1797, 4 vol. in-4° avec atlas in-f°; surtout t. II, chap. X. — Carte reprod. dans BANCROFT, t. XXVII, p. 176.

2. *Geol. Surv. of Ca. An. Rep.*, 1878-79, B, p. 11. — Sur le commerce des peaux de loutres de mer, voir BANCROFT, t. XXVII, ch. XI, pp. 343-377.

3. George DIXON, *A Voyage round the World, but more particularly to the North West Coast of America performed in 1785, 1786, 1787 and 1788...* London, 1789, in-4°. Trad. franç., *Un voyage autour du monde...* P. 1789. 2 vol. in-8°. Carte reprod. dans BANCROFT, t. XXVII, p. 180.

dentale de Vancouver y est dessinée avec plus de précision, l'entrée de Juan de Fuca est indiquée, mais comme un golfe non comme un détroit, car Meares, suivant la tradition de Cook, croit toujours que Vancouver tient au continent [1].

Ces premiers navigateurs anglais signalaient les dangers à courir sur une côte rocheuse, découpée, semée d'écueils et trop souvent brumeuse, mais ils vantaient l'abri qu'offraient les fiords profonds à ceux qui en connaissaient l'entrée, les magnifiques sapins des forêts qui, dans ce temps de navires en bois, permettaient à un capitaine de faire toutes ses réparations et même de construire sur place. Meares lança à Nootka le premier bateau fait par des charpentiers anglais sur la côte du Pacifique occidental (1789). Il acheta au chef de la Baie, pour quelques couvertures et bouilloires de cuivre, une bande de terrain, embryon de la colonie actuelle.

On ne peut s'empêcher de rapprocher les impressions que donnaient à leurs explorateurs ces côtes découpées et boisées de celles que traduisent à la même époque ou un peu plus tard les récits relatifs à la découverte de la Nouvelle-Zélande, à l'autre bout du Pacifique : mêmes mouillages dans les rades ou *sounds*, même abondance de « cèdres » pour les constructions maritimes, mêmes conflits avec les naturels, même affluence de gens de toute nation, en Nouvelle-Zélande pour la pêche à la baleine, à Nootka pour la chasse des loutres.

Concurrents des Anglais, les marchands de Boston envoyèrent des navires à Nootka dès 1789; l'année suivante, un capitaine long-courrier français, Etienne Marchand, qui avait constaté en Extrême-Orient le succès des pelleteries importées de Nootka, partit de Marseille sur le *Solide* pour se rendre au pays de la loutre marine [2]. Vancouver rapporte qu'en 1792 il croisa, dans ces parages, vingt et un navires marchands de tout pays qui venaient aux fourrures [3].

Pourtant, depuis quelques années, ce trafic était réprimé comme contrebande par les Espagnols. Sur la nouvelle de la traite qui se développait dans les eaux d'un territoire revendiqué par leur roi, les Espagnols envoyèrent des navires de guerre qui saisirent tous les bateaux marchands qu'ils purent surprendre [4]. Au cours de leur

1. John MEARES, *Voyages made in the years 1788 and 1789 from China to the North West Coast of America...* London, 1790, in-4°. Trad. fr., *Voyage de la Chine, etc...* P. 1795, 3 v. in-8° (Controverse entre Dixon et Meares accusé de mensonge, Bancroft, t. XXVII, pp. 192-2, note).
2. Etienne MARCHAND, *Voyage autour du Monde pendant les années 1790, 1791, 1792,* Paris, an VI, 3 vol. in-4 et Atlas. — Voir BANCROFT, t. XXVII, p. 255, 61 cartes.
3. *Id., Ibid.,* p. 186.
4. *Id., Ibid.,* p. 2550.

chasse, les officiers espagnols s'enfoncèrent plus loin que Meares
dans le détroit de Fuca, ils reconnurent le détroit de Géorgie qui
lui fait suite entre Vancouver et le continent, mais le prirent pour un
golfe et continuèrent à considérer la grande île comme une péninsule :
aux petits archipels des détroits, aux découpures de la côte, ils
donnèrent des noms espagnols qui se sont conservés en partie seulement et surtout en territoire américain.

Comme les saisies avaient porté principalement sur des navires
anglais, le gouvernement britannique fit des représentations au roi
d'Espagne, qui acccepta de négocier. Le résultat fut la Convention de
Nootka (22 novembre 1790), succès diplomatique pour l'Angleterre [1].

Par cet acte, l'Espagne reconnut aux Anglais le droit de naviguer
et de faire le commerce dans la région contestée ; les Anglais s'enga-
geaient simplement à ne fonder aucun établissement permanent si
ce n'est à dix lieues des points occupés par les Espagnols. Recon-
naissant que la côte ne lui appartenait pas tout entière, l'Espagne
acceptait qu'une double expédition navale, anglaise et espagnole, allât
sur place tracer les limites entre les possessions des deux royaumes ;
à cet effet, l'Espagne envoya Bodega y Cuadra qui avait déjà exploré
les parages de Nootka ; l'Angleterre, George Vancouver, qui avait servi
sous le capitaine Cook [2].

Nommé commandant de l'expédition à la fin de 1790, Vancouver
partit d'Angleterre le 1er avril 1791 avec deux navires, *Discovery* et
Chatam, dont les noms ont été donnés à deux accidents naturels en
souvenir de l'expédition ; il atteignit Nootka un an plus tard, s'aboucha
avec Cuadra, enfin, dans les deux années qui suivirent acheva la
reconnaissance des côtes. Poursuivant et complétant les découvertes
des Espagnols, il pénétra dans le détroit de Fuca, découvrit la baie
qui s'enfonce au sud dans le territoire du Washington actuel et
l'appela *Puget Sound* en l'honneur d'un de ses officiers ; puis, revenant au nord, il explora la mer intérieure entre l'île et la côte et la
nomma détroit de Géorgie en l'honneur du roi George ; enfin il
découvrit l'étroit passage de la Discovery unissant le détroit de
Géorgie à la prétendue impasse qui conserve encore le nom inexact
d'Entrée ou golfe de la Reine Charlotte. La preuve fut ainsi faite
que la terre de Nootka était une île ; les deux capitaines convinrent

1. BANCROFT, t. XXVII, p. 235.
2. George VANCOUVER, *A Voyage of Discovery to the North Pacific Ocean and round the
World in the years 1790-1795...* London, 1798, 3 vol. in-4° et un atlas in-f° (plus. éditions).
Trad. fr. : *Voyage de découvertes à l'Océan Pacifique du Nord...* Paris, 1799, puis 1802, 6 vol.
in-8°. — Voir BANCROFT, t. XXVII, pp. 276, 278, 280 et 292 (cartes).

de l'appeler, en mémoire de leurs négociations et de leur entente, île Cuadra et Vancouver; elle n'a conservé que le second de ces noms.

Cuadra et Vancouver avaient préparé un projet de convention qu'ils envoyèrent à leurs gouvernements respectifs. Quand il arriva en Europe, l'Espagne, devenue l'alliée de l'Angleterre contre la Révolution française, consentit à toutes les concessions que demanda le gouvernement britannique. D'abord, en 1793, elle promit une indemnité aux négociants anglais dont les navires avaient été saisis en 1788 et 1789. Puis, par le traité de Madrid, en 1794, elle reconnut Nootka comme établissement anglais, sans toutefois abandonner ses droits sur le reste du pays [1].

On aurait pu croire alors que l'île allait devenir anglaise, la côte ferme demeurant espagnole. Mais les guerres de la Révolution et de l'Empire, puis l'insurrection des colonies occupèrent ailleurs le gouvernement espagnol : il ne fit plus la moindre tentative pour occuper aucune partie des contrées qui appartiennent aujourd'hui à la Colombie britannique. La république indépendante du Mexique, qui se substitua à l'Espagne sur la côte pacifique de l'Amérique septentrionale, n'étendit même pas ses revendications jusqu'au 49e parallèle.

Les traitants dans l'intérieur et sur la côte.
La délimitation (1792-1846).

Tandis que le capitaine Vancouver explorait la côte, l'Écossais Alexander Mackenzie, parti de l'intérieur du Canada, accomplissait le premier voyage fait par un blanc à l'ouest des Rocheuses britanniques. Alexander Mackenzie était un employé de la Compagnie du Nord-Ouest, entreprise d'achat et vente de fourrures qui avait son centre au Fort Chippewyan dans la Prairie nord-ouest et qui cherchait à étendre sa zone de trafic entre le domaine de la Compagnie de la Baie de Hudson à l'est et l'Océan Pacifique.

Dans une précédente exploration, Mackenzie avait descendu jusqu'à l'Océan Glacial le grand fleuve qui porte son nom (1789).

Le 10 juillet 1792, il partit de nouveau, en canot, accompagné de quelques trappeurs franco-canadiens, remonta la rivière la Paix (*Peace River*), affluent que le plateau colombien envoie au Mackenzie, fonda un poste sur l'une de ses branches et y passa l'hiver. Au printemps suivant, il reprit la remontée, franchit les Rocheuses, et suivit une piste indienne qui de vallée en vallée, de portage en portage, menait

1. BANCROFT, t. XXVII, pp. 289 et 300-301.

1 - VILLAGE INDIEN DE NOOTKA. Île Vancouver.
Historique (pp. 135. 136, 306). Caractéristique (p. 163). Longues cases indigènes, de bois cru
dont une à porte ornée. Quelques maisons neuves de bois à l'européenne.

**2 - POTEAUX DE TOTEM à Kwakiult
ou Alert Bay (p. 159, 308). Île Vancouver.**
A g. baies à l'europ. Embarcad. moderne en bois.

3 - PASSERELLE INDIENNE
sur la rivière Bulkley, sentier du Télégraphe
(pp. 379, 381).

du versant de la Paix au grand coude du Fraser puis, de là, par la passe de Bella-Coola (p. 383), au fond du Canal de Burke, fiord de la côte pacifique (22 juin 1793). A cette époque Vancouver croisait encore dans les eaux de ces régions. Puis Mackenzie retourna par terre sur le versant oriental des Rocheuses[1]. En récompense de ces voyages qui ouvraient un champ nouveau au commerce britannique, le roi l'anoblit.

Mackenzie voyageait pour établir des forts ou centres de traite. Sur ses traces la Compagnie Nord-Ouest envoya d'autres employés qui achevèrent son œuvre en jalonnant par une série d'établissements la piste qu'il avait suivie. Une seconde ligne de forts fut créée sur une voie indienne plus septentrionale qui, du même point de départ, la vallée de la Paix, gagnait le Pacifique par le fleuve Skeena. Ainsi s'élevèrent les forts Mac Leod sur la rivière aux Panais (*Parsnip River*), affluent de la Paix, George sur le fleuve Fraser (1805-1807), plus tard, sur la côte, le premier fort Simpson au delà de la route Paix-Skeena (1831), le fort Mac Laughlin dans l'île des Bella-Bella au débouché de la route de Mackenzie (1833)[2].

On construisait ces établissements sur les voies indiennes, cours d'eau, portages entre rivières, pistes, généralement près d'un village indien. Un fort comprenait des logements et des magasins en bois, isolés pour diminuer les ravages en cas d'incendie, le tout entouré d'une palissade. Des pêcheries à la mode indienne, des « caches » ou séchoirs à saumons étaient établis auprès des forts voisins de lacs ou de rivières. Des chevaux, quelques moutons étaient mis au vert dans le voisinage du fort pendant l'été, recueillis dans des étables pendant l'hiver ou, pour ce qui concerne les chevaux, envoyés à l'hivernage dans les forts du climat le moins rude et le moins montagneux.

Suivant les usages des compagnies à fourrures, les chefs de poste ou de mission étaient presque tous des Écossais dont les noms restent à la plupart des forts et aux rivières et lacs qu'ils ont reconnus, les premiers parmi les blancs : rivière Finlay, lac Mac Leod, fleuve Fraser, rivière Stuart; par exception le lac et la rivière Quesnel gardent le nom d'un Franco-Canadien subordonné à l'employé écos-

---

1. Sir Alexander MACKENZIE, *Voyage on the River St-Lawrence and through the Continent of North America to the Frozen and Pacific Oceans...*, London, 1801, in-4°, trad. franç. *Voyage de Mackenzie dans l'intérieur de l'Amérique septentrionale...*, Paris, 1802, 3 vol. in-8°.

2. BANCROFT, t. XXVII, pp. 623, 625, 683 (carte), XXI. — *Geol. Surv. of Ca. An. Rep.*, 1886, E, p. 8. — *An. Rep. Mines, B. C.*, 1905, p. 90. — J. WINSOR, *ouv. cit.* p. 133, traite à peine ce sujet, t. VIII, chap. I.

sais Fraser. En 1806, Simon Fraser baptisa l'intérieur New Caledonia ou Nouvelle-Écosse [1].

Les « voyageurs », ou « trappeurs », ou « coureurs des bois » que
les facteurs écossais envoyaient traiter avec les Indiens et qui, dès
Mackenzie servirent d'éclaireurs ou de guides aux explorateurs,
étaient des métis, en majorité franco-canadiens, parlant le français
et le « sauvage ». Ils allaient de villages indigènes en villages indigènes en utilisant les cours d'eau, en se dirigeant sur les points de
repère que leur indiquaient les naturels. Dans leur zone de parcours, ils donnèrent des noms à tous les accidents qui leur servaient.
Tantôt ils ont conservé les termes indiens, rivière Nechaco, rivière
Chilcotin; tantôt ils distribuent des noms français, Cache des Beaux-
jours, Cache de la Tête Jaune, lac des Français, lac Babine, Portages divers, appellations qu'on traduit maintenant tant bien que mal
en anglais. *Tête Jaune Cache* ne peut faire oublier la langue pittoresque des voyageurs mais beaucoup d'autres noms ne laissent
guère soupçonner qu'ils sont une traduction du franco-canadien.
Dans les déserts septentrionaux eux-mêmes, le Liard River est la
rivière aux Liards ou peupliers des canadiens français.

Dans le sud enfin, la Compagnie de la Baie de Hudson, qui succéda en 1821 à la compagnie du Nord-Ouest et qui eut jusqu'en
1846 sa capitale à l'embouchure du fleuve Columbia, sur le territoire actuel de l'état de Washington, employa la même organisation de facteurs écossais et de trappeurs franco-canadiens et métis :
ses voyageurs parcouraient tout le bassin de la Columbia et les
montagnes jusqu'à la Prairie, où ils rencontraient leurs confrères
partis des forts bâtis sur la rivière Rouge dans la région où s'élève
aujourd'hui Winnipeg, jusqu'aux territoires actuels du Wyoming et
de l'Oregon, où ils apercevaient les chevaux et les feux des vaqueros et des prospecteurs mexicains. Aussi, dans toute cette région, les
noms français touchent-ils aux noms espagnols.

En Colombie britannique presque tous sont travestis en anglais,
mais les gens des États-Unis nord-ouest, d'origine plus diverse,
d'imagination plus pittoresque et qui n'avaient point une tradition
nationale en conflit avec le parler traditionnel, ont conservé les
noms français de l'intérieur comme les noms espagnols de la côte et
des îles. Des hauteurs s'appellent encore Butte ou Téton, des ravins
Coulées, des rapides Dalles : Nez-Percés, Pend-d'Oreilles, sont comme
Babine au nord, des sobriquets donnés aux Indiens par les coureurs

---

1. A.-O. WHEELER, *The Selkirk Range*, t. I, p. 120.

des bois ; Cheyenne est une déformation de chienne, La Ramie de
La Ramée, Cœur d'Alène est pour Court d'Haleine. Toutefois, au sud
comme au nord, la nomenclature géographique comprend plus de
noms indiens que de noms français.

Dans ces régions éloignées et presque désertes, les divers États laissaient opérer sous leur couvert des entreprises particulières et n'inter-
venaient directement qu'aux époques de crises.

Au nord, des marchands russes de fourrures avaient organisé en
1796 une compagnie à monopole qui se fit concéder l'Amérique russe,
étendit son domaine le long de la côte alaskienne et fonda la Nouvelle Arkhangelsk, aujourd'hui Sitka.

Une dizaine d'années plus tard, les acheteurs américains apparurent au sud. Un marchand de fourrures, né en Allemagne et établi à
New-York, John Jacob Astor, eut l'idée de fédérer les sociétés américaines en une compagnie puissante comme celles du Canada, et,
comme elles, débarrassée de toute concurrence. Ce fut l'une des premières idées de trust lancées en Amérique. Astor se mit à l'œuvre ;
en même temps il s'employait à obtenir, dans les États de l'Union
américaine organisés à cette époque, le vote de lois qui interdisaient
aux employés et traitants canadiens d'opérer au sud de la frontière.

Mais le rayon d'action des Compagnies américaines s'étendit bien
loin à l'ouest des territoires habités ; leurs agents pénétrèrent dans les
montagnes vers le même temps où la compagnie canadienne du Nord-
Ouest faisait construire ses premiers forts sur la ligne de la Paix à
la côte (1805-1807). Puis, sans s'inquiéter de savoir si le territoire où
ils s'installaient pouvait être revendiqué par l'Espagne ou par l'Angleterre qui s'étaient partagé le littoral par la convention de 1794,
ils poussèrent jusqu'à l'Océan.

John Jacob Astor organisa la *Pacific Fur Company* en 1810 ; en
1811, il fit élever à l'estuaire du fleuve Columbia le Fort Astoria,
premier établissement américain du Pacifique [1] ; il rêvait de créer là
un grand port, une ville, et de s'enrichir en vendant des terrains
autour d'Astoria. C'était déjà le plan de la ville-champignon à naître
d'un *boom* lancé par un audacieux spéculateur. Astoria ne prospèra
point ; sur toute la côte, d'ailleurs, les ports fluviaux ne valent rien à
cause des alluvions, et les villes champignons qui ont réussi sont

1. BANCROFT, t. XXVII, p. 325. — L'histoire d'Astoria est racontée par un contemporain, dans Washington IRVING, *Astoria*, publié à New-York, puis à Paris et à Londres,
1837, in-8. — Sur le même sujet, Alexander Ross, *Adventures of the first settlers on the Oregon
or Columbia River, being a narrative of the Expedition fitted out by J. J. Astor...* London, 1849,
in-8°. — Id., *The Fur Hunters of the Far West...* ibid., 1855, 2 vol. in-8°.

celles que d'autres, mieux inspirés, ont construit plus tard sur le golfe de Géorgie.

Au temps où fut bâtie Astoria, la Compagnie du Nord-Ouest, alors seule établie en Colombie, prétendait ne laisser à personne la région que les Espagnols n'occupaient point.

Envoyé par elle dans le sud-est colombien, l'astronome-topographe David Thompson partit des forts de la Prairie et fit trois traversées des Rocheuses, l'une probablement par la Tête-Jaune, les autres par deux nouvelles passes : Howse (1807), qui prit le nom d'un explorateur contemporain, Athabasca (1810), reconnut la grande vallée Columbia-Kootenay, y passa l'hiver 1807-1808, découvrit à l'ouest des Rocheuses un massif qu'il jugea infranchissable et lui donna le nom de l'amiral Nelson, aujourd'hui conservé par la métropole du Kootenay. Quand la Compagnie de la Baie de Hudson eut pris la succession de la Compagnie du Nord-Ouest, ces montagnes furent baptisées Selkirk en l'honneur d'un des personnages les plus influents de la Compagnie, l'Écossais Lord Selkirk. Suivant les traces des indiens Kootenay, David Thompson fit le tour des montagnes dans plusieurs explorations de 1808 à 1811 ; il descendit le fleuve Columbia jusqu'à son estuaire et y trouva le fort Astoria en construction [1]. Il avait reconnu la rivière qui porte son nom ; après son passage, on y éleva auprès d'un village indien le Fort Kamloops.

Peu après les explorations de Thompson, la guerre éclata entre les États-Unis et l'Angleterre. Dès que la Compagnie du Nord-Ouest en eut la nouvelle, elle fit saisir le Fort Astoria, qui se rendit, ne pouvant attendre aucun secours des États-Unis. Elle le garda de 1814 à 1818. A la paix, le fort fut restitué à la Compagnie d'Astor. Le traité ne trancha pas la question de savoir à qui appartiendraient les bouches de la Columbia, parce que l'on voulait éviter les réclamations possibles de l'Espagne ; mais, profitant de ce que le gouvernement madrilène tournait alors son attention et ses forces contre ses colonies révoltées, les deux Compagnies rivales continuèrent à occuper le territoire non contesté.

En 1821, la Compagnie du Nord-Ouest fut absorbée par sa puissante concurrente anglaise, la Compagnie de la Baie de Hudson, qui étendit ainsi son domaine d'un Océan à l'autre [2]. Elle obtint du Par-

---

1. Note de la page 141. Sur Thompson, voir en outre : dans *Pr. a. Tr. Roy. Soc. Ca.*, *1889*, sect. II, une étude de Sir Sandford FLEMING. ing. en chef du C. P. R. ; — Dr Elliott COUES, *New Light on the Early History of the Greater North-West*, New-York, 1897, in-8° (reproduit une partie du journal de D. Thompson et d'un explorateur contemporain, Henry).

2. BANCROFT, t. XXVII, p. 414, 469, 480.

lement anglais que le monopole de tout commerce et les droits réga-
liens qu'elle détenait dans ses autres possessions lui fussent attribués
également sur tout ce qui est aujourd'hui la Colombie britannique,
jusqu'en 1841, avec possibilité de renouvellement. Son privilège fut
en effet prorogé entre 1835 et 1843 jusqu'en 1859, puis en 1863 pour
sept années; mais cette fois le gouvernement se réservait le droit de
le révoquer à tout moment; il s'en servit en 1867.

Comme principal objet, la Compagnie de la Baie de Hudson se
proposait le commerce des fourrures. Elle s'efforçait de faire durer
les animaux recherchés, et par suite son négoce et ses bénéfices, en
réglementant la chasse. Par exemple, elle avait arrêté qu'on ne
prendrait les castors qu'une année sur cinq[1]. De semblables mesures
présentaient encore un avantage, celui de ne pas recueillir trop de
peaux pour la demande et de maintenir ainsi les cours que menaçait,
pour le castor, l'invention des chapeaux de soie. Comment faire respecter les règles établies si des concurrents pouvaient venir acheter
les peaux en période interdite? Voilà pourquoi le commerce des fourrures avait poussé la Compagnie à user de son crédit pour se faire
concéder la maîtrise exclusive non seulement des échanges, mais
encore de l'administration elle-même.

En dehors du commerce de fourrures, le monopole des achats et
des ventes était précieux pour une compagnie qui tenait le littoral.
Il est vrai que les îles ne pouvaient plus fournir de peaux de
loutres marines, car depuis 1786 ces animaux avaient été massa-
crés par une chasse sans merci. Les bateaux de la Compagnie
des Indes ne venaient plus chercher de pelleteries pour la Chine,
mais d'autres acheteurs avaient appris le chemin de Nootka :
c'étaient les baleiniers, nombreux alors dans le Pacifique, ou les voiliers de charge faisant la navette entre l'Amérique et Honolulu, grand
port de relâche pour les pêcheurs de cétacés. Sans concurrents, la
Compagnie de la Baie de Hudson leur vendait à bon prix le bois de
ses forêts, le saumon et les autres poissons pris sur place et séchés
dans les « caches », la farine importée d'Angleterre; elle achetait
pour le revendre le sel de Californie, le café et les sucres de la côte
méridionale américaine, le riz d'Extrême-Orient. En 1830, elle établit un magasin à Honolulu, en 1841, un dépôt à San Francisco,
alors mexicain[2]. Pour son trafic, elle se servait d'une flotte marchande à elle, ses navires vinrent d'abord d'Angleterre; en 1829
elle se mit à en faire construire dans ses établissements du Pacifique.

1. BANCROFT, t. XXVII, p. 413.
2. Id., Ibid., pp. 522 et suiv.

Intéressée à garder son monopole, assez puissante pour le défendre, la Compagnie ne tarda point à revendiquer une partie des territoires contestés au nord par les Russes, au sud par les Américains.

En Alaska, la compagnie russe, monopoliste elle aussi de l'administration en même temps que du commerce, continuait à s'étendre vers le sud en suivant les îles et la côte; elle cherchait à s'accorder avec Astor contre les Anglais : alors commença à se répandre dans le public des États-Unis l'idée que les Russes étaient des alliés possibles contre le gouvernement britannique, encore considéré comme ennemi.

La Compagnie de la Baie de Hudson n'entendait pas se laisser prendre le débouché maritime qu'elle tenait de la Compagnie Nord-Ouest. Elle s'adressa au roi d'Angleterre et obtint qu'il ouvrît des négociations avec le gouvernement russe pour fixer définitivement la frontière. Le résultat fut le traité de Saint-Pétersbourg [1], signé en 1825, qui partagea les territoires autant qu'il se pouvait dans un pays accidenté, boisé et alors presque inconnu.

En partant de l'Océan, la limite de 1825 suivait 54°40' de latitude nord dans l'Entrée ou détroit de Dixon séparant, au sud, l'archipel de la Reine Charlotte qui restait anglais, au nord l'île du Prince de Galles reconnue possession russe, puis elle prenait l'axe du long fiord ou Canal de Portland jusqu'à couper 56° de latitude nord. A partir de l'intersection, elle devait s'identifier, sur la Chaîne côtière, à la ligne de partage des eaux jusqu'au 141° méridien : enfin ce méridien était accepté comme limite des possessions anglaises et russes jusqu'à l'Océan Glacial.

Après la délimitation, il se trouva que le premier Fort Simpson, le plus septentrional des établissements côtiers appartenant à la Compagnie de la Baie de Hudson, se trouvait sur le territoire attribué aux Russes. Sur les observations des Russes, la Compagnie l'évacua : en 1834, elle fit construire un nouveau Fort Simpson sur l'emplacement qui a gardé ce nom et qu'on appelle aujourd'hui Port Simpson. L'année suivante elle établit, à l'embouchure de la Skeena, Fort Essington, qui est toujours le port de contact entre navigation de mer et de fleuve.

En même temps, elle fit reconnaître tout l'intérieur nord de la Colombie actuelle pour y prévenir les Russes et les cantonner dans l'étroite bande côtière de l'Alaska méridionale. Finlay venait de

1. BANCROFT, t. XXXIII, p. 622.

découvrir l'affluent de la Paix qui porte son nom (1824), route des premiers forts vers le centre nord. Partant du haut Fraser, Mac Leod, dont un fort garde le nom, et d'autres agents de la Compagnie pénétrèrent dans les déserts boisés de la rivière aux Liards, affluent du Mackenzie, dans les montagnes du Cassiar, atteignirent et descendirent sur le versant occidental les fleuves Stikine et Taku, qui se jettent dans le Pacifique en territoire russe (1834-39) [1]. La Compagnie essaya d'installer des postes à l'embouchure de ces rivières, mais les Russes, forts du traité, l'en empêchèrent. Cependant, par une convention de 1837, ils louèrent à la Compagnie une partie du littoral qu'ils n'occupaient pas.

Au sud, dans la région de la Columbia moyenne et inférieure, contestée par les Américains, la Compagnie de la Baie de Hudson possédait douze postes ou forts. Parmi eux figurait Fort Vancouver, bâti en amont d'Astoria sur la basse Columbia et qui est aujourd'hui le Vancouver de l'État de Washington ; la Compagnie de la Baie de Hudson y avait établi en 1825 son quartier général pour les territoires à l'ouest des Rocheuses. En 1839, elle essaya même d'installer quelques colons autour de Fort Vancouver [2]; c'étaient en fait des gardiens destinés à surveiller le bétail qu'elle élevait pour fournir le laitage et la viande à ses agents. Là, comme partout, la Compagnie se préoccupait surtout de la chasse aux fourrures et du commerce.

Plus entreprenants, ses concurrents américains conçurent le projet de peupler la côte du Pacifique nord-ouest, afin de vendre des terres aux émigrants; ils s'entendirent avec les missionnaires protestants américains qui, à leur suite, étaient venus s'établir près des villages indiens. Gens d'affaires et pasteurs dénoncèrent la présence de coureurs canadiens catholiques et parlèrent de propagande papiste dans le nord-ouest. Dans les cités américaines de l'est, la presse fit appel aux sentiments patriotiques et religieux du peuple des États-Unis. A l'élection présidentielle de 1844, le parti démocrate réclama l'annexion de tout le littoral pacifique depuis la Californie, alors mexicaine, jusqu'à la limite méridionale de l'Asie russe et il résuma sa prétention dans la formule brève et frappante des quatre F [3] : « *Fifty Four Forty or Fight* (54°40′ ou la guerre) ». Polk, candidat démocrate, fut élu président des États-Unis ; répondant aux

1. *Geol. Surv. of Ca. An. Rep.*, *1887-88*, B, pp. 67 et 92 (G.-M. DAWSON); *1894*, C, p. 15 (Mac CONNELL). — *Ouvr. cit.* ici, pp. 28-29, n., BROOKS, pp. 104-116, *Harriman Alaska Exp.* vol. II, pp. 185-199.
2. BANCROFT, t. XXVII, p. 488, t. XXXII, pp. 61-63.
3. BANCROFT, t. XXVIII, p. 401.

espérances de ces commettants, il déclara dans son premier discours que les droits des Américains sur le contesté étaient clairs et indiscutables. Pour parer à toute éventualité, le gouvernement britannique envoya une division navale dans les eaux de l'île Vancouver, mais en même temps il négociait avec les États-Unis, et réussissait non sans concessions, à leur faire signer le traité de juin 1846.

Par ce compromis, le 49° parallèle, limite des prises de possessions espagnoles en 1775, fut adopté comme frontière continentale entre les territoires américains et anglais ; la Compagnie de la Baie de Hudson perdit ainsi tout le bassin moyen et inférieur de la Columbia avec 12 établissements permanents sur 22 qu'elle possédait[1] ; l'île de Vancouver resta possession britannique jusqu'à sa pointe sud, conformément à l'arrangement hispano-anglais de 1794.

Ayant perdu Fort Vancouver de la basse Columbia, la Compagnie de la Baie de Hudson transféra en 1846 son quartier général à Fort Victoria qu'elle avait élevé trois ans auparavant au fond d'une rade sud-est de l'île Vancouver. Dès lors Victoria est restée la capitale de la Colombie.

En somme, après le traité de 1846, les territoires anglais qui devaient plus tard s'appeler la Colombie et le Yukon se dessinent déjà dans leurs grandes lignes. Les arrangements ultérieurs n'ont fait que préciser ou compléter les accords de 1825 pour le nord, de 1846 pour le sud.

Période de l'or. — La colonie de Colombie britannique (1849-1866).

Avant le traité anglo-américain de 1846, la Compagnie de la Baie de Hudson possédait plusieurs forts dans l'île Vancouver, mais cette île n'appartenait point comme la côte ferme à son domaine exclusif. En compensation des pertes que lui faisait subir la délimitation nouvelle, le gouvernement anglais lui concéda, sur l'île Vancouver, le même monopole commercial et administratif que dans les autres régions, mais pour cinq ans seulement (1849). A son expiration, ce privilège fut renouvelé pour cinq autres années, c'est-à-dire qu'il devait prendre fin en 1859, la même année que le privilège pour le continent (p. 143). A Vancouver, l'État se réserva seulement le droit de choisir une rade pour y établir une station navale dont les dernières menaces de guerre avaient montré l'utilité ; la baie d'Esqui-

---

1. Bancroft, t. XXXII, pp. 58-59 (Statistique de 1841).

malt près de Victoria fut plus tard désignée et aménagée à cette fin.

D'après les termes de la convention passée entre le gouvernement et la Compagnie au sujet de Vancouver, en 1849, l'État ne devait supporter aucune dépense, sauf en cas de guerre. La Compagnie se chargeait de l'administration; en échange elle acquérait, outre le monopole du commerce, la libre disposition des terres et des mines pendant la durée de la concession. Elle s'engageait à faire venir des colons dans un délai de cinq ans au plus et promettait de leur vendre les terres à un prix raisonnable. Sur le prix des lots et le revenu des mines, la Compagnie devait prélever 10 p. 100 et les consacrer aux travaux d'utilité publique [1].

De la sorte, l'Angleterre espérait, sans grands frais, établir des colons autour d'une base navale dans l'île Vancouver. Mais la Compagnie ne tenait point à attirer des étrangers sur son domaine. Aussi demanda-t-elle par hectare 62 fr. 50, ce qui était le prix des concessions dans les colonies anglaises de peuplement les plus avantageuses. Quand les premiers véritables colons, un capitaine anglais et huit personnes de sa famille, débarquèrent dans l'île Vancouver, en 1849, les facteurs de la Compagnie les reçurent froidement et leur assignèrent des terres à Sooke, au bord d'une baie forestière et sans habitants d'où l'on ne communiquait avec Victoria que par mer.

Sous prétexte de colonisation, la Compagnie s'appliquait à faire venir les seuls gens qui pouvaient travailler à son profit. Ainsi 80 personnes arrivent en 1850, 120 en 1851, 200 en 1853, mais toutes sont liées au service de la Compagnie par un contrat de plusieurs années, et la Compagnie les donne pour colons parce qu'elle paye une partie de leur salaire en terres [1].

On les recrute presque tous en Écosse comme le personnel des forts. L'Écosse, où les grands propriétaires remplaçaient alors la culture par l'élevage « éclaircissant » les villages, détruisant les chaumières, chassant les habitants, fournissait autant d'émigrants qu'on en voulait.

Une partie des nouveaux venus étaient apppelés à tenir les jardins, les vergers, les prés, à élever le bétail que la Compagnie entretenait autour de ses établissements. Les premiers animaux domestiques de l'île Vancouver avaient été achetés au Mexique et débarqués à Fort Victoria en 1844 : ils s'écartèrent dans la forêt où les Indiens les tuèrent comme du gibier [1]. Plus tard la Compagnie mit une partie

1. BANCROFT, t. XXXII, pp. 106, 219, 230, 253, 257, 268.

de ses troupeaux dans les petites îles où la mer les gardait, à la mode écossaise.

Parmi les colons, ou prétendus tels, figuraient aussi des mineurs appelés pour extraire la houille ; au nombre de huit, les premiers débarquèrent en 1849. Il y avait alors quatorze ans qu'on connaissait l'existence du charbon vancouvérien ; en 1835 des Indiens avaient apporté de l'île des échantillons de combustible au fort Mac Laughlin sur un îlot voisin du continent. Sans tarder les agents firent reconnaître le gisement qui se trouvait au nord-est de Vancouver, et depuis 1836, chaque année, un bateau alla y chercher la provision du fort pour l'hiver [1].

Après que le privilège de 1849 lui eut assuré le monopole des mines, la Compagnie en commença l'exploitation commerciale. L'exploration fut continuée, un gisement plus riche découvert à Nanaimo en 1850. Le matériel nécessaire à l'exploration, commandé en Angleterre, arriva en 1851, avec de nouveaux mineurs écossais. Dès l'année suivante une émanation de la Compagnie, appelée *Nanaimo Coal Company*, commença de vendre la houille aux navires moyennant 55 francs la tonne : si près de la fosse, le prix semblerait énorme, mais il faut se rappeler qu'alors le charbon valait 140 francs la tonne sur le marché de San Francisco où il arrivait par mer, grevé d'un fret assez lourd, et où la fièvre de l'or avait fait enchérir tous les objets de commerce.

Dans l'hiver de 1849, on avait vu les mineurs californiens profiter de la saison pour se rendre à Victoria où, malgré le monopole de la Compagnie, tout s'achetait à meilleur marché que sur les champs d'or : ils payaient, dit-on, avec des pépites [2].

Toutes les pensées étaient au métal précieux ; partout on en parlait, partout on en cherchait. Aussi le facteur qui représentait la Compagnie de la Baie de Hudson à Fort Simpson sur la côte nord-ouest de la Colombie, fut-il satisfait plutôt qu'étonné lorsque des Indiens, arrivant de l'archipel de la Reine Charlotte, offrirent de lui vendre le premier morceau d'or natif découvert sur la côte anglaise du Pacifique (1851). Sans ébruiter la nouvelle, cet agent la fit passer le plus rapidement possible au gouverneur pour la Compagnie qui résidait à Victoria ; le gouverneur envoya secrètement à l'archipel de la Reine-Charlotte un bateau dont l'équipage recueillit des échantillons de roches, peut-être de l'or, mais qui fit naufrage au retour, dans le mois de décembre 1851. Pour ne pas perdre de

---

1. *Geol. Surv. of Ca. An. Rep.*, *1887-88*. R, p. 87 (G.-M. DAWSON).
2. BANCROFT, t. XXXII, p. 181.

temps, le gouverneur acheta un navire américain qui venait de s'échouer, le renfloua, y mit trente mineurs de la Compagnie et les chargea d'une seconde prospection aux îles de la Reine Charlotte. Cette fois le navire revint à bon port, amenant une charge de quartz qui, envoyée en Angleterre et traitée, rapporta, dit-on, 150 francs par homme et par mois.

Une nouvelle expédition fut préparée, mais, malgré les précautions de la Compagnie, le secret n'avait pu être gardé dans un petit port comme Victoria où les quelques habitants ne manquaient pas de voir tout ce qui se passait. Des bateaux américains guettaient le troisième départ; à peine le navire de la Compagnie eut-il levé l'ancre, qu'ils se mirent à sa piste. Ils le suivirent jusqu'aux îles de la Reine Charlotte où d'autres ne tardèrent pas à les rejoindre. En peu de temps les chercheurs d'or envahirent ces îles; ils s'y querellèrent entre eux et se battirent avec les Indiens. Tout l'équipage d'un bateau de San Francisco fut saisi et retenu prisonnier par les indigènes, si bien qu'il fallut organiser une expédition pour le délivrer. Averties par cet accident, les autorités envoyèrent un navire de guerre rétablir l'ordre dans l'Archipel, mais son aide ne devait pas être longtemps requise. En effet, le filon de quartz se trouva trop court et fut épuisé en une seule saison; tous les chercheurs abandonnèrent alors l'archipel, puis le port de Victoria, qui, après une courte fièvre, retrouva son ancien calme [1].

A la fin de 1853, l'île Vancouver comptait comme habitants environ 17 000 Indiens et 450 blancs, dont 300 à Victoria et Sooke, 125 à Nanaimo, 25 à Fort Rupert sur la côte nord-est; 8 000 hectares à peine étaient concédés, 200 seulement cultivés, tous, sauf 16, pour le compte de la Compagnie et de ses agents [2].

Pendant les quatre années de 1853 à 1857, l'île Vancouver demeura un modeste établissement sous l'administration de la Compagnie, dont les agents jouaient le rôle de cadis, réunissant tous les pouvoirs, sinon toutes les compétences. A cette époque, les principaux événements de l'histoire vancouvérienne sont les conflits entre blancs et indigènes au sujet du bétail et au sujet des terres; commencés, on l'a vu, en 1844 (p. 147), ils durèrent jusqu'en 1864 [3]. Comme la Compagnie n'entretenait aucune police, les colons finirent par orga-

---

1. *Geol. Surv. of Ca. An. Rep.*, *1887-88*, R, p. 19 (G.-M. Dawson).
2. Bancroft, t. XXXII, p. 260. — *1er Recensement du Canada, 1870-71*, t. IV pp. lxxviii-lxxix, reprod. la Statist. de l'Enquête parlem. angl. de 1857 à l'occ. du renouvellement du privilège de la Cie.
3. Bancroft, *ibid.*, pp. 426-430.

niser un service de volontaires ou « voltigeurs »[1] à cheval pour courir après les voleurs de bétail (1857).

A mesure que le nombre des colons augmentait dans l'île et à Vancouver, il se formait parmi eux une opposition contre le gouvernement absolu et intéressé de la Compagnie : d'autre part, en Angleterre, les libéraux se prononçaient contre le régime du monopole et demandait que l'on accordât aux habitants un droit de contrôle sur l'administration comme on venait de le faire dans les principales colonies de peuplement. Pour donner un commencement de satisfaction à l'opinion anglaise, le gouverneur de la Compagnie à Victoria invita les blancs de l'île à élire des représentants qui devaient délibérer avec les fonctionnaires de la Compagnie dans un Conseil législatif analogue à celui des colonies où commençait à s'établir l'autonomie. Cette assemblée fut formée, elle se réunit à Victoria deux fois en trois ans (1856-59), mais le gouverneur la trouva gênante et cessa de la convoquer[2].

Tandis que Vancouver prenait la forme d'une colonie, le continent restait une région demi-sauvage où l'on ne trouvait que villages indiens et postes de traite. En 1857, la Compagnie y possédait 27 établissements de quelque importance, seuls centres européens du pays. La plupart étaient au nord du bassin fraserien et à la côte nord-ouest, dans la région ouverte par la première société de marchands; ils avaient comme débouché Fort Simpson dans le rayon duquel vivaient 45 000 Indiens selon l'estimation, fort large, des facteurs,

Au sud, depuis qu'elle avait perdu le débouché de la Columbia, la Compagnie en avait cherché un autre par le bas Fraser, mais les postes placés dans le bassin moyen et inférieur de ce fleuve restaient des établissements secondaires. En amont des canyons, Kamloops, au confluent des deux bras de la rivière Thompson, avait été créé en 1813 par la Compagnie Nord-Ouest. En aval, la Compagnie de la Baie de Hudson faisait pêcher et préparer le saumon à Langley depuis 1823 : elle avait fondé Fort Hope, en 1847, au point où le Fraser entre en plaine, puis en 1849, Yale, un peu plus haut. En 1857, on comptait 4 000 Indiens dans le rayon de Langley, c'est-à-dire le delta et la plaine, 2 000 dans ceux de Hope et de Kamloops sur le plateau de l'intérieur sud[3].

Telle était la situation l'année même où l'on découvrait l'or dans

1. BANCROFT, t. XXXII, pp. 330-331.
2. Id., ibid., p. 318.
3. Report of the Special Committe of the House of Commons, 1857, réimpr. dans le 1er Recensement du Canada, 1871, t. IV, pp. LXXV-IX.

les vallées de la Thompson et du Fraser [1]; dès 1858 des milliers de
chercheurs, venus surtout de Californie, se répandirent le long de ces
cours d'eau, puis dans l'intérieur; la fièvre de l'or s'empara du pays,
les ruées (*rushes*) se succédèrent jusqu'en 1864, à mesure qu'on
découvrit de nouveaux placers [2].

Au début, la Compagnie de la Baie de Hudson en profita largement.
De Victoria, où affluaient les navires chargés d'étrangers, aux bouches
du Fraser, puis du Delta à Fort Hope et à Yale, terme de la navigation fluviale, elle faisait seule les transports, seule elle vendait les
objets nécessaires, seule elle achetait l'or, donnant la chasse sur le
bas fleuve aux bateaux américains qui tentaient de remonter au
mépris de son monopole. Mais dès la première irruption, elle se
trouva débordée et ne sut empêcher ni les rixes entre les chercheurs ni les batailles avec les Indiens troublés dans leurs pêcheries
du fleuve.

Or les privilèges de la Compagnie étaient déjà combattus au nom
de la liberté commerciale par la majorité du Parlement anglais; elle
avait peu de chance d'en obtenir le renouvellement à leur expiration
qui tombait en 1859, et voici que, par l'effet de la découverte de l'or,
ils paraissaient encore plus exorbitants et plus immérités. En 1858,
son monopole commercial lui fut retiré dans ce qui forme aujour-
d'hui la Colombie.

En outre le Parlement décida que toute la région à l'ouest des
Rocheuses, excepté l'île Vancouver, serait enlevée à l'administration de la Compagnie et érigée en colonie de la Couronne. Ainsi donc
la province actuelle se trouva de nouveau divisée en deux comme
avant 1849, mais avec un régime exactement inverse, Vancouver,
jadis établissement de la Couronne, restant à la Compagnie, le continent, jadis abandonné à la Compagnie, transformé en colonie en
raison du soudain peuplement que lui avait valu la découverte de
l'or [3].

A la nouvelle colonie du continent on appliqua le nom de British
Columbia [4] en place de New Caledonia dû aux premiers explorateurs
écossais (p. 140) : il fallait lui donner une capitale, puisque Victoria
n'était plus que le chef-lieu de Vancouver. Trop éloigné, Fort

---

1. Voir p. 328, d'après *Geol. Surv. of Ca. An. Rep.*, 1887-88, R.
2. A l'époque de l'or commence la mise en valeur qui se continue sous nos yeux :
dès lors l'exposé des trouvailles, des ruées, et en général de la colonisation fait partie
de l'étude économique contemporaine autant que de l'histoire. On le trouvera avec la
description de chaque région économique, Fraser, pp. 328-331, Caribou, pp. 369-373, etc.
A partir d'ici, les chapitres historiques se bornent aux faits très généraux.
3. BANCROFT, t. XXXII, p. 383.
4. *Proc. Roy. Geog. Soc. Lond.*, 1858-59, p. 321.

Simpson cessa d'être l'établissement le plus important de la côte ferme. L'axe économique se déplaça du nord vers le sud, du pays des fourrures vers la région aurifère, de la ligne Skeena Rivière de la Paix, vers la ligne Fraser Thompson où passe aujourd'hui la voie ferrée transcontinentale.

A la tête du delta fraserien, on bâtit en 1859 un port qui, prenant un nom de ville et non plus de fort, s'appela New Westminster, en mémoire du bourg où siègent les représentants de la nation britannique et, sous ces auspices, on en fit la capitale de la nouvelle colonie autonome. Premier établissement qui ne devait pas son origine et son nom à la Compagnie, elle posséda la première municipalité de la colonie (1860). Le premier Conseil législatif s'y réunit le 21 janvier 1864 [1]. Construit à une époque où l'on sentait le besoin d'une police sérieuse, New Westminster eut le premier violon de la colonie; aujourd'hui il possède la prison fédérale et provinciale ainsi que l'asile provincial d'aliénés. Quant à Victoria, longtemps elle ne connut que les équipes de condamnés travaillant sur les routes instituées en 1859 sur le modèle australien par son gouverneur : elle n'eut sa prison qu'après New Westminster, sa première exécution, la pendaison d'un assassin, en 1872 seulement, après l'entrée dans la Fédération [2].

Bien qu'après 1859, l'île et le continent fussent séparés au point de vue administratif, la création d'un centre sur le bas Fraser, à portée de Victoria, devait les rattacher plus étroitement l'un à l'autre et le fit en effet. Comme les deux capitales se trouvaient voisines, le gouvernement anglais, par économie, chargea le gouverneur pour la Compagnie à Victoria d'exercer en même temps les fonctions de gouverneur pour la reine à New Westminster.

Ce système ne satisfait pas les colons de la Colombie et l'Angleterre dut leur donner un gouverneur à eux.

Bientôt après elle se décida à retirer à la Compagnie l'administration de Vancouver pour réunir toutes ses possessions de l'Ouest américain en une seule colonie qui prit le nom de Colombie britannique et eut pour unique capitale Victoria (1866) [3].

On comptait, deux ans avant l'union, 7 500 blancs dans l'île Vancouver; on n'a pas évalué exactement la population du continent qui était un peu plus élevée.

Suivant un principe qui prévalait alors dans toutes les colonies

1. BANCROFT, t. XXXII, p. 583.
2. Id., ibid.,, p. 435.
3. BANCROFT, t. XXXII, pp. 592, 595.

anglaises de peuplement, la Colombie britannique devint autonome, à condition de payer toutes les dépenses. Elle eut un parlement élu et le gouverneur royal choisit un ministère dans la majorité de la Chambre.

Dès lors les travaux publics sont faits par la Colombie, les concessions de terres et de mines distribuées par elle; bref, toutes les lois qui règlent la colonisation sont proprement colombiennes.

L'entrée dans la Fédération (1871).

Une nouvelle période commence avec l'entrée de la Colombie dans la Fédération. La Fédération canadienne se forme en 1867, d'abord entre les provinces de Québec et Ontario; elle a le caractère d'une organisation de défense contre les États-Unis qui sortent de la guerre de sécession avec une forte armée et qui n'ont point perdu depuis 1774 le goût de « tordre un brin la queue au lion britannique[1] ». Autant que les anciennes provinces, la Colombie se sent faible vis-à-vis de ses entreprenants voisins.

En 1871, elle vote son entrée dans la Fédération, et change alors son nom de colonie en celui de Province, comme les autres divisions du Canada. Comme elles, à la place du gouverneur anglais, elle reçoit pour exercer sur son territoire le pouvoir exécutif, un lieutenant-gouverneur canadien, désigné par le gouvernement fédéral; comme elles aussi, elle conserve son autonomie, son Assemblée, son droit de légiférer sur tout ce qui n'est pas réservé au Parlement fédéral.

L'Acte d'Union cède au gouvernement fédéral l'administration des voies interprovinciales, des postes, des douanes et du commerce, de la navigation et des pêcheries, des monnaies et des banques, du recensement, de l'immigration, de la naturalisation, des Indiens, de la milice et de la marine; enfin le même code criminel s'applique dans toute l'union. Néanmoins l'Assemblée provinciale peut voter des lois touchant aux matières précédentes sous réserve de l'approbation par les Chambres fédérales. Comme toutes les provinces qui existaient avant l'Union, la Colombie garde la libre disposition des terres publiques et des concessions minières[2].

1. Pour la formation de la Fédération, *Histoire générale*, publiée sous la direction de MM. Lavisse et Rambaud, Paris, t. XI, 2ᵉ éd., 1903, pp. 614-618.
2. André SIEGFRIED, *Le Canada. Les deux races. Problèmes politiques contemporains*, Paris, 1906, in-18, pp. 167-177.

Après l'entrée dans la Fédération, le premier événement important de l'histoire colombienne est le règlement définitif de la frontière de mer entre Canada et États-Unis. On se rappelle que le traité de 1846 laissait l'île Vancouver à l'Angleterre et, sur le continent, donnait le 49° parallèle pour limite aux deux États; mais il n'avait tracé aucune ligne de partage entre la pointe sud de l'île Vancouver et la côte ferme. Or, dans le bras intermédiaire se trouve un archipel séparé de Vancouver par le détroit de Haro, du continent, par celui de Rosario.

En 1846, ces îles, peuplées seulement de quelques Indiens, ne paraissaient pas valoir la peine qu'on se préoccupât de leur attribution. Depuis 1843, époque où les premiers troupeaux de la colonie furent achetés au Mexique, la Compagnie de la Baie de Hudson avait mis du bétail à San Juan, la principale des îles indivises; elle y laissa son troupeau jusqu'en 1852.

On savait alors que San Juan renferme de la chaux et des pierres à bâtir; on savait aussi que les saumons, venant du large, passent par le détroit de Rosario avant de remonter le Fraser (p. 190); possédant sans conteste la rive continentale du détroit, les Américains en revendiquèrent aussi la rive insulaire. Le Territoire de Washington, qui venait de s'organiser, fit envoyer des douaniers fédéraux dans l'île San Juan en 1854. Sur la plainte de la Compagnie de la Baie de Hudson, l'Angleterre protesta : l'Amérique tint bon; de nouveau on entendit parler de guerre et Esquimalt vit en 1859, comme autrefois en 1846, une concentration de navires et de soldats anglais. Comme autrefois aussi, les deux parties convinrent de recourir à l'arbitrage. Après dix ans de tergiversations, elles prirent comme juge l'empereur d'Allemagne, proposé par le général Grant, président des États-Unis (1871). Guillaume Ier rendit en 1872 une sentence défavorable à l'Angleterre, qui déclare San Juan territoire américain et fait passer la frontière de mer à l'ouest par le milieu du détroit de Haro [1].

Dans les années suivantes, l'exploration de l'intérieur fut activement menée, en vue de la construction d'une voie ferrée transcontinentale, soit par les employés des entreprises de chemin de fer, soit par le service géologique fédéral. Néanmoins la construction de la voie ne put être achevée qu'en 1885 (p. 286). Au débouché occidental se créa, en pleine forêt, le port de Vancouver, qui devint en

1. Bancroft, t. XXXII, p. 601.

quelques années la plus grosse ville de la colonie, dépassant New Westminster, puis la capitale elle-même (p. 318).

Multipliées pendant la construction de la voie ferrée, les explorations révélèrent de puissants gisements de charbon dans les Rocheuses méridionales et de minerais complexes dans les Selkirk et dans le plateau sud-ouest. Un embranchement du Canadien Pacifique fut poussé de la Prairie aux houillères du Crows Nest dans les Rocheuses, prolongé jusqu'à l'extrémité de la région minière d'où il ira prochainement rejoindre l'autre extrémité du Canadien Pacifique sur le bas Fraser (p. 364). Les procédés d'extraction et de réduction inventés aux États-Unis furent importés le long de la voie; des villes neuves s'élevèrent auprès des mines et des usines de fusion (Chapitre XXIII).

En 1897, on découvrit l'or au Klondike sur le Territoire du Yukon et l'on vit se reproduire au nord de la Colombie les poussées que le sud avait connues quarante années auparavant. Par le canal ou fiord de Lynn, les chercheurs débarquèrent au pied de la Chaîne côtière, franchirent les passes et se portèrent en masse vers le Klondike. Un port se créa au fond du fiord, un chemin de fer fut construit de ce débouché à la Chaîne côtière. Le gouvernement fédéral canadien revendiqua le fond du canal, mais le gouvernement américain, successeur des Russes en Alaska, invoqua le traité de 1825 (p. 144) pour s'interposer entre le Canada et la mer. Sans contester que le traité donnait la côte d'Alaska à l'Amérique, le gouvernement d'Ottawa soutenait que la bande littorale ne pouvait dépasser en largeur dix lieues comptées de l'Océan, ce qui eût laissé à la Colombie le fond de Lynn et de quelques autres découpures. Mais le gouvernement de Washington répliquait que dix lieues sont simplement un minimum de largeur garanti par traité à la bande côtière et que dans tous les cas où la ligne de partage se trouve à plus de dix lieues de la mer, c'est elle qui doit servir de frontière.

Le président de la République des États-Unis et Sir Wilfrid Laurier, premier ministre de la Puissance, convinrent de s'en remettre à l'arbitrage du roi d'Angleterre.

Rendue en 1903, la sentence a interprété le traité de 1825 dans le sens des États-Unis et coupé définitivement la Colombie de la mer, au nord de Port Simpson, c'est-à-dire sur toute la moitié septentrionale de la Province [1].

1. Bibliographie nᵒˢ XXIX-XXXI.

Aussi les Canadiens ont-ils pu dire une fois de plus que la fortune tournait toujours contre eux à chacun de leurs démêlés avec les États-Unis. En gens actifs et courageux, ils ont tiré le meilleur parti de ce que leur laissait l'arbitrage. Si le port et la voie ferrée d'accès au Yukon prospèrent au bénéfice des États-Unis, la région colombienne des lacs Atlin et Bennet, interposée entre la bande côtière et le Yukon, attire des chercheurs, les retient par la richesse de ses gisements et devient, à l'extrême nord-ouest, un district relativement peuplé, séparé des autres par des déserts ou par l'Océan.

Au centre de la province, l'aire à développer (*undeveloped area*), c'est-à-dire la région ayant pour axe les pistes suivies autrefois par Mackenzie et les premiers fondateurs de forts, conserve après l'arrangement de 1903 son débouché sur l'Océan, Port Simpson.

Le gouvernement fédéral propose de faire aboutir à Port Simpson le Grand Tronc Pacifique, seconde ligne transcontinentale qui serait posée au nord du Canadien Pacifique. D'un bout à l'autre de la Puissance, les élections générales de 1904 se sont faites sur cette question ; elles ont maintenu au pouvoir le cabinet libéral Laurier, partisan du Grand Tronc, et la construction de cette seconde voie a commencé partout, sauf en Colombie où se fera la dernière section.

A peine emploie-t-on maintenant ces expressions de libéraux et de conservateurs qui survivent par tradition, mais dont le sens s'est évaporé. Dans la Province et sur toute l'étendue de la Fédération [1], on dit couramment « le gouvernement » et « l'opposition », ceux qui ont le pouvoir de développer les richesses du pays, ceux qui espèrent le prendre à leur tour. Quels sont ces électeurs aux préoccupations différentes des nôtres, d'où vient qu'ils ont un souci toujours présent et presque exclusif des terres, des mines, des voies ferrées? C'est ce que les chapitres suivants nous feront comprendre.

1. Sur la politique économique fédérale, André SIEGFRIED, *ouvr. cit.*, pp. 198-221 et 246-255.

Pl. VI

1 - CHEFS TAHL-TAN EN COSTUME DE CEREMONIE.
Indiens du groupe Tsimshian, côte nord-ouest (pp. 159, 325).

2 - INDIENS REPRESENTANT LA PASSION A CHILLIWACK.
Acteurs et spectateurs sont des Séliche du bas Fraser, convertis et européanisés (pp. 160, 172).

CHAPITRE X

LES INDIENS

Répartition. Mœurs traditionnelles.

Nous devons nous représenter la population indienne de Colombie peu nombreuse par rapport à la superficie de la Province et pourtant groupée en villages rares mais assez gros, double caractère qui empêcha les premiers explorateurs de faire des estimations fondées. On ne saurait guère en effet accepter même comme probables les chiffres donnés avant les recensements ou plutôt les approximations raisonnables de l'époque contemporaine.

Un rapport présenté au Parlement britannique par la Compagnie de la Baie de Hudson en 1857 évaluait à 26 000 environ le nombre des indigènes habitant le territoire de la Colombie actuelle [1].

Le premier recensement fédéral, en 1871, attribue 102 000 indigènes à toute la Puissance, dont 23 000 environ pour la Colombie, la répartition n'étant pas faite exactement par province [2]. Le dernier, celui de 1901, compte en Colombie 25 488 Indiens sur un total fédéral de 93 460 et 3 461 métis sur 34 481 [3]. Si le Manitoba et le Nord-Ouest ont plus de métis, la Colombie vient au premier rang pour les Indiens. Le rapport général annuel sur les affaires sauvages pour 1904-1905 lui laisse cette place en lui assignant 25 142 Indiens sur 107 637 dans l'ensemble du Canada [4].

1. *1er Recensement du Canada, 1870-71*, t. IV. Introd., pp. LXXV-LXXIX.
2. *Ibid.*, p. LXXXIII.
3. *4e Recensement du Ca., 1901*, t. I, p 285.
4. *An. Rep. Indian Affairs, 1904-5*, 2e partie, p. 82.

Si l'on peut accorder aux évaluations de 1857 et 1871 la même confiance qu'à celles de 1901 et 1905, on doit conclure que le nombre des indigènes colombiens reste stationnaire depuis un demi-siècle : il diminuerait parfois légèrement d'une année à l'autre, par exemple il aurait perdu 94 unités entre 1903 et 1904 [1]; mais, à d'autres époques, ces pertes seraient compensées par des gains à peu près équivalents.

D'après les personnes qui vivent en contact avec les Indiens et d'après le service médical fédéral [2], la « population sauvage », dans les premiers temps de l'occupation, aurait été fortement réduite, sur la côte principalement, par les batailles avec les blancs et surtout par l'importation de maladies contagieuses jadis inconnues des naturels [3]; mais la paix, la sécurité, le bien-être, l'hygiène et les soins apportés par une administration régulière amèneraient un nouvel accroissement qui réparerait peut-être un jour les pertes subies et rétablirait l'ancien effectif, phénomène analogue à celui qu'on observe en Nouvelle Zélande. Pour être édifiés sur ce point, nous devons attendre une série plus longue de ces recensements fédéraux qui se font à chaque fois avec une précision plus grande.

En Colombie, les Indiens habitent deux régions différentes, la côte et la zone sèche intérieure, que séparent des montagnes et des forêts où les passages naturels sont rares.

Sur la côte, on compte 8 579 Indiens et 372 métis de l'extrême nord à l'Entrée de Burrard sur laquelle s'élève le port de Vancouver en comprenant dans ce total les Haïda de la Reine-Char-lotte, 2 801 Indiens et 429 métis dans le delta et la plaine du bas Fraser, enfin 5 200 Indiens et 902 métis dans l'île Van-couver.

L'intérieur renferme 8 908 Indiens et 1 758 métis vivant pour la plupart dans le bassin moyen du Fraser : quelques centaines de ces indiens, rangés administrativement dans l'intérieur, appartiennent aux tribus de la côte [4].

Voici comment, d'après le rapport de 1904-5, les indigènes se distribuent par régions et par groupes de race ou de lan-gues [5].

1. An. Rep. Indian Affairs, 1904-5, p. 261.
2. Id., p. 276.
3. BANCROFT, t. XXXII, p. 604.
4. 4° Recens. du Ca., 1901, t. I, pp. 284-285.
5. An. Rep. Indian Affairs, 1904-5, pp. 234, 237, 252, 275, et II° partie, 81-82.

AGENCES PAR RÉGIONS	CENTRE D'AGENCE	LANGUES ET RACES	NOMBRE
Iles et côtes.			
I. Côte Nord-Ouest.	Metlakatla	Tsimshian, Haïda .	3 936
II. Kwakiult [1]	Alert Bay.	Kwakiult.	1 278
III. Côte Ouest	Alberni.	Nootka	2 264
IV. Cowichan.	Quamichan. . . .	Nootka et Seliche [2].	1 888
V. Fl. Fraser.	New Westminster.	Séliche.	2 876
Intérieur.			
VI. Kamloops et Okanagan. .	Kamloops.	Séliche intérieurs.	3 865
VII. Lac Williams	Clinton.	Séliche et Déné. .	1 955
VIII. Babine et Haut-Skeena. .	Hazelton	Déné.	2 972
IX. Lac Kootenay	Fort Steele	Kootenay.	608
Nomades non enregistrés. . .	. . . .	. . . .	3 500 env.
		Total.	25 142

Du nord au sud, la côte est occupée par des Peaux-Rouges, généralement petits, trapus, à face plate, courts de jambes, présentant un
type plus asiatique que ceux de l'intérieur. Dans l'état présent de
nos connaissances ethnographiques, on croit pouvoir distinguer
parmi les indigènes maritimes plusieurs variétés. Si l'on part du
nord, on trouve chez les gens de langue tlingit sur le continent,
haïda dans l'archipel de la Reine Charlotte, des brachycéphales à
figure large, au nez épaté, de teint clair, de taille un peu plus haute
que les autres Indiens côtiers. Sur le fleuve Skeena apparaissent,
chez les gens de langue tsimshian, des brachycéphales moins hauts,
présentant les traits les plus mongoliques de toute la série. Dans
l'île Vancouver se montrent, dès la pointe nord, les gens de langue
Kwakiult, les plus petits des naturels colombiens, avec 1 m. 63 en
moyenne : fort différents des autres, ils ont le crâne plus allongé, le
visage plus étroit, le nez souvent mince et droit, les cheveux clairs,
parfois rougeâtres; ce type se continue avec des variations chez les
gens de race séliche qui habitent le bas Fraser[3]. Il est bien entendu
que les caractères ethniques indiqués plus haut se présentent rarement purs et dégagés, car les populations maritimes se sont mélangées.

Dans l'incertitude actuelle, on emploie ordinairement, faute de
moyens plus certains, les langues, pour établir les divisions entre

1. Comprend en outre une partie du versant ouest de la Chaîne côtière de Bute Inlet
au S. à Smith Inlet au N. Le centre est aussi parfois appelé Kwakiult.
2. Orthographié ordinairement *Salish* en anglais.
3. F. Boas, dans *Verh. Ges. f. Erdkunde, 1895*, t. XII, pp. 265, 270 (Bibl. n° 54).

indigènes; c'est à elles que se rapportent les noms que j'ai donnés et dont je continuerai à me servir [1].

Les Tlingit [2], sur la frontière de l'Alaska, se partagent entre territoire américain et Colombie.

Les Haïda, appelés Skidegate ou Skittaguettes [3], environ 2 500, habitent deux îles de l'Alaska et l'archipel de la Reine Charlotte.

Les Tsimshian [4], au nombre de 4 000, vivent dans la région du fleuve Skeena (gravure p. 156, pl. VI, 1).

Les Kwakiult-Nootka [5], 5 000 environ, occupent la côte ferme entre le Canal de Grenville et l'Entrée de Rivers, puis la côte ouest de l'île Vancouver, enfin la presqu'île du cap Flattery en Washington.

Les Séliche [6], le groupe le plus important de Colombie, 12 000 environ, ont leur centre sur le bas Fraser, poussent en remontant le fleuve et ses affluents jusqu'au pied de la Chaîne de l'Or sur les bords des lacs Shuswap [7] et Okanagan.

Des dialectes séliche sont parlés au nord du Washington et de l'Idaho chez les Têtes-Plates, ainsi nommés parce qu'ils se déforment la tête, les Colville, les Pend-d'oreille et plusieurs autres groupes. Apparentée aux Séliche de l'intérieur, la petite tribu des Bilqula ou Bella Coola vit isolée au fond du fiord qui porte son nom, sur la côte, vers le 52e parallèle; c'est la plus septentrionale. Isolée aussi, dans une direction exactement opposée, la plus méridionale des tribus séliche se trouve dans l'Oregon, 80 kilomètres au sud des bouches du fleuve Columbia.

De l'Alaska à l'Oregon, ces Indiens professent des croyances diverses qui se sont parfois échangées de tribu à tribu, de groupe à groupe, créant des habitudes communes à des gens de races et de langues différentes. Ainsi les Bella Coola, séparés de leurs frères séliche, ont emprunté leur mythologie aux Kwakiult qui les entourent [8]. Au sud, les légendes des Séliche forment un cycle qui tourne autour du loup, animal du plateau. Au nord, celle des Tlingit, des Haïda, des

---

1. Je suis l'ouvrage classique de J. W. POWELL (Bibl., nos 48-49), mais en employant, à l'exemple de Fr. Boas et des autres continuateurs de Powell, les noms canadiens, par exemple Nootka au lieu de Wakashan.

2. Les Kolushan de J. W. POWELL, pp. 85-87.

3. Skittagettan de J. W. POWELL, pp. 118-121.

4. J. W. POWELL, p. 63.

5. Pp. 128-131. — Fr. Boas a établi (1890) que Kwakiult et Nootka appartiennent à une même famille linguistique. Voir CHAMBERLAIN, dans Handbook of Ca., 1897, p. 121.

6. J. W. POWELL, pp. 102-105.

7. Sur les Indiens Shuswap, Proc. a. Trans. Roy. Soc. of Ca., vol. IX, sect. II, p. 12; sur ceux de la rivière Thompson, le tome I de The Jesup North Pacific Expedition (Bibl. n° 53), pp. 163-391 et carte p. 166.

8. The Jesup. N. Pac. Exped., t. I, pp. 25-129, Mythology of the Bella Coola.

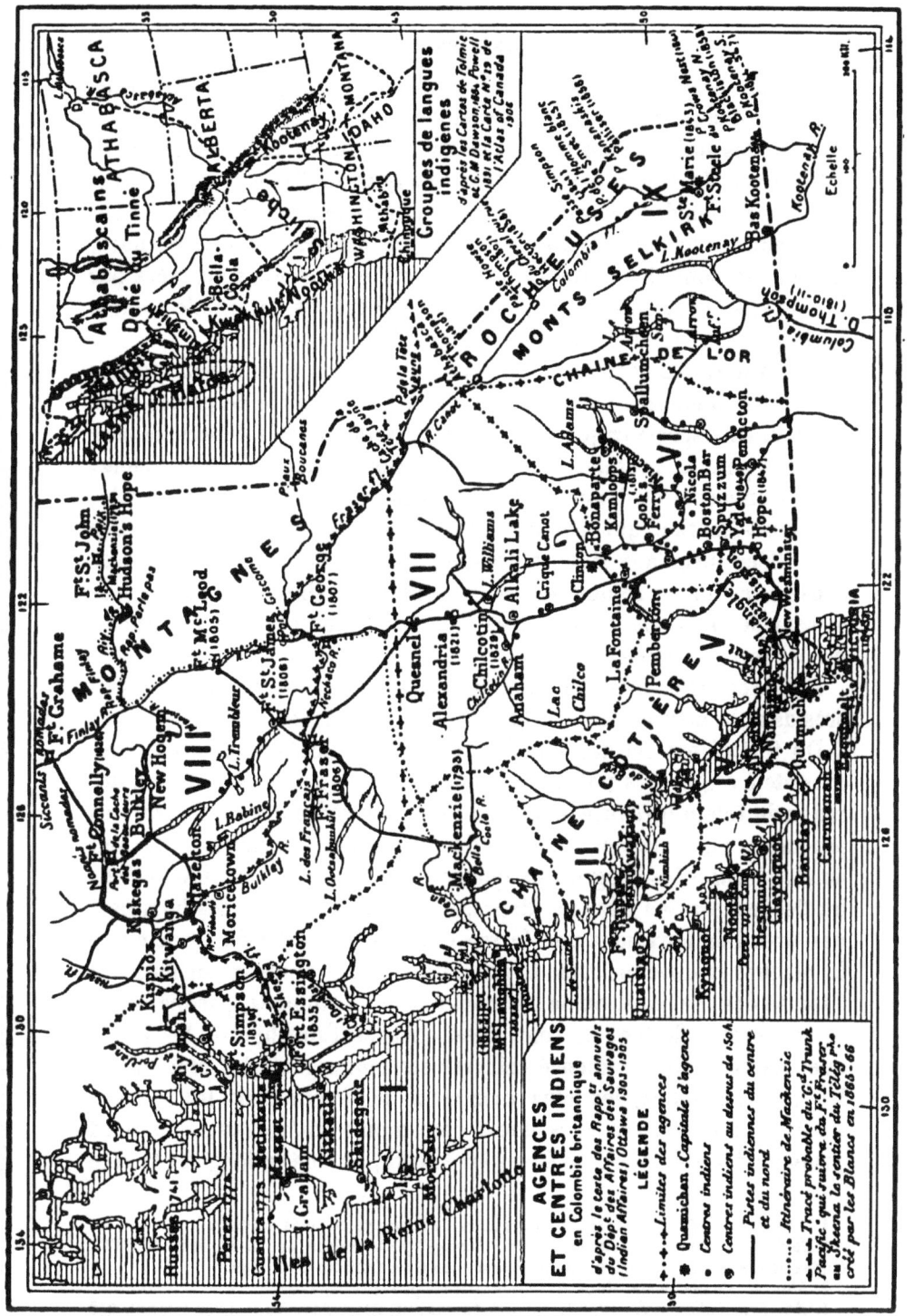

Les rés. d'une même « bande » sont souvent fragmentées ; ici on a cherché à localiser le centre principal quand il y en a un. Indiens : 1° sur les côtes, 2° dans les vallées par où entrent en contact Indiens maritimes et Indiens intérieurs. — Date de fondation p. Forts, de 1re expl. p. blanc p. Passes, parfois incertaines. — *CARTE INÉDITE.*

Tsimshian prennent pour héros le corbeau : les populations intermédiaires ont emprunté aux unes et aux autres[1].

Tous les naturels de la côte se subdivisent en familles ou clans totemiques. Le totem est une classe d'objets ou d'êtres existants que le groupe considère comme sacrés : en outre le groupe n'admet pour ses membres les mariages qu'avec des gens d'autres totems. Au nord, les totems sont des animaux et les liens de parenté sont créés par la mère; au sud, on a d'autres totems et l'hérédité paternelle compte seule pour la classification dans la famille ou le clan[2].

Des fraternités secrètes dont chacune porte un nom, a son histoire et dont les membres se reconnaissent à un ensemble de gestes et de mouvements spéciaux que les explorateurs ont appelés danses, se sont formées pour la première fois, d'après Boas, chez les Bella Coola; depuis un siècle et demi seulement, elles se sont propagées chez les Kwakiult-Nootka, qui les ont passées aux Tsimshians, d'où elles sont allées jusqu'aux Haïda[3]. Des *potlaches*, réunions d'associés avec danses, festins et réjouissances, se font à certaines époques et réunissent des gens de villages très éloignés venus par mer en canots, ou par terre à travers la forêt[4].

La sorcellerie, inventée chez les Kwakiult, s'est répandue à peu près dans la même zone que les fraternités de danse.

Du totémisme est née une forme d'art particulière à la côte qui consiste à ériger des poteaux sculptés, parfois peints, en commémoration du totem (gravure p. 138, pl. V, 2). Le cèdre des forêts côtières procurait aux artistes une matière facile à travailler; ils ont employé aussi les longues plaques de schistes que fournissent dans les îles les terrains anciens. Représentant des animaux, des hommes, des êtres fabuleux sous une forme imposée par celle du tronc ou de la plaque et devenue peu à peu rituelle, les poteaux surmontent l'entrée des maisons, ou se dressent à côté des tombes, parfois ornés de banderoles flottant au vent. C'est chez les Tsimshian et les Haïda que paraît avoir commencé cet art : ses monuments les plus hauts, les plus travaillés, les plus originaux se voient dans les villages Haïda. On en trouve sous une forme moins intéressante, au nord jusqu'au fond du fiord de Lynn en Alaska, au sud le long de la côte

1. *The Jesup N. P. Exp.*, t. II, monographies de FARRAND et notes bibliogr.
2. *Ibid.*, t. V. SWANTON, *Contrib. to the Ethnology of the Haïdas*, pp. 75-88, 92-97, 268-376; études de clans, p. 102, carton des migrations de trois familles d'un clan.
3. Alex. F. CHAMBERLAIN, dans *Handbook of Ca.*, p. 121.
4. *An. Rep. Indian Aff.*, *1904-5*, 234-236 (Kwakiult, Alert Bay, Vancouver Island), 269 (Bella-Bella et Bella Coola, Kwakiult et Séliche). — *The Jesup. N. P. Exped.*, t. V, pp. 155-181.

de Vancouver jusqu'à la pointe nord du Washington, dans l'intérieur enfin chez une partie des Séliche qui ont remonté les gorges du Fraser [1].

Avec les poteaux, les grandes maisons de bois, de forme carrée, sans étages, caractérisent les lieux habités par les populations côtières (gravure p. 138, pl. V, 1). Construites pour loger plusieurs familles, parfois tout un clan totémique, elles servent l'hiver aux potlatches et aux assemblées de tout genre. Toujours groupées, elles se présentent en villages près des eaux calmes, au fond d'une baie abritée, sur une terrasse que les hautes marées n'atteignent pas; en avant, une grève en pente douce sur laquelle on peut tirer les canots; au fond, la haute forêt en sombre muraille sur laquelle les poteaux se profilent de loin comme les restes d'une futaie morte ou brûlée.

Tous les Indiens côtiers savaient construire des embarcations légères pour naviguer et pêcher dans les rades : au lieu de façonner en canots l'écorce du bouleau comme les naturels de l'intérieur, ils creusaient les troncs magnifiques de leurs forêts. Leurs pêcheurs employaient un harpon dont le modèle paraît d'origine eskimaude. Comme armes de chasse et de guerre, les Indiens se servaient d'arcs en bois et os, au lieu de l'arc en bois pur et simple des populations plus méridionales.

Ces naturels vivaient presque uniquement de la mer; au printemps, ils prenaient au filet les poissons migrateurs, surtout le saumon, et le préparaient pour le reste de l'année. Ce fut sans doute en suivant les bancs de saumons que des tribus séliche pénétrèrent dans l'intérieur en remontant le Fraser. Elles y fondèrent des villages de pêcheurs sur le fleuve et au bord des lacs et menèrent une vie analogue à celle de leurs frères maritimes.

De l'huileux *oulachon* ou poisson-chandelle (p. 203), les Peaux-Rouges de la côte retiraient une graisse appelée « beurre des Indiens », qui se vendait et s'échangeait jusque dans l'intérieur [2].

Leur cuisine, comme celle des Polynésiens, se faisait sur des pierres chauffées.

Ils préparaient les peaux du phoque à fourrures, de la loutre de mer; ils tressaient la laine, l'écorce des arbres et les assemblaient en nattes qui leur servaient de couvertures et de vêtements; ils faisaient aussi, ils font encore de fines corbeilles avec des fibres de couleurs différentes qu'entrelace un art ingénieux et naïf.

---

1. CHAMBERLAIN, dans *Handbook of Ca.*, p. 123. — *The Jesup. N. Pac. Exp.*, t. V, surtout p. 130, planches VI-VIII (Memorial Columns).
2. *An. Rep. Indian Affairs, 1904-5*, p. 235. — *Yearbook of B. C.*, 1903, p. 223.

Pour eux la chasse avait beaucoup moins d'importance que la pêche, car l'épaisse forêt qui s'étend jusqu'aux plages les effrayait plus que l'eau tranquille des fiords.

Du lac Okanagan à l'Alaska les Indiens étaient sédentaires[1] : une existence relativement calme, des occupations qui exercent surtout la partie supérieure du corps et les bras contribuèrent à accentuer les caractères que la nature leur avait donnés.

Au contraire, les naturels de l'intérieur sont des marcheurs secs et nerveux, à jambes longues : leur taille en moyenne va de 1 m. 66 à 1 m. 69, dépassant celle des pêcheurs côtiers; mésocéphales ou sous-brachycéphales, avec des yeux droits et non plus obliques comme les précédents, un système pileux plus développé[2], ils ont le profil accusé et le nez long des Indiens de l'est, leurs proches parents.

La plus grande partie de ces indigènes appartient au groupe linguistique des Athabascains, qui s'appellent encore Déné ou Tinnè, c'est-à-dire hommes. C'est une immense famille qui paraît originaire de la région où s'étend le lac Athabasca et qui comprend de nombreuses tribus de brachycéphales parlant des idiomes apparentés depuis les Loucheux de l'Alaska intérieure jusqu'aux Apaches et Navahos du plateau mexicain. Tous sont répartis en petites bandes semi-nomades vivant de gibier, de poisson, de baies sauvages et dont chacun a son parcours de chasse et sa place de pêche : l'hiver ils passent sur la neige avec des raquettes, l'été ils remontent ou descendent fleuves et lacs sur de légers canots construits avec l'écorce des bouleaux (gravures, pp. 330 et 384, pl. XIV, 2, XVI, 2).

Partis de la région athabascaine, à la recherche de nouveaux territoires, les Déné de Colombie franchirent les Rocheuses au nord-est par la trouée de la rivière de la Paix (p. 138), découvrirent les passes et les portages et se répandirent dans toutes les vallées fluviales lacustres qui dépendent de la Paix ou du Fraser moyen : par la ligne de navigation et de portage Paix, Fraser, Skeena, ils parvinrent tout près de la côte nord vers le 54ᵉ parallèle et y prirent contact avec les Tsimshian. Par les défilés qui mènent aux fiords de Bentinck, deux degrés plus au sud, ils connurent les Bella Coola et les Kwakiult; mais leur existence resta concentrée sur le plateau qui leur offrait des conditions semblables à celles de leur lieu d'origine.

Vivant à la fois de pêche et de chasse, ils ont deux existences :

1. *Yearbook of B. C.*, 1903, p. 213.
2. DENIKER, *Races et peuples de la terre*, Paris, 1900, pp. 600 et 607.

dans la belle saison ils habitent des villages de bois construits près d'un bon passage à saumons, par exemple à l'entrée d'un lac; ils prennent ce poisson au printemps, quand il remonte les rivières pour frayer, en sèchent une partie et la ramassent dans des magasins que les Européens appellent caches, du nom inventé par les coureurs franco-canadiens.

A l'automne, la tribu fait ses paquets, se munit de tentes et va sur son parcours à la recherche du gibier; elle suit une piste repérée par ses membres et à peine tracée, car on n'y passe que deux fois par an, pour aller à la chasse et pour en revenir. Son but est d'arriver aux deux gibiers qu'elle recherche, d'une part le caribou ou l'élan, qui sur le plateau remplacent le bison de la Prairie, fournissant la viande fraîche et le pemmican, de l'autre les animaux à fourrures qui donnent les vêtements; c'est à l'hiver qu'il faut approcher de leurs gîtes parce que la marche est plus facile sur la neige durcie et la glace que sur un sol sans routes, coupé de marécages et de cours d'eau, parce que le gibier plus affamé craint moins de se montrer, enfin parce que les fourrures sont plus épaisses. Au printemps la tribu doit avoir regagné le village pour ne pas manquer le passage du saumon. Recueillis par les femmes et les enfants, les fruits des poiriers, pommiers, pruniers sauvages et les baies de la brousse fournissent le complément d'alimentation nécessaire à ces mangeurs de viande [1].

Même régime, mêmes mœurs chez les Indiens Kootenay qui habitent la dépression Kootenay-Columbia entre Rocheuses et Selkirk et s'étendent jusqu'aux rives du lac Kootenay, séparés par la Chaîne de l'Or comme par une muraille des Séliche intérieurs qui arrivent sur l'autre versant jusqu'aux lacs Shuswap et Okanagan. Isolés en Colombie, les Kootenay ne comptent sur le territoire canadien que 6 à 700 individus répandus à travers un grand espace et qui se partagent entre deux dialectes, l'un au nord, l'autre au sud; d'autres tribus de parler Kootenay vivent en Montana. Tous ces idiomes Kootenay ne s'apparentent point au langage des autres Indiens [2].

Chez les Kootenay, les croyances ne sont pas celles de la côte. Grizzly, faucon, coyote, animaux des montagnes deviennent les animaux des légendes; plus de poteaux à totem, plus de fraternités secrètes.

---

1. An. Rep. Indian Affairs, 1904-5, pp. 226-254 et 278-188. — An. Rep. Mines, B. C. for 1905, pp. 105-106.
2. Powell, p. 85 (Kitunaha).

Autrefois les Kootenay chassaient le bison dans la prairie. Refoulés par les Pieds-Noirs de langue algonquine, ils traversèrent les passes des Rocheuses où leurs pistes ont guidé plus tard les explorateurs européens, et s'établirent sur leur territoire actuel vers la fin du xviii° siècle [1].

Entre eux et les Pieds-Noirs, la guerre continua jusqu'à l'époque où les autorités canadiennes et américaines imposèrent la paix en cantonnant les nations ennemies dans des réserves séparées.

Les réserves. Mœurs nouvelles.

On a vu comment les Indiens sont entrés en contact avec les Européens. De 1792 à 1858, les blancs vinrent simplement pour commercer; sauf les querelles ordinaires au sujet des trocs, des femmes, des emplacements pour les comptoirs, ils n'eurent pas de difficultés sérieuses avec les Indiens. Ils ne se préoccupaient point de toucher à leurs coutumes; la Compagnie de la Baie de Hudson, qui se fit donner le monopole du commerce en 1821, ne laissait pas les missionnaires s'établir sans une permission dont elle était fort avare, à l'exemple des Compagnies analogues.

Mais la vie matérielle fut transformée par le commerce européen. Au lieu de tuer juste assez d'animaux pour se nourrir et se vêtir, les Indiens en massacrèrent autant qu'ils purent pour échanger leurs peaux contre des fusils, de la poudre, des couvertures, des chevaux, de l'eau-de-vie. Par suite, les phoques à fourrures et les loutres ont à peu près disparu de la côte, les castors du plateau ont reculé vers le nord. Privés de leurs anciennes ressources, les Indiens durent chercher de nouveaux moyens d'existence : ils furent poussés aussi par les besoins que les blancs faisaient naître en leur âme et qui les poussaient à travailler et à s'ingénier plus qu'autrefois.

Des transformations d'autre nature furent la conséquence de la traite. C'est ainsi qu'un commencement d'unité s'opéra sous l'administration de la Compagnie : les « voyageurs », pour la plupart métis canadiens français, qui allaient acheter les fourrures aux Indiens, inventèrent, pour s'entendre avec leurs fournisseurs, un jargon mêlé de mots indiens, franco-canadiens et anglais; on l'appela Chinouque (*Chinook* en anglais) du nom d'une tribu qui vivait dans le Washington actuel [2]. Le Chinouque est devenu la langue de commu-

---

1. *Geol. Surv. of Ca. An. Rep.*, 1885, B, p. 13 (G.-M. DAWSON).
2. POWELL, pp. 65-66, et J. C. PILLING, *Bibliography of the Chinookan Languages (inclu-*

nication entre Européens et Indiens sur le Plateau et la côte ouest du 42° au 57° parallèle. Les missionnaires s'en servent. Les Oblats de la mission de Kamloops ont même essayé d'en faire une langue écrite, instrument que les Indiens ne connaissaient pas avant l'arrivée des blancs : ils traduisent cette langue très simple au moyen de signes empruntés à la sténographie; depuis 1891, un journal et plusieurs brochures ont été imprimés à Kamloops en Chinouque sténographique [1]. Aux coureurs des bois, les Indiens de Colombie doivent encore le nom sous lequel les hommes sont partout désignés, sauvage, altéré en *Siwash*. *Clootchmen* est le terme qu'on emploie pour les femmes [2].

Avec l'administration régulière qui succéda à celle de la Compagnie, commença la colonisation : pour faire place aux blancs il fallut refouler les Indiens. L'opération n'alla pas sans conflits et des batailles sanglantes ne purent être évitées, mais, à cause de l'isolement des tribus, la Colombie n'eut pas de véritables guerres.

Aujourd'hui le soin des affaires indiennes est, par l'acte d'Union, confié au gouvernement fédéral. Dans tout le Canada on a adopté le système des États-Unis, qui consiste à cantonner les Indiens dans des « réserves ». Presque tous les naturels de Colombie, à l'exception de 3 000 à 3 500 nomades qui courent dans le Nord, au delà des régions accessibles, sont parqués dans des territoires aux limites de toute dimension.

Comme on avait affaire à une population disséminée et composée de tribus fort diverses, on n'a point cherché à concentrer les naturels, mais on a maintenu en général l'ancien village ou camp indien où il se trouvait. Tous les ci-devant forts de la Compagnie, soit qu'ils restent lieux de traite, soit que la fortune en ait fait des villes comme Victoria et Nanaimo, New Westminster lui-même, qui fut une cité dès sa naissance, conservent, à leur voisinage immédiat, une petite réserve avec le village indien qui précéda leur existence et décida leur emplacement. Aujourd'hui la Colombie possède plus de 200 réserves dispersées partout et souvent minuscules. Celle de Cowichan n'a plus que deux habitants, d'autres se réduisent à cinq, six, neuf; on n'en compte que trois au-dessus de 300 habitants, Masset, Bella

ding the Chinook Jargon), *Bulletin* O = 15 *of the Bureau of American Ethnology*, Washington, 1893, in-8°; l'une des bibliographies d'une importante série publiée dans ces Bulletins.

1. POWELL, cité par Chamberlain, *Handbook of Ca.*, p. 124. — *An. Rep. Indian Affairs*, *1904-5*, pp. 203, 220, 221.

2. *Geol. Surv. of Ca. An. Rep.*, *1878-79*, B, p. 133. — *Yearbook of B. C.*, 1903, p. 290.

Coola et Nicola, une seule au-dessus de 400, Port Simpson, qui groupe 708 Indiens.

A côté des principaux villages s'élèvent, dans le nord, les forts de la Compagnie de la Baie de Hudson (p. 139), dans le sud et les îles, le magasin général qui les a remplacés et qui appartient tantôt à la vieille Compagnie, tantôt à d'autres traitants plus récemment établis. Ce sont des groupes de maisons en bois qui comprennent, outre les logements, boutiques, hangars et étables, un gîte d'étapes dans l'intérieur, un office d'embarquement sur les lacs et sur l'Océan, parfois un bureau de poste. Des employés indiens, chasseurs, palefreniers, ouvriers vivent à l'entour : au lieu de la primitive baraque en troncs et écorce, ils ont appris à construire ou à faire construire des chalets bien charpentés à l'européenne (*framed houses*). Souvent ces demeures perfectionnées sont adoptées et imitées par les habitants mêmes du village indien situé à petite distance du fort ou du magasin.

Dans le voisinage, un autre petit centre est formé par la mission et l'église, qui dressent aujourd'hui leurs édifices de bois et parfois de briques à côté des réserves indiennes. Bien qu'ils s'installent à portée du village « païen » pour attirer ses habitants, les missionnaires, principalement les catholiques, évitent de s'établir sur son emplacement traditionnel; ils tâchent au contraire de former un nouveau groupement dont le centre est l'église : même les catholiques vont jusqu'à remplacer les noms indigènes par ceux des saints, et baptisent leurs centres Sainte-Marie, Saint-Eugène.

Ainsi, comme dans toutes les possessions anglaises, les diverses classes se groupent en quartiers séparés qui, sous le même nom, constituent des villages différents, essaims de maisons égrenées dans la brousse ou la forêt. De l'un à l'autre, on trotte à dos de cheval le long de pistes tortueuses longues parfois de plusieurs kilomètres, et le son des cloches annonce l'église bien avant qu'on découvre à travers les branches sa flèche de cèdre ou sa tour de briques.

Les blancs peuvent entrer dans les réserves, à condition de n'y introduire aucun objet défendu, particulièrement aucune boisson alcoolique, mais ils ne sauraient y obtenir des concessions de terres. Les Indiens en peuvent sortir sur autorisation, pour des occupations temporaires comme la pêche au saumon, la chasse aux fourrures qu'ils font pour des capitalistes blancs.

Dans chaque réserve, les Indiens conservent en principe leurs coutumes et restent administrés par leurs chefs; les réserves sont groupées par région sous la direction d'un bureau central où réside un agent des Indiens ; on en compte neuf en Colombie [1]. Dans chaque province de la Puissance, un surintendant est placé au-dessus des agents : un surintendant général dirige le service à Ottawa. L'application des lois relatives aux Indiens, leur interprétation, la solution des difficultés sont l'affaire des agents sous le contrôle de leurs supérieurs.

Ainsi les Indiens forment une nation dans la nation. La loi les traite en mineurs (*wards*) placés sous la tutelle du gouvernement fédéral : le droit de vote ne leur est pas accordé. Toutes les mutations de propriété foncière indienne ne peuvent être faites qu'avec l'assentiment du service fédéral.

L'introduction et la fabrication de boissons alcooliques même indigènes sont sévèrement interdites ; pour les prévenir les agents font des perquisitions et condamnent les délinquants à l'amende ou à la prison. Tout pouvoir leur appartient pour inciter les chefs à assurer l'ordre et prendre eux-mêmes, sous réserve du contrôle supérieur, les mesures qu'ils croient utiles. Leur tendance générale vise à maintenir la tempérance et aussi la morale dans le sens religieux et sexuel de ce mot. Leur habitude est d'interpréter assez largement leurs instructions. Si l'un d'eux fait mettre en prison pour un mois un Peau-Rouge qui se croyait dans le vieux temps où les *klootchmen* étaient des bêtes de somme, et qui avait battu la sienne trop fort, un autre fait la guerre anx « superstitions païennes », disperse un *potlache* et se plaint que les Indiens « semblent s'être mis en tête qu'en me mêlant d'empêcher leurs cérémonies j'allais à l'inverse des principes de l'administration [1] ».

En tous cas, cet homme était d'accord avec la méthode des missionnaires qui se sont répandus partout sous le régime de l'administration directe.

En principe le gouvernement observe la neutralité à l'égard des propagandes religieuses de toutes les confessions, mais il subventionne les œuvres d'éducation et d'assistance pour les indigènes qui appartiennent à des missions.

On comptait dans la Province, en 1904-5, 33 écoles d'externes avec 525 garçons, 459 filles et 461 présences moyennes, et 8 écoles d'internes avec 136 garçons, 220 filles et 299 présences moyennes ; 9 écoles professionnelles (*Industrial Schools*) avec 231 garçons, 191 filles, 376 présences moyennes [2]. Toutes appartiennent à des

---

1. *An. Rep. Indian Affairs, 1904-5*, p. 236.
2. *An. Rep. Indian Affairs, 1904-5*, 390-423, *Financial Statement*, pp. 41, 48, 52.

missions catholiques ou protestantes et l'enseignement religieux et les pratiques y sont obligatoires.

C'est une œuvre décourageante que les écoles d'externes, dit un rapport officiel, « car les Indiens quittent dans la saison leur résidence pour des mois, emportant leurs enfants avec eux [1] ». Au contraire, les écoles qui gardent les enfants donnent des résultats; mais elles tendent à détacher de la famille et des traditions ceux qui les fréquentent et à faire une nouvelle génération tout européanisée.

C'est de pensionnaires que sont peuplées les écoles industrielles. On les trouve au chef-lieu d'agence et sur les réserves importantes. Elles comprennent des ateliers et souvent un grand terrain partie en culture, partie en pâture. Leur but avoué est de faire des ouvriers avec les garçons, des domestiques avec les filles. Jusqu'à présent elles réussissent à former principalement des charpentiers et des travailleurs du bois.

Le gouvernement donne 1 500 francs à chaque missionnaire chargé d'une école d'externes, il attribue par tête d'élève une subvention de 300 francs aux écoles d'externes, de 650 à 700 francs aux écoles professionnelles, plus diverses allocations : le tout fait plus de 310 000 francs.

Les hôpitaux pour Indiens, également subventionnés, sont tous des établissements religieux. Enfin les 31 assistants-médecins que le gouvernement paie en Colombie pour vacciner les Indiens et leur indiquer les moyens d'améliorer leur hygiène sont en grande partie des « missionnaires médicaux [2] ».

Faut-il s'étonner si le nombre des « païens » ne s'élève plus qu'à 2 202, non compris les 3 500 nomades libres du Nord, tandis que l'on compte 11 555 catholiques, 4 326 anglicans, 3 422 méthodistes, 412 presbytériens et 125 autres chrétiens [3].

Parmi les convertis des îles Vancouver, de l'archipel de la Reine Charlotte et de la côte, beaucoup d'anciennes coutumes sont encore pratiquées, mais elles ne paraissent pas devoir résister longtemps.

En 1904-1905, les dépenses du gouvernement fédéral pour l'administration des Indiens en Colombie britannique forment un total de 823 300 francs, dont voici le détail [4].

1. *An. Rep. Indian Aff.*, *1904-5*, p. 452.
2. *Ibid.*, *Tabular Statements*, pp. 29-33, 157.
3. *Ibid. Tabular Statements*, pp. 66-82.
4. *Ibid. Tabular Statements*, p. 165.

Appointements et indemnités aux fonctionnaires. . .	107 700	francs.
Frais de tournées	28 000	—
Secours aux Indiens.	40 000	—
Semences et outils distribués.	5 000	—
Service médical et pharmacie.	100 000	—
Écoles d'externes	61 750	—
— d'internes et industrielles.	392 750	—
Frais divers comprenant les hôpitaux et le service hydraulique.	73 100	—
Frais de cadastre dans les réserves.	15 000	—
Total.	823 300	francs.

A ce total on restait de 79 705 francs au-dessous du crédit voté par les Chambres fédérales.

Dans la Province de Colombie, on considère que les Indiens sont encore en possession de ressources suffisantes et qu'on leur a laissé de quoi chasser, pêcher, trafiquer pour vivre. Aussi ne leur accorde-t-on pas les distributions d'argent, de farine, de conserves, de couvertures que les traités garantissent aux tribus chasseresses de la prairie, parquées toutes ensemble dans des espaces trop étroits. Mais les Indiens de l'intérieur colombien se plaignent des lois qui limitent la durée de la chasse et de la pêche; ils sont en conflit avec les gens chargés de les faire respecter. « Ces règlements, disent-ils, bons pour les Européens qui tuent les animaux pour se distraire, ne devraient pas s'appliquer aux Indiens qui se contentent d'en tirer leur nourriture. » En 1906 un groupe de chefs du Fraser moyen est venu porter ces doléances en Angleterre. Il est douteux qu'on les écoute, car l'avenir des Indiens n'est plus dans les moyens d'existence traditionnels (p. 166).

Les Indiens ont commencé par acheter des chevaux pour porter les tentes dans les déplacements périodiques et pour épargner aux hommes les fatigues de la marche. Ces animaux achetés de rencontre, lâchés dans la brousse, croisés au hasard, jamais pansés, ont donné les *cayouses* ou poneys indiens, disgracieux, bourrus, petits et d'aspect malingre, mais habitués au froid et à l'herbe sauvage, qu'on emploie partout comme animaux de charge. Un certain nombre d'indigènes gagnent leur vie sur les pistes de l'intérieur comme palefreniers et convoyeurs. D'autres acceptent de se faire *cowboys* ou bergers à cheval, tous considérant le service monté et en plein air comme acceptable sans déchéance.

Après les chevaux, les Peaux-Rouges se sont mis à élever des bœufs, des moutons, des chèvres, des porcs, toujours en les lâchant dans la brousse. Aujourd'hui ils commencent à savoir les sélectionner, les parquer, les abriter l'hiver. On constate qu'ils vendent leur excédent de chevaux pour acheter des animaux à lait et à viande, qu'ils apprennent à distinguer et à apprécier les races [1]. Il n'est pas de village, même dans l'archipel éloigné de la Reine-Charlotte, qui ne se mette à compléter par l'élevage les ressources décroissantes de la pêche ou de la chasse,

Bien plus, les Indiens commencent à pratiquer la culture sur le sol de leurs réserves. Le gouvernement les y encourage en leur distribuant des semences et des outils élémentaires, ainsi qu'en subventionnant les écoles « industrielles », où le labourage et le jardinage font toujours partie de l'enseignement. On évaluait, en 1904-1905, à 7 ou 800 000 francs la valeur des outils et moyens de transport possédés par les Indiens de la Province : quelques-uns avaient déjà des moissonneuses à vapeur [2].

Peu à peu le village indigène s'entoure de prairies et de vergers comme les fermes des blancs. Avec l'aide de l'administration fédérale, on y pratique l'irrigation : des digues s'élèvent pour retenir les eaux dans des réservoirs pendant la saison sèche, d'autres pour préserver les maisons et les cultures des inondations pendant les crues.

Il se trouve des indigènes pour demander que les réserves, propriétés collectives des villages, soient partagées entre leurs possesseurs par lots individuels de 8 à 10 hectares. D'autres, mais ils sont l'exception, sollicitent l'autorisation de quitter la réserve et de prendre des concessions comme les blancs sur les terres de la Couronne [3].

Jadis l'Indien ne sortait de son village que pour les expéditions de pêche ou de chasse qu'il considérait avec la guerre comme les seules occupations dignes d'un homme; puis il se mit à prendre service chez les Européens comme gardien de chevaux, guide ou canotier. Sous la pression du besoin, il entre aujourd'hui, toujours en subordonné, mais plus activement, dans la vie coloniale.

Attirés par les salaires agricoles dont le moindre est de 5 francs par jour, les naturels voisins des districts colonisés font violence à leurs préjugés pendant le temps de la récolte et consentent à devenir ouvriers ruraux pour les travaux saisonniers. Dans la plaine du bas Fraser, tout un village, dirigé par son chef, se loue chaque

1. *An. Rep. Indian Affairs, 1904-5*, p. 225 (Nicola).
2. *Id.*, pp. 203, 206, 210, et *Statistics*, p. 117.
3. *Ibid.*, p. 264.

année pour la récolte du houblon ; d'autres cueillettes sont faites par les indigènes pour le compte des blancs [1].

Ailleurs les Indiens se résignent à devenir ouvriers pour des spécialités auxquelles les préparent leurs traditions et leurs habitudes de travail. Depuis que le bateau de pêche européen a remplacé le canot indigène, les naturels des îles et de la côte servent comme salariés sous la direction d'Européens. Pour la chasse aux loutres et phoques, on recrute les harponneurs parmi les Nootka de la côte ouest de Vancouver. Ce métier se perd aujourd'hui parce que les armements diminuent à cause du massacre qui a réduit le nombre des animaux à fourrures dans les eaux canadiennes. Mais la capture et la préparation du saumon promettent de durer encore plusieurs années ; elles aussi sont dirigées par des capitalistes blancs, elles aussi emploient des indigènes ; les *siwash* servent concurremment avec les Japonais, comme bateliers et pêcheurs, les femmes et filles indiennes se placent dans les fabriques de conserves, de sorte que toute la famille trouve emploi comme chez nos sardiniers bretons. Pendant la saison, Haïda des îles de la Reine-Charlotte, Tsimshian et Athabascains de la Skeena, affluent aux fabriques de la côte nord, tandis que celles du delta attirent à la fois des naturels du Fraser et de l'île Vancouver [1].

Les chantiers de bûcherons et les scieries occupent aussi un certain nombre d'Indiens ; dans les écoles professionnelles on les forme aisément à ce métier ainsi qu'à ceux de charpentier et menuisier ; il leur semble qu'ils ne dérogent pas en travaillant le bois comme leurs ancêtres. D'autre part l'intérêt bien entendu inspire ceux de plusieurs réserves de la côte nord qui vendent les arbres de leurs forêts, discutent les prix avec compétence et commencent à établir eux-mêmes des scieries [2].

L'appât de salaires plus élevés que ceux de l'agriculture, de la pêche, de la forêt, décide nombre de Peaux-Rouges à s'engager comme débardeurs dans les ports bûcherons ou charbonniers, surtout à l'île Vancouver. Là un Indien gagne, aux moments de presse, jusqu'à 16 ou 18 francs par jour, mais, dans cette profession, le travail va par à-coups. Sur le continent on trouve à recruter des ouvriers indigènes pour les entreprises publiques, les routes, les digues, le chemin de fer [2]. Toutefois, dans une province où l'ouvrier européen préfère à toute autre besogne l'extraction du charbon ou

---

1. *An. Rep. Indian Affairs, 1904-5*, pp. 205, 212, 264. — La *Gazette du Travail*, 1905, octobre, p. 428 ; 1906, oct., p. 406 (Indiens faisant alternativement la pêche et la cueillette du houblon).
2. *Id.*, pp. 248, 197, 218.

de l'or, mieux rémunérée, les Indiens restent l'exception parmi les mineurs dont l'occupation leur paraît trop nouvelle et sans doute trop régulière.

Même résigné au travail manuel, l'Indien demeure un saisonnier comme ses ancêtres. Il va d'instinct à la besogne qui exige un gros effort, mais pour un temps court et qui permet de gagner vite ce qu'il faut pour le reste de l'année. Il se laisse vivre; l'ambition qui pousse l'Européen ou le Chinois ne lui est pas encore venue. Sauf les quelques exceptions indiquées plus haut, il ne désire pas s'élever hors du rang des travailleurs, il n'est même pas un travailleur moderne.

Aussi demeure-t-il subordonné au blanc, cantonné dans les ouvrages dont le blanc ne veut pas; il refuse parfois de les partager avec les jaunes comme on l'a vu récemment pour la cueillette du houblon sur le bas Fraser [1]. Est-ce pour ces raisons que le *siwash* et le métis ne sont pas mal vus de la population conquérante, mais regardés avec une bienveillance un peu protectrice peut-être, en tous cas sans morgue? On dit volontiers que le passé des Peaux-Rouges, leur situation de premiers maîtres du sol, leur histoire pittoresque leur valent de la part des blancs des sentiments tout autres qu'à l'égard des jaunes ou des noirs : il semble en effet que le préjugé de couleur n'existe pas contre eux, mais c'est en partie parce que ni leur nombre, ni leur activité économique ne portent ombrage aux colons venus d'Europe.

1. La *Gazette du Travail*, oct. 1905, p. 428.

CHAPITRE XI

POPULATION ET IMMIGRATION

Avec une superficie à peu près double de la France, la Colombie britannique ne comptait, au recensement de 1901, que 178 657 habitants, soit un pour 5,37 kilomètres carrés. Sur ce total, 133 075 étaient blancs, la différence étant comblée à peu près entièrement par les 25 593 Indiens et les 19 466 Chinois et Japonais.

Les chiffres des précédents recensements, depuis celui de 1871, fait par les autorités provinciales au moment de l'entrée dans la Confédération, sont les suivants :

1871.   36 247 habitants.
1881. . . . .   49 459   —
1891. . . . .   98 173   —

On verra, page 181, que l'augmentation des habitants est due pour une forte part aux immigrants.

Qui connaît la géographie et l'histoire de la province ne sera pas étonné de constater que la population se presse au sud, particulièrement sur les côtes abritées du détroit de Georgie.

L'île Vancouver présente, sur son rivage intérieur, une bande urbaine agricole et houillère de côte et de petites îles qui va de Victoria, la capitale, à Nanaimo, la seconde cité de l'île. A la pointe sud, la petite circonscription qui comprend les ports de Victoria et d'Esquimalt avec les campagnes voisines (gravure p. 290, pl. XIII) compte un habitant par 70 ares; c'est la plus peuplée de Colombie, si l'on ne compte pas les sections exclusivement urbaines; tout le reste de l'île n'a qu'un habitant par 62 hectares. La proportion tombe à un par 349 hectares sur la côte ouest, dans le district d'Esquimalt, un par 246 et un par 400, dans ceux d'Alberni et de Comox, au centre et au nord.

Résultats du recensement de 1901.

DISTRICTS ET SOUS-DISTRICTS	SUPER-FICIE EN ARES	MAISONS	FAMILLES	HOMMES	FEMMES	TOTAL	DENSITÉ AU KQ.
ILE VANCOUVER [1].							
Circonscription électorale de Victoria (pointe Sud).							
Esquimalt (partie urbaine).	489 118	291	296	702	489	1 191	24,35
Metchosin (pointe sud) .	614 061	34	34	105	55	160	2,60
Victoria	571 779	283	284	850	568	1 418	24,87
Cité de Victoria	76 707	4 061	4 138	12 618	8 301	20 919	2 727,58
Totaux	1 751 665	4 669	4 752	14 275	9 413	23 688	135,23
Circonscription électorale de Vancouver (tout le reste de l'île).							
Comox (nord-est)	139 781 376	705	708	2 494	999	3 493	0,24
Alberni (nord-ouest). . .	102 829 824	870	1 098	2 286	1 895	4 181	0,41
Nanaimo ville	25 515	1 279	1 291	3 488	2 642	6 130	2 403,92
— Nord.	4 516 276	326	327	788	651	1 439	3,19
— Sud	19 010 133	1 116	1 131	3 427	1 719	5 146	2,71
Cowichan (centre s.-e.) .	25 920 000	677	682	2 471	1 142	3 613	1,39
Esquimalt (ouest). . . .	17 625 600	116	128	308	196	504	0,29
Victoria Nord	3 628 800	323	326	1083	573	1 656	4,56
— Sud	2 280 960	226	226	623	413	1 036	4,54
Totaux	315 618 484	5 638	5 917	16 968	10 230	27 198	0,86
Totaux pour l'île entière [2].							
	317 370 149	10 307	10 669	31 243	19 643	50 886	1,60
Circonscription électorale de New Westminster.							
LA PLAINE DU BAS FRASER, MOINS LA VILLE DE VANCOUVER							
Chilliwack.	8 366 976	838	842	2 106	1 574	3 680	4,398
Delta	7 933 747	1 108	1 119	3 288	1 786	5 074	6,395
Dewdney	79 833 600	891	906	2 203	1 564	3 767	0,472
New Westminster . . .	149 850	1 206	1 234	3 960	2 539	6 499	433,845
Richmond	82 794 150	1 085	1 090	3 460	1 342	4 802	0,579
Totaux	179 078 323	5 128	5 191	15 017	8 805	23 822	1,330

1. Ce tableau et les suivants sont dus au *Yearbook of B. C., 1903*, p. 313, qui les a dressés d'après le *Recensement* fédéral de 1901 : les circonscriptions ne sont plus exactement les mêmes aujourd'hui. J'ai converti les square miles en kq., et fait les calculs de densité que le tableau ne donne pas.

2. Les dernières publications officielles de la Province donnent environ 40 000 kq. pour l'île Vancouver et ses dépendances.

Résultats du recensement de 1901 *(suite)*.

DISTRICTS ET ET SOUS-DISTRICTS	SUPER-FICIE EN ARES	MAISONS	FAMILLES	HOMMES	FEMMES	TOTAL	DENSITÉ AU KQ.

Circonscription électorale de Yale et Caribou.

LE PLATEAU INTÉRIEUR ET LES MONTAGNES AVEC LES PRINCIPALES RÉGIONS MINIÈRES.

DISTRICTS ET SOUS-DISTRICTS	SUPERFICIE	MAISONS	FAMILLES	HOMMES	FEMMES	TOTAL	DENSITÉ
Caribou	241 848 536	708	757	2 462	1 045	3 507⅞	0,015
Lilloet Est	155 105 280	150	155	553	236	789	0,051
— Ouest	264 384 000	741	746	1 870	1 326	3 196	0,121
Kootenay Est :							
1. — Nord-Est	179 366 400	451	452	1 382	556	1 938	0,108
2. — Sud-Est	208 396 800	1 264	1 406	4 653	1 855	6 508	0,312
Kootenay Ouest :							
1. — Nelson	57 438 720	1 650	1 697	4 885	2 217	7 102	1,237
2. — Revelstoke	137 282 445	766	776	2 038	965	3 003	0,219
3. — Rossland	62 622 720	3 481	3 540	10 214	4 389	14 603	2,332
4. — Slocan	108 864 000	1 212	1 216	3 962	1 359	5 321	0,489
Yale :							
1. — Est	171 072 000	1 160	1 179	3 097	1 833	4 930	0,288
2. — Nord	294 459 705	856	860	2 519	1 318	3 837	0,130
3. — Ouest	189 734 400	1 855	1 859	4 205	2 950	7 155	0,377
Totaux	4 247 211 834	14 294	14 643	41 840	20 049¾	61 889	0,146

Circonscription électorale de Burrard.

LA VILLE DE VANCOUVER, PLUS TOUTE LA CHAÎNE CÔTIÈRE ET L'INTÉRIEUR NORD.

DISTRICTS ET SOUS-DISTRICTS	SUPERFICIE	MAISONS	FAMILLES	HOMMES	FEMMES	TOTAL	DENSITÉ
Vancouver (ville)	206 185	5 593	5 813	15 978	11 032	27 010	1 309,98
Cassiar-Skeena (toute la côte jusqu'au Canal de Portland)		931	1 443	7 777	4 461	12 238	
Cassiar-Stikine (tout l'intérieur nord)	4 851 481 676	161	161	479	291	770	0,03
Bennett et Atlin (l'extrême N.-W.)		524	525	1 826	216	2 042	
Totaux	4 851 687 861	7 209	7 942	26 060	16 000	42 060	

Totaux pour la Colombie britannique.

	SUPERFICIE	MAISONS	FAMILLES	HOMMES	FEMMES	TOTAL	DENSITÉ
	9 595 348 167	36 938	38 445	114 160	64 497	178 657	0,18

A l'autre bord du détroit, le rectangle de plaine littorale qui s'intercale entre le parallèle du port de Vancouver et la frontière américaine, est la partie du continent où la population se répartit le plus également. Bien que, à première vue, ils semblent espacés à un voyageur du Vieux-Monde, les villages et les fermes y dessinent un réseau assez serré pour le Nouveau. La circonscription du Delta, sur 793 k. q., compte 1 habitant par 15,6 hectares; celle de Chilliwak, qui la continue dans l'intérieur avec 100 k. q., a 1 habitant par 22,7 hectares. Encore ne compte-t-on avec les deux précédentes ni la circonscription municipale de New Westminster, 14,9 k. q., avec 1 habitant par 20 ares, ni celle de la cité de Vancouver comprise dans Burrard. Mais déjà les circonscriptions plus reculées de Richmond et de Dewdney n'ont plus respectivement qu'un habitant par 1 k. q. 724 et par 2 k. q. 119.

Tout l'ensemble de la division New Westminster, en y comptant les parties montagneuses et forestières des circonscriptions Dewdney et Richmond, a, sur 17 874 k.q., 1 habitant par 75 hectares. A son extrémité nord-ouest et en dehors d'elle, la ville maritime de Vancouver, où s'agglomèrent aujourd'hui près de 50 000 personnes, étale ses faubourgs au terme des régions habitées.

Ainsi les deux bandes peu élevées qui bordent la mer intérieure de Géorgie possèdent les principales villes, et comptent dans leurs campagnes environ 4 habitants au kilomètre carré, terminant au Canada le ruban de population qui se déroule en Amérique sur les bords plats, fertiles et abrités du Puget Sound.

Un autre groupe d'habitants se présente au sud du plateau colombien, près des mines et usines de fusion du district frontière et du Kootenay; moins facile à renfermer dans des limites exactes, à cause de la disposition des gisements métalliques, il se dissémine en centres reliés par la ligne ferrée tortueuse du Crows Nest, et nombreux principalement sur la basse Columbia, près de laquelle se trouvent les deux grosses villes : Nelson à la sortie occidentale du lac Kootenay, Rossland à quelques kilomètres du fleuve.

Dans la circonscription de Nelson on comptait, en 1901, un habitant par 81 hectares, dans celle de Rossland 1 par 43 hectares, tandis que la moyenne de la grande division Yale et Caribou, où sont compris ces deux chefs-lieux de mines, est de 1 habitant par 6,85 kilomètres carrés et que la partie septentrionale, Caribou, n'a plus que 1 habitant par 69 k. q.

Dans Burrard, la partie côtière comptait 7 044 Indiens et 201 métis, constituant à eux seuls plus de la moitié de la population; on y trouvait en outre 1 566 Chinois et Japonais et un millier d'étrangers; le nombre de sujets britanniques s'élevait à 2 352 seulement. La région intérieure de Burrard, qui se trouve coupée de l'Océan par l'Alaska, n'est qu'un immense désert où 505 Indiens formaient à peu près les deux tiers de la population. Au nord-ouest, enfin, dans le district

DENSITE DE LA POPULATION
ET VOIES DE COMMUNICATION
Dans le Sud de la Colombie Brit.que et les parties voisines
des Etats-Unis

moins de 0 h.o5 au

de 0 h.o5 à 7,5 — id

de 1,5 à 3,5 — id

de 3,5 à 7,5 — id

au dessus de 7,5 — id

Voies américaines

id. — id — en constr.on

Voies canadiennes

id. — id — en constr.on

Lignes de navig.on régul.

raccord peut se fair
n'a pu être fig. —
zones min. et houi
. les l. de nav. fl. ant.

W

A

des lacs Bennett et Atlin il n'y a avait même pas d'Indiens avant la découverte de l'or au Klondike, qui a fait de la région un lieu de passage et bientôt un centre de mines.

Seules, les six villes citées plus haut, soit trois ports de commerce et de pêche, un port minier, deux chefs-lieux miniers des montagnes, dépassaient 5000 habitants en 1901 ; en outre, dix autres cités, presque toutes minières, s'échelonnaient de 1000 à 2000.

Bien que la Colombie n'ait pas encore de grande métropole elle est pourtant une région de population urbaine ; c'est le cas de tous les pays neufs, et ce caractère général se trouve encore exagéré dans ceux qui, comme la Colombie, vivent en premier lieu des mines, en second du transport, industries qui groupent ordinairement leurs travailleurs sur quelques points. La concentration augmente avec la prospérité.

En 1891, l'effectif rural s'élevait à 60 945 habitants, l'effectif urbain à 37 228. En 1901, la proportion se renversait : 87 825 ruraux pour 89 447 urbains.

Ainsi donc, cette population qui est si faible par rapport à l'étendue de la Colombie, il faut se la représenter accaparée par les mines et les centres de transport, égrenée en groupes que séparent des étendues presque désertes, sauf dans la petite région d'existence normale qui avoisine le détroit de Géorgie. Là même, nous aurons beau prendre la section où la ville principale s'agrandit le moins vite, savoir l'île Vancouver, nous y trouverons, sur 50 886 colons, 28 827 citadins, dont 20 816 dans la circonscription électorale de Victoria qui renferme la capitale, et 8011 dans la circonscription électorale de Vancouver, qui renferme la ville houillère de Nanaimo avec 6130 âmes.

Qu'on n'aille point d'ailleurs s'imaginer dans ces villes une congestion pareille à celle du Vieux-Monde. En effet, d'après le recensement de 1901, on trouvait 1 habitant par 20 ares dans la municipalité de New Westminster, par 7 dans celle de Vancouver, par 4 dans celle de Nanaimo, par 3 dans celle de Victoria. Si l'on admet comme chiffre de population actuelle pour Vancouver 50 000 habitants, la proportion y deviendrait 1 par 4 ares. Même dans cette cité, la plus grande et la plus active, les « blocs » de hauts édifices se montrent encore rares, ne prennent que le centre et ne servent guère qu'aux affaires. Autant que possible, le chef de famille tâche d'avoir une petite maison à soi indépendante, aussi loin du centre que le permettent les obligations de la vie ; habitude anglaise renforcée par la pratique dans une colonie où le procédé le moins coûteux pour se loger est d'acheter à la scierie les pièces d'un chalet et de le faire monter. Aussi les tableaux précédents montrent-ils que le nombre des maisons approche de celui des familles, surtout dans les régions les plus neuves.

Comme dans tous les pays à métaux précieux, la proportion d'immigrants étrangers augmente avec la prospérité des mines. De 440 en 1851, le total des immigrants s'élève, par une constante progression, à 27 273 pour la période 1896-1901. Le principal afflux (11 877 personnes pour 1896-1901) se jette sur le district Yale et Caribou, bande intérieure qui va des gisements et réductions frontières aux placers du coude fraserien.

Les immigrants sont en premier lieu des sujets britanniques. A côté de 52 863 habitants d'origine anglaise, la Colombie compte 31 068 Écossais et 20 658 Irlandais.

Viennent ensuite les Américains et américanisés accourus surtout des placers et fonderies des États nord-ouest de l'Union. On en comptait, au recensement de 1901, 17 164, dont 7076 naturalisés, soit 1/8 des Américains naturalisés de la Puissance, 1/4 des non naturalisés. A elles seules, les mines de Yale et Caribou réunissaient 9156 Américains, dont 6708 non naturalisés.

En troisième lieu arrivaient les Chinois, qui, en 1871, étaient 1243 et en 1901 14 869, sur 17 299 pour tout le Canada. Les Japonais, comptés à part depuis 1901 seulement, étaient 4 597, sur 4674 pour tout le Canada [1]. Au total, 19 466 Chinois et Japonais.

Entrés par les ports de Colombie, la plupart des immigrants jaunes restent dans la Province. Les Chinois s'y placent comme tailleurs, blanchisseurs, terrassiers, jardiniers, ouvriers de tout genre [2], acceptant les métiers dont l'Indien même ne veut pas; mais ils cherchent des sources de gains plus larges, ils deviennent boutiquiers, tenanciers de jeux, de maisons de plaisirs; peu de groupes chinois sans la *Joss House*, bien en vue, peinte et dorée, où les jaunes et parfois les blancs viennent risquer leur argent. Chercheurs d'or comme les Européens, les Chinois pénètrent jusqu'aux placers les plus éloignés, et les plus entreprenants y tentent de petites entreprises de lavage avec des machines. On les trouve jusque dans le Kootenay au fond des Rocheuses, jusqu'aux placers du Caribou, jusque sur la route de Klondike; leur première apparition suivit immédiatement la découverte de l'or.

Nouveaux venus, les Japonais habitent presque uniquement les

1. *Recens. du Ca.*, *1901*, t. I, pp. 448-449.
2. *La Gazette du Travail*, 1905, mars, pp. 1249, 1251.

ports, surtout Victoria et la cité neuve de Vancouver, qui possède
tout un quartier japonais de petites maisons en bois, alignées sur
une route bordée de trottoirs en planches. Beaucoup d'entre eux
viennent renforcer les Indiens pour la pêche au saumon qui les attire
avec des salaires refusés par l'ouvrier blanc (p. 191). D'autres commencent à se placer comme manœuvres agricoles et jardiniers
autour de Victoria (p. 203). Dans l'île Vancouver, les propriétaires de
mines les emploient parce qu'ils les payent moins (gravure p. 184,
pl. VII, 1). Enfin ils pénètrent dans le continent. A l'automne 1904, j'ai
vu le drapeau nippon pavoiser, en l'honneur des victoires du maréchal
Oyama, la modeste cabane d'un petit groupe japonais employé par
la Compagnie Canadienne Pacifique dans les solitudes des Rocheuses.
Dans l'ensemble, les préférences des Japonais semblent aller aux
petits métiers urbains, tels que photographe, tailleur, papetier. Ils
marquent moins d'ardeur au travail et d'âpreté au gain que les Chinois, mais aussi plus d'indépendance.

Les Allemands, au nombre de 5 807, ouvriers et commerçants,
étaient nombreux surtout dans le district minier frontière de Rossland. La plupart paraissent venir des États-Unis.

Tel est aussi le cas des Scandinaves, dont on comptait 4 880 en
1891 ; entre, les Scandinaves forment des groupes dans les deux
grandes villes et dans le Delta, région agricole ; enfin deux colonies
agricoles et forestières dano-norvégiennes ont été installées l'une au
nord de l'île Vancouver, l'autre à Bella Coola (pp. 307 et 323). On doit
leur attribuer les 153 Scandinaves du district d'Alberni, les 352 de
celui de Skeena.

4600 Franco-Canadiens et Français se répartissaient entre les deux
villes et les districts miniers, tandis que 410 Belges se trouvaient
autour de Victoria et 249 Suisses dans les villes. Le groupe le plus
nombreux, celui des Franco-Canadiens, comprend des bûcherons, des
ouvriers boiseurs pour mines — spécialité des Franco-Canadiens en Colombie — enfin des prospecteurs. Quelques importantes découvertes
minières leur sont dues, mais il n'ont jamais montré le savoir-faire
des Américains et des Anglais pour mettre leur « proposition » en
actions et devenir capitalistes ; ils vendent leurs découvertes à des
gens d'affaires[1]. Les Français, Belges et Suisses français exercent
surtout des professions urbaines comme celle de cuisinier, courtier
en articles de modes, couturière, pour lesquelles ils montrent une
aptitude particulière.

---

1. *Annales des Mines*, 1900, t. XVII, p. 268. (JORDAN, *Notes sur la Colombie britannique*.
— Voir ici p. 356 (Sandon), p. 360 (Le Roi), p. 386 (Dease).

Viennent encore, parmi les groupes à mentionner, 1 096 Italiens, pour la plupart employés dans les mines ou sur la voie ferrée comme terrassiers. La Compagnie Canadienne Pacifique fait appel aux Italiens et aux Chinois, parce qu'ils sont moins chers; on croise sur ses lignes des trains spéciaux qui en portent des cargaisons sur les points où le travail les appelle.

Enfin un dernier groupe dépasse le millier : ce sont 1 143 Russes et Polonais, auxquels il convient d'ajouter la plupart des 543 Juifs comptés au recensement de 1901. On les trouve surtout dans deux centres miniers, Nanaimo et Burrard.

Parmi ces étrangers, étaient naturalisés plus de la moitié des Français, des Allemands, des Scandinaves, près de la moitié des Belges, des Russes et Polonais, des Américains.

Les moins assimilés sont les Italiens et les Chinois et Japonais, immigrants temporaires qui cherchent à ramasser un petit capital pour l'emporter chez eux. Les colons leur reprochent d'enrichir leur pays avec l'argent gagné en Colombie. De plus, comme dans tous les pays de salaires élevés, les ouvriers demandent l'exclusion des étrangers, qui travaillent au-dessous du tarif syndical. Les Chinois soulèvent le mécontentement le plus vif parce que, si leur économie contraste avec la largeur de l'Américain et de l'Anglais, leur ambition est exactement la même et en fait des concurrents particulièrement redoutables. Aussi les Colombiens réclament-ils une interdiction complète de l'immigration chinoise suivant la formule des syndicats ouvriers.

Ils demandent en outre que la restriction s'étende aux Japonais; mais ici on se heurte au gouvernement impérial de Tokio, fort capable de répondre par des représailles. L'alliance anglo-japonaise a permis, paraît-il, des négociations qui auraient abouti à un arrangement officieux. D'après les propres paroles du consul japonais à Vancouver, le gouvernement de Tokio se serait engagé à donner à ses nationaux le conseil de ne point venir en Colombie. Il ne semble pas que son intervention ait fait diminuer l'immigration récente, mais croissante des Japonais. Au cours de la dernière guerre, le contraste était frappant entre la joie manifestée pour les victoires japonaises et l'opposition que les candidats aux élections menaient contre l'entrée des Japonais.

La lutte des syndicats d'ouvriers blancs contre les asiatiques s'est faite dans toutes les régions du Pacifique sous les mêmes formes, et a abouti aux mêmes résultats. C'est la Californie qui, la première, donna raison aux blancs en frappant les Chinois d'un droit d'entrée ou *Poll Tax* (1879-82). Comme justification à la mesure, on allégua que les Chinois, en raison de leurs mœurs et de la difficulté qu'éprouve la police à les surveiller, occasionnent à l'administration les frais qu'il convient de recouvrer.

Australie, Nouvelle-Zélande, Canada, n'ont pas tardé à suivre l'exemple de la Californie. Sur cette matière, l'Acte fédéral de 1867 accepté par la Colombie en 1871, lors de son entrée dans l'Union, porte les dispositions suivantes :

« Dans chaque province, la Législature peut faire des lois relatives à l'agriculture dans les limites de la province, et à l'immigration dans les limites de la province; en outre, il est déclaré par le présent acte que le Parlement du Canada peut de temps à autre faire des lois relatives à l'agriculture pour toutes les provinces ou l'une d'elles, et à l'immigration pour toutes les provinces ou l'une d'elles, et que toute loi d'une Législature provinciale relative à l'agriculture ou l'immigration aura son effet dans la province tant qu'elle ne sera pas en contradiction avec un acte du Parlement du Canada [1]. »

Usant des droits que lui confère la première partie de cet article, le Parlement colombien imposa aux Chinois débarquant dans la Province un droit d'entrée de 50 francs en 1883. L'année suivante, il interdit l'immigration chinoise; mais le Parlement fédéral refusa d'admettre la prohibition, il consacra simplement la perception de la taxe par le premier *Chinese Immigration Act* (1885) [2]. Le droit initial ne suffisant pas, il fut porté à 500 francs par tête en 1891, puis à 2 500 francs par tête en 1903 [3]. De l'origine à 1903, la taxe sur les Chinois a produit environ 9 millions de francs. Un quart de ces recettes revenait à la Province; en 1902 elle en a demandé et obtenu la moitié; aujourd'hui elle en réclame les 3/4, sous prétexte qu' « elle supporte la totalité des inconvénients causés par l'immigration en question ». Cette prétention ne laisse pas d'être contradictoire avec le désir qu'exprime la Province de voir interdire l'immigration.

Malgré l'élévation du droit d'entrée, le nombre de Chinois entre les deux recensements de 1891 et 1901 a augmenté de 67 p. 100 en Colombie, de 90 p. 100 dans la Puissance, ce qui indique qu'ils essaiment au delà des Rocheuses. Mais c'est toujours en Colombie que leur effectif s'élève le plus. Abstraction faite des Indiens, les jaunes représentaient en 1871 1/12 de la population de Colombie, en 1881 1/11, en 1891 1/10, en 1901 1/8 [4]. Aussi ne faut-il pas

1. *British North America Act, 1867*, Section 95.
2. BANCROFT, t. XXXII, p. 711.
3. *The Statistical Yearbook of Ca. for 1903* (fédéral) p. 693.
4. *Report of the Delegates to Ottawa*, Victoria, Printer to the King's M. E. M., 1903, pp. 5, 58, 59.

Pl. VII

1 - EQUIPE D'OUVRIERS JAPONAIS (p. 182).
Mine Lenora, mont Sicker (p. 296). Île Vancouver.

2 - PLATES DEBARQUANT LE SAUMON.
Bas Fraser. Chinois et Blancs. Toutes les constructions en bois.

éto
men
L
grat
sous
sigr
une
dis
cet
au
ra
ch
as
C

s'étonner si, depuis le dernier recensement, les Colombiens réclament le renforcement des mesures prohibitives.

Le Parlement de la Province a interdit le 8 avril 1905 « l'immigration en Colombie britannique de toute personne incapable d'écrire sous la dictée avec les caractères d'une langue européenne et de signer en présence d'un fonctionnaire un passage de 50 mots dans une langue européenne choisie par le fonctionnaire[1] ». Suivant les dispositions de l'Acte fédéral de 1867, la Province dut soumettre cette mesure à l'approbation du gouvernement fédéral. Comme la loi australienne dont elle est imitée, la disposition colombienne pourrait servir à exclure les immigrants même européens, puisque le choix de la langue d'épreuve appartient au fonctionnaire. C'en est assez pour faire réfléchir le gouvernement fédéral, bien que la Colombie ne cherche pas encore à se fermer comme l'Australie.

Outre les Japonais, les Chinois, et, dans une certaine mesure, les Italiens, sont considérés comme « immigrants non-désirables » les Indous, qui depuis 1906 viennent chercher du travail dans les ports colombiens. Ils arrivent par centaines, chacun apportant un petit pécule qui va de 1 000 à 2 500 francs. Déjà Victoria en compte plus de 2 000, Vancouver presque autant[2]. Bien qu'ils soient sujets anglais, le Conseil des métiers et du travail qui réunit tous les syndicats ouvriers réclame des mesures pour les exclure. Tous les numéros de la *Gazette du Tavail* apportent l'écho de deux plaintes contradictoires, celles des groupements patronaux déplorant la pénurie de main-d'œuvre et la hausse continue des salaires, celles des syndicats ouvriers protestant contre les Chinois et réclamant une poll tax de 5 000 francs contre les Indous, et même contre toute immigration. En mars 1905, le Conseil des métiers et du travail de Victoria a fait répandre une circulaire décourageant les immigrants de venir en Colombie et leur assurant qu'ils n'y trouveront pas d'emploi[3]. Même tendance, pour les mêmes raisons, défense des hauts salaires, dans le reste du Canada, ce qui ne laisse pas de mettre les ouvriers en conflit avec la politique du parti libéral, favorable à l'immigration ; même tendance aux États-Unis[4].

Le gouvernement fédéral, il est vrai, cherche à n'attirer que des colons agricoles. Le gouvernement colombien agit de même et il réduit son appel à ceux qui peuvent acheter le sol. Inutile de venir,

1. *An Act to regulate Immigration into British Columbia*, Victoria, id., 1905, art. 3.
2. *La Gazette du Travail*, 1906, sept., pp. 297-8 ; oct., pp. 405, 409, 431 ; nov., pp. 502, 505.
3. *La Gazette du Travail*, 1905, mai, p. 1 254, 1906, nov., pp. 505-507 ; 1907, mars, p. 107. — Pour les salaires en Colombie, voir la Table alph.
4. *Rapports des délégués ouvriers français en Amérique* (Bibl., n° 87), pp. 48, 56, 58.

dit une publication officielle, sans un capital de 7 500 à 12 000 francs [1]. Au reste le gouvernement colombien ne prend pas un système de mesures aussi favorables à l'immigration que le gouvernement fédéral dans l'Ouest. C'est ce que l'on verra dans la partie consacrée à l'agriculture.

1. *Handbook of B. C.*, 1907, p. 65.

QUATRIÈME PARTIE

PÊCHE, BOIS, AGRICULTURE

CHAPITRE XII

PÊCHE ET CHASSE

Le saumon et l'industrie des conserves.

La valeur totale des produits de la pêche au Canada s'élève de 98 842 245 francs en 1900, dont 22 731 885 pour la Colombie, à 117 582 195 en 1904, dont 26 095 330 pour la Colombie[1]. Sous ce rapport, cette Province vient au second rang dans la Fédération, serrant de près la Nouvelle Écosse, où l'industrie du poisson a pris tout le développement possible, tandis qu'elle est loin d'atteindre sa limite en Colombie.

Dans l'année 1904, la pêche et surtout l'industrie des conserves occupaient en Colombie 15 236 personnes, dont 9 456 dans le district sud (Fraser et détroit de Géorgie), 5 740 dans le district nord : pour le nombre, la Colombie le cédait à la Nouvelle-Écosse qui employait 66 013 personnes, au Nouveau-Brunswick qui en occupait 18 342.

Pour le capital engagé dans la pêche et les fabriques de conserves elle venait immédiatement après la Nouvelle-Écosse, avec 15 millions de francs contre 20 en chiffres ronds[2].

Sur 30 millions de francs que la pêche rapporte en moyenne à la Colombie, plus des 3/5 sont fournis par le saumon. Si l'on excepte le poisson frais, on voit que tout le saumon canadien, ou à peu près tout, vient actuellement de Colombie.

1. *The Canada Yearbook, 1905*, Ottawa, pp. 101, 303.
2. *Rap. An. Marine et Pêcheries* (Bibliogr. n° 63), *1905*, pp. 97, 127, 224.

Valeur du saumon pris [1].

	En 1900.		En 1904.	
	CANADA	COLOMBIE	CANADA	COLOMBIE
	francs.	francs.	francs.	francs.
Frais	2 568 035	518 405	3 819 625	1 274 000
En conserves	15 259 085	15 253 400	11 185 125	11 181 455
Assaisonné (pickled).	215 210	185 625	334 550	312 500
Salé	567 775	565 100	3 779 955	3 779 955
Fumé	130 695	120 400	227 365	216 000

Le saumon du Pacifique appartient au genre *Oncorrynchus* et non au genre *Salmo*, mais sous le rapport culinaire sa chair ressemble à celle du saumon véritable : « Si notre poisson du Pacifique, déclare le commissaire des pêcheries colombiennes, n'est pas un saumon dans l'acception scientifique du mot, il n'en est pas moins aujourd'hui le saumon universel, à cause de sa qualité en conserve, qui le fait rechercher sur les marchés du monde entier [2]. »

On pêche dans les eaux colombiennes cinq variétés d'Oncorrynchus qui sont par ordre de valeur marchande :

O. nerka, ou *Sockeye* (œil de chaussette), ou *Blueback* (dos bleu).

O. tschawytscha, ou *Spring Salmon* (saumon du printemps), ou *Quinnat.*

O. kisutch, ou *Silver Salmon* (Saumon d'argent), ou *Coho.*

O. keta ou *Dog Salmon* (Saumon chien), ou *Bécard.*

O. gorbusha ou *Humpback* (Saumon à bosse).

Tous ont les flancs et le ventre argentés, et portent des lignes latérales plus ou moins marquées. Ils se distinguent par les taches qui les parsèment, le détail des nageoires et de la queue, et leur taille qui, avec la qualité de la chair, explique leur rang commercial.

Le *Sockeye* pèse 3 ou 4 livres ; il a le dos bleu clair, pas de taches sous la ligne latérale : au moment du frai, la tête et la queue prennent des teintes vertes, le reste se carmine. Ferme et rose, la chair s'offre avec un aspect engageant quand elle est conservée en boîtes : aussi les fabriques demandent-elles tout ce qu'on peut pêcher de ces poissons.

Le Saumon de printemps est celui qu'on nomme en Californie Saumon du Sacramento. Son dos, vert ou bleu sombre, devient

---

1. Cité dans *Yearbook of B. C.*, 1903, p. 214.
2. *The Canada Yearbook, 1905*, Ottawa, pp. 301, 303.

noir au moment du frai; de là le surnom de saumon noir qu'on donne parfois à ce poisson. Plus gros que tous les autres, il pèse de 18 à 20 livres et peut aller jusqu'à 100. Tant qu'on consommait le poisson frais ou séché on le recherchait de préférence à cause de sa taille; mais les fabricants de conserves, trouvant sa chair difficile à traiter, n'en ont plus voulu et lui ont préféré le sockeye.

Le Coho pèse de 3 à 4 livres : son dos est verdâtre, ses flancs et son ventre plus argentés encore que ceux des autres saumons; quelques taches noires bordent la ligne latérale.

Le Saumon chien ou Bécard est de taille moyenne, et pèse de 10 à 12 livres à l'état adulte : son surnom lui vient de ce que les mâles ont une grosse tête mafflue avec de grandes dents par devant; revêtu d'écailles d'argent sombre dont l'éclat s'obscurcit au moment du frai, il présente des lignes latérales noires avec traces de gris et de rouge sur les flancs. Méprisé jadis par les fabricants, il était abandonné aux Japonais qui le prenaient et le salaient pour l'Extrême-Orient; les Européens n'ont commencé à le demander et à le préparer qu'en 1898, à cause de la diminution des bonnes espèces.

Le Humpback ou Saumon à bosse est le plus petit; il ne pèse que 3 à 6 livres : son surnom vient de ce que le dos des mâles se bombe pendant le frai. Bleuâtre par-dessus, argenté par-dessous, il offre des taches noires oblongues. Avant la diminution des autres, il était dédaigné à cause de sa petite taille et de sa chair médiocre.

Le gros de la pêche et de l'exportation est toujours fourni par les sockeyes. Ces poissons, qui cherchent l'embouchure des fleuves pour remonter le courant et aller frayer en eau douce, se montrent au printemps en bancs épais (schools). Arrivant ou paraissant arriver d'une région mal déterminée au nord-ouest, ils se font voir d'abord en mars sur la côte septentrionale où une partie des bancs remontent le Nass, le Skeena et les autres fleuves. Puis les saumons se montrent dans les parages de l'île Vancouver où on les prend à la pointe nord dans la région d'Alert Bay et sur la côte du large; on ne voit pas leurs bancs s'engager dans les détroits entre l'île et la côte ferme; ils semblent passer le long de la côte occidentale, si du moins ce sont bien les mêmes qu'on relève un peu plus tard au sud-ouest de l'île, à la hauteur de la rivière San Juan ou d'Otter Point.

A partir de ces points la marche (run) des saumons sockeyes n'est plus jamais perdue de vue. Les premiers paraissent en avril, un mois après l'apparition du poisson dans le nord, mais le grand passage se fait de fin juillet au 10 août : à marée basse les saumons plongent, à marée haute ils s'élèvent à la surface, et c'est alors un défilé continu de poissons semblable à une coulée d'argent : le flot de sockeyes pénètre dans le détroit de Fuca en longeant la côte nord, puis s'engage dans le détroit de Rosario entre les îles et la côte américaines, parce qu'il y trouve en raison des courants une plus forte proportion d'eau douce déversée par le Fraser : on a vu les bancs prendre le détroit de Haro entre les îles américaines et Vancouver, ou se partager entre les deux chenaux, mais ce furent là des exceptions qui s'expliquent par l'intervention des vents et de la marée : la route ordinaire passe dans les eaux américaines.

Cherchant à pénétrer dans le Fraser, les saumons semblent un moment déroutés par les troubles dus aux alluvions du fleuve : on dirait qu'ils cherchent à tourner la tache jaune; ils remontent jusqu'à la Pointe Atkinson au nord de l'Entrée de Burrard, puis se décident à tourner brusquement au sud et à s'engager dans le bras septentrional du Delta (carton de la carte hors texte).

Jamais le passage ne manque, mais la quantité de poissons varie d'une époque à l'autre. A en croire les pêcheurs, on aurait dans le détroit de Géorgie et sur le Fraser une bonne prise tous les quatre ans, mais les champs de pêche septentrionaux ne connaissent pas ce cycle [1]. En tout cas, la règle des quatre ans paraît se vérifier depuis 1889, si l'on en juge par les chiffres officiels [1] qui donnent le nombre de caisses de bois renfermant 48 livres de boîtes de conserves, en métal.

Nombre de caisses par années
depuis le commencement de l'industrie des conserves.

(LES CHIFFRES GRAS INDIQUENT LA DATE DES BONNES ANNÉES.)

1876	. . . .	9 847	1892	228 470
1877	. . . .	67 387	**1893** . . . ,	590 229
1878	. . . .	113 601	1894	494 371
1879	. . . .	61 093	1895	566 395
1881	. . . .	117 276	1896	601 570
1882	. . . .	225 061	**1897**	1 015 471
1883	. . . .	196 292	1898	484 161
1884	. . . .	141 242	1899	732 437
1885	. . . .	108 517	1900	585 413
1886	. . . .	161 264	**1901**	1 236 156
1887	. . . .	204 083	1902	625 982
1888	. . . .	181 040	1903	473 674
1889	. . . .	414 294	1904	465 894
1890	. . . .	409 464	(approximation) **1905**	800 000
1891	. . . .	314 893		

1. *Yearbook of B. C.*, 1903, p. 215. — *Rap. An. Marine et Pêcheries*, 1905, Ottawa, p. 204.
2. *Yearbook of B. C.*, 1903, p. 233, complété pour les trois dernières années par le *Rep. Fisheries Commissioner B. C. for 1905* (Bibliogr., n° 64).

Une fois dans le Fraser, les sockeyes remontent le fleuve et ses affluents jusqu'aux eaux tranquilles des lacs où ils aiment à frayer. Sur le bas fleuve, le lac Harrison avec la rivière Lilloet qui s'y jette est la « frayère favorite du sockeye[1] ». Mais 75 p. 100 des œufs sont déposés en amont des canyons dans les lacs Seton, Anderson, Shuswap et Quesnel[2].

Le Saumon de printemps préfère au contraire les cours d'eau rapides : il remonte le Fraser au printemps et jusqu'en juillet, mais ses passages sont intermittents.

Le Coho se montre en bancs compacts comme ceux du sockeye dans les rivières nord-ouest en août et en septembre, dans le Fraser en septembre et octobre : il fraye en tous lieux sans marquer de préférence pour tel ou tel endroit.

Le Bécard apparaît à la fin de l'automne et ne remonte pas très haut pour frayer.

Le Saumon à bosse se présente en abondance, une année sur deux, derrière les bancs des sockeyes.

Après le frai qui prend fin en octobre et novembre, les Oncorrynchus des deux sexes meurent, tandis que dans le versant atlantique leurs congénères retournent à la mer. Quant aux alevins de sockeyes, une partie descend le courant immédiatement après sa naissance, tandis que le plus grand nombre ne va vers la mer qu'au bout d'un an[3]. Ces *yearlings* sont poursuivis par les truites, les oiseaux d'eau, guettés au passage par les Indiens qui en détruisent des quantités.

La pêche commerciale se fait au filet surtout dans les estuaires et sur la côte par de forts bateaux presque tous voiliers dont l'équipage et les pêcheurs sont en grande partie gens de couleur, travaillant pour des entrepreneurs blancs. Autrefois on recrutait des pêcheurs indiens; avec l'accroissement de la demande ils n'ont pas suffi et les Japonais sont venus en supplément et arrivent chaque année plus nombreux[4]. Payés au poisson 0 fr. 50 à 0 fr. 60 par *sockeye* et, en fin de saison, jusqu'à 1 franc et même 1 fr. 25[5], les pêcheurs se font une moyenne d'au moins cinq francs par jour.

En 1902, année moyenne, la semaine la plus forte, du 9 au 18 août, a occupé 2 601 bateaux, dont 923 montés par des Japonais, 912 par des blancs, 597 par des Indiens, 169 mixtes et a fourni 1 556 984 sockeyes sur 2 948 333 pris dans toute la campagne.

1. *Rap. An. Marine et Pêcheries, 1904*, p. 255.
2. *Rep. Fisheries Commissioner B. C. for 1903*, pp. 1 et 5, *for 1905*, p. 4.
3. *Rep. Fisheries Commissioner B. C. for 1903*, pp. 6, 9.
4. *Yearbook of B. C.*, 1903, p. 214.
5. *La Gazette du Travail*, juin 1906, p. 749.

En 1904, la pêche occupait dans le district sud (Fraser et détroit de Géorgie) 123 navires valant 811 550 francs et montés par 416 hommes, plus 3 212 bateaux valant 9 635 francs et montés par 8 460 hommes. Le matériel de pêche, filets et lignes, valait 1 441 335 francs.

Dans le district nord opéraient la même année 28 navires jaugeant au total 1 120 tonnes, valant 4 100 000 francs, montés par 140 hommes, 1 574 bateaux, valant 570 360 francs, montés par 5 601 hommes. Les engins valaient 988 650 francs [1].

Au moment de la pêche, les bateaux et canots avec leur voilure à la cape couvrent la partie maritime du Fraser et tous les champs de pêche, aussi nombreux que les « Douarnenez » dans une baie à sardines : en coulées d'argent tachetées de sang, les chargements de poissons passent des barques et des plates sur les établis des fabriques; le saumon s'offre partout, au marché, à l'hôtel, à la station, abondance presque dégoûtante qui fait songer au temps lointain où les domestiques hollandais et frisons demandaient, dans le contrat de service, que le patron ne leur fît pas manger du saumon tous les jours pendant la saison.

Avant l'arrivée des Européens, les Indiens pêchaient déjà dans la mer et dans les fleuves; mais ils ne prélevaient sur les bancs que la quantité nécessaire à leur consommation de l'année. En introduisant le procédé de la conserve en boîtes, en prenant tout le poisson possible pour l'exporter, les Européens ont créé une industrie sur laquelle l'État a cru pouvoir établir des impôts, ils ont aussi commencé à détruire plus d'animaux que le frai n'en reproduisait et à exterminer progressivement et sûrement les espèces, ce qui a conduit l'État à prendre des mesures de protection pour cette source de richesses.

Depuis l'entrée de la Province dans la Puissance (1871), la législation sur les pêches maritimes est affaire fédérale.

Pour avoir le droit de pêcher le saumon, il faut que le patron ou l'entrepreneur achète aux agents fédéraux un permis de 50 francs (*Fishery licence*) : on n'en délivre qu'à des Anglais. La Fédération encaisse le produit de ces recettes; mais la Province ne cesse d'en réclamer une part tantôt pour la consacrer à des mesures en faveur de la pêche [2], tantôt pour remplacer la taxe sur les Chinois qui ne rendra plus rien avec les mesures prohibitives.

La saison de pêche est limitée du 1er juin au 31 janvier pour le sockeye et les espèces qui frayent tard, du 1er mars au 31 octobre

---

1. *Rap. An. Marine et Pêcheries, 1905*, pp. 215, 220.
2. *Rep. Fisheries Commissionner, B. C. for 1903*, p. 4.

pour le saumon du printemps. Chaque semaine, la pêche doit s'arrêter trente-six heures, du samedi six heures du matin au dimanche six heures du soir : au nord du 54ᵉ parallèle, la suspension porte sur d'autres jours.

Le diamètre des mailles ne doit pas être inférieur à 178 millimètres pour le saumon de printemps, à 146 pour les autres. Jusqu'en 1904, seuls les filets flottants demeurent autorisés avec lon gueur limitée à 300 mètres. Étaient interdits les filets à poche, les filets-trappes analogues à ceux qu'on emploie en Méditerranée pour la pêche au thon [1].

Par ces dispositions les Colombiens se trouvent en état d'infériorité sur les Américains. Aux États-Unis, en effet, la pêche n'est réglementée que dans les embouchures des rivières et sur les cours d'eau, jamais en mer. Or on a vu que le passage des saumons traverse les eaux américaines entre la côte de Vancouver et l'embouchure du Fraser. A l'affût dans cette région, les pêcheurs américains, avec leurs engins sans contrôle aucun, coupent le banc et le déciment avant qu'il arrive au Fraser : ils travaillent à toute heure, en toutes eaux, tandis que les filets trop apparents permis aux Canadiens ne peuvent servir que dans la partie où les flots sont troublés par les alluvions et où le poisson voit mal. Aussi les Colombiens réclament-ils soit une entente internationale pour imposer aux Washingtoniens les mêmes dispositions protectrices que dans les eaux canadiennes [2], soit l'autorisation d'employer tous les engins.

Depuis 1904, le gouvernement fédéral autorise l'emploi de « rets à trappes » sur le modèle américain dans les eaux du sud de Vancouver, où passent les bancs avant d'être attaqués par les pêcheurs qui opèrent dans les eaux washingtoniennes, et les résultats sont très fructueux [3]. En un an le nombre des trappes s'est élevé de 2 à 28 [4]. Trop destructive, la « seine à bourse » reste prohibée au Canada.

Avec l'emploi des bateaux européens, plus forts que ceux des Indiens, la pêche maritime sur les rivages et dans les estuaires ou deltas est devenue la plus considérable, celle des fleuves diminue d'importance [5]. Si le service des pêcheries s'intéresse aux fleuves, c'est surtout pour y augmenter la zone de ponte et pour y protéger le frai et les alevins. Les mesures prises à ce sujet sont imitées de celles que les Californiens inventèrent et qu'ils appliquent depuis

1. *Rep. Fisheries Commissionner B. C. for 1902*, p. 219.
2. *Id., for 1904*, pp. 4-5.
3. *Rap. An., Marine et Pêcheries, 1905*, p. LVI.
4. *La Gazette du Travail*, juillet 1906, p. 57.
5. *An. Rep. Vancouver Board of Trade, 1904-5*, p. 13.

longtemps sur le Sacramento et leurs autres rivières à saumons. On barre le lit et on recueille les œufs en amont du barrage, puis on les transporte à l'intérieur de réservoirs (*fish ponds*), où ils éclosent dans des bassins d'incubation ; ils sont ensuite lâchés en rivière. On essaye aussi d'acclimater des alevins de l'Atlantique qu'on distribue en divers points. Le gouvernement fédéral entretient 7 « piscifactures » dans la Province ; quatre se trouvent dans le bassin du Fraser, depuis le lac Harrison dans la plaine côtière jusqu'au lac Shuswap sur la moyenne Thompson, deux sur la côte nord-ouest à l'Entrée de Rivers et sur le fleuve Skeena, une à Nimkish près de la baie de l'Alerte, au nord-ouest de l'île du Vancouver ; cette dernière est exploitée de compte à demi avec une importante fabrique de conserves établie dans la région. Une autre fabrique, établie sur le Canal d'Alberni, en aurait fait tout autant à condition d'obtenir le monopole de la pêche dans la région [1].

Le gouvernement provincial a organisé un commissariat des pêcheries qui seconde les efforts du commissariat fédéral en opérant sur d'autres régions. Au bord du lac Seton, près de Lilloet, il a fait aménager un bassin de pisciculture où le frai est recueilli, surveillé pendant toutes les phases de l'éclosion, où les alevins sont nourris jusqu'à ce qu'on les trouve assez forts pour les laisser descendre à la mer. D'autres travaux analogues sont projetés toujours dans des lacs pour le sockeye. Enfin on a fait percer des chenaux à poissons (*Fish ways*) dans la digue par laquelle la compagnie d'exploitation aurifère hydraulique coupe la sortie du lac Quesnel pour en faire un réservoir d'eau [2].

Les deux commissariats s'efforcent d'ouvrir au saumon des « frayères » plus nombreuses, plus étendues et plus sûres. En 1903, on parlait de faire sauter les rapides du lac Majiarden en amont du fleuve Nass, pour permettre au saumon d'aller frayer dans une immense étendue d'eau à peu près inutile [3]. D'autres travaux analogues sont proposés.

Agents fédéraux et provinciaux trouvent des difficultés avec les Indiens des districts reculés qui barrent complètement les rivières soit à la remontée des bancs, soit à la descente des jeunes, et détruisent les mères avant le frai ou les *yearlings* avant qu'ils aient une grosseur suffisante. On s'efforce de supprimer les barrages et d'empêcher les Indiens de les reconstruire. Le garde-pêche fédéral de Port

1. *Rap. An.*, *Marine et Pêcheries*, *1904*, p. 241, *1905*, pp. 250-260.
2. *Id.*, *for 1903*, p. 9, photogr. ; *for 1904*, pp. 7, 8.
3. *Rap. An.*, *Marine et Pêcheries*, *1905*, p. LVI.

Essington donne en 1905 une description vivante à la fois de la pêche indienne et de la guerre faite à ses procédés pour le plus grand profit de l'industrie européenne. Voici son rapport qui s'applique à la rivière Babine par où les eaux du lac Babine se déversent dans le fleuve Skeena. Le narrateur y arrive dans la seconde moitié de septembre et y trouve deux barrages de claies armés de nasses et de coffres ou trappes qui arrêtent tout le sockeye au moment où il remonte vers le lac Babine, en prennent une partie et empêchent le reste d'aller frayer dans les eaux calmes du lac [1].

M. Waer, chargé du poste de la Baie de Hudson, à qui je suis redevable de précieux renseignements, nous reçut avec affabilité. Le chef George étant absent, son lieutenant était Atio.

Le 15 nous prîmes un canot, engageâmes deux hommes et nous descendîmes la rivière jusqu'à une distance de 7 milles; là nous trouvâmes deux barrages à un demi-mille l'un de l'autre, la pêche battait son plein et nous pûmes voir des sauvages en grand nombre sur les bords.

Les barrages étaient construits de nombreux matériaux et suivant des principes scientifiques ; j'essaierai de les dépeindre.

La rivière [Babine] a deux cents pieds de largeur et de deux à quatre pieds de profondeur, le courant est rapide; il y avait des poteaux placés à intervalle de 6 ou 8 pieds dans le lit de la rivière où étaient bien enfoncés des liens inclinés et solidement fixés sur le haut des poteaux. Puis de fortes ceintures les entrelaçant de haut en bas devant les poteaux, et une claie de branchages à écorce bien tissée était fixée au fond et dépassait de 4 pieds le niveau de l'eau. Ceci formait une magnifique clôture qu'aucun poisson ne pouvait traverser.

Sur le côte d'amont du rivage étaient placées 12 grosses trappes ou coffres à poisson. En face, dans les panneaux, il y avait des trous avec glissoires pour les ouvrir et les fermer; quand les femmes sur le rivage avaient besoin de plus de poisson et que les trappes n'en contenaient pas assez, les hommes s'emparaient de leurs avirons, marchaient en ligne dans l'eau qu'ils frappaient, faisant un bruit qui avait pour résultat que les trappes s'emplissaient à chaque instant; ils fermaient les glissoires, allaient avec un canot de chaque côté de l'enclos, soulevaient avec certains appareils le second fond afin d'enlever le poisson et ils le chargeaient dans les canots avec des gaffes à crochets. Les barrages avaient réellement une apparence des plus formidables et des plus imposantes.

J'ai rencontré le chef Atio près du barrage d'aval ; c'est un vieillard, il ne connaît pas l'anglais, mais j'avais choisi un bon interprète. Je lui fis savoir que le gouvernement m'avait envoyé détruire et enlever tous les barrages et les obstacles qui empêchent le saumon de remonter à ses frayères naturelles. Le gouvernement, lui dis-je, avait sagement pris cette mesure par suite de la diminution considérable du saumon dans les rivières, le long des côtes, à cause des barrages qui existaient dans presque tous les cours d'eau du pays; que le poisson, destiné par la Providence à se rendre dans les lacs et les cours d'eau en vue de sa propagation, était pris aux barrages avant qu'il ait déposé son frai; je lui fis comprendre que ces barrages devaient être enlevés immédiatement.

De temps en temps, pendant la conversation, je lui ai expliqué les lois et les règlements de pêche, et qu'il était défendu de construire des barrages, qu'il ne fallait pêcher que sur le tiers de la largeur du courant au filet ou autre-

1. Rap. An., Marine et Pêcheries, 1905, pp. 206-208. — 1 mille = 1609 m., 1 pied = 0 m. 30, 1 acre = 40 ares.

ment, que la fermeture de la saison devait être observée, qu'il était défendu de
pêcher comme par le passé, que les pêcheurs ne devaient prendre du poisson
que pour eux et leurs familles, et qu'ils ne devaient tuer ni détruire plus de
poissons qu'il n'était nécessaire à leur usage.

Le chef mentionna quelques points dignes de remarque : il dit que les sauvages avaient eu des droits incontestables dans le passé, que s'ils devaient leur
être ôtés, les personnes âgées mourraient de faim; que la vente du saumon leur
rapportait toujours *iktahs*, et qu'il voulait savoir jusqu'à quel point le gouvernement leur aiderait à vivre; il pensait qu'il n'était pas juste de les empêcher
de vendre leur poisson quand les fabricants de conserves pouvaient vendre le
leur. Il me fallut lui promettre que je demanderais au gouvernement d'obliger
les fabricants de conserves de laisser plus de poisson remonter les rivières,
parce que certaines années ils en avaient manqué, et que ces fabricants
détruisaient plus de frai que les sauvages; qu'autrefois le poisson rendait invi-
sible l'eau en deçà des barrages, et qu'il était si abondant qu'une grande quantité était rejetée sur les rives; mais que, plus tard, il diminua peu à peu d'année en année. Je répondis, séance tenante, à tous ces arguments, et rejetai
tous ceux qui semblaient offrir un esprit d'insubordination, en lui disant que
ses gens avaient gravement enfreint la loi, et que, malgré la défense que l'inspecteur leur avait faite par lettre, ils avaient construit des barrages encore cette
année ; que s'ils ne voulaient pas se soumettre et détruire ces barrages, rien
ne pourrait les sauver de la punition ou de l'emprisonnement.

À la suite de cet entretien, un bon nombre de ces gens se mirent à l'eau, travaillant dans ces eaux glacées, bûchant et détruisant le barrage; après deux
heures de travail, ne pouvant résister au froid plus longtemps, ils sortirent,
vinrent à moi et me dirent que le gouvernement devrait les payer pour enlever
ce barrage; menaces et persuasion furent inutilement employées pour leur faire
continuer le travail, et pour en finir avec ces pourparlers, et terminer l'enlèvement du reste, je dus engager et payer six sauvages qui retirèrent jusqu'au dernier pieu. Le bois de la partie supérieure, qui était sec, fut apporté sur le bord
pour faire du feu, le reste abandonné au courant. Quelques-uns des coffres à
poissons furent tirés sur le bord; bien que nous arrivâmes à cet endroit à la fin
de la saison de pêche, les barrages étaient encore en état d'opération, et ce
jour-là 500 ou 600 sockeyes avaient été retirés de chacun des coffres; ces poissons étaient en grande partie des femelles, car une quantité extraordinaire
d'œufs ont été trouvés en les préparant.

Les bords de la rivière Babine sont très pittoresques à cet endroit, et nous
fûmes émerveillés à la vue de cette immense étendue de saumon séché. Sur
chaque bord il y avait au moins 16 maisons de $30 \times 27 \times 8$ pieds, remplies de
saumons depuis le haut jusque très bas, au point qu'il fallait se courber pour y
entrer, et aussi au dehors une immense quantité de séchoirs remplis. Si ces
séchoirs avaient été côte à côte, ils auraient couvert plusieurs acres de terre et,
bien qu'il fût impossible d'en faire un calcul exact, nous avons jugé qu'il y avait
à ces deux barrages près des trois quarts d'un million de poissons, tous tués
avant d'avoir déposé leur frai, et, quoique la tribu ait travaillé pendant six
semaines et demie, il était surprenant de voir tant de saumon massé en si peu
de temps.

Les propriétaires du barrage d'amont avaient quelque droit au poisson; cependant ils devaient beaucoup compter sur la générosité des gens du barrage d'aval
pour laisser passer assez de poisson pour former leur provision.

Le 17, nous quittâmes Babine pour aller détruire des barrages dans les cours
d'eau le long du lac.

Le même garde-pêche décrit la prise des saumons au moment où ils se pressent dans l'étroit canyon de la rivière Bulkley (p. 74), cherchant tous ensemble à sauter les rapides pour gagner les frayères d'amont[1] :

J'ai jugé à propos de me rendre à Moricetown, 30 milles en haut de la rivière Bulkley; nous y sommes arrivés le 5 octobre, ayant été retardés à Hazelton par une pluie torrentielle durant quelques jours jusqu'au 4. Moricetown est un village sauvage situé sur le côté ouest de la rivière Bulkley, joli cours d'eau d'une longueur de 140 milles et quasi aussi large que la rivière Babine. Un des affluents de la rivière Bulkley est à quelques milles du lac Babine, les deux autres roulent vers l'est et ont leur source au nord de la région Ootsa. Cette rivière traverse plusieurs lacs, et était autrefois un des affluents les plus poissonneux de la rivière Skeena. Je me suis convaincu de la vérité des cultivateurs de la vallée quand ils me disaient que jadis les sauvages étaient bien déterminés à ne pas laisser un seul saumon s'échapper des lacs. Nous n'avons trouvé à Moricetown qu'une demi-douzaine de sauvages, et dans les alentours une vingtaine de vieilles femmes, qui évidemment connaissaient le but de notre visite, car elles nous ont dit des injures.

En examinant le canyon, j'ai constaté qu'il avait environ 250 verges de long et que la partie la plus étroite était d'un pied. D'après les sentiers nombreux, les échafaudages et les échelles, je me suis aperçu qu'il était bordé, durant la saison de pêche, de sauvages qui accrochaient et capturaient le saumon par toute sorte d'inventions imaginables. Ils vont jusqu'à faire la pêche au fond du canyon au moyen d'une longue perche à laquelle ils ont attaché à l'un des bouts une drague qu'ils retirent quand elle est suffisamment remplie de poissons. Tout saumon sortant de cette chaudière bouillonnante et écumante va pour se reposer dans de petits remous où l'attend un artifice pour le capturer, mais, si par hasard il lui arrive d'être assez chanceux pour s'échapper de toutes ces embuscades, un sort encore plus malheureux l'attend au pied de la chute, d'une altitude de 14 pieds durant la saison de pêche, à l'eau la plus basse. En arrière de la cascade se trouve une rangée de trappes et de paniers de toutes les espèces; le saumon cherchant à sauter la chute, s'il manque son coup, tombe dans un panier : aussi il n'y a que très peu de poisson qui se rend au lac, et je ne verrais pas d'autres moyens pour remédier à ce mal dans ce malheureux endroit, où le saumon est entièrement à la merci des sauvages, que celui en vertu de la subdivision 16, clause 5, chapitre 51, et autre de l'Acte des pêcheries. En conséquence, j'ai placé un avis en avant de la chute et un autre à l'extrémité du canyon, lequel avis défend strictement la pêche de toute sorte sur parcours de 300 verges. J'aurais pu exclure la pêche à la mouche, mais il n'y a pas de touristes dans les voisinages.

Nous avons quitté Moricetown le 7 et nous sommes arrivés à Hazelton le 8. Je me permets d'attirer votre attention sur la nécessité de dépenser environ $ 500 pour pétarder deux couches de roc du côté ouest du canyon, dans la rivière Bulkley. L'eau aurait alors un niveau plus uniforme, permettant aussi aux poissons de remonter et de repeupler cette magnifique rivière et ce beau lac.

Chaque année le rapport fédéral et le rapport provincial relatant des expéditions dans les vallées éloignées pour détruire les barricades et trappes des pêcheurs « sauvages » et réclament l'installation de gardes dans ces régions.

---

1. *Rap. An.*, *Marine et Pêcheries*, *1905*, pp. 208-209. — 1 verge = 0 m. 91, 1 piastre ou $ 1 = 1 dollar.

Sur les captures, la partie que les Indiens prennent pour eux est conservée à l'ancienne mode :

Les sauvages, dit le Rapport fédéral pour 1905 (p. 210-211), prennent et sèchent le saumon, non seulement pour leur propre consommation, mais ils en amassent chaque année pour le vendre et le trafiquer, c'est parmi eux une sorte de monnaie légale. Dix saumons valent une piastre et de là tant pour une couverture. Ils le vendent sec aux emballeurs et aux mineurs, et à tous ceux qui se servent de chiens pendant l'hiver dans la partie septentrionale du pays et aux marchands. Tous les garde-magasins à qui j'en ai parlé m'ont dit qu'ils en avaient plus ou moins chaque année. Le poste de Babine a une commande du lac Stuart pour 9 000 saumons séchés.

Comme je l'ai déjà dit, il y a 3 000 sauvages dans le district... et nous pouvons compter sûrement trois personnes par famille, savoir 1 000 familles. Je tiens de bonne source qu'il faut 1 000 saumons frais ou séchés pour nourrir une famille durant une année : donc il faut un million de poissons pour nourrir les sau: vages de ce district; à ce nombre ajoutons la quantité de saumons vendue, pour ne rien dire de celle dont on se sert pour nourrir continuellement les chiens qui sont si nombreux.

Les espèces que l'industrie de la conserve n'accepte pas sont, ainsi qu'on l'a dit, prises et salées, par des Japonais, à destination de l'Extrême-Orient, et ce mode d'exportation augmente depuis 1904, probablement en raison des achats faits par l'intendance militaire japonaise [1].

Dans les prises à l'usage des Européens une partie est consommée fraîche sur place ou expédiée par wagons glaciers suivant les voies ferrées canadiennes et américaines jusqu'à l'Atlantique, mais ce n'est là qu'une faible proportion du total.

On peut dire que la pêche presque entière va aux fabriques de conserves. Récente en Colombie, cette industrie ne s'y est développée que depuis 1876. Elle se pratique aujourd'hui tout le long des côtes depuis l'Alaska, où elle fait suite aux *canneries* américaines, jusqu'au 49ᵉ parallèle, où lui succèdent les *canneries* des États-Unis Pacifiques.

Si nous comparons les quantités de caisses de boîtes de saumon conservé faites sur toute la côte pacifique américaine dans une année d'abondance exceptionnelle (1901), dans l'année précédente et dans l'année suivante, nous verrons que la Colombie vient immédiatement après l'Alaska et qu'en général la production diminue du nord au sud [2].

1. *Rap. An., Marine et Pêcheries, 1904,* p. LXV; *1905,* pp. LVI, LVII, 205.
2. *Yearbook of B. C.,* 1904 p. 234. — Bien que provenant de la même source, les totaux donnés en 1900 et 1901 pour la Colombie sont légèrement inférieurs à ceux du tableau de la page 190.

	1900	1901	1902
Alaska (E.-U.).	1 534 740	2 032 838	2 538 439
Colombie britannique . .	527 281	1 206 473	625 982
Puget Sound (E.-U.). .	478 742	1 414 990	538 997
Fl. Columbia (»). . .	313 417	251 265	382 704
Oregon (»). . .	56 500	71 366	64 985
Willapa et Gray (»). . .	47 600	51 966	58 000
Fl. Sacramento (»). . .	34 000	17 500	2 500
Fl. Klamath (»). . .	2 200	2 375	2 500
Totaux	2 994 548	5 048 773	4 224 750

Sous la forme la plus simple, la fabrique comprend quelques hangars de bois couvrant les établis où se fait la préparation du poisson, les bacs pour la cuisson, l'emboîtage, la mise des boîtes métalliques en caisses de 48 livres pour l'exportation.

Installé souvent près d'un village indien pour trouver la main-d'œuvre, le gérant emploie les hommes comme pêcheurs, les femmes ou *klootchmen* comme apprêteuses. Comme pour la pêche, les Chinois et Japonais viennent s'offrir en concurrence avec les indigènes. Ils gagnent de 200 à 240 francs par mois et prétendent jusqu'à 325 dans les moments de presse [1]. A la saison, de nombreux travailleurs affluent à l'usine qui devient pour un temps semblable à une fourmilière; la saison passée, elle tombe en sommeil, ne gardant qu'un petit nombre d'ouvriers permanents.

En 1904, les fabriques de conserves employaient dans le district sud (Fraser et détroit de Géorgie) 8 460 personnes et dans le district nord 5 600 [1]. Les deux grands centres de production ont toujours été le Fraser et le Skeena. New Westminster, à la tête du delta du Fraser, reste depuis le début la capitale de la pêche et de l'industrie des conserves en Colombie, mais les directeurs tendent à transférer leurs bureaux dans la métropole commerciale, à Vancouver City.

Le tableau suivant donne les nombres de caisses (*cases*) de saumon faites en Colombie britannique pendant la saison 1905 (période de pêche abondante). On l'a dressé d'après les renseignements fournis au gouvernement par l'Association des fabricants de conserves du fleuve Fraser [2].

I. Fraser :

SOCKEYES	SPRINGS	HUMPBACKS	COHOES	TOTAUX
837 489	5 507	3 304	30 836	877 136

II. Côte nord et île Vancouver :

243 184	22 852	10 666	13 622	290 324

III. Totaux pour la Colombie britannique :

1 080 673	28 359	13 970	44 458	1 167 460

1. *Rap. An. Marine et Pêcheries*, *1905*, p. 218, 222.
2. *Rep. Fisheries Commissioner B. C.*, *1905*, p. 10.

Détail des exportations de boîtes de saumon de Colombie britannique.
1895-1905.

	1895	1896	1897	1898	1899	1900	1901	1902	1903	1904	1905
Angleterre.											
Londres direct.	96 459	182 253	325 966	79 998	150 670	51 095	206 344	95 711	24 590	60 844	105 088
— par le Canada.	..	9 076	4 957	5 687	5 733	10 143	19 236	1 700	461	3 070	109 637[1]
Liverpool direct.	256 301	322 364	407 738	242 437	365 151	357 848	576 065	290 913	162 649	101 885	336 943
Liverpool par le Canada.	..	11 405	38 373	8 050	26 128	60 090	46 831	..	33 358	..	..
Des années précédentes par le Canada.						3 802	3 350	6 000	18 750	15 315	
Autres ports.	65 647			19 862							
Est du Canada.	29 590	51 041	130 815	87 881	114 736	79 171	131 875	135 806	152 498	160 258	152 118
Australie et Nouvelle Zélande.	79 288	11 609	28 579	9 644	41 518	25 903	38022	10 335	35 463	37 050	53 847
Autres destinations.	8 832	2 128	226	439	4 246	56 237	13 528	627	1 472	3 278	4 556
Vendus sur place.	..	3 844	4 823	1 183	11 945	20 309	19 956	5 156	10 344	15 919	57 037
Stock.	4 326	7	74 000	29 380	12 079	20 815	180 939	79 714	34 089	68 275	211 252
Perdu.	25 952	85	..	..	231	..	..	..	..	..	136 982
Vendu, non livré.	..	..	..	..							
Total.	566 395	601 570	1 015 477	484 161	732 437	585 413	1 236 156	625 982	473 674	465 894	1 167 460

1. Dans la statistique de 1905, ce chiffre s'applique à tous les envois en Angleterre par terre, sans distinction de destination.

Infiniment supérieure aux besoins locaux, entreprise pour la vente sur le marché du monde, la fabrication des conserves passe sous la direction des capitalistes riches à qui la fortune assure de bonnes informations et permet des frais de publicité. Aussi voit-on soit aux États-Unis, soit au Canada, les petites fabriques passer sous le contrôle de grandes sociétés : dans les baies éloignées, si elles sont bien situées, si elles rapportent assez et suffisent au travail local, on les garde; dans les centres de population, on ferme les petites fabriques trop rapprochées l'une de l'autre et on les remplace par de plus grandes [1].

Les autres pêches. — La chasse.

Lorsque le saumon ne donne pas, les possesseurs de capitaux engagés dans la pêche s'efforcent de trouver une compensation avec les autres poissons et les industries accessoires. L'importance relative de ces diverses entreprises s'accuse dans le tableau suivant qui rapproche une année riche, 1901, d'une année pauvre en saumon, 1902, et ajoute les derniers chiffres publiés, 1904 [2].

Valeur de la production des diverses pêcheries de Colombie britannique.

	En 1901.	En 1902.	En 1904.
	frs.	frs.	frs.
Saumons (toutes préparations)	32 839 680	18 769 370	16 763 905
Flétan (*Halibut*)	1 425 250	2 104 250	3 320 250
Harengs.	185 250	636 645	1 487 205
Oulachons.	329 750	418 250	419 750
Truites	161 650	175 675	240 250
Morues	123 000	135 000	182 000
Huile de poisson.	178 150	283 410	337 310
Conserves de coques (*Clams*)	60 000	79 290	31 200
Divers.	1 850 000	2 114 020	

Avec plusieurs autres pêches moins importantes et les peaux de phoques à fourrures, on arrivait, pour 1904, au total, plus haut indiqué, de 26 095 530 francs, en augmentation de 2 353 705 francs sur 1903.

La principale des pêches secondaires est celle du flétan (*halibut*),

---

1. *La Gazette du Travail*, juillet 1906, p. 56. — *Yearbook of B. C.*, 1903, pp. 218, 221.
2. *Rap. An. Marine et Pêcheries, 1904*, p. 223.

le plus grand des poissons plats, qui pèse jusqu'à 200 livres avec une moyenne de 60 et une longueur de 1 mètre à 1 m. 50 [1]. Habitant des mers septentrionales, il fréquente surtout le détroit de l'Hécate entre les îles de la Reine-Charlotte et la côte ferme. De Rivers Inlet à l'estuaire du fleuve Skeena, on le prend l'hiver entre septembre et février, ce qui préserve du chomage une partie des pêcheurs qui ont fait d'avril à août la campagne du saumon, beaucoup plus importante. Au commencement, les captures se font au long du rivage entre les îlots voisins du continent (*Inshore fishing*) puis le poisson s'éloigne et force est d'aller le chercher au milieu du détroit (*Offshore fishing*) [2].

C'est en 1897 que cette pêche devint industrie d'exportation sur l'initiative d'un trust américain pour le transport et la vente du poisson frais. Cette société fait prendre le flétan au filet traînant par des chalutiers à vapeur que montent des Canadiens; quatre « chasseurs » à vapeur font la navette entre les lieux de pêche et le port de Vancouver, apportant chacun environ 100 000 livres de poisson, conservé dans la glace; leur voyage dure de 8 à 10 jours. Bien qu'étranger, le trust a pu se faire concéder une installation spéciale dans un des bassins du port de Vancouver; son poisson y passe des glacières flottantes dans les glacières roulantes appartenant à la Compagnie Canadienne Pacifique liée par contrat avec le trust et va tout droit aux grandes villes américaines de l'Atlantique. D'autres compagnies de pêche opèrent sur les mêmes points, mais elles débarquent leur poisson à Seattle ou à Tacoma, débouchés des voies américaines : ainsi chaque voie ferrée a le monopole d'une clientèle soit parce que ses propriétaires y trouve avantage, soit parce que l'autre partie a pu leur imposer d'écarter les concurrents [3]. Dans tous les cas, les entreprises purement canadiennes protestent contre les conditions faites au trust américain et en réclament la résiliation.

En dehors des saumons et flétans, la pêche pour l'exportation fait place à la pêche pour le marché local.

Si le hareng (*Clupea mirabilis*) est excellent, c'est un poisson encore trop abondant dans le reste du monde pour qu'on en demande à la Colombie. Cependant, cette pêche se développe dans le détroit de Géorgie, sur la côte est de l'île Vancouver, et depuis 1904 on essaye d'y préparer le hareng salé à l'écossaise et de le mettre en barils [4].

---

1. *Yearbook of B. C.*, 1903, p. 222. — *Rap. An. Marine and Pêcheries, 1905*, p. LV.
2. *B. C. Crown Lands Surveys*, 1901, p. 104.
3. *Yearbook of B. C.*, 1903, p. 222.
4. *Rap. An. Marine et Pêcheries, 1905*, pp. LVII, 223.

Dès 1904, 4 673 000 harengs ont été consommés frais ou salés, 637 000 fumés, ce qui représente pour les premiers 1 388 800, pour les seconds 183 880 francs [1].

Les morues — trois variétés de *Gadus* dont la plus importante est le *Gadus macrocephalus* — se trouvent dans les mêmes parages que le flétan, mais on manque de pêcheurs exercés pour les prendre et surtout pour les préparer.

L'oulachon ou poisson-chandelle (*Thaleichthys pacificus*) est une sorte de sardine très grasse dont les Indiens tirent l'huile pour s'éclairer et pour frire leurs aliments. Ce « beurre indien » paraît devoir reculer devant le beurre des vaches introduites par les Européens. En tout cas cette pêche reste tout indienne comme au temps de Cook. Bien que l'oulachon fréquente en Colombie l'estuaire du Fraser et ceux des fleuves méridionaux, le bas du fleuve Nass au nord-ouest est plus particulièrement l'habitat de l'oulachon; on y trouve les neuf dixièmes de ces poissons. Voici comment le rapport officiel fédéral raconte la saison de pêche de 1905 :

Au mois d'avril, tous les sauvages de 100 milles à la ronde montent dans leurs canots pour se rendre à la rivière Nass, en vue de pêcher l'oulachon et d'en extraire de la graisse pour leur servir d'aliments. Mais, le mois d'avril dernier (1905), un terrible ouragan souffla sur la rivière pendant huit semaines, sans arrêt, et les sauvages ne purent pas se rendre aux lieux de pêche, à une vingtaine de milles [32 kilomètres] en haut de la rivière; à la fin ils louèrent un remorqueur, mais il fut incapable de traîner les canots vers le haut de la rivière, à cause des gros vents. Toute la rivière était couverte de brume causée par l'eau soulevée par le vent et changée en vapeur : les sauvages ne purent se rendre aux terrains de pêche et retournèrent à leurs réserves [2].

Les squales fournissent également de l'huile, mais ce produit animal, bien que préparé en quantités croissantes, arrive difficilement à concurrencer le pétrole.

L'esturgeon du Pacifique (*Acipenser transmontanus*), qui suit les bancs de saumons et d'autres poissons, à la remontée du Fraser, la raie (*Raja Cooperi*), le carrelet (*Pleuronectes vetulus*,) les anchois (*Staleporus ringens*,) les bars, les aloses, les éperlans, d'autres encore fournissent de temps à autre à la consommation locale et pourront assurer un revenu régulier quand les bancs de poissons migrateurs, exterminés, ne donneront plus assez [3].

En vue de cet avenir peu éloigné, plusieurs essais sont en train.

1. *An. Rep. Vancouver Board of Trade*, 1904-5, p. 56.
2. *Rap. An. Marine et Pêcheries*, 1905, p. LVI, XLV, p. 206.
3. *Yearbook of B. C.*, 1903, pp. 223-225.

L'engrais de poisson (*Fish guano*), de vente plus assurée que l'huile, se fabrique sur la côte sud qui en faisait, en 1904, 607 tonnes, valant 100 000 francs et qui en a expédié pour plus de 35 000 francs aux États-Unis en 1905 [1].

On a tenté avec succès de conserver les moules et coquillages (*Clams*), les crabes, et ces préparations sont de plus en plus demandées (gravure, p. 204, pl. VIII, 2). On réclame à la direction générale des pêches d'encourager la création de homarderies semblables à celles de l'Europe ou de parcs à huîtres : un de ces parcs créé par des particuliers réussit dans la baie vaseuse de Sooke, au sud-ouest de l'île Vancouver [2]. En 1905, le gouvernement fédéral a essayé d'acclimater les huîtres de l'Atlantique.

Enfin la pêche à la baleine trouvera peut-être un renouveau [3]. Malgré le bas prix de l'huile, la baleine se chasse sur la côte ouest de Vancouver où trois stations ont été construites dans la rade de Nootka par une compagnie qui emploie une soixantaine de pêcheurs. Pendant l'hiver, où l'Océan est trop gros, cette société espère transporter ses opérations sur l'autre côté, dans la mer intérieure. Elle tire son profit non seulement de l'huile qu'elle envoie à Glasgow, mais de la viande préparée puis expédiée au Japon comme les saumons de rebut, enfin des déchets, transformés en engrais.

Faut-il appeler chasse ou pêche la capture du phoque à fourrure (*Otaria*) et de la loutre de mer (*Latax Lutris*) qui attira sur la côte les premiers commerçants européens? Elle est faite par des capitalistes avec des équipages de marins blancs accompagnés de harponneurs indiens. Bien que ces animaux aient été décimés sur la côte autant que les castors dans l'intérieur, on capture encore des phoques sur tout le littoral et dans les îles du Pacifique nord. Les entrepreneurs de Colombie britannique font pendant la saison des expéditions dans toutes ces régions. Elles partent de Victoria, quartier général de la « Sealing fleet », et opèrent soit en Colombie nord, soit dans le détroit de Behring [4], conformément à la décision de la Commission internationale d'arbitrage réunie à Paris en 1893.

---

1. *An. Rep. Vancouver Board of Trade, 1904-5*, p. 44. — *Rap. An., Marine et Pêcherie, 1905*, p. LVII, p. 223.
2. *Même Rap.*, p. 56.
3. *La Gazette du Travail*, février 1906, p. 873 ; février 1907, p. 957 ; mars 1907, pp. 1067, 1074. — *Rap. An., Marine et Pêcheries, 1904*, p. XLVI.
4. Sur les pêcheries de Behring, les États-Unis ont fait publier *The Fur Seal and Fur Seal Islands of the North Pacific Ocean*, Washington, 1898-99, 4 vol. in-8°, analysés dans *Peterm, Mittheil., 1900*, pp. 216-218.

Pl. VIII

1 - LA FLOTTILLE SAUMONIÈRE AUX BOUCHES DU FRASER.
Au large de Steveston; dans le fond, silhouette de l'Île Vancouver.

2 - PRÉPARATION DES COQUES A WINTER HARBOUR. (p. 204). Île Vancouver.
En arrière, ouvriers Indiens. Constructions de bois, adossées à la forêt côtière.

Les Colombiens ont employé à ces entreprises ·

	En 1902.	En 1904.	En 1905.
Blancs	421	212	188
Indiens.	437	332	330
Totaux	858	544	518

Le capital placé dans cette chasse est d'environ 2 millions. En 1904, elle employait 60 bateaux de toutes tailles et 167 canots représentant 1 447 tonnes; en 1906, 37 schooners seulement. Le total des peaux rapportées par les Colombiens varie beaucoup : depuis 20 ans le maximum a été atteint en 1894 avec 97 474 peaux, mais le nombre diminue presque constamment; la moyenne par an était de 62 600 peaux dans la période 1893-1898; elle tombe à 26 300 entre 1899 à 1903 [1]; depuis 1902 la prise annuelle reste au-dessous de 20 000. La chasse aux phoques est un véritable massacre : il faut aller chercher les phoques dans des régions de plus en plus éloignées et de plus en plus septentrionales.

	Peaux prises		
	en 1901.	en 1904.	en 1905.
Dans la mer de Behring	10 362	8 237	9 571
A Copper Island.	3 397	1 790	1 503
Au Japon.	2 130		
Sur la côte britannique	8 533	3 118	2 700
Par les indigènes		1 501	
Totaux.	24 442	14 646	13 884

Depuis quelques années, les Colombiens tentent d'aller prendre les phoques dans l'Amérique Sud et aux îles Falkland, mais ils se heurtent aux croiseurs des gouvernements chilien et argentin.

Plus les peaux deviennent rares, plus les Indiens se montrent exigeants. Payés à la pièce, ils réclamaient, en 1906, 50 francs par peau, enchérissement de la main-d'œuvre qui met en péril la pêche au phoque [2].

Quant à la loutre de mer, qui alimenta le premier commerce des fourrures, elle est à peu près exterminée, si bien que 7 peaux seulement figurent au tableau de la campagne 1904; il est vrai qu'elles valent, en raison de la rareté, 1 250 francs chacune, tandis que celles des phoques se payent en moyenne 75 [3].

Parmi les poissons de rivières, les truites et autres salmonidés de

1. *Handbook of B. C.*, 1907, pp. 28-29.
2. *La Gazette du Travail*, mars 1906, p. 1 003.
3. *Yearbook of B. C.*, 1903, pp. 232, 235. — *Rap. An., Marine et Pêcheries, 1904*, p. 213; *1905*, pp. xlvii, 223.

variétés particulières sont nombreux et n'ont pas encore été tous déterminés.

La meilleure des truites, la Tête d'acier (*Salmo Gairdneri*), plus voisine de notre saumon que les Oncorrynchus (p. 188), pèse en moyenne 12 livres et peut aller au double ; on l'exporte dans la glace vers les villes de l'Est.

La truite de Kamloops (*Salmo Kamloops*), la truite à taches rouges ou Dolly Varden (*Salvelinus Parkei*), parente de notre ombre chevalier « truite de ruisseau » colombienne, qui remonte les plus petits cours d'eau montagnards, mais qui, dans les bas ou grosses rivières atteint de 15 à 20 livres, la truite du Grand Lac (*Christicomer namaycush*) qui va jusqu'à 30, pourraient, tant par leur taille que par leur qualité, fournir un appoint à l'exportation. Mais ce poisson délicat est si fragile et il se trouve encore en si grande abondance dans les autres parties du Canada que sa pêche se réduit souvent à un sport ; d'ailleurs elle n'est point sans intérêt économique à cause des dépenses que font les amateurs [1].

En Colombie la chasse ne devient un moyen d'existence que pour les Indiens qui vont aux fourrures. On a déjà décrit leurs expéditions d'hiver hors des réserves, la vente du produit aux magasins ou forts qui appartiennent encore à la Compagnie de la Baie de Hudson (p. 165). Même division que pour la pêche : en bas les travailleurs indigènes, en haut le capital et la direction européenne, mais ici la concentration est plus complète. Sans concurrents redoutables, la Compagnie fait ses affaires en secret et il n'est pas possible de savoir à combien elles se montent. En 1901, la Colombie donnait 1,006,940 francs de fourrures sur 4,493,225 pour la Puissance.

Les autres chasses sont, comme la pêche des truites, des distractions chères aux Canadiens qui aiment la vie en plein air tant à la mode chez les Anglais et les Anglo-Américains. Les cercles de canotage, de chasse, de pêche sont nombreux autour des villes, où ils s'installent dans d'élégants chalets au milieu d'un domaine loué à l'État pour le plaisir exclusif des membres. Dans les sites grandioses de l'intérieur, la Compagnie Canadienne Pacifique a poussé son rail, lancé ses paquebots de lacs : elle a installé des hôtels modernes au pied des glaciers des Rocheuses et des Selkirk, sur le lac Arrow, près des sources thermales du lac Harrison. Des guides suisses pour les ascensions, indiens pour la chasse et la pêche, se mettent à la disposition des voyageurs et touristes.

1. A.-O. Wheeler, *The Selkirk Range*, t. I, pp. 398, 399.

A chaque saison, des Canadiens, des Américains, des Anglais, parfois quelque riche amateur de l'Europe continentale organisent sur la côte ou dans l'intérieur des parties de chasse qui durent plusieurs semaines, avec des pagayeurs indiens, des tentes, des convois de provisions portées à dos d'homme ou en canot.

Sur les bords du détroit de Géorgie, on va à l'affût des oiseaux de bois et d'eau qui se plaisent dans une région où ils trouvent partout le gîte. Plusieurs espèces sont permanentes, d'autres de passage. Parmi les gallinacées, les diverses variétés de faisans ont été acclimatées dans la partie méridionale, autour des villes; celles de coqs de bruyère, de cailles sont nombreuses.

Des bandes d'échassiers et de palmipèdes, canards et oies sauvages, bécasses et bécassines, hérons, pluviers, courlis s'abattent sur les marais et dans le fond vaseux et tranquille des entrées marines les plus longues et les mieux fermées.

Sur le plateau intérieur et dans les montagnes, les lacs offrent les mêmes occasions surtout à l'époque des migrations (p. 93). On peut en outre avoir l'émotion de se mesurer avec les ours et le redoutable grizzly; on poursuit les animaux rares comme les chèvres et béliers des montagnes (p. 131).

Ce sont là d'élégants et coûteux divertissements. Les permis de chasse vont de 250 francs pour le gros gibier — et le nombre des animaux qu'on peut abattre est strictement limité, — à 25 francs par semaine pour les oiseaux[1]. Le moindre guide indien demande 12 fr. 50 par jour, un guide européen 15 à 20 francs. Un mois de pêche ou de chasse n'est pas considéré comme trop cher s'il revient à 2 500 francs. Mais ces plaisirs n'en sont que plus recherchés par la classe riche de l'empire anglais et de l'Amérique. Quelques voyages de chasseurs généreux font espérer à la Colombie qu'elle pourra tirer de son gibier un profit que la chasse commerciale ne lui donnerait pas.

1. *Bureau of Provincial Information, Bulletin* n° 24. *Game in British Columbia.* Appendix : *Game Laws of B. C., 1898-1905*, p. 32.

CHAPITRE XIII

LES CONCESSIONS DE TERRES

Règles générales.

Suivant un principe appliqué dans toutes les colonies anglaises, les terres sans maître, c'est-à-dire celles qui n'ont point de propriétaire ou qui ne sont pas comprises dans les limites des réserves indigènes, appartiennent à l'État, ou, comme dit le terme anglais, à la Couronne. On les appelle *Crown Lands*, terres publiques.

Dans l'Empire britannique, quand une colonie devient autonome, le gouvernement métropolitain lui passe tout le service des terres publiques avec le devoir d'en supporter les charges et le droit d'en disposer comme elle l'entend. Ainsi fut-il fait pour la Colombie après 1866. En adhérant à la Fédération, la Colombie garda la libre disposition des terres vacantes sauf sur la ceinture du chemin de fer (p. 3).

Parmi les terres publiques provinciales, qui occupent de beaucoup la superficie la plus étendue, beaucoup de bonnes parties sont aliénées. Ainsi, dans la région frontière des États-Unis, celle qui fournit actuellement la plus riche production minérale, un grand lot sur deux a été donné en prime aux concessionnaires de la voie ferrée Crows Nest et de son prolongement, c'est-à-dire à la Compagnie du Canadien Pacifique ; par des échanges avec la Province, la Compagnie s'est arrangée pour occuper les meilleures places. Elle a pris enfin la succession de la société qui avait obtenu des terres dans le sud-est de l'île Vancouver pour construire la ligne de Victoria à Nanaimo (p. 292).

Toutes ces attributions, réglées par les lois spéciales, peuvent se justifier par le fait que, sans elles, la Colombie était menacée de voir ajourner la construction des voies ferrées, et que ces voies lui sont indispensables. Ainsi ont procédé, avant elle, les États américains du nord-ouest[1]; comme eux, elle a dû subir les conditions des capitalistes, mais à tel point que la Compagnie Canadienne Pacifique est de beaucoup le plus riche propriétaire de terrains utilisables.

Cette puissante société réserve, sur son bien, les forêts et les mines qu'exploitent généralement des syndicats dirigés par ses principaux actionnaires. Pour le lotissement et la vente de ses terres fonctionne une administration spéciale, que seconde un service de publicité mieux doté que celui de la Province.

La direction de ses terres envoie des agents qui partent des stations ou des ports, pénètrent dans la forêt, remontent les vallées, prennent des photographies et dressent des croquis sommaires des bois à vendre et des vallées à défricher; elle fait cadastrer et diviser les parties les meilleures et les plus accessibles en lots rectangulaires suivant la méthode que j'indiquerai plus loin. Cartes et photographies sont éditées et commentées dans des brochures par le service de publicité qui les répand pour attirer les acheteurs.

La Compagnie annonce qu'elle rabattra sur la somme à payer pour les terres la moitié du prix du parcours total accompli par les preneurs sur son réseau. Un immigrant se laisse-t-il tenter par ces offres alléchantes et répétées, il n'a qu'à se présenter aux *Land Offices* de la Compagnie installés dans de vastes magasins vitrés sur les avenues les plus fréquentées des grandes villes, il y pourra obtenir des renseignements supplémentaires, choisir sur cartes et plans cadastraux.

Informée de tous les moyens d'atteindre l'opinion, la Compagnie s'approprie ceux des sociétés américaines, les plus remarquables en cette matière (p. 292). L'une des formes de réclame les plus productives consiste à faire voyager des publicistes à ses frais dans tous les *Railways Belts* qui lui appartiennent. Ainsi elle a promené les journalistes de l'État de Washington dans l'île Vancouver; elle organise une excursion en Colombie britannique pour les directeurs de tous les périodiques agricoles des États-Unis « représentant, dit-elle, une clientèle de 11 millions de lecteurs ». Une semblable excursion faite dans ses domaines de la Prairie en 1903 lui avait déjà fort bien réussi[2].

Nul doute que les efforts de la Compagnie ne servent indirectement

---

1. *U. S. Geol. Survey, Professionnal Papers*, n° 5. La carte indique le *Railway Belt* concédé à la Cie *Northern Pacific*.

2. *An. Rep. Victoria Board of Trade, 1905*, pp. 28, 29.

la Province en attirant des colons en des endroits inhabités. Mais ses intérêts ne se confondent pas toujours avec ceux de l'État. N'ayant pas besoin de vendre immédiatement, pouvant d'ailleurs donner hypothèque sur ses domaines, jouissant d'un crédit qui lui permet toutes les formes d'emprunt si elles lui deviennent nécessaires, elle n'offre les lots qu'au moment le plus favorable pour elle et sur les points où il lui convient de diriger les colons[1].

D'autre part, voulant s'épargner un travail administratif coûteux et ne pas trop risquer de tomber sur des insolvables, elle n'entreprend point la très petite colonisation et ne cède guère, en dehors des lots urbains, moins de 65 hectares à la fois. La Province, au contraire, commence à se préoccuper d'attirer des *farmers* ou cultivateurs faisant valoir eux-mêmes.

Parmi les concessions sur le domaine public, il y a lieu de distinguer les coupes de bois, l'exploitation des mines, enfin les lots agricoles et les lots urbains.

Les premières sont généralement demandées et accordées sans la propriété du sol, sur un terrain pris en location : on en parlera plus loin au chapitre de l'exploitation forestière.

Pour les mines souterraines, la loi distingue la propriété du sol de celle du sous-sol, suivant le principe de notre loi de 1810, qui n'a point passé en Angleterre, mais qui prévaut dans presque toutes les colonies anglaises. La Colombie n'applique plus en effet le principe métropolitain : *Cujus est solum, ejus est usque ad infernos*. Quant aux mines de surface, on peut les exploiter avec ou sans droit de propriété, suivant des règles qui seront indiquées au chapitre des mines.

Ici je me contente de donner les dispositions générales pour les concessions en propriété, qui sont presque toujours agricoles et urbaines.

Suivant la pratique généralement employée dans les colonies anglaises, deux principes président à l'aliénation des terres publiques. Le premier a pour formule : « Pas de lots gratuits », le second : « Pas de concessions avant le cadastre », *No selection before survey*.

La première disposition s'explique par l'intérêt du Trésor; on peut concevoir qu'on la lève pour attirer les immigrants, ce qui est le cas du gouvernement fédéral. Dans tout son domaine en effet, soit dans la Prairie, soit sur le Railway Belt, il offre gratuitement un « patrimoine » ou concession de famille (*Homestead*) de 65 hectares

---

1. Sur les conditions pour acquérir les terres du C. P. R., voir la brochure publiée par son Office de publicité, *British Columbia* (Bibliogr. n° LIII), éd. de 1906, pp. 50-52

(160 ares) à tout immigrant naturalisé ou demandant à l'être, sous conditions de résidence et de mise en valeur. Quant à la Province, elle ne juge pas à propos de donner la terre aux cultivateurs.

La seconde disposition a pour objet de fixer les limites exactes des lots, de prévenir les confusions entre occupants et, par suite, les disputes et procès. Elle suppose qu'un service du cadastre est organisé et fonctionne continuellement de manière à élargir sans cesse les zones arpentées, au fur et à mesure de la demande. Ainsi en va-t-il dans les territoires fédéraux. Sur le domaine provincial les opérations se font par fragments (p. 5), et l'on s'estime heureux si l'on peut lotir à temps les régions où les colons paraissent devoir se porter.

Partout on emploie la même méthode; d'abord on divise le sol en grands lots d'étendue variable coupés suivant les méridiens et les parallèles. C'est l'opération préparatoire. « Partout où le système est praticable », dit la loi, les lots sont recoupés en cantons (*townships*), c'est-à-dire en quadrilatères comprenant chacun 36 sections d'un mille carré (259 hectares); chaque bande de 6 sections forme un rang (*range*); chaque section doit être, en principe, bordée par un espace libre destiné aux chemins. La section se subdivise enfin en concessions (*homesteads*) d'étendue variable. Procédés et noms sont empruntés aux États-Unis.

S'il s'agit d'un emplacement où la construction d'une ville paraît s'imposer, le gouvernement le déclare site urbain (*townsite*), et en fait un lotissement spécial, marquant les places, les rues, la superficie réservée aux édifices publics. Dans les cas où la ville serait construite sur une concession particulière, le gouvernement se réserve 1/4 de la superficie réelle, avec une clause qui lui assure 1/4 des bonnes places [1].

Quand on crée une cité, on prend la peine de tracer les divisions dans le dernier détail, car le plus petit morceau peut rendre ce qu'il a coûté à délimiter. Mais dans les régions de colonisation agricole on se borne souvent à tracer les *townships*. Puis, c'est à chaque colon de s'arranger dans leurs limites en faisant, à ses frais, le cadastre de son *homestead* selon les formes prescrites par la loi. Des conditions analogues s'appliquent aux concessionnaires de mines et en général à tous ceux qui demandent la propriété du sol (pp. 214 et 258). Ainsi le damier des rectangles n'est pas toujours achevé d'avance par le service public, contrairement à la pratique adoptée

1. Exemple dans *An. Rep. Vancouver Board of Trade, 1904-5*, p. 22.

en territoire fédéral, mais il se fait aussi régulièrement que possible par les concessionnaires eux-mêmes.

Dans un pays si étendu, il arrive que des colons prennent la terre sans remplir des formalités prescrites. On les appelle « squatters », d'un surnom australien qui paraît correspondre à notre terme d'argot « les embusqués ». Nombreux aux premiers temps, ils trouvent moins d'occasions à mesure que le contrôle s'étend plus loin. Toutefois il arrive encore que les agents du cadastre ou des mines en dénichent sur des terres vierges, à l'écart des communications [1]. Comme la Province a besoin d'éleveurs et de cultivateurs, elle se montre tolérante à l'égard de ceux qui mettent en valeur le sol, et les laisse régulariser leur situation.

Nous avons donc affaire à des modes de concessions hésitants encore et primitifs, comme on pouvait s'y attendre dans un pays immense, montagneux, forestier, incomplètement exploré, où l'immigration reste relativement médiocre, où une très faible proportion des immigrants vient pour s'établir sur le sol; peu à peu cependant s'institue un système qui, — moins les concessions gratuites, — ressemble à celui que le gouvernement fédéral applique avec méthode dans la Prairie.

Concessions agricoles et propriétés rurales.

S'il reste à la Province d'immenses étendues de terres publiques, elle n'en a plus guère dans les régions qui présentent un attrait immédiat aux colons. Pour se réserver la disposition de ses derniers espaces à peupler, le gouvernement de Victoria cherche à ne plus donner comme autrefois de grandes concessions en bloc.

Si les dispositions en vigueur étaient toujours respectées dans la pratique, l'accaparement de la terre deviendrait malaisé, et même la très grande propriété ne pourrait se constituer que par une série d'achats aux particuliers. En effet la Province limite, dans la loi, la superficie qu'elle vend à un particulier ou à un seul groupe. D'après le Ministère provincial de l'agriculture, 16 à 40 hectares, suivant les cas, seraient une mesure suffisante pour un colon qui veut faire valoir le sol, et non point spéculer [2]. Il n'est pourtant pas interdit d'aller au delà dans les achats de terres publiques.

1. 7ᵗʰ *Report Dep. of Agriculture, B. C.*, *1902*, p. 206.
2. *Agriculture in B. C.*, 1904, p. 30.

Pour comprendre ce que signifient les chiffres qui vont suivre, il faut se rappeler que les terrains sont livrés à l'état de nature et que le possesseur n'en pourra défricher ou faire défricher qu'une partie ; or, tandis que le maximum accordé représenterait en France une grande propriété, la partie que le preneur choisira pour l'utiliser dans les premières années ne formera le plus souvent qu'une propriété moyenne ou petite, le reste, suivant les cas, devenant réserve pour l'avenir, ou placement, ou matière à spéculation.

Il faut donc admettre que la Province n'a pas cru d'abord encourager la grande propriété en offrant jusqu'à 258 hectares (640 acres) d'un bloc, à 2 fr. 50, 5 fr. 50, 12 fr 50 l'hectare, suivant qu'il s'agit de montagnes, de plaines exigeant l'irrigation, de terrains arrosés ou boisés. Acheter aux prix du gouvernement n'est pas une mauvaise affaire, puisque le Canadien Pacifique qui adopte la même division en 3 classes ne se dessaisit pas de terrains vierges à moins de 12 fr. 50 à 50 francs l'hectare dans le Kootenay oriental, pays minier, il est vrai, mais montagneux et fort sujet aux gelées.

Pour obtenir l'achat d'un second lot allant jusqu'à la même limite il faut prouver qu'on a dépensé, dans le premier, une somme égale au prix payé, tandis qu'aucune condition n'est exigée si l'on se contente de 258 hectares.

C'est à ces conditions que furent achetées les fermes d'irrigation modèle dans la région aride du plateau méridional (p. 337) : les acquéreurs sont des compagnies américaines qui font des travaux d'irrigation sommaire et revendent ensuite le sol par petits lots en gardant le monopole de l'eau. La moyenne y serait de 80 à 90 francs l'hectare par lots de 10 à 20 pour les terres que proposent les particuliers, somme très supérieure encore à ce que demande l'État.

On comprend qu'avec le système employé, les meilleures régions soient bientôt monopolisées, et que les colons ne s'y puissent établir sans payer très cher le sol. Aussi le gouvernement évite-t-il, un peu tard, de vendre des lots dans ces conditions [1]. Ses préférences vont à la colonisation relativement petite parce qu'elle attire plus d'immigrants que la grande, peuple plus vite le pays et y installe les plus stables des habitants, de véritables cultivateurs. Même tendance pour les mêmes raisons dans toutes les colonies anglaises de peuplement. Rarement pourtant, la faveur à la petite colonisation va, en pays britannique, jusqu'à la concession gratuite. La Colombie se borne à donner des facilités de paiement sous le nom de *préemption*.

1. *Agriculture in B. C.*, 1904, pp. 32, 72, 75, 93, 128.

Sur le domaine provincial de Colombie, tout homme ou femme de dix-huit ans au moins, Anglais de nation ou désirant le devenir, peut acquérir par préemption un lot de 65 hectares (160 acres). Jusqu'en 1906 [1], le maximum allait jusqu'à 130 (320) acres) à l'est de la Chaîne côtière ou au nord de la Province, c'est-à-dire dans les parties les moins peuplées. On a trouvé depuis qu'elles présentaient un attrait suffisant pour qu'on pût ramener partout le lot de préemption à la dimension adoptée dans la Prairie pour les *homesteads* du gouvernement fédéral.

Si le sol n'est pas complètement cadastré, c'est-à-dire dans la plupart des cas, le prétendant doit d'abord marquer son lot (*preemption claim*) par quatre piquets dessinant les quatre côtés d'un rectangle, deux nord sud et deux est ouest, quand un obstacle naturel, comme un lac ou un cours d'eau, ne s'y oppose pas. Il doit y placer une inscription indiquant son nom; il doit enfin adresser une demande accompagnée d'un croquis sommaire à l'agent des terres le plus voisin. La demande est alors enregistrée (*recorded*) moyennant le paiement de 10 francs.

Le colon doit se rendre sur son lot dans un délai de trente jours après l'enregistrement, y demeurer, et ne pas le quitter pendant plus de deux mois sans congé régulier, sous peine de perdre ses droits; il peut être autorisé à s'absenter pendant six mois au plus.

Enfin, il doit faire arpenter (*survey*) le lot à ses frais dans un délai de cinq ans au plus après l'enregistrement.

Deux ans après l'enregistrement, l'occupant et deux témoins sont admis à faire une déclaration écrite attestant que le lot a été réellement habité pendant ces deux années, et que, de plus, le concessionnaire y a exécuté des travaux représentant au moins 19 francs par hectare. Si en outre le cadastre a été fait, à ses frais comme il est dit plus haut, l'occupant peut se faire délivrer, en payant 10 francs, un certificat de mise en valeur (*improvement*).

A partir de ce moment, il est autorisé à acquérir un titre (*grant*) de propriété en payant un droit de 50 francs, plus 12 fr. 50 par hectare. Dès lors, il devient propriétaire et peut vendre ou léguer son lot comme il l'entend.

Il est interdit au même colon de prendre deux préemptions sur les terres provinciales; mais il peut en combiner une avec un achat aux conditions ordinaires. Bien que le prix soit en définitive le même, à qualité égale, que sur les autres lots, le crédit fait au préempteur

---

1. *La Gazette du Travail*, avril 1906, p. 1150.

lui assure un sérieux avantage. Malheureusement il ne reste plus guère de lots à prendre sous cette forme dans les endroits d'accès facile [1].

Sur ce qu'il a conservé au voisinage des villes, c'est tout juste si le gouvernement trouve de quoi encourager la très petite culture dont les compagnies et autres grands concessionnaires ne se soucient pas. A cet effet, il offre en location des parcelles de 8 hectares au plus à des conditions variables; ces lopins peuvent ensuite être achetés. On comptait, en 1901, 801 occupants de lots inférieurs à 2 hectares, surtout autour de Victoria, New Westminster et des villes minières du sud-est, même dans la brousse de Vancouver. Ces petits lots représentaient 2,75 p. 100 de la valeur des terres cultivées, la proportion la plus forte du Canada après celle des territoires Nord-Ouest. Nous savons, il est vrai, que dans ce compte figurent les lots urbains, relativement nombreux, mais le recensement nous permet de constater que dans les petits lots de Colombie un tiers est en vergers et jardins [2], nourrissant ceux qui, ne possédant que leurs bras, préfèrent le jardinage au travail des villes ou des mines.

Défendant, comme aux États-Unis, le petit colon contre l'usage extrême que ses créanciers pourraient faire de leurs droits, la loi déclare, en Colombie, le bien de famille (*homestead*), comprenant les bâtiments et les terres, insaisissable jusqu'à concurrence de 2 500 francs.

Bien que la colonie n'ait pas une très longue existence, les propriétés foncières ne sont pas toutes restées ce qu'elles étaient au moment où l'État les concéda ou les vendit. Beaucoup ont changé de mains, soit pour s'agréger à d'autres, soit au contraire pour se fragmenter. Si les domaines du Canadien Pacifique offrent l'exemple d'une concentration sous une seule direction, il n'en reste pas moins certain que le but final des accapareurs et spéculateurs est de vendre, et que, pour cela, ils doivent, en général, démembrer.

Dans les derniers achats de terres publiés par le gouvernement, nous voyons une compagnie se faire donner 12 000 hectares à drainer sur le bas Fraser et les offrir presque aussitôt aux petits colons en lots de 4 à 16 hectares; un groupe de capitalistes de Boston demande à prendre 202 000 hectares, offrant d'y établir en propriété 3 500 familles [3]. Les grandes propriétés d'élevage installées sur le plateau intérieur, avec 10 à 15 000 têtes de bétail chacune, sont coupées et vendues en petits lots de 6 à 10 hectares [4].

1. *Agriculture in B. C.*, 1904, pp. 68, 72, 81, 106, 113.
2. *Recensement du Ca.*, *1901*, t. II, pp. xxxviii, 82, 85.
3. *La Gazette du Travail*, 1905, mars, p. 999, mai, p. 1249.
4. *Agriculture in B. C.*, 1907, p. 32.

Toutes les colonies anglaises de peuplement et les États-Unis ont passé ou passent par deux phases : celles des *land sharks* ou « requins de terre », suivant l'expression des adversaires de la grande propriété, puis celle de la moyenne et petite propriété achetée aux spéculateurs par de véritables agriculteurs. En 1904, une publication officielle[1] estime que la Colombie passe dans la seconde période, mais, quelques années plus tôt, elle n'y était pas encore entrée fort avant, si l'on se réfère au recensement fédéral de 1901.

D'après ce document, on comptait en Colombie :

5 938 occupants de fermes au-dessus de 2 hectares,
802 — de lots inférieurs à 2 hectares.
6 740 — au total.

La majorité habitait la région de New Westminster et le sud-ouest de l'île Vancouver.

Pour l'étendue moyenne des fermes, la Colombie, avec 630 hectares, tenait le troisième rang de la Puissance, après les Territoires et le Manitoba, où la moyenne est de peu supérieure, — pour l'étendue moyenne des lots, le cinquième rang, avec 46 ares, venant après les trois provinces maritimes et le Manitoba.

Sur les 5 938 fermiers de Colombie, 2 186 occupaient des fermes de 40 à 80 hectares, 1 654 occupaient des fermes au-dessus de 80 hectares, ce qui donne une proportion anormale de moyens et gros propriétaires. Dans le reste du Canada, en effet, plus des 3/5 des colons occupent des fermes de 4 à 80 hectares, et sur ces 3/5 les occupants de 20 à 40 hectares forment le groupe le plus nombreux.

Le fait frappe d'autant plus qu'en Colombie, le nombre des occupants n'augmente, entre les deux recensements, que pour les lots supérieurs à 4 hectares et, parmi eux, surtout pour les lots de 20 à 40, puis pour ceux de 80 et au-dessus : dans l'ensemble du Canada, entre les mêmes dates, le nombre des occupants de 20 à 40 stationne ; au-dessus il augmente.

Depuis 1891, le nombre des occupants est tombé, en Colombie, de 7 451 à 6 739 : en l'espèce, la diminution est un fait général dans tout le Canada ; généralement, elle porte sur les locataires plus que sur les propriétaires.

En Colombie, la proportion du sol loué reste relativement considérable, 13,09 p. 100 : sous ce rapport, la Colombie vient immédiatement après Ontario, la province la plus anglaise et la plus riche.

1. *Agriculture in B. C.*, 1904, p. 32.

Elle est la première pour le loyer des petits lots, environ 65 francs l'hectare, les autres provinces minières venant immédiatement après elle; elle est la troisième pour le loyer des fermes, 13 francs par hectare, dépassée par les provinces agricoles.

Si la Colombie est la première des provinces pour la valeur des produits et, par suite, pour le prix des fermes, elle ne vient qu'au quatrième rang pour la valeur par hectare, après Ontario, Québec et l'île du Prince-Édouard; au sixième, pour le nombre des lots, avant le Manitoba et les Territoires nord-ouest; au cinquième, pour leur étendue, avant Ontario, Québec et les Territoires, au dernier, enfin, pour le nombre des fermes [1].

1. *Recensement du Ca.*, *1901*, t. II, pp. xl, Terres et superficies; xliii, Valeurs moyennes des produits; xliv, Valeur par acre de terre; xlvi, Loyers, et pp. 6-7, 82-83, 154-155, 275.

CHAPITRE XIV

EXPLOITATION DES FORÊTS

Sur les 725 000 kilomètres carrés de forêt qui couvrent les trois quarts de la Colombie britannique, la moitié au moins comprend de la brousse ou de maigres taillis arctiques, dont le bois n'est point marchand. Dans le reste se trouvent peut-être les plus belles futaies de l'Amérique du Nord. Comparées à celles du Canada oriental, elles donneraient jusqu'à 3 fois plus de bois de chauffage, 25 fois plus de bois de charpente à l'hectare[1]; pourtant, comme les voies d'accès manquent, 2 500 kilomètres carrés à peine s'ouvrent à l'exploitation régulière. Je n'y comprends pas les zones qu'attaquent, pendant un temps, une entreprise de chemin de fer pour ses traverses et ses passerelles, une mine pour ses poteaux, mais seulement les régions où les scieries travaillent pour la vente. La Colombie n'achète pas de bois, elle exporte une grande partie de ce qu'elle coupe[2], soit une valeur de 10 à 15 millions de francs par an, qui pourrait s'augmenter beaucoup si les transports étaient plus faciles.

A peine entamée sur certains points, cette richesse naturelle se trouve menacée par les feux de brousse (*bush fires*) qui font, à la saison sèche, de terribles ravages, et dont la fréquence semble avoir augmenté en raison de la colonisation. Ainsi le botaniste Macoun constate que des passages à travers les Rocheuses, jadis boisés, sont dénudés depuis que le blanc les fréquente[3]. Les fonctionnaires

---

1. *Yearbook of B. C.*, 1903, p. 245. Sauf indic. contr., j'ai puisé mes informations dans ce volume, pp. 243, 250, 256, 268. — Le Bulletin n° 21 du Bureau of Prov. Inform, *The Timber and Pulp Wood Industries of B. C.*, réédition de 1905, reproduit la plus grande partie de ces pages avec quelques compléments.

2. *An. Rep. Land and Works, B. C.*, 1903-1904, p. 66.

3. Macoun, *Handbook of Ca.*, pp. 277-278. — W. D. Wilcox, *The Rockies of Canada*, p. 159.

colombiens reconnaissent que les Indiens, avertis par une terrible expérience, se montrent très prudents quand ils font leur cuisine au voisinage des bois, tandis que les Européens allument des foyers sans précaution [1]. En outre le colon, pour s'épargner la peine, défriche par le feu, l'éleveur enflamme la prairie pour engraisser le sol et faire place au gazon neuf, et tous ces procédés causent chaque année de nombreux incendies contre lesquels il a fallu prendre des mesures préventives.

Dans la zone comprenant 32 kilomètres à droite et à gauche de la voie ferrée, placée sous l'administration des services fédéraux, existent des surveillants (*fire rangers*), sortes de pompiers de la brousse, qui s'engagent, moyennant une indemnité, à s'efforcer de circonscrire les incendies dès qu'ils se déclarent.

Sur les domaines de la Province, une loi spéciale, le *Bush Fire Act*, interdit de défricher ou de détruire le gazon par le feu durant la saison sèche, c'est-à-dire du 1er mai au 1er octobre; elle impose aux locomotives et machines à vapeur des dispositions qui rendent leurs étincelles moins dangereuses. Mais, vu les difficultés du contrôle, cette loi ne peut être mise en vigueur. On n'arrive même pas à faire la statistique de tous les feux de brousse; bien plus, la Province ne connaît pas encore exactement ses forêts, partie la moins accessible d'un territoire trop grand pour sa population. Les concessions s'y donnent parfois au jugé, car il faut bien commencer par exploiter le sol avant de trouver les ressources nécessaires pour le cadastre.

Les bois sans maître appartiennent à l'État. Dans les parties qui ne sont pas aliénées ou louées, les colons ou les concessionnaires de lots miniers peuvent se faire accorder le droit de couper des arbres pour leur usage moyennant un léger droit d'enregistrement, qui, pour un agriculteur, ne dépasse pas 1 fr. 25 par an.

Les forêts peuvent être données ou vendues avec le terrain qu'elles couvrent; tel est le cas pour les grandes concessions accordées en primes aux compagnies de chemins de fer. En dehors de ces cas, on ne demande point ordinairement à devenir propriétaire des forêts, car le sol qui fournit le bon bois de charpente n'est pas toujours, dans l'Ouest, celui qui convient le mieux à la culture; les colons trouvent encore de la place sur les espaces découverts des plateaux ou dans les vallées couvertes d'arbres aquatiques qu'on détruit par le feu. Généralement, on se borne à louer pour exploitation les

---

1. 7th *Report of the Depart. of Agric.*, B. C. *1902*, pp. 219, 225.

places à bois de charpente (*timber limits*). Ici les divers modes d'usage sont réglés par une législation spéciale imitée de celle qu'a établie la Fédération.

On vend aux enchères pour une période limitée des licences ou permis de bois, qui donnent lieu à redevance (*fee*).

On concède en location (*leasehold*) pour une période de vingt et un ans avec faculté de renouvellement, des sections du domaine forestier : le loyer est de 1 fr. 90 par hectare; par chaque fraction de 160 hectares pouvant traiter 370 mètres cubes de bois et travaillant six mois par an, le locataire doit installer une scierie.

En 1903-1904, les redevances et les loyers ont produit 1 253 920 francs. Les concessionnaires de lots doivent, comme ceux des terres cultivables et des mines, délimiter leur lot et le faire cadastrer à leurs frais. On leur impose l'obligation d'en tirer au moins 37 mètres cubes de bois par 24 hectares.

Sur le bois coupé, le gouvernement perçoit des droits (*royalties*), analogues à ceux qui sont imposés aux produits des mines; ils se divisent en trois catégories suivant qu'il s'agit de bois de chauffage (*cord wood*), de charpente (*timber*), de bardeaux (*shingles*). En 1904, la Province a recueilli de ce chef 780 845 francs nets.

Enfin, comme la Province exporte, et n'importe pas, elle a pu établir sur les bois travaillés et sur les bois exportés des droits de sortie qui, en 1904, ont produit 46 605 francs.

Les bois lourds recherchés pour l'ébénisterie sont, par ordre de poids spécifique, l'arbousier, le chêne de Vancouver, l'épine blanche, le pommier sauvage, les deux premiers, arbres de la côte, les autres, arbustes qui prennent taille marchande sur la côte seulement. Ensuite viennent l'if, seul résineux qui se classe hors des bois légers, et les érables, également arbres du littoral. Mais la grosse exportation de la Province consiste en bois de charpente et bardeaux fournis par les conifères, surtout la pruche ou hemlock (*Tsuga Mertensiana*), le sapin de Douglas, le cèdre (*Thuya gigantea*), qui dominent la forêt du Pacifique et celle des montagnes.

Dans les vallées de la Chaîne de l'Or, des Selkirk, des Rocheuses, des scieries occupent les bonnes places où les billes descendent par flottage en ces « marmelades » (*log jams*), si fréquentes sur les cours d'eau de l'Amérique septentrionale, et où le bois façonné peut être embarqué dans les trains. On en trouve également au voisinage des grandes mines et des usines en fusion; elles ont leur importance dans la vie économique, mais dépendent d'autres activités, conséquence et non cause initiale de la colonisation.

C'est sur les côtes des îles et du continent, au fond des fiords, ports fournis par la nature, près des cours d'eau abondants et rapides, propres à faire mouvoir les scieries, que se trouvent les principales exploitations. On peut dire que l'industrie du bois appartient à la zone maritime. Elle y continue au sud celle du Washington, l'une des plus importantes aux États-Unis ; elle s'y prolonge au nord plus loin que les cèdres et les sapins de Douglas, dans la forêt de *Picea Stichensis* jusqu'à la frontière de l'Alaska, où le bois ne peut plus donner que des poteaux de mines ou de la pâte à papier. Sur toute cette ligne elle fait naître des groupes de population.

Le camp de bûcherons (*logging camp*) s'établit sous des tentes ou des baraques en forêt vierge ; à de longs intervalles, il reçoit des nouvelles et des vivres de conserves par le croiseur à bois (*timber cruiser*) qui vient chercher les billes (*logs*). On se contente d'y abattre les arbres, de les ébrancher, de les traîner au rivage. Si la place est bonne, on installe une scierie mécanique mue par une chute d'eau ou par la vapeur d'une chaudière chauffée aux branches ; la dépense représente environ 3 500 francs pour traiter 37 mètres cubes par journée de 10 heures. Grâce à cette machine, le bois coupé (*timber*) que fournit le camp se transforme en équarri, flacheux ou méplat (*square, waney* ou *flat timber*), en bois de charpente ou « bois de service », comme disent les Canadiens français (*lumber*) ». On le dégrossit de tout ce qui l'alourdit ou de ce qui encombre inutilement le bateau exportateur. Auxiliaires indispensables, les scieries annoncent de loin, par le panache de leur fumée, les camps bûcherons importants des îles et des fiords.

Plus rares sont, en dehors des villes, les installations complètes qui fabriquent les pièces de charpentes, les planches, pour construire les chalets des colons, les bardeaux (*shingles*) pour les couvrir, les pavés de bois (*wood blocks*) pour les rues ; plus rares encore celles qui découpent et assemblent les parties des portes et des fenêtres (*sash and door factories*). On élève ces établissements à portée d'un village indien pour avoir la main-d'œuvre. L'Européen préférant les mines, un marchand de bois ne saurait guère lui demander autre chose que le travail de bûcherons payé de 5 à 10 francs, limité à 8 heures par jour, et interrompu toutes les fois qu'il fait mauvais temps, c'est-à-dire fort souvent sur la côte ; dans les scieries ou fabriques, en dehors des villes, on ne l'emploie guère que comme contremaître ou gérant si l'on a des Indiens. C'est ainsi que dans les par-

---

1. *Recensement du Canada, 1901*, t. II, p. 340.

ties vierges, celles où se trouvent les meilleures forêts, l'exploitation reste fort au-dessous de ce qu'elle pourrait donner parce qu'elle ne recrute pas assez d'ouvriers. D'après une estimation officielle, il existait, en 1897, 80 à 90 scieries qui ne travaillent que 1/10 à 1/20 du bois qu'elles pourraient transformer[1]. Depuis, les demandes qu'on verra plus loin ont donné aux scieries colombiennes un travail qui s'accroît sans cesse, mais les prix de la main-d'œuvre s'élève à proportion et il faut payer de 14 à 20 francs la journée pour avoir de bons bûcherons[2].

Quelque simple qu'elle paraisse, l'industrie forestière demande des fonds considérables. On doit, depuis les camps isolés, transporter par « croiseurs » la plus grande partie du bois dans les ports méridionaux de la côte, où il subit toutes les transformations demandées par les clients, enfin le réexpédier sur les marchés étrangers. Ainsi l'Entrée de Burrard autour de Vancouver City, l'embouchure du Fraser autour de New Westminster, se bordent de scieries fumantes et grinçantes près desquelles s'entassent les troncs et s'empilent poutres, planches et bardeaux. Dans l'île Vancouver, l'embarcadère créé par l'entreprise la plus puissante de Colombie a fait naître Chemainus, cité du bois comparable aux villes minières (p. 297).

En laissant de côté les petits croiseurs qui font le service de la forêt à la fabrique, à ne prendre que les bâtiments qui cherchent à Chemainus et Vancouver City du bois fabriqué pour l'exportation, on trouve que la Colombie expédie, en 1904, 35 chargements sur des navires de 500 à 5 000 tonnes[3].

Seuls les possesseurs de gros capitaux peuvent ouvrir le bois dans ces conditions: aussi le transport par mer et la préparation de ce produit tendent-ils à se concentrer sous la direction de quelques grandes sociétés, dont les plus importantes sont celle de Chemainus, capable de traiter 12 000 mètres cubes par jour, puis la Compagnie Hastings de Vancouver, capable d'en traiter 4500[4], et dont le rayon s'étend aux limites du bois marchand et des voies d'accès. Ces deux trusts « contrôlent » la fabrication, la vente et s'entendent pour maintenir ou pour élever les prix[5].

Maîtresses des navires, les compagnies font presque toutes l'exportation par mer, qui représente, pour les deux grandes citées plus haut, un volume de 1 800 000 à 2 millions de mètres cubes, environ

1. *Yearbook of B. C.*, 1903, p. 256. — *An. Rep. Land and Works*, B. C., 1903-4, pp. 67-72.
2. *La Gazette du Travail*, 1906, octobre, p. 406; décembre, p. 639.
3. *An. Rep. Vancouver Board of Trade*, 1904-5, pp. 29-30.
4. *An. Rep. Land and Works B. C.*, 1903-4, pp. 67-68.
5. *La Gazette du Travail*, novembre 1906, p. 505.

1/5 de tout ce qu'on coupe en Colombie[1], une valeur d'au moins 5 millions de francs, qui va croissant parce que les demandes se multiplient et que les prix s'élèvent. Par tous les procédés elles s'efforcent d'augmenter leur vente et l'une d'elles, qui vient d'obtenir la fourniture du bois pour les travaux du canal de Panama, cherche le moyen d'y envoyer d'énormes radeaux remorqués pour s'épargner les chargements et déchargements[2].

Pendant les 3 années qui vont de 1903 à 1905, les exportations par mer des deux sociétés de Chemainus et de Hastings (Vancouver City) se classent par ordre d'importance comme l'indiquent les tableaux suivants[3] :

1903.

	Mètres cubes.	Valeurs en francs.
Afrique (australe)	625 564	1 587 325
Royaume-Uni et Europe	414 696	1 198 775
Chili	174 705	414 705
Australie	150 327	368 515
Pérou	111 634	258 755
Chine	110 289	292 075
Japon	90 533	285 335
Inde	49 862	116 530
États-Unis (ports atlantiques)	28 835	110 350
Nouvelle-Zélande et Océanie	6 092	24 030
	1 762 537	4 656 395

1904.

	Mètres cubes.	Valeurs en francs.
Chili	294 429	541 815
Australie	289 776	561 015
Royaume-Uni et Europe	228 558	722 205
Pérou	148 403	291 250
Afrique (australe)	102 262	169 480
Chine	79 846	177 060
Japon	61 414	177 515
Nouvelle-Zélande et Océanie	13 163	38 060
	1 217 851	2 678 400

1905.

	Mètres cubes.	Valeurs en francs.
Royaume-Uni	387 451	850 265
Australie	383 759	711 110
Chili	288 963	522 035
Afrique australe	200 748	363 515
Japon	119 716	288 805
Europe continentale	35 328	144 025
Pérou	80 761	134 795
Chine	18 582	44 095
Nouvelle Zélande	6 730	18 405
Mexique	7 554	12 950
	1 529 592	3 090 000

1. *Yearbook of B. C.*, 1903, pp. 66, 251-252, 256, et *An. Report Land and Works B. C.*, 1903-4, p. 66 ; — *Recensement du Ca.*, 1901, t. II, p. 365.
2. *La Gazette du Travail*, octobre 1906, p. 406.
3. *An. Rep. Vancouver Board of Trade*, 1903-4, p. 34 ; 1904-5, p. 28.

Par les tableaux précédents, on voit que les acheteurs sont les pays qui demandent des poteaux pour les mines, des traverses pour les voies ferrées, des matériaux de construction; on constate aussi que les fluctuations des mines et de la colonisation, sans parler des variations douanières, mettent dans ce commerce une incertitude constante et que les grands marchés d'une année ne sont pas toujours ceux de la suivante. S'assurer une vente régulière, c'est le grand souci des marchands de bois colombiens. Menacés par les Etats-Unis qui protègent leurs scieries et ferment leur marché par de hauts tarifs, les Colombiens réclament à la Fédération un droit de représailles contre la charpente américaine. Ils ont déjà obtenu que le bois coupé sur les terres publiques à l'ouest de la Chaîne côtière fût obligatoirement travaillé dans les scieries de la Province[1]. Préoccupés de s'assurer la clientèle des mines dans tout l'Empire britannique, ils poussent à la conclusion de traités commerciaux avec le Royaume-Uni, l'Australie, s'il est possible, l'Afrique du Sud[2]. Ici leurs intérêts s'accordent avec ceux des agriculteurs qui travaillent, eux aussi, pour l'exportation; ils heurtent ceux des industriels qui voudraient, par un renforcement des droits protecteurs, conserver le monopole du marché canadien.

Sur le territoire même de la Fédération, la colonisation rapide de la Prairie sans arbres ouvre un débouché aux matériaux de construction fournis par les scieries colombiennes. Elles en profitent dans la mesure où les prix du chemin de fer permettent l'expédition avec chance de bénéfice et où les concurrents américains leur laissent l'accès des marchés intérieurs. En 1902, par exemple, le peuplement des Provinces nord-ouest a créé une brusque demande de bardeaux : la Colombie en a fait plus de 560 millions, dont 550 pour les nouvelles provinces[3], et le gouvernement, afin d'encourager l'exportation, a diminué le droit de sortie sur les bardeaux. D'autre part, entre les grands lacs et Vancouver, les chemins de fer demandent 3 millions et demi de traverses par an, les télégraphes 30 000 poteaux, fournis en partie par l'Ouest, en partie par l'Est. Chaque année, on couperait en Colombie 30 000 arbres pour les ponts et constructions de ce genre. On calcule qu'un dixième environ du bois ouvré colombien se vend dans la Prairie[4].

Les industriels cherchent à tirer des forêts de nouveaux produits.

1. *La Gazette du Travail*, avril 1906, pp. 1150-1151.
2. *An. Rep. Vancouver Board of Trade, 1904-5*, pp. 14-22, 25.
3. *Yearbook of B. C.*, 1903, p. 252.
4. *La Gazette du Travail*, février 1906, pp. 872 et 895.

Pl. IX

1 - " LOGGING "

Enlèvement des billes dans la forêt côtière. Moteur à vapeur pour scie ou transport (p. 221).

2 - SCIERIE BRUNETTE, PRÈS NEW-WESTMINSTER.

En bois, avec cheminée spéciale de tôle. Voiliers de la flotte charpentière (pp. 222, 314).
Au fond, reste de la forêt primitive.

Ainsi la pulpe ou pâte à papier, qui donne un revenu considérable à la Province de Québec, pourrait être faite en Colombie et permettrait d'utiliser les bois trop tendres comme les arbres aquatiques, les troncs trop minces comme ceux de la forêt arctique. Déjà la fabrication de la pâte a été tentée, par exemple à Alberni, dans l'île Vancouver, en 1897, mais sans succès. On vient de recommencer ce genre d'entreprises à Quatsino dans l'île Vancouver et sur plusieurs points de la côte nord-ouest, depuis l'embouchure de la rivière Powell, 130 kilomètres au nord de l'Entrée de Burrard, jusqu'en face de l'île Princesse Royale. Chaque installation comprend une usine d'électricité mue par des chutes d'eau et destinée à fournir la force motrice et l'énergie. Avant de fonctionner les principales fabriques se concentrent sous un trust, la *Western Canada Pulp and Paper Company* [1].

Une loi autorise les titulaires de locations forestières pour vingt et un ans, s'ils font la pâte de bois, à acheter 16 hectares par fabrique de pulpe dans des conditions très favorables, abaisse leur loyer et le droit à payer sur le bois coupé, et les exempte de taxe pendant 5 années [2]. Dans l'espoir de ces avantages, de nouvelles tentatives sont faites en ce moment pour installer des usines dans l'île Vancouver et sur la côte nord. On espère que la pulpe trouvera un débouché au Japon.

On cherche aussi à introduire les fabrications de produits dérivés, traitement des résines, production de térébenthine, de colophane, distillation du bois. Mais les capitalistes ne se montrent pas fort empressés.

Jusqu'à présent l'industrie du bois reste surtout la grosse charpente au service des mines et de la colonisation, soit sur place, soit dans les pays d'outre-mer. La demande des régions moins forestières que la Colombie contribue, avec la consommation locale et les incendies, à dépouiller la Province de l'immense forêt qu'admirèrent les premiers explorateurs. Elle a disparu des lieux habités; la seule grande ville d'où on l'aperçoive est Vancouver, bâti à la limite des terres colonisées. Mais comme elle ne se peuple pas aussi vite que le Washington et les régions nord-ouest des Etats-Unis, la Colombie ne porte pas au même point les traces du fer et du feu, tristes précurseurs de la culture.

Il n'en faut pas moins voir dans les forêts une source de richesse

1. *Bur. of Prov. Inf. Off. Bull.* n° 21, *The Timber and Pulp Wood Industries in B. C.*, p. 22. — *La Gazette du Travail*, janvier 1906, pp. 742-743.
2. *Yearbook of B. C.*, 1903, pp. 248, 249.

temporaire à quoi les hommes prennent plus que la nature ne peut rendre : sans s'épuiser à fond comme les gisements minéraux, elles diminuent et si la place qu'elles occupaient n'est pas propre à la culture, si elle n'est pas prise par les colons, elle se transforme en désert ou en montagne nue, génératrice de torrents.

CHAPITRE XV

L'AGRICULTURE

L'agriculture s'est introduite en Colombie comme industrie d'appoint, d'abord à côté de la traite, plus tard à la suite des mines; elle y est aujourd'hui, peut-on dire, *ancilla metalli*.

En 1901, la Colombie demeurait la dernière province de la Puissance pour la production agricole, fournissant 0,98 p. 100 du rendement de la terre, bois compris, 0,85 du rendement des animaux, tandis qu'Ontario fournissait respectivement 30,38 et 23,86 p. 100 [1].

Bien que la demande de vivres au Yukon paraisse devoir encourager l'agriculture en Colombie, la production de cette Province demeure fort insuffisante, et ce sont surtout les denrées amenées de l'est par voie ferrée qui sortent de Vancouver et de Victoria sur les vapeurs à destination du nord. En 1905, l'exposé du budget évalue la production agricole de la Colombie pour l'année précédente à 20 millions de francs, l'importation de produits agricoles à plus de 36 millions; en 1906, la valeur des importations se serait à peine abaissée, alors que celle de la production augmentait de plus d'un tiers [2].

Attirant moins de monde que les champs d'or, la houille, les filons complexes qui donnent l'espérance de revenus plus élevés en moins de temps, l'agriculture présente, même à ceux qui la préfèrent, de rudes débuts à cause des obstacles opposés par la nature.

Étendue entre la frontière des États-Unis et le 53° parallèle, la région agricole n'offre point une zone continue, mais une série d'îlots

1. *Recensement du Ca., 1901*, t. II, p. XLIV.
2. *An. Rep. Vancouver Board of Trade, 1904-5*, p. 111. — *Agriculture in B. C.,* 1904, p. 66; 1907, p. 15.

où l'on trouve, dans les bonnes places, les pâturages jusqu'à
1 000 mètres, des parties cultivables jusqu'à 7 ou 800 mètres [1].

Sur la côte et dans les vallées de montagnes, trop d'eau, des marécages à drainer, des torrents à endiguer, sur le plateau, pas assez
d'eau, des travaux d'irrigation à entreprendre, dans l'intérieur, à
cause de l'altitude et du climat, des sécheresses et des gelées tardives,
dans les régions les plus favorisées, une forêt drue et dense, rebutent
ceux dont le courage n'est point persévérant. Au bord du golfe de
Géorgie, les racines sont si profondes qu'il faut employer des arra-
cheurs mécaniques et faire parler la poudre pour s'en débarrasser; le
défrichement y coûte de 600 à 2 000 francs l'hectare (p. 293).

Partout, la main-d'œuvre est rare et coûteuse; les ouvriers préfèrent les mines où la journée se borne à 8 ou 10 heures de par la
loi, et les camps de bûcherons où l'usage leur donne le même avantage [2].

Ce qu'elle fut à l'origine, un pays où la demande de bras dépasse
l'offre, la Colombie le reste aujourd'hui encore, parce que l'immigration n'augmente pas en proportion des richesses connues et de
l'effort à donner. En 1871, un artisan s'y faisait de 15 à 20 francs la
journée, un travailleur agricole blanc coûtait de 100 à 200 francs
par mois, plus le logement et la nourriture, un Indien de 100
à 150 francs [3]. C'étaient les prix de Californie à cette époque et l'on
disait qu'un journalier économe pouvait « épargner chaque jour le
prix d'une acre ». En 1890, un groupe de fermiers anglais visitant le
Canada trouvaient les salaires plus élevés en Colombie que dans les
autres provinces. Le moindre manœuvre blanc gagnait de 7 à
8 francs par jour; les pêcheurs de saumon, pendant la saison, 10 à
13 francs; les mineurs de Lethbridge, Alberta, 10 à 15 francs, ceux
de Nanaimo 12 à 16 francs; les maçons jusqu'à 26 et 27 francs par
jour. Déjà tous les métiers inférieurs et les emplois domestiques
étaient abandonnés aux Chinois.

Aujourd'hui, les colons se plaignent partout qu'ils manquent de bras.
Aux ouvriers agricoles ils offrent, dans la région peuplée, jusqu'à
200 francs par mois avec logement et nourriture, 10 à 15 francs par
jour sans nourriture. Dans l'intérieur, on propose à Kamloops
environ 9 francs par jour avec nourriture; à Vernon on en fait
autant pendant la moisson. Pour ce prix, on ne peut trouver assez

1. D'après Macoun cité dans Handbook of B. C., 1907, p. 5.
2. Agriculture in B. C., 1904, pp. 37, 92.
3. Bancroft, t. XXXII, pp. 603-604.
4. Brit. Tenant farmers in Canada, Rep. of Del., Ottawa, 1890, pp. 34, 106, 204.

de blancs. Quelques Chinois viennent pour 6 fr. 50 à 7 fr. 50, mais leur nombre reste stationnaire par suite des lois restrictives : les Japonais tendent à les remplacer autour de Victoria et Vancouver (p. 293); ils se montrent moins réguliers, moins dociles, moins travailleurs. On a vu que les Indiens n'engagent guère leurs services que pour les travaux saisonniers, et, d'ailleurs, ils ne sont pas en nombre suffisant. La culture des petits fruits s'arrête parce que les cueilleurs manquent, même à 5 francs par jour[1]. Les essais de chanvre n'ont pas réussi pour la même raison. Dans l'ensemble, le recensement de 1901 évalue le tarif moyen des salaires agricoles à 57 francs par semaine, la moyenne la plus élevée de la Puissance.

La proportion entre le taux des salaires et la valeur des propriétés était alors de 1,35 p. 100 dans l'ensemble de la Puissance, de 3,65 p. 100 en Colombie; la proportion entre le même taux et la valeur des produits, de 6,67 p. 100 dans la Puissance, 18,35 p. 100 en Colombie[2].

Dans un pays où tout est à créer, les entreprises en apparence les plus modestes exigent une mise de fonds et supposent une période de préparation et d'attente sans revenus; elles demandent donc des capitaux relativement forts. Or le taux de l'intérêt est énorme si on le compare à la France, il va de 8 à 10 p. 100 et souvent plus haut. Aussi les colons ne cessent-ils de réclamer à l'État d'intervenir en leur faveur.

Ils ont obtenu de l'Assemblée provinciale divers avantages qui tendent à associer les petits et moyens propriétaires, afin qu'ils puissent réunir les ressources nécessaires pour faire l'élevage et la culture méthodiques[3]. Une loi de 1896 reconnaît comme coopératives rurales les sociétés ayant au moins 1/4 du capital payé, comprenant au moins dix agriculteurs, où nul membre ne détient plus de 1/10 des actions, et créées pour l'achat et la vente des produits et instruments (*Farmers Exchange*) pour la fabrication des fromages, du beurre, des conserves de fruits, pour le crédit mutuel, enfin pour toute autre entreprise qu'approuvera le Lieutenant Gouverneur en conseil. Les sociétés de ce genre sont enregistrées moyennant un versement de 50 francs et obtiennent la personnalité civile.

La formation de syndicats agricoles, avec tendance à la coopération, est encouragée par le *Farmers Institute and Cooperation Act* de 1897.

---

1. *Agriculture in B. C.*, 1904, pp. 73, 79.
2. *Recensement du Ca.*, 1901, t. II, pp. xlvi, xlviii.
3. *Agriculture in B. C.*, 1907, pp. 61-63. — *La Gazette du Travail*, nov. 1906, pp. 508-510 (sommaire des lois sur la coopération).

Nom et chose sont empruntés aux États-Unis ; déjà ils avaient cours en Manitoba et dans le Nord-Ouest canadien. Ces instituts ont pour objet de faire donner des conférences analogues à celles de nos professeurs d'agriculture, de réunir des congrès ou comices agricoles, d'instituer des concours d'animaux, de fruits, avec des prix, de s'associer pour acheter des animaux, des semences, des plants, de pratiquer la coopération pour les laiteries, l'exportation des fruits et la production agricole en général. Elles peuvent se fédérer. Le gouvernement provincial appointe un surintendant chargé de veiller à leur fonctionnement. Dès que 15 colons ont formé un *Institute*, où chacun verse au moins 2 fr. 50 par an, la Colombie leur accorde une subvention proportionelle au nombre de membres, à condition que le groupe envoie au surintendant un rapport chaque année ; le secrétaire trésorier de chaque Institut reçoit de la province 125 fr. par an. L'ensemble des rapports est imprimé aux frais du gouvernement (Bibliogr. n° 74). Au commencement de 1906, on comptait dans la Province 27 Farmers Institutes réunissant 2 183 membres [1].

On verra plus loin ce qui a été fait au profit tout particulier de l'élevage laitier et de l'horticulture.

Aujourd'hui les *Farmers Exchanges*, les *Farmers Institutes* et en général les sociétés coopératives, sont nés sur les deux rives du détroit de Géorgie et dans l'intérieur sud. Manipulation des produits, achats, ventes, s'opèrent par leur intermédiaire ; mais elles ne présentent pas encore une importance égale à celle des entreprises capitalistes concurrentes, et ne paraissent point permettre de balancer leur influence. Manquant d'argent, elles demandent que la Province, de qui les banquiers prennent un intérêt moindre, mette son crédit à leur disposition et leur consente des avances. En 1898, la Province leur a accordé un commencement de satisfaction en votant l'*Agricultural Societies Act* pour permettre aux sociétés d'agriculteurs d'emprunter au gouvernement, et de prêter ensuite à leurs membres ; mais cet essai de crédit agricole mutuel reste sur le papier ; quand les colons ont essayé de se faire avancer par l'État de l'argent pour le défrichement, ils n'ont rien obtenu [2].

D'après ce qui précède, on ne sera point étonné d'apprendre qu'en dehors de la petite région relativement peuplée, les formes d'exploitation rurale les plus aisées et les moins complètes se pratiquent à peu près seules.

Sur la superficie mise en valeur, à l'époque du dernier recense-

1. *La Gazette du Travail*, avril 1906, p. 1131.
2. *Agriculture in B. C.*, 1904, p. 65.

ment, près de 1/3 consistait en forêts, plus de 1/3 en pâturages naturels [1].

L'élevage a été la première industrie agricole de Colombie. Dès les premiers temps de la traite, chaque fort eut des chevaux pour les transports, quelques vaches et moutons pour la nourriture des employés : pendant la fièvre de l'or, le nombre des bêtes de somme et des animaux de lait et de boucherie s'accrut avec les besoins. On pratiquait alors, on pratique encore un élevage rudimentaire en vaine pâture appelé *ranging*. Pour cela, on choisit une région où croît le chiendent (*bunch grass*) comestible, car le gazon naturel n'est pas bon partout (p. 122). Les animaux sont lâchés sur les plateaux et les hauteurs (*ranges*) — le *monte* des *vaqueros* mexicains — où ils cherchent leur vie : pendant l'hiver on les ramène dans les vallées moins couvertes de neige, où l'on a eu la précaution de couper et de ramasser en meules le chiendent; parfois on y fait des abris rudimentaires. Bâties dans la vallée, la maison de bois de l'éleveur et ses dépendances s'appellent *ranch*, d'un nom espagnol venu de Californie et usité par les Anglo-Américains dans toutes les régions montagneuses de l'Ouest. Parfois on cultive autour du ranch un peu de fourrage artificiel, de légumes et racines, des céréales même. A l'automne on bat le grain dehors et on laisse la paille sur l'aire pour que les animaux s'en fassent litière et s'en nourrissent au besoin pendant l'hiver. Le printemps venu, on brûle ce qui en reste.

Jusqu'au bord septentrional de la zone découverte, sur les affluents du haut Fraser, on rencontre le vacher à cheval (*cow boy*) qui a remplacé le trappeur et le traitant d'autrefois dans tout l'immense pays d'élevage que se partagent États-Unis et Canada. Son grand chapeau de feutre clair à ruban de cuir, sa chemise de laine et son foulard lui composent un uniforme à peu près invariable; mais l'habitude de sortir avec des armes, du moins apparentes, n'est pas tolérée au Canada comme aux États-Unis.

Chaque année, quand veaux et poulains sont nés, les propriétaires voisins ou leurs gardiens se donnent rendez-vous, montent à cheval, se déploient en cercle immense autour de la région de parcours et, rétrécissant progressivement le cercle, rabattent pêle-mêle tous les animaux dans un creux : c'est ce que l'on appelle *round up* : alors les jeunes qui ont suivi leur mère sont saisis, marqués au fer du même signe qu'elle et lâchés jusqu'à l'année suivante. Chaque propriétaire possède sa marque (*brand*), déposée aux bureaux du

---

1. *Recensement du Ca.*, *1901*, t. II, pp. 6-7.

gouvernement, et une loi spéciale, imitée des États-Unis, le protège contre les imitations, les contrefaçons et le vol.

D'autres *round up* sont faits encore quand il s'agit de choisir des animaux à vendre et à expédier. Ce sont toujours des occasions de se voir, précieuses à des gens qui vivent isolés pendant de longs mois, des prétextes à réjouissances, à chevauchées, à steeple-chase, à courses de taureaux improvisées, enfin de grandes foires animant quelques jours la solitude comme autrefois les réunions des traitants et des Indiens.

Les animaux à vendre sont mis en troupeaux et poussés vers la station la plus voisine du chemin de fer (p. 374).

Autour des mines nouvelles et sur les pistes qui y conduisent, la première utilisation de la terre se fait toujours sous la forme qu'on vient de décrire. Le colon, ou celui à qui ce nom doit être appliqué, faute d'un autre, choisit une bonne place de gazon, ou encore brûle quelques acres de forêt, y bâtit une cabane en bois au bord d'un lac ou dans une vallée, lâche sur le *range* quelques chevaux et quelques vaches, et s'établit entrepreneur de transports et marchand de laitage[1].

Dans les pâtures, les animaux se croisent au hasard, plusieurs s'échappent dans la brousse. Ainsi, depuis l'époque des premiers traitants, la Province s'est couverte d'animaux bâtards, comme le *cayouse* ou poney indien, qui ne laissent pas de gêner les éleveurs modernes. On se plaint particulièrement des cayouses marrons qui courent en bandes sur les chemins des placers, entre le coude du Fraser et la région de Quesnel : ils couvrent les juments de sang achetées à grands frais et empêchent de créer et de maintenir une race pure[2]. Aussi leur donne-t-on la chasse. Une loi spéciale pour l'extermination des chevaux sauvages permet à chacun de tuer les bêtes sans marque, à condition d'avoir fait d'abord tout pour les prendre vivantes, de porter un permis spécial et d'adresser un rapport au fonctionnaire le moins éloigné.

Pour les mêmes raisons, les colons se plaignent des taureaux de brousse (*scrub bulls*), qui appartiennent aux Indiens et aux petits *rangers* blancs[3].

Une loi limite les parcours des animaux en liberté pour éviter les croisements entre octobre et juillet, c'est-à-dire dans la saison d'hiver où les animaux sont concentrés pour l'hivernage et dans la période des amours. Les barrières de bois et de fil de fer par quoi se couvrent

1. *Yearbook of B. C.*, 1903, p. 28. — *Agriculture in B. C.*, 1904, p. 31.
2. *Id.*, pp. 55, 70.
3. *Id.*, pp. 5, 8.

les propriétaires de bêtes de race ou de culture, sont protégées par une loi spéciale qui interdit de les renverser ou de les franchir, si elles offrent une hauteur et une résistance définies par un article.

Enfin, parmi les sujets de difficulté, il faut noter le conflit permanent des éleveurs de bétail et des bergers de moutons dans la zone intérieure sèche. En Colombie les moutons ont été introduits, soit de l'Oregon, soit de la partie sèche de la Prairie canadienne où ils sont aussi venus des États-Unis; comme aux États-Unis, les éleveurs se plaignent que les moutons tondent au ras du sol toute l'herbe comestible et surtout qu'ils épuisent l'eau des mares et des sources. Un mouton peut passer après les vaches, mais la réciproque est impossible. Comme aux États-Unis, la loi a pourvu à cette difficulté en réservant une partie des pâturages naturels (*ranges*) pour le bétail, à l'exclusion des moutons [1]. C'est le cas notamment de la région de la rivière Similkameen, la plus sèche de toutes.

Entre les deux recensements de 1891 et 1901, le nombre des chevaux colombiens tombe de 44 521 à 37 325, sur 1 577 493 pour tout le Canada, réduction causée par le développement que prennent les voies ferrées dans les régions minières. Le nombre des bêtes à cornes non laitières baisse de 109 415 à 100 467 sur 3 107 774 pour tout le Canada, tandis que celui des vaches laitières passe de 17 504 à 24 535 sur 2 408 677 pour tout le Canada; le nombre des porcs qui, nourris avec les résidus de la laiterie, augmentent avec elle, s'élève de 30 764 à 41 419 sur 2 353 828 pour tout le Canada. Le nombre des moutons recule de 49 163 à 33 350 sur 2 510 239 pour tout le Canada. Les moutons sont les seuls animaux domestiques dont le nombre diminue dans l'ensemble des territoires fédéraux [2].

Bien que la sélection se fasse de plus en plus, la valeur des animaux ne représentait, en 1901, que 1/20 environ de tout le cheptel colombien. Le syndicat des éleveurs (*Dairymens' and Live Stock Association*) créé pour procurer à ses membres de bons animaux reproducteurs, a importé, dans l'année 1903, 43 taureaux et vaches Shorthorns valant de 500 à 2 500 francs, 10 juments Clydesdale valant en moyenne 500 francs l'une, 13 béliers Hampshire Downs, 14 verrats Yorkshire et 33 têtes de volaille et c'est l'un des plus grands efforts qu'on ait faits [3].

En 1901, la Colombie se classait dans les derniers rangs avec les

1. 7ᵗʰ *Report of Agr. Dep. B. C.*, 1902, p. 24.
2. *Recensement du Ca.*, 1901, t. II. pp. xxv et xxvii, Tableau comparatif des animaux; p. xxxvi, Valeur des propriétés agricoles.
3. *Handbook of B. C.*, 1907, p. 39.

provinces maritimes où persiste aussi l'élevage à l'ancienne mode ;
elle tenait le dernier si l'on considère la proportion entre la superficie et le nombre ou la valeur des animaux.

L'engraissement pour la boucherie ne prend guère d'importance
en Colombie parce que le transport sur pied coûte trop cher et que
le réseau n'est pas assez complet ni les wagons glaciers assez nombreux pour permettre le transport frigorifique de la viande abattue[1].
Aussi la Colombie, bien qu'elle exporte par voie ferrée des animaux
en vie, fait-elle venir de l'Est et des États-Unis une partie de la
viande qu'elle consomme.

En 1901, la valeur des animaux vendus dans l'année, y compris les
vaches laitières, dépassait de peu 6 millions de francs : la valeur des
produits de la laiterie l'égalait presque avec 1 800 000 francs environ[2]. Aujourd'hui elle le dépasse certainement.

En effet le nourrissage laitier progresse au voisinage des villes,
des mines et à portée des voies ferrées. D'introduction nouvelle, il
emploie des procédés méthodiques. Guerre est déclarée aux plantes
foisonnantes qui étouffent l'herbe nourricière, comme la moutarde
(*Brassica sinapistrum*) et le chardon du Canada (*Cnicus arvensis*)
si encombrant qu'une loi spéciale en ordonne la destruction. Les
plantes vénéneuses, qui infestent les prairies humides, ciguë aqua-
tique et *Veratrum album*, parente de notre colchique d'automne,
sont étudiées, déterminées, signalées à l'extermination[3].

Dans cette lutte, le ministère de l'Agriculture a pour collaborateurs
tous les éleveurs. Aux propriétaires d'animaux laitiers, la Province
doit plus encore : l'introduction de nouveaux fourrages[4] et même la
création de prairies artificielles, transformation récente qui s'accusait
à peine au dernier recensement (gravure p. 290, pl. XIII). Sur la côte
humide, c'est le trèfle qui prospère si bien que les cultivateurs voisins des éleveurs ne peuvent s'en débarrasser. Dans l'intérieur c'est la
luzerne, plante de pays sec, à racines profondes qui vont au loin chercher l'humidité ; introduite par les Espagnols, gardant encore son nom
moresque d'*alfalfa*, elle se répand du Mexique au Canada dans toute
la vallée de la zone intérieure sèche où l'on pratique l'irrigation. En
Colombie on la cultive surtout dans les bassins de la Nicola et dans
ceux des lacs Shuswap et Okanagan, région irriguée du plateau sud.

Avec le fourrage, les races s'améliorent sur l'initiative des éleveurs

1. *Agriculture in B. C.*, 1904, p. 36.
2. *Recensement du Ca., 1901*, t. II, p. xli.
3. 7th *Rep. Dep. of Agriculture, B. C., 1902*, pp. 13, 185-186.
4. *Agriculture in B. C., 1904*, pp. 35, 59.

laitiers : au lieu des animaux de brousse, les Courtes-cornes et les Jerseys qui ont si bien réussi dans le reste du Canada sont acclimatés dans les plaines du bas Fraser : des étables les reçoivent pendant l'hiver et les grands greniers pour le précieux fourrage artificiel dressent leurs parois de bois et leurs toits de bardeaux autour du chalet élégant qui remplace l'antique cabane de troncs [1].

Contre les inondations de printemps se dressent des digues de clayonnage et de terre bordant le fleuve et ses affluents, protégeant les parties basses où croît le meilleur fourrage qu'arrose tout un réseau de rigoles en damier; grâce à l'élevage, toute la vallée a pris l'empreinte du travail humain, et il faut lever les yeux jusqu'aux montagnes pour voir les restes de la nature primitive.

Des inspecteurs surveillent à l'intérieur de la province l'état sanitaire des troupeaux pour éviter les épizooties; à la frontière le contrôle est exercé par les agents du gouvernement fédéral, maître des douanes.

La plus grande partie du lait produit sert à la fabrication du beurre, faite avec soin. Une loi de 1895 punit les fraudes sur la qualité du lait. En 1891 la Colombie ne possédait qu'une beurrerie, en 1906, elle en avait 16, plus une fromagerie, presque toutes dans la région maritime de l'île Vancouver sud-est et du bas Fraser. Au recensement de 1901, le bâtiment et l'outillage valaient en moyenne 10 000 francs par établissement; la valeur totale des produits s'élevait à 530 000 francs. Dans les crémeries, la crème est retirée du lait frais par le séparateur danois, puis pasteurisée, barattée à la mécanique et le beurre est lavé, pressé, empaqueté sans contact avec la main.

Souvent le matériel nécessaire appartient à un capitaliste, mais son prix reste à la portée des petits et moyens fermiers. S'ils s'entendent, ils peuvent faire les frais de la fabrication et s'épargner un intermédiaire entre eux et le marché. Nulle part la coopération ne s'impose plus évidemment. Le gouvernement l'encourage par la loi générale de 1896 (p. 229) et par une loi spéciale de 1898 destinée à favoriser la coopération laitière (*Dairymens' Association Act*). Aux termes de cette loi, les sociétés coopératives laitières peuvent emprunter au gouvernement la moitié de la somme nécessaire à l'établissement de leur fabrication. Le prêt porte un intérêt de 5 p. 100; il est remboursable en huit annuités à partir de la troisième année. On comptait en 1904 deux laiteries coopératives dans

1. *Agric. in B. C.*, 1907, pp, 29, 28.

le Delta, d'autres sur les bords du lac Shuswap; mais le nombre des entreprises capitalistes était plus considérable.

Lors du dernier recensement[1], la Colombie venait en premier rang, pour la valeur moyenne du beurre produite par fabrique, à l'avant-dernier pour la valeur des produits de la laiterie par tête d'habitant, avec 2 fr. 60 contre 1 fr. 40 en Nouvelle Écosse et 7 fr. 40 pour l'ensemble du Canada.

En 1904, la Colombie importait encore du Manitoba et du Nord-Ouest 6 millions de francs de beurre et laitage, près de quatre fois sa production, mais l'industrie locale montrait un progrès marqué. En 1903, la province produisait 958 845 livres de beurre; en 1904, 1 119 276 livres, soit 25 p. 100 de l'importation; en 1905, 1 456 343 livres. La moitié du beurre consommé dans la ville de Vancouver venait du Delta. Dans ce grand centre, les prix ne sont pas aussi élevés qu'on pourrait croire : 1 fr. 25 à 2 francs la livre de beurre, 0 fr. 40 à 0 fr. 50 le litre de lait[2]. Le Yukon achète une partie de son beurre sur la côte colombienne, ajoutant le débouché du Klondike à ceux que fournissent les mines colombiennes, et les îles du Pacifique, malgré la concurrence de l'Australasie, commenceraient à suivre cet exemple[3].

Avec l'élevage laitier, la culture des fruits représente une des formes perfectionnées et relativement heureuses de la mise en valeur[4].

Dès 1890, il se trouva dans la Province un nombre respectable de propriétaires de vergers pour former une *Horticultural Society and Fruit Growers Association of British Columbia*[4]. Appuyé par les pouvoirs publics ce groupe a les comptes rendus de ses réunions publiés à part dans la série des documents officiels (Bibliogr., n° 74). Il ne fut point étranger au mouvement qui eut pour résultat les lois de 1896 et 1898, dont on a donné la substance, pages 229 et 235. Avant d'accorder ces encouragements à tous les colons, le gouvernement créa en 1894 une direction de l'Horticulture (*Board of Horticulture*) au ministère de l'Agriculture. Ce service étudie, en s'aidant des recherches faites aux États-Unis et au laboratoire fédéral d'Ottawa, les maladies des arbres et des fruits, les plantes, les insectes utiles ou nuisibles, et fait connaître le résultat de ses travaux par des publications. Il reçoit le dépôt des marques de propriétaires et en assure

1. *Recensement du Canada, 1901*, t. II, pp. LIII et LIV.
2. *La Gazette du Travail*, nov. 1906, p. 504; janv. 1907, p. 318.
3. *Agriculture in B. C.*, 1904, pp. 59 et 61.
4. *Id.*, p. 123, et éd. de 1907, pp. 20-27.

la protection, comme le fait un autre service du même département pour le bétail et les produits de laiterie. Il a un service d'inspecteurs chargés de faire appliquer dans les vergers les prescriptions relatives aux graines, aux plantes, à la destruction des arbres malades et des insectes nuisibles.

On cultive les fruits suivant les principes imaginés en Californie et essayés depuis dans tous les pays arides de l'Amérique du Nord, et en Australasie : irrigation dans les parties sèches, et partout choix d'espèces productives, culture en arbustes pour faciliter la cueillette. uniformité de fruit pour faciliter la vente en gros sur échantillons. Un jardin de pommiers en Washington et en Colombie surprend le voyageur habitué à l'aspect forestier des vergers normands touffus pittoresques (gravure p. 238, pl. X, 2) : des rangées régulières d'arbres nains où tout est sacrifié aux fruits, où l'on obtient le moins possible de feuillage, et — si l'on est en zone sèche — des rigoles d'irrigation, tel est l'aspect géométrique, sec, plus industriel qu'horticole, présenté par le *ranch* à fruits.

Les pommes, fruits de bonne vente parce qu'ils sont de conserve et faciles à transporter, réussissent dans l'île Vancouver, et près du bas Fraser, principalement sur les premières pentes de la rive nord : là se trouve Agassiz où le gouvernement fédéral a placé l'une de ses fermes modèles [1] : on y pratique la culture des fruits, surtout des pommes. Dans tous les districts à verger, les variétés dominantes sont des reinettes, un peu différentes, paraît-il, de celles d'Ontario et de Québec. Habitués à un climat froid et sec, les plants de l'Est canadien s'adaptent moins bien sur la côte que ceux de l'Ouest américain, ils ne résistent pas aux effets de l'humidité, moisissures, lichens, insectes. Aussi les horticulteurs colombiens préfèrent-ils les plants des États-Unis et se plaignent-ils que la douane, administration fédérale, soit pour eux trop sévère à l'entrée; mais ils voudraient bien qu'une loi fût votée pour lui permettre de fermer la frontière aux pommes d'Amérique. Chilliwack au confluent de deux vallées fertiles, Hammond, Mission Junction avec son croisement de voies ferrées, sont les points d'exportation pour les fruits, en même temps que centres de crémerie (p. 316) [2].

Les petits fruits, prunes, groseilles, réussissent dans les mêmes régions, mais la cueillette en est difficile faute de main-d'œuvre à bon marché.

1. Rapport annuel du Directeur de cette ferme dans le *Blue Book* fédéral : *Les Fermes Expérimentales* (Bibliogr., n° 66).
2. *Agriculture in B. C.*, 1904, p. 45.

Avec ses nombreux jours de soleil, l'intérieur se prête, dans les vallées du sud, à la culture des raisins et des pêches par irrigation. Le centre de ces vergers se trouve dans la région du lac Okanagan (pages 336-337).

Bien qu'elle ait commencé et se maintienne encore dans plusieurs grandes propriétés, la culture des fruits tend à se faire de plus en plus par la petite culture sur des lots de 8 à 12 hectares, comme il est naturel pour un travail soigné dans un pays où le prix de la main-d'œuvre oblige le propriétaire à mettre lui-même la main à l'ouvrage. Dans de bons lots, soigneusement mis en valeur, le revenu annuel pourrait, après cinq ans d'attente pour laisser pousser les fruits, aller à 1 500 francs l'hectare [1].

En 1891, les vergers à fruits n'occupaient guère plus de 2 500 hectares en totalité [2].

En 1905, la Province avait 5 400 hectares de vergers, soit autour des deux grandes villes, Vancouver et Victoria, soit dans le sud du plateau. On comptait doubler cette superficie en deux ans; elle serait aujourd'hui de 8 à 9 000 hectares [3]; aux 200 000 arbres déjà plantés, 500 000 nouveaux s'ajoutaient; c'est un *boom* qui, venu des États-Unis, gagne toutes les vallées de la zone sèche à pin jaune, monte jusqu'à Nelson et aux Plaines du Tabac (pages 343 et 349).

Malgré tout, la Province ne suffit point encore à sa consommation, et cependant elle exporte, car l'unique voie transcontinentale permet aux régions qu'elle dessert des communications plus faciles avec les marchés extérieurs qu'avec la plus grande partie de la Colombie.

De 1 956 tonnes en 1902, l'exportation des fruits passe à 3 025 en 1904, 4 350 en 1905. Le Yukon reste toujours le principal acheteur, mais les pommes colombiennes pénètrent dans l'Est et vont jusqu'à la grande ville de la Prairie, Winnipeg, où elles s'arrêtent devant la concurrence des espèces ontariennes et québecquoises [4]. Déjà rivaux pour les méthodes de culture et la sélection des arbres, les horticulteurs canadiens de l'Ouest et de l'Est et les horticulteurs américains se disputent la faveur du public par les soins donnés à l'emballage. Enveloppées de papier spécial pour éviter les meurtrissures, les pommes de choix, toutes de même grosseur, de même forme, de même couleur, sont isolées chacune dans un casier de carton, les casiers alignés dans une boîte dont la loi fixe les dimen-

1. Discours du gouverneur général Lord Grey, cité dans *Agriculture in B. C.* 1907, p. 18.
2. *An. Rep. Board of Trade, Vancouver, 1904-5*, p. 24. — *Agriculture in B. C.*, 1904, p. 45.
3. *La Gazette du Travail*, mars 1906, p. 1001 ; janvier 1907. p. 817.
4. *Agriculture in B. C.*, 1904, pp. 44 et 45.

Pl. X

1 - " ROUND UP " PRÈS DE KAMLOOPS (pp. 231, 333).
Plateau graveleux (p. 43); taillis et buissons dans les creux humides (p. 122).

1 - CENTRE NOUVEAU ET VERGERS.
Concessions en damier (p. 211); groupe, église, école, store (p. 246) au croisem' des princip. voies.

sions de 50 centimètres sur 25 de large et 29 de haut, et ces plateaux sont empilés dans des caisses. On demande aux compagnies des wagons spéciaux à rayons, avec des appareils frigorifiques pour les fruits délicats. On obtient aisément le matériel, mais les compagnies, si elles n'ont pas de concurrents, font payer des tarifs élevés. Ainsi les horticulteurs de Colombie se plaignent que les prix exigés les empêchent d'atteindre les débouchés [1].

Nous avons, pour ainsi parler, fait le tour de l'agriculture colombienne; ses autres formes n'ont pas grande importance.

Les céréales et légumes couvraient une superficie de 46 614 hectares en 1891, de 69 381 hectares en 1901. La production des grains n'est guère possible que dans les parties favorables de la zone sèche intérieure, car la région peuplée de la côte reçoit trop de pluie; encore se plaint-on partout des geais, corbeaux et autres oiseaux que les colons trop nouveaux et trop rares n'ont pas encore décimés dans ce pays neuf et qui se jettent en bandes sur les semences, dévorant tout. Dans les districts les plus pauvres encore, notamment à Vernon ou à Midway, on essaye d'utiliser pour la culture des grains et des pommes de terre, les plateaux qu'on ne peut irriguer : ces tentatives, qui consistent surtout à pulvériser l'humus superficiel de manière qu'il laisse pénétrer jusqu'à une couche imperméable les rares pluies et les rosées, sont imitées du *dry farming*, que les Américains, toujours inventifs, pratiquent depuis quelques années dans la région aride [2]. L'orge pourrait se vendre mieux que le blé, car des brasseries s'élèvent dans les ports et les villes minières, mais ces établissements s'alimentent à l'extérieur de grains et de malt. Entre les deux derniers recensements, 1891 et 1901, la superficie cultivée en blé, — 6 134 hectares en 1891, — et en orge, — 820 hectares en 1891, — augmente à peine, pour le blé de 328 hectares, pour l'orge de 1 hect. 62.

Parmi les céréales, seule l'avoine est en progrès, passant de 9 766 à 13 908 hectares, avec une superficie supérieure à celle de toutes les autres réunies. Ce grain sert à faire les gruaux (*rolled oats*) que les Anglais aiment à manger pour leur déjeuner. On récolte l'avoine et on la prépare surtout dans la vallée moyenne du Fraser et de ses affluents, tels que la Chilcotin.

Le maïs n'est guère cultivé que comme fourrage pour les vaches : même sous cette forme il vient mal dans la région côtière trop

1. *An. Rep. Vancouver Board of Trade, 1905-6*, p. 13.
2. *Agriculture in B. C.*, 1907, pp. 18-19.

humide et il ne se présente qu'à l'état de curiosité dans l'île Van-couver.

Parmi les autres cultures, le tabac dans les vallées méridionales de la zone sèche, le houblon dans les plaines humides du bas Fraser sont en augmentation, mais ils donnaient encore des récoltes insuffi-santes pour la consommation, car ils demandent trop de main-d'œuvre pour prospérer dans un pays de hauts salaires. On les cultive sur de petits lots, comme les fruits et pour les mêmes raisons. Le tabac passe de 40 ares en 1891 à 25 hectares en 1901 ; le houblon, dans le même temps, de 20 hectares à 107.

Au recensement de 1901, la Colombie venait au dernier rang du Canada pour la proportion des instruments aratoires dans le capital consacré à l'agriculture, 3,57 p. 100 ; au quatrième, après Nouvelle-Écosse, Québec et Ontario pour la proportion des terres et bâtiments, 77,90 p. 100 ; au second enfin après les Territoires nord–ouest, pour celle des animaux domestiques, 18,53 p. 100.

Pour la valeur totale des propriétés agricoles, la Colombie restait en 1901 l'avant-dernière avec 170 millions environ, ne laissant der-rière elle que la petite île du Prince-Édouard avec plus de 153 mil-lions. Pour la valeur moyenne, la Colombie occupait le quatrième rang, avec 270 francs l'hectare, tandis qu'Ontario figure au premier avec 540 francs [1].

A qui traverse la Puissance, nul contraste ne se présente plus sai-sissant que celui de l'Ouest canadien, l'ancienne Prairie, à peu près exclusivement agricole, et de la Colombie, montagneuse, boisée, et presque entièrement minière. Pourtant la même évolution a fait sentir ses effets dans l'une et l'autre région, la petite culture, soignée et méthodique, le faire-valoir direct remplaçant en tous points, de l'élevage à la production fruitière, l'exploitation rudimentaire de l'an-cienne grande propriété, le gouvernement encourageant de son mieux une transformation qui augmente le nombre des colons et les attache au sol. Si l'agriculture se développe moins rapidement en Colombie que dans les autres provinces, l'étude des mines, puis des transports, va nous montrer quelles raisons économiques s'ajoutent aux causes naturelles pour tourner l'intérêt des habitants vers d'autres sources de richesse.

---

1. *Recensement du Canada, 1901*, t. II, pp. xv : Tableau comparatif des récoltes, xxxvi et xxxvii, Valeur des propriétés agricoles (par provinces), xxxix, État comparatif de la propriété agricole, xl.

CINQUIÈME PARTIE

LES MINES

CHAPITRE XVI

LA VIE MINIÈRE

La Colombie britannique s'intitule « Province minière du Canada ». On verra, par les tableaux de la page suivante [1], que ce titre se justifie.

La valeur totale des produits minéraux de la Province en 1905 est la plus considérable qui ait jamais été atteinte : elle s'élève à 500 francs environ par tête d'habitant.

Longtemps les alluvions aurifères et la houille ont été seules exploitées. Puis on s'est attaqué aux filons et aux minerais qui donnent aujourd'hui le plus clair de la production métallique. Enfin, l'installation d'établissements métallurgiques a fait augmenter le nombre des mines.

Depuis 1893, où commence l'exploitation commerciale des filons, la production minérale de la Colombie s'est multipliée par 5; depuis 1898, où les fours de fusion font leur apparition, elle a plus que doublé [2].

Or, dans cette immense province, l'exploration des solitudes centrales et septentrionales, celle des zones de forêts et de montagnes est loin d'être terminée; il s'en faut donc qu'on connaisse la place et la valeur de tous les gisements. Aussi la prospection, c'est-à-dire

---

1. *Geol. Surv. of Ca. Summary of Mineral Prod. of Ca. in 1905*, Appendice au rapport annuel. — *An. Rep. Mines, B. C. for 1905*, pp. 7-14.
2. *An. Rep. Mines, B. C. for 1904*, pp. 7, 17, *for 1905*, pp. 15, 16.

la recherche des placers et filons, se poursuit-elle encore aujourd'hui partout, même au voisinage des mines les plus anciennes.

I. Production minérale comparée de la Colombie et du reste de la Puissance (moins le Yukon) en 1905.

	TOTAL POUR LA PUISSANCE	COLOMBIE	TOUTES LES AUTRES PROVINCES
	frs.	frs.	frs.
Or.	30 798 165	28 512 010	1 286 155
Charbon et coke . .	88 293 075	20 764 680	54 690 875
Nickel.	37 752 630	—	37 752 630
Cuivre.	37 102 255	29 381 010	7 721 145
Argent.	17 126 980	9 859 090	7 267 890
Plomb.	11 995 110	—	—
Fer	5 864 895	—	5 864 895

II. Production totale depuis la première année où l'on a fait la statistique jusqu'en 1905.

MINÉRAUX	ANNÉE INITIALE	VALEUR EN FRANCS	ORDRE DE VALEUR DANS LA PROVINCE EN :		
			1903	1904	1905
Or. . . { Placers	1858	338 863 515	1er	1er	1er
Or. . . { Filons.	1893	181 925 290			
Houille	1836[1]	368 933 770	3e	2e	3e
Coke.	1895				
Cuivre.	1894	136 290 065	2e	3e	2e
Argent.	1887	118 443 440	4e	4e	5e
Plomb.	1887	74 790 805	5e	5e	4e

La loi colombienne[2] autorise tout individu âgé d'au moins dix-huit ans à prospecter sur les terres publiques et sur toutes celles où les recherches sont permises, pourvu qu'il ait pris un certificat de franc mineur (*free miner*); ce titre, valable un an, coûte 25 francs à un particulier, 250 ou 500 francs à une société suivant que le

1. L'exploitation permanente ne commence qu'en 1852, dans l'île Vancouver (p. 148).
2. *An Act relating to Gold and other Minerals excepting Coal* [*as amended in 1898, 1899, 1900, 1901 and 1902*]. Victoria (impr. officielle), 1905, in-8° de 44 p. — Le *Yearbook of B. C.*, les *Bulletins du Bureau of Prov. Information*, les Rapports annuels des *Board of Trade* de Vancouver et Victoria (Bibliogr., n°° 96 et 97), les brochures de propagande du *Canadian Pacific Railway* contiennent des *Synopsis* des lois minières. Ces lois sont résumées en français dans BURON, *Les Richesses du Canada*, Paris, 1903, in-8°.

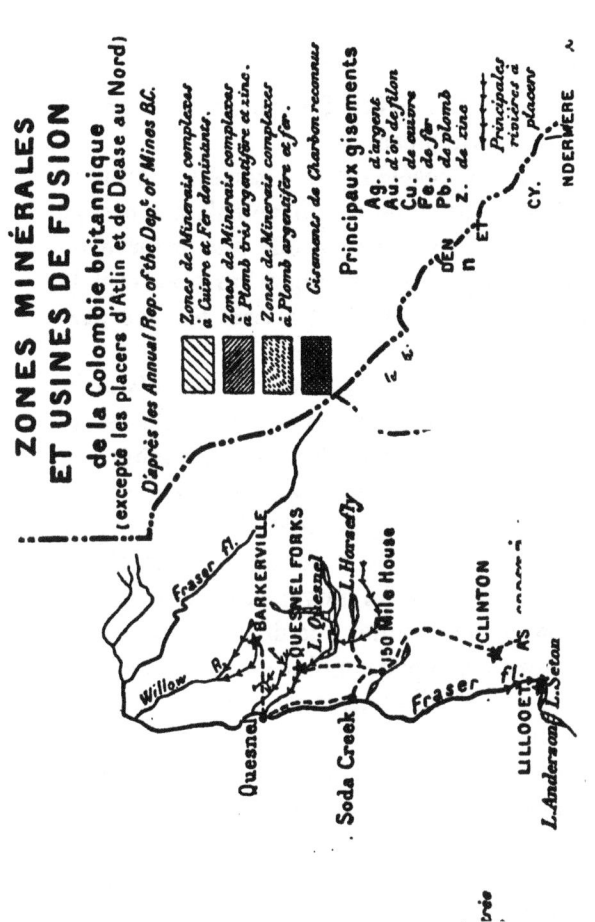

Reconnues dans les régions d'accès le moins difficile, 1° côtes, 2° vallées des montagnes, les zones minérales, orientées S.-E.-N.-W., apparaîtront sans doute plus étendues quand l'exploration sera terminée. — Usines de fusion sur : 1° le détroit de Géorgie ; 2° la voie ferrée du Crows Nest et ses éperons. — *CARTE INÉDITE.*

capital est inférieur ou supérieur à 500 000 francs. Aucune opération minière n'est possible sans cette pièce.

Si le franc mineur, isolé ou représentant une société, découvre un gisement métallique qui lui convienne et qui ne soit pas occupé légitimement, il a le droit d'y tracer à son profit une réserve ou *claim*. La superficie que la loi lui permet d'occuper varie suivant la nature du minerai et le terrain; plus loin je traiterai les cas particuliers.

Autant que possible le prétendant doit donner à son *claim* la forme d'un rectangle; il est tenu d'en indiquer les angles et le centre avec trois ou quatre marques faites d'arbres ébranchés, de poteaux, ou, dans les régions sans bois, soit de grosses pierres, soit de terre amoncelée en tertre; il est tenu également d'inscrire sur la marque centrale son nom et celui qu'il entend donner à ce lot. Enfin il a l'obligation de faire enregistrer le *claim* moyennant un droit fixe de 12 fr. 50 et suivant un délai proportionnel à la distance du bureau des mines le plus voisin, quinze jours pour moins de 16 kilomètres, un jour en plus par fraction de 16 kilomètres en outre de la première. Cela fait, le prospecteur devient un concessionnaire dont les droits sont garantis, à condition qu'il fasse renouveler son titre chaque année en payant une redevance de 12 fr. 50 et qu'il accomplisse sur son lot des travaux d'établissement (*assessment works*) pour une valeur d'au moins 500 francs par an ou, à défaut, qu'il verse une telle somme dans la caisse de l'agent des mines. Tout travail qui dépasse cette valeur est reporté à l'actif de l'exploitant et compte, s'il y a lieu, en déduction pour les années suivantes.

Enfin les exploitants de mines acquièrent l'autorisation de couper le bois nécessaire à leurs installations moyennant une redevance de 2 fr. 50 par corde (3 stères, 6).

Telles sont les conditions communes à toutes les exploitations.

Nous pouvons maintenant nous représenter comment s'opère la pénétration des mineurs. En avant, semblables à des chaînes de tirailleurs, s'égrènent les prospecteurs : ce sont des gens de tout âge et de toute origine; il y a parmi eux des débutants (*tender feet*), il y a de vieux mineurs qui ont cherché en vain fortune dans les deux mondes; deux ou trois découvertes portent le nom caractéristique de *Last Chance*. On trouve sur les champs de mine des représentants de tous les pays d'Europe venus par l'Amérique ou à travers la Puissance, des Canadiens français, des Chinois.

Tout l'argot minier est emprunté à la Californie où s'est créée avec de l'espagnol et de l'anglo-américain la langue des mines d'or. Un gisement riche est une *bonanza*, un rouleau à écraser le minerai une *arrastra* [1]; on entend dans la bouche des prospecteurs un singulier mélange de termes géologiques comme diorite, diabase, dyke, et de sobriquets inventés par eux, *gouge* [2] (intrusion), *black jack* (la blende); ils ont la pratique d'un métal, d'une forme de minerai, d'une sorte de gisements, et, dans ce domaine étroit, ils s'orientent avec un flair surprenant.

D'habitude ils partent par petits groupes; souvent un *last chance* expérimenté, mais à bout de ressources, s'associe un *tender foot* qui fait les frais de l'expédition. Portant couvertures, outils et boîtes de conserves, ou traînant derrière eux un ou deux chevaux de charge, ils s'écartent des chemins tracés, s'enfoncent au milieu du désert ou montent jusque près des neiges éternelles, au-dessus de la ceinture de forêts des montagnes, barrière qui gêne leurs recherches. En route, ils couchent à la belle étoile.

Croient-ils avoir découvert une bonanza, les plus pressés d'argent tâchent d'en vendre le secret à un autre qui demandera la concession du *claim*, à moins qu'il ne revende l'espoir de richesse sitôt acquis.

Les autres marquent un rectangle à leur nom et le font enregistrer sous une appellation spéciale, conformément à la loi. On ne se met guère en frais pour chercher ces nouveaux noms : ce sont parfois ceux du prospecteur ou du premier occupant; les porte-bonheur sont aussi communément employés, *Horse Shoe*, *Blue Bell*, *Silver Bell*, ou bien encore on évoque les lieux célèbres par la richesse de gisements analogues à ceux qu'on vient de découvrir, et l'on dit New Denver, Anaconda, la Plata, Colorado, Comstock, Idaho, Alamo. En Colombie les noms ressemblent à ceux de l'Ouest américain; tout au plus trouve-t-on quelques « saints » dus à des Canadiens français; deux ou trois *King* ou *Le Roi* rappellent qu'on a passé la frontière des États-Unis où plusieurs mines sont baptisées Republic et qu'on se trouve, suivant la plaisanterie des Yankees, *in the clutches of the King*.

Une fois les *claims* enregistrés, mineurs individuels et mineurs des compagnies dressent une tente sur leur lot ou s'y bâtissent une cabane de troncs quand la forêt n'est pas loin. Avec eux, les arbres ne durent guère : pour les maisons, pour le combustible, pour le matériel d'exploitation, pour les poteaux, il faut du bois et on le prend sans ménagement. A portée de chaque mine importante ou

1. *An. Rep. Mines, B. C. for 1905*, p. 208.
2. *Id., for 1902*, p. 238.

groupe de mines s'installe une scierie, et les incendies qu'allument les chercheurs par imprudence, ou pour mettre à nu le sol et faciliter la prospection, achèvent d'enlever à la terre sa parure naturelle.

Sur chaque canton minier, les concessionnaires individuels sont ordinairement les plus éloignés, soit en avant dans le désert, soit en haut sur la montagne. Dans leurs rapports annuels, les inspecteurs des mines déclarent qu'il leur a été impossible d'aller vérifier l'emplacement et le travail de *claims* logés trop loin ou trop haut. On ne sait même pas toujours où ils se trouvent. En 1905, le minéralogiste de la Province, guidé pourtant par un mineur local, n'a pas pu dénicher la plus grande partie des lots récemment pris dans de hauts cirques basaltiques aux sources des torrents glaciaires qui descendent vers la Telkwa [1].

Mais le mineur ne peut vivre sans vendre son or et sans renouveler ses vêtements et sa provision de conserves. Aussi, dès qu'un groupe de concessions est exploité pendant une saison, voit-on s'établir à leur portée, généralement dans une vallée, ce que les Américains appellent un camp minier (*mining camp*) [2]. C'est d'abord un groupe de maisons en bois où les mineurs trouvent l'utile et le superflu ; la plus importante porte le titre de boutique générale (*general store*), et se présente comme une sorte de bazar en planches, avec bar, hôtel, pension, enclos à chevaux ; un maréchal, un forgeron, un sellier, quelques autres artisans s'installent dans le magasin ou à côté. Les professionnels du jeu, les prêteurs sur gage, les somnambules, clairvoyants, diseurs de bonne aventure, tout ce qui peut tenter ce perpétuel spéculateur qu'est le mineur ne manquent jamais au camp. Comme le nouveau centre se trouve soit au bout de la route praticable, soit sur une rivière au point où l'on quitte le canot pour monter aux mines, soit au bord de la mer, la poste et le télégraphe s'y installent, généralement dans le *store*. L'État y envoie un agent de police et y fait construire un de ces violons (*lock up*) qui occupent une place dans le tableau annuel des travaux publics [3].

On doit rendre aux camps miniers du Canada cette justice que l'ordre y règne plus que dans ceux des États-Unis ; on peut en dire autant de toutes les colonies anglaises [4]. Siège de services publics, le camp conserve rarement le nom que la fantaisie individuelle a donné au premier gisement découvert ou aux principales mines :

1. *An. Rep. Mines B. C. for 1905*, p. 129.
2. *Geol. Surv. of Cd. An. Rep.*, 1887-88, R, p. 65 (G.-M. DAWSON).
3. *Report Chief Comm. Land and Works, B. C.* 1903-1904, p. 9.
4. *Annales des Mines*, 1900, t. XVII, p. 268 (JORDAN). — W. P. REEVES, *The Long White Cloud*, 2e éd. Lond. 1899, p. 316.

Pl. XI

1 - EXPLOITATION HYDRAULIQUE DES ALLUVIONS (p. 253).
Placers du Caribou (p. 371).

2 - LAVAGE DES ALLUVIONS AURIFERES AU SLUICE (p. 250).
Chercheurs individuels à Beavermouth.

souvent un fonctionnaire le rebaptise d'après la nomenclature géographique, Slocan, Mount Sicker, ou d'après les grands hommes et les faits récents de l'histoire britannique, Nelson, Balfour, Rosebery, Kitchener, Sirdar, Ladysmith.

Que les mines durent, et les cabanes feront place à des maisons plus confortables, la route sera améliorée, on jettera un pont sur la rivière ; enfin, si la nature le permet, quelques éleveurs et cultivateurs s'installeront pour vendre aux mineurs la viande, le lait, les légumes. Avec eux commence la population stable.

A cette étape le camp devient une *ville*. Dès que le noyau de population s'est formé, le gouvernement a fait tracer des rues, des places et réserver des blocs pour les édifices publics. Quand il juge la population en nombre suffisant, il *incorpore* la ville, c'est-à-dire lui donne une municipalité élue. Le nouveau Conseil lève des taxes, fait établir l'eau, le gaz, l'électricité, les égouts, construit un hôpital et une école. Avant que les rues soient pavées et bordées de trottoirs, les tramways remplacent les cavaliers. Des particuliers publient des journaux quotidiens ou hebdomadaires, *Mining Herald*, *Miner*, qui donnent une grande place aux nouvelles minières. Les banques établissent des succursales pour acheter les métaux ; les compagnies minières et métallurgiques ont des bureaux ; de même pour tout un monde d'agents de terrains, d'avocats, d'ingénieurs. La bourgeoisie fait ménager des *Clubs*, elle fréquente l'*Opera House*, élevé pour les troupes de passage, les réunions ou conférences et les diverses confessions possèdent bientôt chacune leur église. A la place du bois, la brique ou la pierre, suivant les régions, sont employées pour reconstruire les édifices publics et les maisons à « offices » de la Cité ou centre des affaires.

Hors de la ville, dans le site le plus frais et le plus pittoresque, s'élèvent les résidences où logent les riches et les fonctionnaires importants qui ne vont en ville qu'aux heures de service. De ce côté on a parfois sauvé un coin ou quelques arbres de la forêt mais tout le reste a péri ; rousses ou grises, bordées par les débris des mines, les montagnes dépouillées donnent à la cité florissante un cadre où la vie n'est plus représentée que par la fumée des machines et le mouvement des bennes sur les fils aériens.

Ainsi se sont formées Nanaimo, Nelson, Rossland, Grand Forks, presque toutes les villes en dehors des trois grandes cités du golfe de Géorgie. La plupart d'entre elles doivent une part de leur prospérité à une gare de chemin de fer ou à un port.

CHAPITRE XVII

L'OR

Le Canada vient au 5ᵉ rang dans le monde pour la production de l'or; en 1905 il en a extrait pour 72 434 165 francs. Sur ce total, le Territoire du Yukon, qui renferme les gisements du Klondike, a fourni 41 636 000 francs d'or, la Colombie britannique 29 512 010 francs, dont 1/6 environ vient des placers.

La Colombie réunit sur son territoire les principales formes de gisements aurifères[1] : *placers*, c'est-à-dire alluvions contenant des fragments d'or natif; veines de quartz et brèches quartzeuses renfermant, à la surface, de l'or natif, dans les profondeurs, des sulfures et autres composés; filons complexes, enfin, où les combinaisons d'or sont associées à celles d'autres métaux.

Plus faciles à exploiter que les autres gisements, les placers ont les premiers attiré les mineurs et sont restés seuls exploités de 1858 à 1893. Ils comprennent des dépôts de boues, sables, graviers aurifères, tantôt meubles, tantôt durcis sous forme de ciment, toutes matières arrachées par l'érosion aux roches aurifères, et déposées par les cours d'eau dans les vallées et les plaines; les parcelles d'or entraînées avec la roche furent plus ou moins séparées de leur gangue; par l'effet de la densité, les plus grosses appelées pépites (*nuggets*) et grains (*coarse, heavy gold*) ont gagné le fond de l'eau et se sont déposées les premières, tandis que les paillettes (*scale, fine, flour gold*) se laissaient entraîner plus loin[2]. On rencontre des paillettes sur toute la longueur des fleuves à dépôts aurifères; c'est par elles

---

1. Voir Fuchs et de Launay, *Traité des gîtes minéraux et métallifères*, P., 1893, 2 v. in-8°. — D. Levat, *L'industrie aurifère*, P., 1895, in-8°. — J. F. Kemp. *The Ore Deposits in the U. S. a. Ca.*, N.-Y, 1900 (Bibl. n° 81).
2. D. Levat, p. 22.

que l'existence du placer est révélée, c'est après leur découverte que les chercheurs se décident à remonter le cours de la rivière et celui de ses affluents, en quête de gisements riches. Ils explorent les bancs (*bars*) que les eaux laissent à sec pendant la baisse, les dépôts du fond de la vallée, enfin les dépôts *secs*, c'est-à-dire ceux d'anciens lits abandonnés.

Découvert entre 1852 et 1857, l'or des placers joue dans l'histoire de la Colombie le même rôle que dans celle de la Californie. C'est lui qui attira dans l'intérieur des flots de chercheurs et qui, d'un territoire désert avec quelques petits établissements côtiers et quelques ports intérieurs, fit un état nouveau en voie de peuplement (pp. 148 et 328).

Dès 1860 les chercheurs avaient pénétré au nord jusqu'au coude du Fraser, à l'est jusque dans le bassin de la haute Columbia. Les poussées continuèrent avec cette irrégularité qui caractérise la fièvre de l'or : on ne peut dire qu'elles soient finies, car la découverte du Klondike en a amené une nouvelle.

Bien qu'on n'ait pas tout à fait renoncé à chercher l'or dans les alluvions du Fraser et de ses affluents, les placers importants se trouvent aujourd'hui tous au nord de la voie ferrée Canadienne Pacifique. Les deux principaux centres sont le district Caribou dans la boucle du Fraser, et surtout le district d'Atlin à l'extrémité nord-ouest, sur la route de l'Océan au Klondike (p. 388).

L'exploitation des placers se fait par diverses méthodes. Au début, on emploie sur les placers les procédés d'exploitation les plus simples, dont le principe consiste à continuer artificiellement l'œuvre de la nature en séparant l'or du sable et de la boue par l'effet de la densité. Pour toutes les opérations, il faut d'abord enlever l'alluvion à la pioche et à la pelle (*digging*), puis la délayer dans l'eau. Les Américains et les Canadiens appellent *diggers* les chercheurs d'or, que nous nommons laveurs; de tous leurs instruments, le plus primitif est une batée (*pan*), cuvette de bois garnie de rainures sur le bord : le chercheur la remplit de sables ou boues alluviales, mouille le contenu et secoue le tout en inclinant légèrement la cuvette. L'eau s'échappe par le bord, entraînant la terre; les particules d'or les plus denses restent dans les rainures où on les recueille.

Le crible (*craddle*) est un perfectionnement de la batée : il consiste dans un caisson rectangulaire de bois muni de rainures que l'on remplit de dépôts aurifères; un manche en bois lui donne un mouvement de va-et-vient, tandis qu'un filet d'eau versé à la main ou par un conduit opère le lavage : habituellement on dispose l'alluvion au-dessus du caisson sur un tamis qui retient les pierres et ne laisse passer que les sables et boues.

Le conduit d'amalgamation ou *sluice* est un nouveau perfectionnement qui permet de recueillir plus d'or, en utilisant la propriété qu'a le mercure de se combiner très aisément avec le métal précieux. Le sluice consiste en un canal de bois brut, construit généralement sur place avec des planches, et disposé en pente douce; le fond est garni de tasseaux en bois ou plus simplement de pierres plates; entre les interstices, le mineur dispose du mercure; puis il verse dans le haut du canal l'alluvion mélangée d'eau; la masse bourbeuse s'écoule dans le sens de la pente; l'or, en vertu de sa densité, tombe vers le fond et se combine avec le mercure retenu par les inégalités. Au bout de quelques jours, on recueille l'almagame, on le presse à travers une toile ou une peau et l'on obtient ainsi une sorte d'éponge d'où l'or sera séparé du mercure par la distillation. Cette réduction s'opère dans une cornue [1].

Voilà des procédés peu coûteux, auxquels suffisent des instruments de transport aisé, faciles à réparer et même à construire sur place dans un pays où le bois ne manque pas, et tel est le cas de la Colombie britannique. Dans cette province on les trouve encore employés sur les placers neufs du centre et du nord par des prospecteurs et des mineurs individuels, et en tous lieux par les Chinois qui se jettent sur un placer dès que les Européens l'abandonnent.

Une loi actuelle, le *Placer Mining Act*, autorise quiconque détient un certificat de franc mineur à prendre sur les alluvions aurifères connues un petit claim d'environ 23 mètres carrés. Elle encourage la recherche de nouveaux placers en dotant de concessions plus étendues ceux qui découvrent un gisement alluvial à 8 kilomètres au moins de tout dépôt analogue précédemment déclaré. Le « claim de découverte » qui est attribué dans ces conditions, a la largeur habituelle de la catégorie à laquelle il appartient; sa longueur est de 183 mètres pour un inventeur, 305 pour deux; si les inventeurs sont plus nombreux, on ajoute autant de claims ordinaires qu'il y a de prospecteurs en plus des deux premiers. Le claim de placer doit être exploité par le titulaire ou par des gens à son service et le travail ne doit pas s'y arrêter plus de 72 heures consécutives pendant la saison, c'est-à-dire quand on a de l'eau, sauf en cas de force majeure, c'est-à-dire, le plus souvent, quand l'eau vient à manquer.

Nul ne peut occuper plus d'un lot sur le même champ d'exploi-

1. D. Levat, pp. 379 et 23. Voir ici p. 280, pl. XI, 2.

tation, mais un individu peut obtenir à la fois un claim de crique au bord de l'eau, et un claim de fond sec, moins facile à travailler. Le laveur peut être autorisé à faire des adductions d'eau, à condition de payer un droit à l'État et d'indemniser ceux de ses voisins dont il traverse la concession.

D'habitude chacun cherche à se mettre sur la crique pour avoir l'eau; les claims s'alignent donc sur les deux côtés d'un ruisseau.

Sur les rivières importantes d'autres claims occupent pendant la baisse d'été les larges bancs qui découvrent (bars).

Quand des gisements offrent une richesse certaine et un accès relativement commode, capitalistes ou sociétés les prennent tout d'abord les premiers ou bien y achètent les droits de mineurs individuels puis installent un matériel qui permet de pousser plus rapidement l'extraction. Aux pics des diggers se substituent alors les excavateurs ou pelles à vapeur (steam shovels) qui alimentent directement les sluices, économisant la main-d'œuvre au prix d'une grosse dépense une fois faite [1].

Dans le lit des rivières navigables, la place des Chinois qui grattaient pendant la baisse d'été le sommet des bancs de sable est prise par des dragues flottantes qui livrent au lavage et à l'amalgamation tout ce qui se trouve sous les eaux. Cette méthode d'exploitation, inventée en Californie, récemment perfectionnée en Nouvelle-Zélande, a été importée de ces deux pays en Colombie britannique; on trouve une demi-douzaine de dragues à l'essai un peu partout depuis Lillooet et sur le moyen Fraser jusqu'à l'extrême nord-ouest, près des frontières d'Alaska et du Yukon. Les suceuses n'ont pas réussi, soit à cause des galets qui encombrent les dépôts des rivières colombiennes, soit parce que la boue est trop tenace [2]. Les dragues à godets elles-mêmes n'ont pas fonctionné aisément; il reste à adapter la méthode aux alluvions de la Colombie.

A ceux qui veulent employer la drague, des permis (dredging leases) sont concédés pour 20 ans sur un lot de rivière long de 8 kilomètres; les droits à payer sont 100 francs par demande, plus une redevance annuelle qui s'élève, en moyenne, à 250 francs par 1 600 mètres. On impose au concessionnaire l'obligation de dépenser 5 000 francs en travaux par an et par 1 600 mètres. Sur l'or extrait, l'État prélève 2 fr. 50 par once, mais seulement à partir du moment où la production vaut plus de 10 000 francs.

Les meilleurs placers ne sont pas ceux des alluvions modernes,

1. D. Levat, p. 265.
2. An. Rep. Mines B. C. for 1904, p. 20.

ils se trouvent dans les dépôts tertiaires qui remplissent les vallées creusées sur le plateau intérieur par les cours d'eau de l'époque pré-glaciaire (pp. 7 et 10). Ces placers fossiles ont été découverts pour la première fois en Californie où ils firent la fortune de camps miniers portant des noms caratéristiques, par exemple *Miocene City*. Là ils occupent des lits abandonnés par les eaux actuelles et souvent cachés sous une couche épaisse et dure de laves pliocènes.

En Colombie, les vallées tertiaires sont suivies assez souvent par une rivière ou une crique, de débit fort inférieur à l'ancien cours d'eau; entre les deux époques fluviales les volcans n'ont pas joué un rôle aussi important qu'en Californie; par contre, les glaciers cordillérins ont couvert les alluvions d'une épaisse couche formée par l'argile à blocaux. On trouve donc, dans les vallées colombiennes, quand on creuse de la surface au fond : 1° les alluvions modernes aurifères, les premières exploitées; 2° l'argile à blocaux, glaciaire, sans métal précieux; 3° les alluvions tertiaires, les plus épaisses et les plus abondantes en or; 4° la roche en place (*bed rock*). Si les premières couches ont été érodées jusqu'à la roche par les cours d'eau actuels et les pluies, on a sur les côtés de la vallée des terrasses (*benches*) où l'on peut exploiter les alluvions fossiles; alors les modernes s'étalent au fond de la vallée.

Tel est le cas du Fraser et des grosses rivières du sud, Columbia et affluents, alimentées par des glaciers et précipitées sur une forte pente; dans leurs couloirs, les gisements de surface ont été épuisés dès la première fièvre de l'or (1860). Les débris des placers fossiles ont été rapidement enlevés ou bien ont été négligés pour les dépôts analogues plus abondants du centre et du nord.

Là, dans le pays du Caribou, dans celui de l'Omineca et plus au nord dans la région qui touche au Yukon, l'érosion n'a fait qu'entamer la superficie de l'argile à blocaux et les trois dépôts des vallées se superposent dans l'ordre chronologique. Ces régions sont actuellement les plus exploitées. Sur 4 845 000 francs d'or extrait des placers colombiens en 1905, la division du lac Atlin (entre Skagway et le Yukon) en a fourni 2 375 000, le district du Caribou 1 980 000; vient ensuite et de très loin avec 150 000 le district de Lilloet comprenant plusieurs rivières qui descendent de la Chaîne côtière au moyen Fraser [1].

Pour exploiter les placers miocènes ensevelis sous les alluvions postérieures, on commence par sonder à la tige toute la largeur de la

---

1. *An. Rep. Mines, B. C. for 1905*, p. 12.

vallée afin de savoir quel est le point où la roche en place est le plus
loin de la surface; il est évident en effet que le fond de la crique
actuelle ne correspond jamais que par hasard à celui du premier
cours d'eau. Quand on a ainsi obtenu le profil de l'ancien « ravin
en V », on creuse dans la roche bordière, à quelque distance de la
limite des alluvions, un puits vertical et de là on dirige une galerie
horizontale vers le fond de la vallée tertiaire.

Alors on extrait l'alluvion inférieure qui se présente habituellement en blocs comprimés et durcis par la chaleur et la pression; on
l'écrase à l'aide de concasseurs et broyeurs mécaniques, puis on pro
cède à l'amalgamation.

L'extraction par galerie (*drift mining*) a l'inconvénient d'exiger
beaucoup d'ouvriers dans un pays où la main-d'œuvre coûte cher.
Aussi met-on à sa place partout où on le peut la méthode hydraulique (*hydraulic sluicing*) inventée comme les autres par les mineurs
de Californie et perfectionnée par les ingénieurs des grandes compagnies américaines. En Colombie, elle fut inaugurée sur les placers
du Caribou dans l'année 1870 par une société de San-Francisco.
Son application la plus simple se fait sur le bord d'une terrasse de
dépôts aurifères taillée par l'érosion dans la vallée d'un fleuve. On
dispose au pied de la tranche exposée à l'air une longue série de
sluices d'amalgamation perfectionnés au-dessus desquels on fait
arriver un courant ou un jet d'eau sur la terrasse [1]. L'eau entraîne
les dépôts aurifères qui s'échappent à gros fracas et s'écoulent en
torrents boueux par le sluice : les gros cailloux s'en vont tout droit
se perdre au débouché inférieur, les débris plus fins passent avec
l'eau à travers des tamis disposés sur le trajet et circulent quelque
temps dans des courants dérivés (*under currents*) plus longs
et de pente moindre [2], où l'amalgamation a le temps de se
faire; puis ils sont rendus au canal principal où ils rejoignent les
débris.

Quand il s'agit de vallées comblées, on commence par exposer les
dépôts aurifères en pratiquant une tranchée; les sondages préliminaires révèlent le point favorable; on enlève les alluvions meubles,
on fait sauter la masse compacte d'argile glaciaire en la criblant
(*bulldozing*) de coups de dynamite et on atteint de la sorte la couche
exploitable.

Les opérations suivantes sont celles que j'ai déjà indiquées; si l'on
ne peut établir la pente du sluice à l'air libre, on l'installe dans un

---

1. D. Levat, pp. 332 et suiv. — *An. Rep. Mines B. C.* p. ex. *1902*, p. 80 (gr.), *1905*, p. 56 (coupe).
2. D. Levat, pp. 365, 368. — Voir ici, p. 250, pl. XI, 1.

tunnel qui débouche en un point de la contrée environnante plus bas que le pied des travaux.

Dans tous les cas l'exploitation hydraulique demande une grande quantité d'eau. Presque jamais, la crique dans la vallée de laquelle se trouve le front d'abatage n'en fournit assez. Il faut donc barrer son cours à l'amont de la mine, créer un réservoir, y amener d'autres ruisseaux et parfois on ne trouve l'emplacement favorable qu'à plusieurs kilomètres de distance. Autant que possible, la saignée se fait plus haut que le point d'attaque de manière que le liquide y descende par son poids et que la pression donne au jet une force suffisante; du bassin à la mine, l'eau est amenée par des fossés pratiqués sur le flanc des montagnes; quand il faut traverser un terrain perméable, longer une muraille de rochers, franchir une vallée, on emploie des conduites (*flumes*) de bois brut portées par des jambages de bois ou de fonte. Leur longueur dépasse 20 kilomètres en plusieurs endroits.

Aux exploitations hydrauliques l'État laisse prendre de grands lots pour la même durée que les permis de dragage et avec des conditions et redevances analogues. De plus le concessionnaire peut être autorisé à creuser des tunnels et canaux hors de son lot moyennant le paiement d'un droit à l'État et d'une indemnité fixée par le représentant de l'État aux voisins dont il traverse le claim. Le tout est accordé sous condition de travail continu, à moins que l'exploitation ne soit arrêtée par un cas de force majeure ou par la nature; de ces cas, les représentants de l'État sont juges.

Deux saisons, dans ces régions, suspendent l'exploitation hydraulique, l'hiver par la gelée, l'été par la sécheresse; on commence habituellement en mai, pour se voir arrêté en août. L'automne et l'hiver ne sont pourtant pas des mortes saisons complètes; alors on se borne à réduire le nombre des ouvriers; on emploie une partie des hommes à couper du bois, puis, quand la neige est venue et que la gelée l'a durcie, on en profite pour transporter en les traînant les machines importées de la côte et du sud, les bois de la scierie, les minerais exportés.

L'hiver même n'arrête pas tout le travail des mines. L'extraction par galeries (*drifting*), dédaignée quand on a de l'eau, revient en faveur aux froids parce qu'elle reste la seule possible. Les compagnies ne l'entreprennent pas d'habitude; elles la concèdent pour l'hiver à des sous-traitants (*laymen*) qui opèrent à leur compte moyennant une redevance, et qui, le printemps venu, redeviennent ouvriers. Ainsi se conserve pendant quelques mois un semblant d'exploitation indi-

viduelle qui réduit le manque à gagner des compagnies et qui leur
assure des ouvriers permanents dans un pays presque désert[1].

Détournant les rivières, barrant les eaux, coupant le bois, vidant
les vallées et comblant de leurs déblais les régions basses, on peut
juger à quel point les compagnies hydrauliques bouleversent la géologie superficielle des zones où elles opèrent. En Californie, leur
pays d'origine, elles ne sont plus à l'aise depuis le peuplement; les
cultivateurs et les éleveurs intallés dans les vallées et les plaines ont
protesté contre l'avalanche de boues et de cailloux parce que les
sluices troublaient les eaux et ravageaient les cultures; pour leur
donner satisfaction, une loi a été votée qui ordonne aux compagnies
minières d'arrêter leurs déblais avant qu'ils atteignent la zone
habitée, ce qui impose des frais énormes de barrage, pompe, dragage et canalisation. Dans le centre et le nord de la Colombie où
les vallées ne sont pas habitées, rien de pareil : ces régions sont
vraiment la terre d'élection de la méthode hydraulique. Tout au plus
les Compagnies ont-elles quelques difficultés, vite aplanies, avec le
service d'inspection des pêches fluviales qui se préoccupe de conserver,
à l'amont des fleuves, des bassins et biefs de frai pour les saumons.

Pénétrer dans la solitude avant qu'on y rencontre des compétiteurs,
épuiser l'or des alluvions, abandonner le pays et se porter ensuite
vers de nouveaux déserts dans les régions du centre et du nord,
telle est la marche que suivent les exploiteurs de placers. Leur
industrie temporaire et pérégrinante occupe peu de personnes relativement à l'étendue de son terrain; derrière sa ligne de prospecteurs
et de mineurs individuels, la population ne se groupe guère que sous
forme de camps miniers. Ces camps s'animent plus que tous les
autres pendant les bonnes périodes parce que nulle industrie ne
donne de pareils gains et parce que les chercheurs aux mains pleines
d'or, revenant d'une solitude où ils ont vécu dans les privations, sont
plus dépensiers que les autres mineurs. Par contre, il n'en est pas
qui se défassent plus vite, car les placers n'ont qu'un temps. On ne
sait plus où étaient certains centres de la première fièvre de l'or vers
les années 1860; tout récemment on a exhumé dans le coude de la
Columbia un reste de billard et une paire de menottes, seuls monuments qui, par un hasard symbolique, marquaient la place d'un camp
disparu.

La production de l'or alluvial se traduit par une ligne brisée très
irrégulière suivant les hauts et les bas des placers.

1. *An. Rep. Mines, B. C. for 1905*, p. 72. — Voir ici p. 390.

L'exploitation régulière commence en 1858. Par une progression constante, son produit annuel atteint le maximum 19 567 565 francs en 1863, valeur sortie entièrement des placers, alors seuls exploités. La production se maintient au-dessus de 6 500 000 francs jusqu'en 1875 où elle vaut 12 370 020 francs, puis elle baisse continuellement jusqu'à 1 780 000 francs seulement en 1893.

En 1899, elle se relève brusquement à 6 724 500 francs parce qu'on a découvert et exploité, sur la route du Klondike, les placers du lac Atlin qui, à partir de ce moment, prennent le premier rang et le gardent; désormais, la production colombienne d'or de placer remonte et descend avec celle d'Atlin, en restant aux environs de 5 millions de francs. En 1904 Atlin ayant produit 20 p. 100 de plus que l'année précédente, la production colombienne s'élève à 5 576 500 francs : en 1905, Atlin baisse par suite de la sécheresse qui a réduit la saison de l'exploitation hydraulique; la production d'or de placer en Colombie ne vaut que 4 846 500 francs dont 2 375 000 pour Atlin [1].

La même année, la valeur de l'or extrait de divers minerais en Colombie britannique s'élevait à 24 665 510 francs, le plus haut chiffre atteint pour cette catégorie, en augmentation de 7 1/2 p. 100 sur le chiffre de 1904. Aujourd'hui, les 5/6 de l'or colombien sont extraits de mines proprement dites et non plus de placers.

L'exploitation des filons aurifères ne commence en Colombie qu'en 1893, l'année même où les alluvions fournissent le moins; à cette époque on les croit épuisées et les capitaux placés à les travailler commencent à s'employer sur d'autres gisements aurifères; en 1893, la production des filons ne vaut que 117 020 francs, puis elle s'élève par bonds, dépasse en 1895 la production des placers, et, à partir de 1902, se maintient au-dessus de 22 500 000 francs par an.

Dans l'énorme quantité de minerais aurifères traitée en Colombie, le quartz ne formait que 5 p. 100 en 1904, 11 p. 100 en 1905. Presque toute son augmentation représente des concentrés que demandent en supplément les usines de fusion où sont traités les minerais complexes, devenus la principale source d'or en Colombie.

Parmi les zones minérales en rapport, viennent au premier rang pour l'or la Crique du sentier (*Trail Creek*) et la Crique frontière *Boundary Creek* où le métal précieux se trouve associé principalement au plomb dans la première, au cuivre dans la seconde. En

---

1. *An. Rep. Mines, B. C. for 1904*, p. 15, *for 1905*, p. 12.

1905, la division de la Trail a fourni pour 13 410 275 francs d'or au lieu de 13 755 370 en 1904, celle de la Boundary, en progrès sensible, 8 132 505 au lieu de 5 736 450. Tout l'accroissement dans la production de l'or de minerai entre 1904 et 1905 soit 7,5 p. 100 environ, doit être attribué à la Boundary : bien qu'il ne soit pas encore au premier rang pour la production totale, ce district joue ici le rôle directeur qu'Atlin tient dans la production de l'or alluvial [1].

Pour le quartz et pour les filons complexes, la prospection, l'extraction et le traitement deviennent plus compliqués que dans les placers.

Comme les opérations qui précèdent l'exploitation se reproduisent avec peu de différence pour l'une et l'autre série, je les indiquerai une fois pour toutes.

Les filons se trouvent en des endroits moins accessibles que les alluvions, et ce n'est pas sans peine qu'on les découvre dans une région de montagnes boisées comme la Colombie.

Le quartz se reconnaît aisément, mais on ne saurait apprécier sa teneur d'or qu'après des opérations difficiles [2]; si on ne peut les faire sur place, il faut emporter de lourds échantillons.

Les filons complexes se décèlent souvent par un « chapeau » grosse masse oxydée au contact de l'air ou de l'eau (p. 17).

La veine une fois reconnue, on mesure l'affleurement; on prélève des échantillons destinés à un essai qui permettra de savoir si le minéral à exploiter se trouve en « quantité payante ».

Quand le gisement donne des espérances, on le cube en vue de savoir si l'exploitation pourra durer assez longtemps pour payer les frais et rapporter un profit suffisant; on sonde à la tige ou au diamant afin de mesurer l'épaisseur, de connaître la direction, les failles; on cherche s'il y a des filons souterrains (*low levels*).

Le nom de minerai en vue (*ore in sight*) s'applique à la quantité dont on peut, de bonne foi, affirmer la présence après l'examen préliminaire. A volume égal, le meilleur gisement est celui qui affleure le plus largement et qui a la veine exploitable (*pay streak*) la plus voisine du sol, celui qui, suivant l'expression américaine, payera depuis la racine de l'herbe (*from the grass roots*). Ces noms alléchants, *Pay Streak*, *Grass Roots*, et d'autres comme *Bonanza* ont été donnés à plusieurs gisements par des prospecteurs qui voulaient attirer les acheteurs.

A qui découvre un filon, la loi accorde le droit de prendre un

---

1. *An. Rep. Mines, B. C. for 1904*, p. 21, *for 1905*, pp. 12 et 21.
2. D. LEVAT, pp. 53 et suiv., 464 et suiv. (or de quartz).

claim rectangulaire de 230 mètres carrés ; le bénéficiaire est tenu de planter un poteau et de mettre une marque de roche ou de terre à l'endroit où il a découvert le gisement et aux deux points extrêmes de la part du filon qu'il se réserve, d'inscrire sur le poteau central son nom et la date de son certificat de franc-mineur.

Formalités et droits d'enregistrement sont les mêmes que pour les claims d'alluvions aurifères ; la loi exige aussi chaque année une dépense de 500 francs au moins en travaux d'établissement. Mais ici, on a prévu le cas où l'exploitant peut désirer acquérir la propriété du lot, et on l'y autorise sous trois conditions : avoir consacré au moins 2500 francs à des travaux d'établissement, faire cadastrer le lot à ses frais, comme pour les concessions agricoles (p. 214), mais la dépense compte parmi les 2500 francs de travaux exigés, enfin acheter un titre. Alors, le ci-devant *claim* devient une propriété privée qui se transmet dans les mêmes formes que les autres.

Les mines qui appartiennent à des particuliers paient un impôt foncier de 3 francs 25 l'hectare, à moins que le propriétaire ne fasse pour 1 000 francs de travaux par an. De plus, un impôt spécial (*royalty*) est perçu sur le minerai extrait : il s'élève à 1 p. 100 de la valeur au-dessous de 25 000 francs par an, à 2 p. 100 au-dessus.

Nul ne peut prétendre à plus d'un claim sur le même filon ; mais la loi n'impose aucune limite à la propriété privée.

Il est rare cependant que le prospecteur achète le champ de sa découverte, parce que les moyens d'exploiter un filon lui font défaut. C'est ce qu'on exprime en disant qu'il possède une pure espérance (*a mere hope*) ou une simple « possibilité ». Souvent il offre d'en vendre le secret, fait que la langue minière américaine traduit fort bien en appelant *proposition* un gisement connu qui n'est pas travaillé, et en qualifiant de commerciales les propositions qui peuvent tenter l'acquéreur et devenir une « propriété » (*mining property*).

Si le prospecteur est ambitieux et actif et s'il a fait une trouvaille excellente, il tâche de réunir des capitaux, de former une petite société qui exploite sous sa direction. Dans ce cas, on se borne souvent à travailler l'affleurement et on en tire les minerais superficiels que l'eau et l'air ont transformés en carbonates et oxydes faciles à réduire, ou les minerais riches (*high grades*) qui supportent les frais de transport ; on dit alors que le filon est raboté (*gouged*) ou sucé (*gutted out*) [1].

Quant à la masse intérieure formée de sulfures et autres combinaisons réfractaires, le concessionnaire tâche de la transférer à une

1. *An. Rep. Mines, B. C. for 1904*, p. 172.

société assez riche pour traiter les minerais pauvres ou difficiles à réduire (*low grades, refractory ores*).

Aux « périodes d'excitation », c'est-à-dire quand un métal fait prime ou quand s'ouvre une nouvelle région minière, les *saloons* des camps fourmillent d'individus aux poches pleines d'échantillons qui cherchent partout acquéreur pour leur secret ou leur claim ; le prix varie suivant le minerai et sa teneur en métal. Mais c'est une industrie précaire. En effet les sociétés tendent à employer des salariés pour les reconnaissances préliminaires ; des compagnies spéciales se sont fondées pour entreprendre la prospection ; l'une d'entre elles opère dans l'île Vancouver. Ainsi la loi de concentration industrielle s'applique même à des opérations qui semblaient devoir rester individuelles.

Les sociétés minières ne se contentent pas de claims comme dans l'exploitation des placers ; elles achètent les mines métalliques et c'est la première phase d'une domination capitaliste que l'étude des établissements de réduction montrera plus complète encore.

Au sortir de la mine, pour traiter le quartz, on réalise en quelques instants le lent travail par lequel la nature a réduit la roche en sables et boues : on la brise, puis on la broie avec de l'eau pour en faire de la *pulpe*. Or le quartz se présente en veine et brèches compactes et très dures ; pour en détacher les blocs il faut employer la dynamite. D'autre part, on a vite épuisé la partie de surface : il faut ensuite creuser des galeries pour rechercher la veine payante, souvent coupée par des failles, pour aller rejoindre les filons souterrains (*deep levels*). Et ce n'est là qu'une partie des opérations pénibles et coûteuses ; la réduction réserve d'autres difficultés.

Tant qu'on en est à la surface extérieure du filon, on peut retirer l'or par simple amalgamation : en effet, dans les parties voisines de l'atmosphère l'air et l'eau ont détruit les combinaisons où les parcelles d'or étaient emprisonnées et ont mis le précieux métal en liberté comme dans les alluvions. Sous cette forme, on l'appelle *free milling gold*. Pour le recueillir, on fait passer le quartz broyé dans des bocards ou moulins californiens (*mills*) mus par l'électricité, la vapeur ou l'eau : broyage et amalgamation s'y font en même temps.

Dès qu'on attaque l'intérieur du filon ou le quartz des niveaux inférieurs, l'or se présente sous forme de sulfures, de tellures et d'autres combinaisons qui ne s'amalgament pas : ce sont les minerais réfractaires ou rebelles (*rebellious ores*). Ils se perdraient avec les résidus si l'on n'avait trouvé le moyen de les fixer en employant d'autres corps que le mercure ; le procédé habituel au Canada est

la cyanuration inventée pour le traitement du quartz au Transvaal
en 1887 et perfectionné aux États-Unis. La cyanuration et les autres
méthodes fondées sur le même principe sont communes à l'or du
quartz et à celui qu'on trouve dans les filons complexes [1].

Pour les employer, on fait d'abord la *concentration*, c'est-à-dire
qu'on réduit sous le volume le plus petit, en les débarrassant des
matières étrangères, toutes les combinaisons rebelles à l'amalgamation; les concentrateurs sont le plus souvent des vans mécaniques
animés d'un mouvement latéral : la pulpe sortant des concasseurs
et broyeurs y passe plusieurs fois, le mouvement chasse les résidus
plus légers tandis que les fragments chargés de métal, plus pesants,
se déposent sur la toile ou sur le caoutchouc qui forment le fond
des vans.

On emploie aussi, pour les minerais pauvres, des classeurs et
séparateurs par voie humide où la pulpe est délayée, agitée, lavée,
où les parties se déposent ensuite par l'effet de la densité.

Les concentrés sont ensuite soumis à un grillage qui détruit les
combinaisons organiques et chasse l'eau introduite pendant les opérations précédentes.

Ils passent alors dans les cuves (*tanks*) renfermant une solution
de cyanure de potassium qui réagit sur les minerais réfractaires,
prend la place des sulfures et forme avec l'or une nouvelle combinaison moins réfractaire.

Le principe des autres méthodes est le même; ce qui change c'est
surtout le produit chimique employé : on recourt tantôt au bromo-
cyanure, tantôt au chlorure de chaux. A Rossland on utilise l'affinité
du pétrole pour l'or.

Les concentrés ainsi obtenus sont soumis à une dernière opération
qui a pour but d'isoler l'or en détruisant la combinaison artificielle.

Après la cyanuration, ou bien on précipite l'or en faisant séjourner
le cyanure dans les cuves de zinc, ou bien on sépare l'or de la combinaison par l'électrolyse, c'est-à-dire en employant la pile électrique : ce sont là les deux procédés usités en Colombie.

---

1. D. Levat, pp. 586 et suiv., 635 et suiv., 638 et suiv. — *An. Rep. Mines B. C.*, p. ex,
1905, plans de la p. 92.

CHAPITRE XVIII

MINERAIS COMPLEXES ET FOURS DE FUSION

En Colombie les filons complexes fournissent à la fois les métaux nobles et les métaux vils[1] et quoique les premiers s'y présentent en quantité minime, c'est à cause d'eux qu'on a commencé l'exploitation. L'argent avant sa baisse fut le grand adjuvant, l'or l'est aujourd'hui parce que son prix élevé se maintient avec une exceptionnelle fermeté ; on peut donc compter sur lui pour rémunérer les travaux de réduction qui sont dans l'espèce compliqués et coûteux. En effet le traitement des minerais complexes ne se fait point sans four de fusion ou du moins sans un matériel d'usine tout spécial, de sorte qu'avec leur extraction apparaît un commencement d'industrie métallurgique. Quiconque possède des capitaux suffisants se voit intéressé à développer son outillage, pour augmenter le nombre des métaux « sous-produits » et travailler sur des gisements différents. Comme, en effet, les prix varient sans cesse, on doit se mettre en mesure de livrer suivant l'état du marché, tantôt le plomb et l'argent, tantôt le cuivre ou le zinc.

Aussi l'intérêt commercial a-t-il amené des progrès toujours croissants dans l'extraction et la métallurgie des minéraux complexes. On les travaille surtout aux États-Unis où leur exploitation a commencé après que la première ligne transcontinentale permit de considérer les gisements des montagnes en « proposition commerciale », suivant l'expression américaine. Dans les premières années, on traita la galène, sulfure de plomb, qui contient une quantité plus ou moins

---

1. De Launay, *L'Argent.* — Weiss, *Le Cuivre.* — X^{th} *Census of the U. S.* t. XIII, pp. xii et s. — Schnabel. *Tr. de métallurgie gén.*, 2ᵉ tr. fr. P. 1905. — *Le Mexique au déb. du XXᵉ s.*, P. 1905, t. II, pp. 296-314. (*Mines et Industr. min.*, p. de Launay).— J.-F. Kemp (Bibl. n° 81), pp. 188-225 (cu.) et 260-279 (pl. et arg.).—E.-D. Peters. *The Princ. of Copper Smelting*, N. Y. 1907.

grande de sulfure d'argent et souvent des traces d'autres sulfures[1] :
la galène est en effet le plus répandu des minerais complexes ; il fut
le plus avantageux entre 1860 et 1880, avant la baisse de l'argent ;
enfin la réduction de la galène était connue dès l'antiquité et les
Américains n'eurent qu'à la perfectionner.

En Colombie, l'exploitation a commencé de même par la galène.
Quand les mines des États-Unis commencèrent à s'épuiser, les
propriétaires d'établissements de réduction allèrent chercher le
minerai par delà les frontières, au Mexique d'abord, et, plus tard, au
Canada. Vers 1887, on commença d'exploiter pour les États-Unis
les mines colombiennes de plomb argentifère. La valeur de l'argent
extrait de Colombie resta supérieure à 500 000 francs par an jusqu'en 1893, puis elle s'éleva rapidement jusqu'à 17 millions de francs
en 1897. L'extraction du plomb, inséparable de celle de l'argent, avait
commencé en même temps et progressait elle aussi.

En 1897, les propriétaires de mines aux États-Unis réussirent à
faire voter un droit prohibitif de 0,075 par livre (anglaise) sur les
plombs et minerais de plomb importés aux États-Unis. Pendant les
deux années suivantes, l'extraction du plomb et de l'argent baissa
en Colombie, mais les réducteurs américains vinrent installer leurs
concentrateurs et leurs usines en Colombie comme ils l'avaient fait au
Mexique. Ainsi commença la métallurgie colombienne sous la direction des Américains qui en sont encore aujourd'hui les maîtres.

L'argent et le plomb ne furent plus seulement extraits, mais
encore fondus en lingots sur le territoire canadien. La valeur de
l'argent produit en Colombie s'éleva à 14 429 725 francs en 1901,
celle du plomb à 13 459 725 francs en 1900, les deux meilleures
années de l'histoire colombienne pour l'un et l'autre de ces métaux.
Mais la baisse continuelle de leur cours fit tomber en 1903 la
valeur de la production du plomb à moins d'un quart de celle de 1900,
celle de la production d'argent à près de la moitié de 1901.

Menacés de ruine, les propriétaires de mines et d'usines de fusion
s'adressèrent au gouvernement de la Puissance et réussirent à obtenir
de lui, à la fin de 1903, une forte prime à la production du plomb[2].
Dès 1904, les mines et les fours se rouvrirent, la production remonta ;
en 1905, elle vient immédiatement, pour les deux métaux, après
celle des deux années phénoménales 1900 et 1901. Il est à noter que
la prime fédérale ne profite qu'à la Colombie, seule province produc-

---

1. FUCHS et DE LAUNAY, *Traité des gîtes minéraux et métallifères*, t. II, pp. 484, 488.
2. *Report of the Comm. app. to investigate the Zinc Resources of B. C.*, 1906, (Bibl. n° 77),
pp. 376-377.

trice de plomb et qu'en Colombie elle n'a poussé à faire la production que dans une seule division (Fort Steele, Kootenay sud-est), qui, en 1905, possède seulement deux grandes mines actives dont l'une, Saint-Eugène, donne, pour ces années, 75 p. 100, et l'autre, Sullivan, 20 p. 100 du plomb de toute la Colombie. Saint-Eugène fournit, en même temps, plus de 50 p. 100 de l'argent [colombien (p. 347). Dans les autres divisions, la production a remonté depuis la prime, mais elle stationne ou décroît entre 1904 et 1905, sauf dans le district de Nelson, beaucoup moins important que Fort Steele.

A côté du plomb argentifère, on s'est mis à traiter le cuivre auri-argentifère, suivant des méthodes importées des États-Unis par des Américains, en 1894.

En 1904, 20 p. 100 de l'argent était extrait des minerais de cuivre ; en 1905, la proportion s'était élevée à 30 p. 100[1].

La production du cuivre pour 1905 est la plus forte qu'on ait vue en Colombie. Un seul district en produit les deux tiers, celui de la Boundary, que l'on a vu jouer un rôle si important dans la production de l'or tiré des mêmes minerais complexes qui donnent le cuivre[2].

Le zinc se rencontre sous forme de blende ou sulfure dans les minerais complexes de Colombie, surtout avec les galènes des monts Selkirk, entre le lac Kootenay et le lac Slocan. Depuis longtemps les Américains savent l'isoler des autres minerais, le concentrer et le fondre. Dans le district du Slocan et les autres où il se rencontre en Colombie, la blende ne fut d'abord qu'un embarras dont la présence faisait baisser le prix du minerai ; en 1905 seulement, le Slocan a pu vendre, aux États-Unis, un peu plus de 9 000 tonnes de minerais concentrés valant environ 696 000 francs[3].

Le fer, très abondant sous forme de magnétite, n'est pas exploité malgré plusieurs tentatives. Il en sera question à propos des groupes des mines côtières (pages 300-301).

Pour traiter le minerai complexe, on recourt à deux séries d'opérations : 1° la concentration qui se fait en partie près des mines ; 2° la fusion qui s'opère dans quelques usines spéciales. L'une et l'autre sont des perfectionnements américains de méthodes en usage depuis l'antiquité dans la métallurgie de l'argent et du plomb. Les anciens, en effet, ne connaissaient guère, comme minerai d'argent, que la galène, sulfure du plomb auquel est associé, en quantité plus ou moins grande, du sulfure d'argent. Ils la broyaient, puis la fai-

1. *An. Rep. Mines, B. C. for 1905*, pp. 21, 22, 24.
2. *An. Rep. Mines, B. C. for 1904*, p. 21, *for 1905*, p. 21.
3. *Report of the Comm. app. to investigate the Zinc Resources of B. C.*, 1906, pp. 248-272.

saient griller sous un courant d'air; dans la combustion, l'oxygène se combinait avec une partie du soufre sous forme d'acide sulfureux, gaz qui s'échappait dans l'atmosphère. Pour déplacer le reste du soufre, on utilisait l'affinité que le plomb et l'argent ont l'un pour l'autre. Le minerai grillé était fondu après addition d'oxyde de plomb et la « fusion plombeuse » amenait de nouvelles réactions qui dégageaient le soufre et l'oxygène, les combinaient et laissaient en présence du plomb et de l'argent amalgamés.

Pour les séparer, on mettait les lingots obtenus dans une coupelle poreuse placée au milieu d'un four dont on élevait la température au-dessus du point de fusion des lingots. Le plomb, qui devient fluide à une température inférieure à celle de l'argent, s'écoulait le premier et allait s'insinuer dans les parois de la coupelle : l'argent restait au milieu sous forme d'un bouton brillant [1].

Aujourd'hui, dans les établissements des États-Unis et de Colombie, les minerais sont broyés et grillés; ils passent ensuite aux vanneurs mécaniques et aux classeurs où les résidus et les métaux utilisables sont séparés. On obtient ainsi les « concentrés ». Le perfectionnement de chacune de ces opérations est l'un des grands progrès dus aux métallurgistes américains [2]. Grâce à eux, on peut concentrer ou enrichir des minerais que leur médiocre teneur faisait naguère dédaigner. C'est ainsi qu'en Colombie, les établissements perfectionnés de la Boundary et de la Trail descendent de plus en plus bas dans l'échelle des minerais pauvres (low grades) qu'ils traitent.

L'utilisation des gisements faibles paraît être la principale, sinon la seule raison de l'accroissement dans la production du cuivre et de l'argent en Colombie britannique dans l'année 1905. Les progrès obtenus dans le rendement sont marqués par le fait que le tonnage extrait des mines métalliques en 1905 dépasse de 16 p. 100 celui de 1904, tandis que les produits valaient 18,4 p. 100 de plus. De tels résultats assurent la durée des mines qui ne serait pas longue si l'on ne pouvait traiter que les qualités riches ; ils contribuent donc à maintenir et à augmenter la population dans des régions désertes et un instant menacées de le redevenir [3].

Après la concentration vient la fusion dans les énormes fours de briques et de métal abrités sous une charpente et couverts de tôle ondulée qui caractérisent les fours ou *smelters*.

---

1. De Launay, *L'Argent*, pp. 167, 192.
2. *Id.*, *ibid.*, pp. 125, 136-9.
3. *An. Rep. Mines, B. C. for 1903*, p. 24, *for 1905*, p. 15.

Les concentrés où la galène domine sont soumis à la fusion plombeuse[1]. Quand le concentré est trop sec (*dry ores*), c'est-à-dire ne se liquéfie pas assez vite, on y ajoute du plomb ou de la galène fondante très plombeuse (*wet ores*). On se sert aussi comme fondant du borax, de la chaux, du fer. Ainsi un *smelter* ne fait pas travailler seulement sur le filon qui donne le produit principal, mais aussi en d'autres mines ou carrières d'où se tirent les matières nécessaires à la fusion (*fluxing*). Les seules extractions de fer faites en Colombie furent pour les usines de fusion. Aujourd'hui, elles n'emploient plus que le fer avec traces de métaux précieux, par exemple la sidérose des gangues de galène argentifère[2].

Le produit de la fusion est un lingot complexe ou matte, dans lequel domine le plomb ; si le prix élevé d'un autre des métaux fondus fait désirer qu'on l'enrichisse dans le produit, on repasse au four.

Lorsque le sulfure de plomb ne domine pas dans le minerai complexe, la fusion plombeuse n'est pas employée ; ce cas, dans les gîtes exploités actuellement en Colombie, se présente pour quelques minerais réfractaires d'or, pour une faible partie de l'argent, par exemple l'argent antimonial ou arsenical appelé en France argent rouge, en Amérique, *ruby silver*.

Un autre traitement s'emploie pour les sulfures complexes de cuivre que possèdent les gisements colombiens, chalcopyrite ou sulfure de cuivre et de fer, cuivres gris ou sulfures de cuivre, tous avec traces de sulfures d'or, d'argent et de plomb[3].

Les minerais où domine le sulfure de cuivre sont broyés et grillés. Puis le minerai subit une fonte qui a pour but de séparer la partie utilisable des résidus en mettant la combinaison en présence de corps qui absorbent le cuivre comme fait le mercure de l'or et le plomb de l'argent. On fond le mélange avec le minerai dans un four à vent (*blast furnace*) ou dans un four revêtu d'une enveloppe où circule une couche d'eau destinée à empêcher l'élévation trop rapide de la température. Ce dernier modèle est le *water jacket*, inventé et baptisé par les Américains[4] (gravure p. 266, pl. XII, 2).

La première opération donne d'une part les scories, de l'autre un cuivre fort impur appelé la matte-bronze (*copper matte*).

La matte-bronze passe par un second grillage oxydant destiné à

1. D. Levat, pp. 707 et suiv.
2. *An. Rep. Mines, B. C. for 1905*, p. 22.
3. Pour tous ces minerais, Fuchs et de Launay, t. II, pp. 230, 752.
4. Weiss, *Le Cuivre*, p. 151.

éliminer le reste de soufre, puis par une deuxième fusion réductive d'où sort le cuivre noir (*blister copper*).

On a trouvé moyen de transformer par une seule opération la matte-bronze en cuivre noir, grâce à l'adaptation du four convertisseur Bessemer inventé pour la métallurgie de l'acier[1]. Le procédé consiste à souffler de l'air à forte pression dans la masse métallique en fusion pour oxyder les impuretés et en éliminer une partie sous forme de gaz et de scories légères. Brûlage et fusion s'opèrent en même temps dans le four. Le convertisseur tourne pour déplacer le courant d'air comprimé pendant l'opération, et lui faire ainsi produire continuellement tout son effet. Cet outillage est employé dans les usines à cuivre de la Colombie britannique.

La Colombie n'a pas encore de four pour le zinc : sa blen de va, soit en Montana, soit à Frank en Alberta où un *zinc smelter* fonctionne depuis 1905.

Je n'ai donné qu'une idée générale des procédés en usage dans les *smelters* colombiens. Les perfectionnements y sont continus, mais il n'est pas facile de les suivre, malgré tout le soin que met le Rapport annuel des Mines à décrire ceux qu'on lui révèle, parce que les procédés, surtout en ce qui concerne la séparation des divers métaux, sont tenus secrets par les compagnies.

Les mattes et lingots de tous métaux qui sortent des usines de fusion colombienne, ne sont jamais purs ; avant d'être livrés au commerce ils doivent être affinés dans des usines spéciales, qui emploient soit la coupellation, soit l'action de la pile électrique. L'affinage est la spécialité d'usines établies pour la plupart à Newark et New-Jersey, aux environs de New-York.

En somme, la métallurgie de Colombie fond les concentrés de tout genre et dégrossit les minerais complexes pour en tirer un produit qui vaille le transport. Quand on suit les opérations du commencement à la fin, on trouve d'abord la concentration qui est, en l'espèce, absolument nécessaire ; pas de mine complexe utilisable si elle n'est à portée d'un concentrateur. Le rayon d'exploitation varie suivant la commodité de transport : très étendu pour les usines situées au bord de la mer, il l'est encore pour celles qui sont voisines d'une ligne ferrée, mais devient très petit pour celles des régions peu accessibles de l'intérieur. De là le nombre des concentrateurs et des usines de réduction les moins compliquées ou les plus rémunératrices, surtout

1. Wₑᵢss, pp. 190 et suiv.

Pl. XII.

1 - CONCENTRATEUR ALAMO, PRÈS DE THREE FORKS, au cœur des Selkirk (p. 357).
Construct. étagées en bois. Pour la concentration, p. 264, la disposition générale, p. 267.

2 - LA FUSION AU " SMELTER " DU C. P. R. A TRAIL (pp. 265, 361).
Constr. en bois et briques. Four métall. *water jacket*. Matériel des États-Unis.

pour l'amalgamation de l'or et même le traitement des minerais d'or réfractaires par cyanuration.

Les plus importants de ces établissements traitent la production de plusieurs mines.

La principale appartient au propriétaire du concentrateur, généralement une société ; d'autres sont des *alliées*, c'est-à-dire que leurs propriétaires ont des intérêts dans l'entreprise de réduction ; d'autres sont exploitées par un locataire sous condition de fournir le minerai, et, pour cette raison, dites tributaires (*tribute mines*) ; enfin viennent les simples clientes ou *custom mines*. L'établissement de réduction prend souvent la précaution de les lier à lui par un traité (*bond*).

A l'échelon supérieur, les usines de fusion absorbent les concentrés et les minerais dans une zone très étendue. Elles tiennent sous leur dépendance les concentrateurs qui doivent leur livrer leurs préparations dans les conditions convenues sous peine de rabattement (*penalties*) ; elles possèdent des concentrateurs à elles ; elles ont aussi leurs mines propres, tributaires ou clientes.

Dans l'installation des mines et des usines, le voyageur européen remarque le trait caractéristique de toute l'industrie américaine, réduction au minimum de la main-d'œuvre, utilisation maxima de procédés mécaniques.

La mine est généralement ouverte sur le flanc d'une montagne ; du fond de la vallée, on la reconnaît à un talus de débris qui se projette à l'entrée des galeries ; sur la pente un sentier en zigzags promet une montée longue et ardue, mais ce n'est point la voie par laquelle on descend le minerai ; un transporteur aérien, auquel l'énergie est fournie directement ou sous forme électrique par l'une des nombreuses chutes d'eau colombiennes, fait glisser des bennes pleines qui viennent se vider d'elles-mêmes dans des récepteurs placés sous un hangar.

A partir d'ici, les bâtiments de bois sous lesquels s'opère le traitement s'échelonnent en pente jusqu'au fond de la vallée : si l'installation est complète, d'abord vient l'abri des broyeurs et concasseurs, puis celui des vanneurs et classificateurs, puis celui des diverses opérations de concentration, enfin les grils et les fours : d'un étage à l'autre le minerai est descendu mécaniquement ; toutes les machines sont mues par l'eau, la vapeur ou l'électricité : l'électricité fournit l'éclairage. Ce sont encore des forces inanimées qui charrient sur des wagonnets les débris et scories et les versent sur la pente toujours en progrès des haldes qui comblent les vallées. Ce sont elles aussi qui empilent les concentrés ou les lingots dans les

énormes wagons américains qu'un éperon de rail amène devant
la face inférieure de l'usine. Aussi est-on surpris du petit nombre
d'hommes qu'emploient ces établissements grandioses. En 1905, le
personnel des mines qui expédient du minerai, des concentrés, des
lingots, ne dépassait pas 2 394 ouvriers et employés du fond, 1 202
de la surface, soit un total de 3 596 ouvriers et employés répartis
entre 146 entreprises.

Le très important district de la Boundary n'en réunissait que 1 016
dans 20 mines, celui du Trail, le second en importance, 833 dans
8 mines. En dehors de ces exploitations on en comptait pour Boundary et Trail 24 petites occupant 114 hommes en tout.

La proportion de tonnes extraites par mineur varie de 193 dans le
district du Slocan à 950 dans le district de la Boundary. La moyenne
est de 474 pour la province. A Granby, dans la Boundary, le prix
de revient de la tonne extraite s'est abaissé à 6 francs, celui du
traitement d'une tonne par fusion à 5 francs ; c'est pour la réduction 1 fr. 50 de moins qu'au Tennessee où des mines de cuivre
analogues sont exploitées avec une main-d'œuvre et un combustible
moins coûteux, mais sans tous les perfectionnements qui font de
Granby-Grand Forks le grand centre métallurgique moderne de la
Colombie[1].

Si le personnel des usines de fusion paraît minime par rapport à
l'effort produit, il n'en a pas moins formé un noyau de population
appréciable dans les régions presque désertes où l'industrie métallurgique est venue s'établir. Ces ouvriers sont, en effet, concentrés
autour de l'usine.

A côté des fours s'établissent des ateliers de réparation qui occupent d'autres travailleurs, une ou plusieurs scieries pour les constructions et les galeries de mines, parfois une briqueterie pour les
fours. Rossland, qui a la plus grande usine de fusion colombienne,
est le troisième centre de fabrication de briques, venant immédiatement après Victoria et Vancouver. Il faut ajouter les logements
pour tous les ouvriers et employés, les pensions, les magasins, la
brasserie qui s'établit dans chaque ville prospère parce que l'orge se
transporte plus aisément que la bière.

Enfin les usines de fusion qui opèrent dans un rayon considérable
et qui expédient leurs lingots, ont toujours été élevées près d'une
voie ferrée ou près de la mer. Les embranchements de rail leur assurent les communications avec les mines ; l'atelier de réparation du

1. An. Rep. Mines, B. C. for 1905, pp. 15-25.

chemin de fer est souvent placé à leur station ; les ouvriers de la voie et — dans le cas d'une ville en bordure de la mer —, ceux du port, viennent augmenter la population.

Aussi les smelters ont-ils fait naître autour d'eux de véritables cités, pourvues d'une administration municipale, qui forment les centres d'une multitude de camps miniers analogues à ceux des placers.

Sur la côte, une seule usine de fusion fonctionne, celle de Ladysmith, dans l'île de Vancouver, au bord du détroit de Géorgie ; elle produit surtout du cuivre, de l'or et de l'argent. Elle ne trouve pas assez de minerai pour travailler toute l'année ; une autre usine placée dans la même île dut un moment éteindre ses fours. Dans cette région, les mines ne s'exploitent pas sur une échelle suffisante ; d'autre part les usines de fusion du Puget Sound dont les principales sont Everett et Tacoma, les usines toutes récentes de l'Alaska font à celles de Vancouver une redoutable concurrence.

C'est au sud du plateau intérieur, près de la frontière, sur la voie ferrée méridionale, qu'ont été bâties les grandes usines de fusion colombiennes décrites plus loin dans ces chapitres. Greenwood et Granby-Grand Forks, usines du district de la Boundary, fournissent surtout le cuivre et l'or, accessoirement l'argent et le plomb. Granby est le smelter le plus important de la Colombie.

Comparaison des centres de mines métalliques de Colombie britannique 1905 [1].

	MINES EN PRODUCTION	PERSONNEL EMPLOYÉ	AUTRES MINES [2]	PERSONNEL EMPLOYÉ	PROPORTION :	
					1° DU TONNAGE EXTRAIT	2° DE LA VALEUR PRODUITE
					SUR LE TOTAL POUR LA PROVINCE	
District de Boundary Creek [2].	20	1 016	4	22	56,8 p. 100.	37,2 p. 100.
Division de Trail Creek.	8	836	1	8	19,5 —	21,7 —
Division de Fort Steele	3	317			10,0 —	16,0 —
District de Slocan .	52	457	9	32	5,2 —	4,9 —
Toute la côte . . .	8	202	3	18	3,6 —	4,6 —
Autres districts. . .	55		7		4,9 —	15,6 —

1. *An. Rep. Mines B. C. for 1905*, pp. 15-18.
2. Un district comprend plusieurs divisions.
3. Celles qui n'ont pas expédié de minerai.

Rossland et Trail, du district de Trail Creek, et Hall-Nelson fournissent surtout l'argent et le cuivre, accessoirement le plomb et l'or; les deux premières sont en progrès.

Marrysville du Kootenay-Est a donné surtout du plomb, mais vient d'augmenter sa production d'argent.

CHAPITRE XIX

CHARBON ET COKE.
MINEURS ET AUTRES OUVRIERS

Le charbon de terre.

La Colombie extrait de son sol 38 p. 100 de charbon canadien, le reste venant des Provinces maritimes et de l'Alberta.

On exploite actuellement en Colombie deux groupes de gisements appartenant l'un et l'autre à la série crétacée. Le premier mis en valeur se trouve dans la zone des îles, principalement sur la côte orientale de Vancouver; on le connaît depuis 1835, on l'exploite depuis 1836 (p. 148). L'autre se trouve vers le sud des Rocheuses et correspond sur le versant colombien, aux houillères d'Alberta sur le versant de la Prairie : il est en rapport depuis qu'on a construit l'embranchement ferré du Crows Nest (1898).

A l'île Vancouver et dans les montagnes, le charbon exploité consiste en houilles grasses (*bituminous coal*) propres à être transformées en coke. Commencée en 1895, la production colombienne du coke s'est développée rapidement; elle donne aujourd'hui plus que celle de toutes les autres provinces réunies.

C'est là une conséquence du succès de la métallurgie; en effet le coke est indispensable à la réduction des minerais par fusion et la Colombie ne reste pas seule à le demander pour cet usage, ni à consommer les produits de ses mines.

Le Washington, le Montana, l'Idaho, et en général tous les États-Unis du nord-ouest n'exploitent guère chez eux que des lignites tertiaires impropres à fournir le coke pour leurs hauts fourneaux, insuffisantes pour le chauffage courant. Ils deviennent donc les clients de la Colombie et pour le coke et pour la houille; même situation en l'Alaska. Sur ces champs de vente, les charbons et cokes américains de l'Est ne sauraient lutter avec ceux de Colombie parce qu'ils paient des frais de transport plus élevés. Par le tableau suivant on jugera quelle est l'importance des achats faits pour les États-Unis.

Ventes de combustible de Colombie britannique.

EN TONNES DE 2 240 LIVRES ANGLAISES.

1905.

		CÔTE	CROWS NEST	TOTAL
		T	T	T
Houille. . . . { au Canada . .		380 332	148 939	529 271
aux États-Unis.		427 698	246 002	673 700
		808 030	394 941	1 202 971
Coke. . . . . { au Canada . .		5 410	145 044	150 454
aux États-Unis.		4 300	113 337	117 637
		9 710	258 381	268 091

L'industrie houillère coûte fort cher à établir, parce qu'elle exige des capitaux considérables pour la prospection, l'extraction, l'achat de la superficie nécessaire, pour les services divers, enfin l'organisation de la production du coke. Aussi se présente-elle sous la forme de concentration la plus marquée.

Rarement la recherche est l'œuvre d'un prospecteur individuel en quête d'une trouvaille à vendre, comme pour les gisements métalliques. Ici, en effet, l'affleurement n'a de valeur que s'il marque un gisement énorme; les sondages, l'étude du terrain, des bassins, des failles, enfin le cubage sont longs et coûteux. Aussi, le plus souvent une société par actions se constitue-t-elle avant les opérations préliminaires.

Les houillères exploitées sur côte intérieure de l'île Vancouver, autour de Nanaimo et Comox, se partagent entre deux compagnies, celles du Crows Nest sont réunies sous une seule direction [1].

D'autres gisements de houille grasse et d'anthracite ont été reconnus dans le crétacé supérieur de l'île Graham, archipel de la Reine-Charlotte (pp. 27 et 310), mais l'exploitation n'a jamais pu devenir régulière.

Enfin des lignites probablement tertiaires coupent en écharpe le

1. *An. Rep. Mines, B. C. for 1905*, p. 234. — Voir ici pp. 298 et 345.

plateau intérieur (pp. 333 et 382); on vient d'en essayer l'exploitation dans le bassin de la rivière Nicola, sous-affluent de gauche du Fraser.

Personnel et salaires moyens dans les houillères de Colombie britannique (1905).

	NOMBRE			SALAIRE QUOTIDIEN MOYEN EN FRANCS		
	AU FOND	A LA SURFACE	TOTAL	FOND	SURFACE	MOYENNE GÉNÉRALE
Surveillance et bureaux.	83	57	140	38,10	22,50	30,30
Blancs : Mineurs. . . .	1 445	—	1 445	23,50	—	23,50
— Aides	507	—	507	11,25	—	11,25
— Manœuvres . .	624	368	902	13,75	13,00	13,37
— Machinistes et artisans . . .	75	311	386	14,35	18,00	16,17
— Enfants	140	53	193	7,50	7,00	7,25
Japonais.	102	18	120	6,85	5,60	6,22
Chinois	151	473	624	6,85	8,00	7,42
Totaux	3 127	1 280	4 407			

Dans les mines métalliques, les salaires vont de 15 à 20 francs par jour pour les mineurs, de 10 à 15 pour les aides, de 10 à 12 fr. 50 pour les manœuvres; les forgerons et mécaniciens touchent de 15 à 25 francs. L'élévation relative de ces salaires apparaît quand on sait que la pension d'un ouvrier, dans les camps miniers, se paye en moyenne 35 francs par semaine[1].

Conditions générales du travail.

En général les salaires colombiens sont d'au moins un quart supérieurs à ceux du vieux Canada, qui déjà passent les nôtres de 25 à 50 p. 100 [2]. Entre l'est et l'ouest canadien, la différence est parfois plus grande. Ainsi, le revenu annuel moyen d'un charpentier ou menuisier fut, pour l'ensemble du Canada, en 1890-1900, 1 455 francs au lieu de 1 150 en 1880-1890, pour la Colombie, 3 085 au lieu de 2 660[3]. Si l'on tient compte du prix des objets nécessaires, on s'apercevra qu'au Canada comme dans tous les autres colonies de peuple-

1. *Handbook of B. C.*, 1907, p. 23.
2. *Rapports de la Délégation ouvrière française aux Etats-Unis et au Canada*, 1904 (Bibliograph. n° 87), pp. 38-39, 226.
3. *La Gazette du Travail*, avril 1905, p. 1152.

ment, le salaire réel reste fort au-dessus du niveau européen et que le pouvoir d'achat de la classe ouvrière y est plus considérable que chez nous.

En dehors des mineurs, on compte au premier rang des travailleurs favorisés ceux du bâtiment; c'est le cas de tous les pays neufs et prospères, où, pour cette catégorie, la demande dépasse l'offre, ce qui permet aux maçons, charpentiers, plombiers et similaires de dicter leurs conditions aux entrepreneurs [1].

En Colombie, les ouvriers du bâtiment gagnent de 2 à 3 francs l'heure, à peu près le triple des salaires parisiens [2].

Pour les métallurgistes, pour les imprimeurs, le taux de rémunération se compare à celui des mineurs [3].

Quant aux salaires ruraux, j'en ai parlé plus haut, pages 228-229.

Au total, les conditions du travail sont les mêmes que dans l'Ouest américain, pays minier à main-d'œuvre rare et cette assimilation s'applique à la durée du travail comme à son tarif.

Tandis que dans l'Est canadien et américain la journée est d'au moins neuf heures, dans l'Ouest américain et canadien elle tend, vers huit heures pendant cinq jours avec repos le samedi après-midi et le dimanche, soit quarante-quatre heures par semaine et une journée et demie de vacance. Tel est le cas dans le bâtiment : les imprimeurs, eux, donnent huit heures pour les travaux ordinaires, sept heures et demie pour les journaux. C'est l'effet d'arrangements collectifs imposés par les syndicats ouvriers aux patrons.

En ce qui concerne les mines, ces traités ont reçu la consécration du Parlement provincial. Une loi de 1904 limite à huit heures la durée du travail souterrain dans les houillères et prescrit toute une série de précautions relatives à la sécurité et à l'hygiène.

Des propositions soumises à l'Assemblée législative de Victoria étendront, si on les adopte, le bénéfice de ces mesures à tous les ouvriers de la houille, à ceux des mines métalliques, à ceux des fours de fusion et de la métallurgie, toutes professions où la pratique de la journée de huit heures s'introduit rapidement par accords privés.

Enfin les employés de magasin bénéficient d'une loi sur la fermeture de bonne heure (*Early Closing*) qui leur assure la liberté tous les soirs de semaine à six heures, sauf le samedi, principal jour d'achat,

---

1. Même situation en Australasie. Voir Office du Travail. *Législation ouvrière et sociale en Australasie et Nouvelle-Zélande*, Paris, I. N., 1901, in-8°, pp. 71-73.
2. *La Gazette du Travail*, 1905, février, pp. 877 et 889, avril, p. 1137, mai, pp. 1250-51 et 1287-93, juillet, pp. 79, 89; 1906, mars, pp. 1010-1021.
3. *Id.*, 1905, janvier, pp. 727-729, septembre, pp. 317, 338-340.

mais qui leur donne en compensation une après-midi par semaine[1].

De tels résultats sont dus principalement à l'association ouvrière qu'on ne s'étonnera point de trouver forte et entreprenante dans un pays où les travailleurs manuels sont instruits et reçoivent des salaires élevés. Ses cadres, comme dans tout le Canada, sont empruntés aux États-Unis ; dans chaque ville importante siège un Conseil des Métiers et du Travail (*Trades and Labour Council*) analogue à nos Bourses du Travail et réunissant comme elles les divers syndicats d'un même centre ; dans chaque métier, les syndicats sont groupés en Unions ou fédérations professionnelles. Enfin conseils et fédérations adhèrent à une organisation centrale. Au Canada, les Unions sont assez souvent des branches de Fédérations qui ont leur siège aux États-Unis et qui, s'étendant sur les deux côtés de la frontière, prennent le titre d'internationales : de même l'organisation centrale siège au sud du 49° parallèle.

Ainsi toute l'impulsion vient des États-Unis, qui envoient les statuts, les organisateurs, agents appointés de propagande syndicale, assez souvent des subventions pour les syndicats naissants ou les grèves. Ce n'est point la frontière, mais la Prairie qui divise les zones d'agitation ouvrière.

Dans l'Est des États-Unis ont leur centre de gravité plusieurs unions internationales et la Fédération américaine du Travail, capitale Washington, président Gompers, qui défendent les intérêts professionnels mais ne se montrent jamais révolutionnaires ni socialistes.

Dans l'Ouest opèrent des groupements plus récents dans lesquels on reconnaît l'influence des mœurs rudes pratiquées dans ces régions de mineurs et de *cow boys*, et aussi celle des idées apportées par des immigrés socialistes et anarchistes. Telles sont la *Western Federation of Miners*[2] dont le centre est Denver, l'*United Brotherhood of Railway Employees* fondée 1901 à San Francisco, toutes deux en lutte contre des Unions similaires de l'Est qu'elles jugent trop modérées. Telle est encore l'*American Labor Union*, capitale Butte City en Montana, érigée en 1895 à Salt Lake City en Montana, contre la Fédération américaine du Travail que préside Gompers, à Washington.

A ces sociétés se rattachent une grande partie des « loges », « divisions » ou « branches » d'ouvriers qui existent en Colombie.

1. *La Gazette du Travail*, 1904, mars, p. 933 ; 1905, janvier, p. 764, février, pp. 787-889 (bâtiment), mai, pp. 1251 (métallurgie), 1268-69, 1270 (fours de fusion) ; 1906, janvier, p. 729 (imprimeurs), 765, novembre, p. 512 (fours de fusion).
2. *Id.*, 1905, février, pp. 902-908 (mineurs, quelques groupes appartiennent aux United Workers of America, président Mitchell, union plus modérée de l'Est), juin, p. 1384 (peintres).

L'action des organisateurs américains vient se faire sentir chez elles surtout au moment des grèves.

Un rapport officiel [1] publié en 1903 raconte l'histoire de tout un mouvement très intéressant : il commence par une grève des employés de la compagnie Canadienne Pacifique, adhérents à l'*United Brotherhood of Railway Employees*. Cette jeune association venait de former une section en Colombie et la puissante compagnie lui avait déclaré la guerre. Ainsi donc, la lutte, s'engage d'abord sur la question du syndicat et elle ne tarde pas à s'étendre.

Un organisateur américain, Estes, de l'*United Brotherhood*, vient en prendre la direction et tâche d'amener les équipages et les dockers à refuser de travailler pour la compagnie qui possède tout un service de paquebots. Le gouvernement fait arrêter Estes sous prétexte qu'il empêche le service des Postes, mais il doit le relâcher.

Alors se déclarent toute une série de grèves sympathiques, très compréhensibles dans ce pays où les relations économiques se voient si aisément. Les mineurs de la *Wellington Colliery Company*, qui fournit le charbon à la compagnie du chemin de fer Canadien Pacifique, cessent le travail sur l'injonction de la Western Federation dont ils forment une division : il faut remarquer que les syndicats peu nombreux, adhérents à des unions modérés de l'Est, continuent à travailler sur le conseil même de ces sociétés. La grève générale ne réussit point parce que les États-Unis envoient des subsides trop insuffisants : sollicitée d'avancer 25 000 francs, la *Labor Union* n'en donne que 2 500. Enfin tout s'apaise à la suite d'arrangements particuliers. Le rapport officiel dénonce l'action d'Américains, déclare que certaines associations de l'Ouest ne sont pas des syndicats légaux, en donne pour preuve leur « littérature incendiaire » et réclame en termes vagues des mesures de répression [2]. Aucune suite pratique ne lui a été donnée.

L'organisation ouvrière se poursuit comme auparavant : elle est forte et des grèves ont lieu fréquemment parmi les houilleurs qui forment les groupes les plus nombreux et les plus concentrés et qui savent que de leur travail dépendent les chemins de fer et les usines de fusion. Après les grands mouvements de 1903 [3] qui ont affecté presque tous les puits, Nanaimo a connu une forte grève en 1905, les mines du Crows Nest, une autre en 1906. Le différend de Nanaimo a pris fin grâce à l'intervention du ministère fédéral du travail agis-

---

1. *Report of the Royal Commission on Industrial Disputes in... B. C.* (Bibliogr. n° 84).
2. *Id.*, pp. 66-70.
3. *Id.*, pp. 35-62.

sant en vertu d'une loi de 1900 [1] qui lui permet d'offrir son arbitrage. Celle du Crows Nest s'est terminée par les soins d'un agent syndical américain qui a fait accorder aux ouvriers ce qu'ils réclamaient [2].

Bien que les grévistes, à l'imitation des Anglais, fassent le piquet pour empêcher les *scabs* (jaunes) de venir travailler ou pour les en détourner, bien qu'ils boycottent les établissements qui refusent de traiter avec les syndicats, on ne peut pas dire que les grèves de Colombie prennent un caractère particulièrement violent. On est loin ici des coups de dynamite, des attentats contre les personnes qui ont signalé au Colorado, en Montana, en Idaho la lutte des sections américaines de la *Western Federation of Miners* contre les propriétaires de mines et les autorités qu'elles accusaient de leur être vendues. Ici encore apparaît la différence des caractères, et des régimes anglo-canadien et américain (p. 246).

Au Canada la grève se montre plus anglaise qu'américaine. Anglaise aussi est l'action politique; comme en Australasie, comme dans la Grande-Bretagne contemporaine, les syndicats se sont alliés aux démocrates pour essayer de former un parti ouvrier (*Labor Party*) qui s'attache étroitement à son nom et ne se déclare point socialiste. En Colombie les meilleures circonscriptions du *Labor Party* sont les bassins houillers : ce parti compte à l'Assemblée législative une demi-douzaine de membres.

Enfin le socialisme déclaré et conscient a fait son apparition [3], propagé à Vancouver, Victoria, Nanaimo par des Californiens qui l'ont eux-mêmes reçu d'Europe. Véritable capitale de l'Ouest pacifique, San Francisco répand sur toute la côte américaine et jusqu'au Japon les germes d'agitation populaire; elle a commencé en 1879 par l'exclusion des Chinois devenu article essentiel du programme ouvrier (pp. 183-184), elle continue par les principes collectivistes.

---

1. *Rapports de la Délégation ouvrière fr. aux E.-U. et au Ca.*, pp. 42-45.
2. *La Gazette du Travail*, 1905, oct. pp. 443-450 (Nanaimo); 1906, oct., p. 405 (Coal Creek), nov., pp. 502 et 559 (Fernie et Michel).
3. *Rapports de la Délég. ouvr. fr...*, pp. 61-63.

SIXIÈME PARTIE

LES RÉGIONS ÉCONOMIQUES

CHAPITRE XX

LES VOIES DE COMMUNICATION

La partie la plus peuplée de la Colombie britannique est maritime, les villes y sont des ports, les échanges s'y font par bateaux. Aussi le mouvement du cabotage ou du long cours y prend-il une grosse importance.

Les navigateurs ont essayé d'utiliser les fleuves comme voies de pénétration ; mais les alluvions et bancs qui encombrent leurs entrées n'en permettent pas l'accès aux navires de mer, sauf dans la partie maritime du Fraser, où ils remontent jusqu'à New Westminster. Entre les ports des embouchures et le point de navigation, il a donc fallu établir des services de vapeurs fluviaux : le Fraser en a de fort réguliers entre New Westminster et Chilliwack. Sur les fleuves Skeena et Stikine des steamers appartenant à la Compagnie de la Baie de Hudson font quelques voyages d'aller et retour à la belle saison (pp. 74, 76, 325 et 387).

Généralement la remontée n'est plus possible dans les défilés ou canyons par où les eaux traversent la Chaîne côtière. Plus haut, sur le plateau, les fleuves se trouvent coupés par des rapides ou *dalles*, de sorte que leurs parties navigables forment des sections distinctes. Les biefs supérieurs ne peuvent guère être suivis que par des vapeurs spéciaux, à fond plat, calant en moyenne 30 centimètres, mus par une seule roue à palettes placée en arrière (*sternwheels*). Ils ne marchent que le jour pour ne pas s'échouer sur les bancs. Pendant l'hiver, la

gelée, au printemps et jusqu'en juin les crues interrompent la navi
gation. Lents et irréguliers, ces services ne résistent pas à la concurrence de la voie ferrée et, quand elle s'installe, disparaissent des
rivières pour ne subsister que sur les lacs.

Si médiocres que soient les « chemins qui marchent » ils n'en ont
pas moins rendu de grands services aux Indiens, aux premiers explorateurs, et ils servent encore aux prospecteurs et aux chasseurs des
régions écartées. Dans tous ces cas, le moyen de transport usité est un
léger canot d'écorce ou de bois à deux pointes (gravure p. 384, pl. XVI, 1)
qui passe sur les fonds, qui saute les rapides les moins dangereux,
qu'on traîne sur les bancs, qu'on peut au besoin tirer ou véhiculer
par les sentiers ou *portages* entre les cours d'eau si rapprochés de la
Colombie. En dehors des *portages*, dans les régions où l'on ne peut
suivre le fil de l'eau, tout au plus rencontre-t-on, des pistes indiennes
dont la brousse s'empare entre les saisons de passage (p. 165).

Avec les Européens apparaît le cheval de bât qui apporte aux forts
les approvisionnements et qui en ramène les ballots de fourrures.
Sur son passage la piste se marque définitivement, sans qu'on
l'améliore, et devient muletière (*pack trail*). A l'époque des chercheurs d'or, le réseau des sentiers s'augmente en même temps que le
nombre des animaux de charge. Les mules amenées de l'Ouest américain font leur apparition avec leur harnachement à la mexicaine.
On en voit encore sur la route du Caribou et le bât qui les charge
garde le nom d'*aparejos*, importé avec quelques autres termes espagnols par les mineurs californiens.

Après que la Compagnie passe l'administration à un gouvernement
régulier, la Province commence à entretenir les sentiers, mais ils
restent coupés par des fleuves et les criques qu'on franchit, les
hommes sur des canots de rencontre, les animaux à la nage.

Des baraques de relais s'élèvent sur les parcours, prennent des
noms d'étapes, *20 Mile House*, *100 Mile House*; les unes appartiennent au gouvernement, les autres à des particuliers. On y trouve un
enclos pour les animaux, du foin naturel à acheter, un abri pour les
hommes où chacun doit apporter ses couvertures et ses provisions,
mais qui n'en rend pas moins service en dispensant les voyageurs
d'ajouter une tente à la charge de leurs chevaux. Parfois la baraque
sert en même temps de bureau et de logement à l'employé des postes
et au télégraphiste. On peut dire que tous les sentiers principaux et
les routes des sections sans habitants sont aujourd'hui jalonnés de
ces maisons.

C'est encore dans ces conditions que l'on voyage au nord du

coude du Fraser et dans les parties les moins peuplées du sud. Pour ravitailler ses forts, la Compagnie entretient une cavalerie à elle : le gouvernement a traité avec un propriétaire de chevaux pour le service entre le haut Fraser et le fleuve Skeena. Généralement on fait une caravane par an qui accomplit le trajet d'aller au printemps et revient à l'automne.

Au nord du fleuve Nass[1], où il n'y a plus guère de pistes, on attend l'hiver qui couvre la campagne d'une couche uniforme de neige durcie par la gelée. C'est alors qu'on fait les gros transports au moyens de traîneaux tirés par des chiens. Ces attelages, usités dans l'extrême nord par les Esquimaux, ont été importés par les mineurs européens dans la région d'Atlin et Bennett sur la route du Klondike : on les emploie dans la vallée du Skeena et jusqu'au sommet du coude du Fraser, où ils permettent de continuer l'hiver le mouvement commercial opéré l'été par bateaux ou chevaux de charge (gravure p. 330, pl. XIV, 2).

Partout, du reste, les mineurs ou les visiteurs qui veulent gagner un district écarté n'attendent pas le printemps pour s'y rendre ; ils ont soin de faire le voyage avant le dégel ; ceux qui ont l'habitude du Canada arrivent à pied montés sur des raquettes (même gravure).

Dans les régions peuplées et dans celles où le camp minier promet de se transformer en ville stable, le gouvernement fait les frais de routes carrossables (*roads*). Elles coûtent cher à cause des travaux qu'imposent les forêts et les montagnes et en raison du taux des salaires ; leur entretien est difficile parce que le dégel les abîme chaque année et que les charrois les défoncent. Sur beaucoup de points, on répare la route par un procédé employé souvent chez nous dans les chemins forestiers, en comblant d'un bord à l'autre les fondrières au moyen de fascines et de troncs de bois. C'est ce que les Anglais appellent *corduroy*, du nom que porte le velours à grosses côtes.

Pour franchir les rivières, on établit des bacs réguliers que le gouvernement remplace peu à peu par des passerelles suspendues et même des ponts en métal[2]. Toutes les routes sont suivies par des diligences (*stage coaches*) qui mettent les gares en communication avec la région la plus voisine (gravure p. 330, pl. XIV, 1).

Ainsi sont desservies les régions agricoles et minières du sud ; la route à diligences la plus septentrionale est celle qui part d'Ashcroft, station du Canadien Pacifique dans la vallée de la Thompson, et se

---

1. *An. Rep. Indian Affairs, 1903-4*, p. 212.
2. *Rep. Chief Comm. Lands and Works, B. C., 1903-4*, pp. 10-16.

rend aux champs d'or du Caribou dans le grand coude du Fraser. Quand on arrive au bout, on ne trouve plus que des *pack trails*.

Le transport des minerais et du matériel de mines est difficile et coûteux par charrois. Aussi les chemins de fer apparurent-ils comme une nécessité absolue aux autorités provinciales dès la constitution de la colonie, et c'est ce qui décida leur entrée dans la Fédération (1871).

Perdue au bout de l'Amérique, la Colombie ne communiquait pas alors directement avec l'Angleterre, si ce n'est par la voie maritime du cap Horn ou du cap de Bonne-Espérance à Liverpool et Londres. Une route plus rapide s'offrait aux voyageurs depuis l'achèvement du transcontinental américain de New-York à San Francisco. On pouvait aller par cette ligne d'Europe en Californie; au terminus on prenait le vapeur qui part tous les quinze jours pour Victoria; ou bien encore on pouvait se rendre sur rails à Olympia, capitale du Washington reliée deux fois la semaine à Victoria par les bateaux du golfe de Puget.

Un nouveau transcontinental américain, le Great Northern, se construisait depuis 1871 plus près du Canada entre le lac Supérieur et le golfe de Puget. Le gouvernement de l'Union et ceux des États lui avaient refusé une subvention en argent, mais ils avaient augmenté la prime à la construction sous forme de terres publiques à portée de la voie. Ainsi le Great Northern obtenait dans le territoire neuf qu'il traversait, une large zone à droite et à gauche de sa voie. L'avantage qu'il y trouvait était de se procurer de l'argent au cours de ses travaux, soit en vendant à des particuliers des lots desservis par la section achevée, soit en donnant hypothèque sur les autres à des établissements de crédit.

Ce fut l'exemple dont s'inspira le Canada. Dès 1871, la Colombie promit, à la Compagnie qui ferait la voie ferrée, une ceinture continue comprenant toutes les terres vacantes sur 32 kilomètres de chaque côté de la ligne; mais elle exigeait alors que l'entreprise versât 500 000 francs par an. D'après l'acte d'union, le transcontinental devait être en construction deux ans et terminé dix ans après l'entrée de la Colombie dans la Fédération [1].

Soucieux de tenir ses engagements, le gouvernement fédéral, de 1871 à 1873, chercha une compagnie qui voulût entreprendre cet immense travail sans lui demander plus de terres et d'argent qu'il n'en offrait. Il n'en trouva pas. Le ministère conservateur Mac-

---

1. BANCROFT, t. XXV, pp. 386, 681, t. XXXII, pp. 598-599.

donald, qui avait fait la Fédération et promis le chemin de fer, tomba
en 1873 au moment où expirait le délai accordé pour le commencement des travaux. La Colombie se plaignait alors qu'on n'eût rien fait
si ce n'est des explorations; elle employa l'épouvantail d'usage contre
le gouvernement fédéral, c'est-à-dire parla plus ou moins sérieuse-
ment de voter son annexion aux États-Unis. Alors le gouvernement
libéral qui avait succédé à Macdonald essaya de construire le chemin
de fer, sans grande ardeur. Quand Macdonald revint aux affaires,
il déclara qu'on avait dépensé entre 1871 et 1880, 66 millions et
demi de francs, en comptant, il est vrai, les reconnaissances et
études préliminaires, et que les parties construites faisaient à peine
un total de 425 kilomètres.

Résolu à tout pour achever le transcontinental qui devait
assurer la durée de la Fédération, Macdonald traita avec un syndicat de banquiers américains, londoniens et parisiens, qui mirent
sur pied la Compagnie Canadienne Pacifique (*Canadian Pacific
Railway* ou *C. P. R.*), et obtinrent du gouvernement un contrat
sur les bases suivantes. La Compagnie obtenait la propriété de la
ligne tout entière. La Fédération lui cédait la partie déjà construite,
elle s'engageait à continuer à ses frais la section allant des canyons
de Kamloops sur la Thompson jusqu'à la mer et à la remettre à la
Compagnie. Elle donnait une subvention de 125 millions de francs,
et une prime de 10 110 000 hectares de terre à prendre sur le parcours
ou dans son voisinage. Toutes les fois qu'elle aurait achevé 32 kilomètres, la Compagnie pourrait réclamer une part de ces avantages,
proportionnelle au travail accompli. Les concessions du gouvernement furent augmentées par la suite; la Compagnie obtint encore
que ses terres fussent groupées suivant son intérêt. Presque toutes
se trouvent dans la Prairie.

La Compagnie prenait en outre sur toutes ses lignes le monopole
des communications télégraphiques et du transport des bagages à
domicile. Tous les matériaux employés par elle devaient passer en
franchise la douane canadienne.

Lorsque le Parlement fédéral eut à donner son avis sur ses conditions, le ministre déclara que la dépense du gouvernement s'élè-
verait à 110 millions de plus s'il continuait la construction. Le projet
fut voté.

Toutes sortes de difficultés retardèrent pendant plusieurs années
la pose des rails. Où faire aboutir la voie? Les fonctionnaires et les
propriétaires de Victoria, la capitale, réclamaient le terminus, exi-
gence qui eût entraîné la construction de ponts entre le continent,

les îles qui coupent le détroit de la Discovery et l'île de Vancouver (p. 24). Mais les propriétaires du bas Fraser protestèrent. Après bien des hésitations, on finit par juger la traversée du canyon moins coûteuse que le grand pont du détroit, et vers 1874 il parut à peu près certain que la ligne aboutirait au bas Fraser.

Restait à déterminer par où elle entrerait en Colombie : on songea d'abord à tourner les Selkirk en franchissant au nord les Rocheuses par la passe de la Tête-Jaune; déjà le tracé était fait lorsqu'en 1883 la découverte de la passe Rogers permit d'aller au plus court (p. 58).

Franchir les montagnes n'était pas chose facile. Comme aux États-Unis, on ne pouvait songer à creuser de longs tunnels : la dépense de temps et d'argent eût été en effet d'autant plus considérable qu'en Amérique septentrionale on emploie un matériel roulant dont le cube est très supérieur au notre : à poids égal, on obtient ainsi plus de volume utilisable. Les wagons de marchandises mesurent 11 mètres de long sur 2,43 de large et 2 de hauteur sans les roues, les wagons de voyageurs 22 mètres de longueur sur 3 de hauteur. Leur capacité moyenne est de 27 tonnes. Pour pouvoir se prêter aux courbes, ces longues voitures sont montées sur boggies, ce qui augmente encore leur taille; les lomocotives avec tender, eau et charbon, pèsent jusqu'à 200 tonnes [1]. Toutes ces dimensions augmentent à chaque renouvellement de matériel : la capacité des wagons tend vers 40 tonnes. A côté des voitures ordinaires, les convois comprennent des wagons-restaurants et des wagons-lits, plus lourds que les autres, mais indispensables pour les longues traversées de pays déserts [2].

Il est rare que les trains de voyageurs contiennent plus de 14 wagons; encore faut-il les diviser pour le passage sous tunnels des Selkirk et Rocheuses. A Revelstoke sur la Columbia, les trains de voyageurs venant de l'Océan laissent leur wagon-restaurant et prennent en queue une machine de renfort qui seconde la première à la traversée des Selkirk, puis des Rocheuses; ils ne retrouvent un wagon-restaurant qu'à Laggan, sur le versant d'Alberta. Dans le même parcours, on divise les trains de marchandises en rames qui passent l'une après l'autre.

A la montée occidentale des Selkirk, la ligne décrit une immense boucle (loop) de 11 kilomètres destinée à réduire la pente. Sur

1. *Annales des Mines, 1904*, 1ʳᵉ livr., pp. 70-71. Cette livraison et la 9ᵉ de 1906, renferment les prem. parties d'une étude de M. JAPIOT, *Les Chemins de Fer américains, matériel et traction.*
2. *A Short description of the C. P. R. through the Selkirk*, by H. B. MUCKLESTON, Appendix F de A. O. WHEELER, *The Selkirk Range*, t. I, pp. 424-431, avec photographies et coupes des divers types de « snowsheds ».

l'autre versant, entre Rogers et la haute Columbia elle descend
d'environ 22 millimètres par mètre et ce n'est pas encore la section
la plus rapide de la ligne. Le passage des Rocheuses entre Golden,
sur le fleuve Columbia, et Laggan, sur la rivière Bow, est le plus
ardu de tout le réseau canadien : sur le versant colombien, le plus
rapide, la pente va de 32 à 35 millimètres par mètre dans le canyon
inférieur de la Kicking Horse River, entre Golden et Field, puis
dans le canyon supérieur. Sur cette dernière section elle atteint
pendant un court espace de temps, il est vrai, 45 millimètres, le
maximum qu'on puisse risquer sans crémaillère [1]. Le chemin de fer
Matadi–Léopoldville au Congo ne la dépasse point, bien qu'il ait
une voie moitié moins large que celle du Canadien Pacifique.

Dans toute cette section il a fallu abriter la voie contre les avalanches de neiges et de pierres surtout à la descente orientale des
Selkirk, véritable muraille à pic. On y a pourvu au moyen de solides
galeries en bois équarri. Ces abris forment une série de couloirs en
saillie contre le rocher où la voie est taillée en corniche. La paroi
extérieure se compose de troncs de cèdre carrés, plantés dans la plate-
forme, calés avec d'énormes blocs de pierre ; le toit est fait d'autres
troncs en pente, engagés dans le rocher par le haut, assemblés à
queue d'aronde sur ceux de la paroi par leur extrémité inférieure.
Au dehors court une voie extérieure qu'on emploie pendant la belle
saison afin que les voyageurs ne perdent point l'attrait du paysage.

Construits pour qu'on aille vite et qu'on ne dépense pas plus que
la recette probable de la voie, tous ces travaux, si énormes qu'ils
soient, ont un caractère provisoire : terminer à tout prix, refaire
ensuite s'il le faut, ainsi peut se résumer la méthode des constructeurs. Même les ponts et les passerelles qui franchissent de vertigineux précipices présentent ce caractère ; ce furent, au début, de légers
échafaudages de bois, semblables à ceux que nous voyons autour des
maisons parisiennes en construction ; au sommet, tout juste la place
de la voie, sans garde-fous, sans ballast, sur un simple tablier de
madriers à claire-voie (gravure p. 384, pl. XVI, 3). Plusieurs servent
encore, d'autres se montrent abandonnés, à côté de la passerelle de
fer qui les a remplacés. Cette réfection de la voie se poursuit chaque
année suivant les disponibilités financières, et le voyageur passant à
intervalles réguliers peut en apprécier l'importance soit aux ponts,
soit sur les parcours ordinaires. La même marche a été suivie
partout, y compris dans l'autre section difficile, celle des canyons,

---

1. Renseignements fournis par le C. P. R. Office, à Montréal, confirmés par A. O. WHEE-
LER, *The Selkirk Range*, t. I, pp. 156, 157.

qu'entreprit l'État : là aussi la voie a dû être changée, et les tabliers du début, faits presque tous en bois, reconstruits plus tard en fer.

Malgré tout, les dépenses de premier établissement furent énormes. On les a évaluées à 300 millions de francs.

Nous savons en détail le coût des sections construites par le gouvernement fédéral. De l'Océan Pacifique au banc d'Emory entre Hope et Yale, c'est-à-dire sur le bas Fraser, les parts furent adjugées aux entrepreneurs à 93 625 francs le kilomètre. Du banc d'Emory au banc de Boston, dans la partie la plus resserrée du canyon, le prix du contrat fut 134 312 francs le kilomètre en moyenne, le coût réel 250 000 francs, et, pour quelques sections ardues, 625 000 francs le kilomètre. Le pont de fer lancé sur le Fraser en aval de Lytton, long de 162 mètres, revint à 1 400 000 francs.

Le nombre des ouvriers employés en Colombie alla de 4 000 à 7 000. Les blancs touchaient de 8 fr. 75 pour un manœuvre à 20 francs pour un artisan. L'entreprise leur offrait, à leur choix, le vivre et le couvert moyennant une retenue de 20 francs par semaine. A côté des blancs, des Chinois étaient employés comme terrassiers à un salaire moindre que les manœuvres blancs [1].

La Compagnie avait promis de livrer la ligne le 1er mai 1891 ; or les travaux marchèrent si vite qu'on fut prêt plus de 5 ans avant l'expiration du délai convenu. Le 7 novembre 1885, le dernier rail était posé à Craigellachie, débouché sur la Thompson de la Passe de l'Aigle qui traverse la dernière chaîne occidentale, celle de l'Or.

Aujourd'hui la voie est suivie chaque jour dans chaque sens par deux express transcontinentaux l'été, un l'hiver, qui sont dédoublés en cas de besoin et par un nombre de trains mixtes et de marchandises qui varie avec les besoins. D'élégantes stations en pierre et bois, de style anglais rural, ont pris la place des plateformes de sapin (*sidings*) seules en usage au début, par économie.

Autour des centres de division (*divisional points*), Revelstoke au pont de la Colombie et au pied des montagnes, Kamloops et North Bend à l'entrée des canyons, l'un de la Thompson, l'autre du Fraser, se groupent les voies de garage, les rotondes, les ateliers de réparations qui, en même temps que les mines, ont contribué à créer des petites villes dans un pays désert avant la construction.

Une douzaine d'années après l'achèvement du transcontinental, la Compagnie du Canadien Pacifique se faisait concéder la construction

---

1. Bancroft, t. XXXII, pp. 680-682.

d'un embranchement allant de la Prairie aux houillères du Crows Nest dans les Rocheuses colombiennes méridionales, et dans tout le district galénifère du Kootenay jusqu'au lac Kootenay. En 15 mois, du 18 juillet 1897 au 7 octobre 1898, 463 kilomètres furent posés entre Lethbridge, en Prairie sur la grande ligne, et Kootenay-quai sur le lac. Puis de l'autre côté du lac, une ligne fut construite qui traverse les riches gisements de minerai complexe de la frontière et qu'on prolonge en ce moment jusqu'à rejoindre le transcontinental dans les canyons du Fraser (pp. 332 et 364).

D'autres embranchements secondaires amènent le trafic aux deux grandes lignes sud et nord.

Enfin le Canadien Pacifique a repris le 1er avril 1905 la principale ligne de l'île Vancouver. En 1883, ce chemin de fer avait été concédé à une société qui reçut 3 750 000 francs, plus 600 000 hectares de terrains [1]. Depuis 1905 le domaine a été transféré avec la ligne au Canadien Pacifique [2].

On imaginera la puissance financière de la Compagnie, quand on saura qu'elle est au monde la seule qui détienne, d'un bout à l'autre, une ligne transcontinentale et le télégraphe construit à son côté, qu'elle possède plus de 13 000 kilomètres de rail sur les 31 000 du Canada, qu'elle est, après la Fédération et les Provinces, le plus grand propriétaire de terrains de colonisation dans l'Ouest canadien, qu'elle possède 14 paquebots transatlantiques dont 5 font le service des ports colombiens en Extrême-Orient, 13 paquebots voiliers sur le Pacifique, 22 steamers sur les divers lacs du Canada, dont 17 en Colombie, 12 hôtels de première classe dont ceux de Field dans les Rocheuses (gravure p. 70, pl. II, 1), Glacier dans les Selkirk, de Revelstoke, du lac Arrow, de Vancouver, de Victoria.

En 1904 ses dépenses totales, équilibrées par ses recettes, s'élevaient à 215 millions de francs [3].

Maîtresse de presque tout le réseau colombien, la Compagnie Canadienne Pacifique est accusée par les colons de manier les tarifs à sa fantaisie, de favoriser les mines, scieries, fabriques de conserves, entreprises de tout genre où ses administrateurs sont intéressés, de rendre l'exportation impossible aux autres. C'est la lutte du colon et de la compagnie de transport, qui se fait dans toute l'Amérique. De même que le *farmer* des États-Unis, celui du Canada fait appel à la Fédération ; de même que le gouvernement de Washington, celui

1. BANCROFT, t. XXXII, p. 692. — *La Gazette du Travail*, mars 1905, p. 1001.
2. *An. Rep. Victoria Board of Trade, 1905*, pp. 17, 18.
3. *An. Rep. C. P. R. Co*, Montreal, 1904, pp. 19, 21, 27.

d'Ottawa a réuni une commission chargée d'examiner les tarifs et
de les faire réduire s'il y a lieu.

Dans ce pays d'entreprises nouvelles, on considère la concurrence
comme un remède immédiatement applicable. En ce moment, on
oppose au C. P. R., le Grand Tronc (*Grand Trunk*), compagnie
rivale qui s'est fait donner la concession d'une nouvelle ligne transcontinentale au nord de l'actuelle. La construction en est commencée
dans l'Est et dans la Prairie. Mais où cette ligne passera-t-elle en
Colombie? C'est ce qui n'est pas encore public. Connaissant le besoin
qu'on a de lui, le Grand Tronc réclame à la Province d'énormes
concessions : latitude de tracer les lignes à sa convenance, 4 000 hectares de terres publiques par kilomètre construit, propriété complète
de tous les emplacements de villes nouvelles, exemption d'impôts
pour 30 années. Dépouillée d'une partie de son domaine colonisable,
la Colombie refuse et ne veut plus accorder que des subventions en
argent une fois données[1] : mais qui sait si elle pourra maintenir sa
résistance?

En tous cas on peut dire que, de toutes les lignes importantes de
Colombie, aucune n'a été faite sans rien coûter à l'État. Il semble
que la Province ou la Fédération auraient pu essayer de construire
et d'exploiter elles-mêmes, comme presque toutes les autres colonies
anglaises. La question a été posée plusieurs fois, notamment aux
dernières élections fédérales, celles de 1904, à propos du Grand
Tronc. « Choisissez, disaient les conservateurs, entre un gouvernement au pouvoir des chemins de fer et un chemin de fer au pouvoir
du gouvernement (*A Railway owned Government, or a Government
owned Railway*). » Le parti libéral s'est prononcé pour la Compagnie, et les électeurs lui ont donné raison.

Ainsi triomphe au Canada le système américain : construction
des voies par des sociétés privées qui font plus vite, plus confortable
que l'État, mais qui, par les concessions de terres et la maîtrise
des tarifs, arrivent à jouer dans la colonisation un rôle plus grand
que celui de l'État. La Colombie, plus éloignée, moins attractive, et
qui avait plus besoin de voie ferrée que les autres, est au Canada
le cas le plus frappant de cette situation générale.

1. *An. Rep. Vancouver Board of Trade, 1904-1905*, pp. 13, 21, 22.

CHAPITRE XXI

LES ILES

Ile Vancouver. — La région des ports et la houille.

L'île de Vancouver et les petites îles qui en dépendent comptaient, au recensement de 1901, 50 886 habitants, soit près de 2/7 de la population colombienne. Dans ce total entraient : 5 200 Indiens et 902 métis d'Indiens, soit 6 102 indigènes, plus de 1/5 du total de la Province ; 5 317 Chinois non naturalisés, près de 1/5, 1 243 Japonais non naturalisés, plus de la moitié du total pour la Province [1].

D'un recensement à l'autre, les effectifs augmentent, excepté celui des Indiens qui paraît baisser. D'après l'estimation fort approximative de 1857, les naturels auraient été à cette époque deux fois plus nombreux qu'en 1901 [2].

En 1901, 28 827 habitants, près de 3/5 du total pour l'île, résidaient dans la bande de plaine littorale sud-est entre la capitale Victoria et les houillères de Nanaimo : sur ce nombre même, 20 816, soit environ 2/5 du total, se groupaient dans la capitale Victoria et ses faubourgs.

L'origine de Victoria remonte à la construction du second fort élevé dans l'île Vancouver par la Compagnie de la Baie de Hudson. Le premier, Rupert, au nord-est, avait été bâti en 1839 [3]. L'emplacement de Victoria fut choisi en 1841 à l'endroit appelé par les Indiens Camosun ou le « défilé des eaux » : entre des berges rocheuses et boisées formant ce qu'on appelle aujourd'hui « the Gorge » ; une

1. *Recensement du Ca., 1901*, t. I, pp. 18-22.
2. *Id., 1870-71*, t. IV, p. LXXIX.
3. BANCROFT, t. XXVIII, p. 615.

petite rivière y débouche par un estuaire dans une rade profonde, spacieuse et abritée.

Sur un plateau compris entre la rivière et la rade, la Compagnie fit couper les sapins et, de leurs troncs, on construisit une enceinte carrée dont chaque côté mesurait 90 mètres; elle était entourée d'un fossé de 6 mètres. Deux des angles étaient flanqués chacun d'un bastion octogonal portant 6 canons de 6 livres. C'était le type du fort de frontière maritime, capable de tenir contre les ennemis du dehors et non point seulement contre les Indiens. En juin 1843, les travaux étaient terminés[1]. On a vu plus haut (page 146) comment ce fort devint et resta la capitale de la colonie.

Au recensement de 1901, on trouvait à Victoria un peu plus de 20 000 habitants, dont 15 500 sujets britanniques, 2 978 Chinois et Japonais, 716 Allemands, 471 Scandinaves, 350 Franco-Canadiens, Français et Belges. Aujourd'hui le total des habitants approche de 26 000[2].

Les derniers Indiens qui vivent autour de l'ancien Camosun — quelques dizaines — ont été cantonnés au fond du port dans la petite réserve des Songhees qui gêne le développement de la ville et dont la province réclame le déplacement au service fédéral des Affaires indigènes[3]. A 134 kilomètres sud-ouest de Vancouver, à 128 nord-ouest de Seattle, Washington, Victoria est relié à ces deux ports par un service quotidien : d'autres lignes y font escale.

Victoria est aujourd'hui la seconde ville et le second port de la Province après Vancouver : 5 à 6000 navires de tout tonnage dont un quart d'étrangers y passent chaque année. En 1906 la valeur des exportations s'élevait à 16 771 370 francs, pour 7 009 080 d'importations[4].

L'entrée de la rade forme le port extérieur où s'arrêtent les paquebots; ils y trouvent à mer basse 8 m. 85 de mouillage au pied d'un quai de bois que bordent des docks spacieux. Mais ils y restent exposés aux coups de vent du sud-ouest. Une digue donnerait au port plus de sécurité. Le port intérieur, bien abrité, est peu profond, vaseux et découvert en partie à marée basse; il faut y faire travailler les dragues[5]. Dans son fond, contre le village songhee, s'abritent hors saison les goélettes et schooners des chasseurs de phoques (p. 204).

Derrière un angle du port intérieur, appelé la Baie James, s'élève

1. Bancroft, t. XXXII, pp. 85, 491, t. XXXII, p. 106.
2. Recensement du Ca., 1901, t. I, p. 284. — Handbook of B. C., 1907, p. 58.
3. An. Rep. Indian Affairs, 1904-5, p. 205.
4. An. Rep. Victoria Board of Trade, 1905, p. 36; 1906, p. 27.
5. An. Rep. Victoria Board of Trade, 1905, pp. 10, 48; 1906, p. 15.

LA CAPITALE, VICTORIA, ET SES ENVIRONS.

Vue prise du Nord. En allant du premier plan jusqu'au fond : reste de forêt primitive, prairies artificielles en rectangles clos de barrières, la ville entourée d'arbres, le détroit de Juan de Fuca, enfin le massif de l'Olympe (Washington) couronné de neiges.

le Palais provincial tout neuf qui renferme les locaux du Parlement et des ministères. La Baie James, dont le fond vaseux découvrait à marée basse, vient d'être asséchée, et la Compagnie Canadienne Pacifique a acquis le nouvel emplacement pour y élever un grand hôtel à côté du quai et des docks en bois réservés à ses navires.

Du square qu'entourent les constructions nouvelles de la Province et de la puissante Compagnie part la rue principale qui ne diffère pas des autres, si ce n'est par ses magasins et son animation.

Toute la cité forme un damier à angles droits. Les maisons, petites, plus semblables à des *homes* d'Angleterre qu'aux *buildings* de Seattle ou Tacoma, furent à l'origine en bois du pays, et l'on en trouve encore beaucoup dont les matériaux à peu près tous semblables, les portes et les fenêtres de même coupe ont été livrées à la grosse par les scieries locales. Mais sur les grandes artères, les propriétaires ont rebâti leurs demeures en briques et pierres.

Dans le centre, les trottoirs sont macadamisés, les rues pavées de bois, mais les longs planchers de sapins en bordure d'une chaussée tantôt poudreuse, tantôt boueuse, première forme des travaux d'édilité dans les cités neuves de l'Ouest, ne sont pas encore tous remplacés.

Administrée par une municipalité active, la ville a des égouts, des canalisations d'eau potable, de gaz, d'électricité.

Sur les mamelons qui l'entourent se trouve un parc public d'où l'on découvre par-dessus les flots, quand les brumes de l'Océan le permettent, les montagnes de la côte à l'est, et au sud, la crête neigeuse et les flancs boisés du Mont Olympe (gravure p. 290, pl. XIII).

Les résidences élégantes entourées d'arbres, les clubs de campagne, les emplacements préparés pour les jeux de plein air occupent la région ondulée de l'est, entre la ville et la pointe sud-est de l'île, toute voisine de Victoria.

A l'ouest, et toujours dans la banlieue de la capitale se trouve la rade d'Esquimalt, longue de 5 kilomètres, large de 3, analogue à celle de Victoria, mais plus profonde, plus spacieuse, mieux fermée. Elle offre un excellent mouillage avec 11 mètres d'eau à mer basse, à 1 200 mètres du rivage et sur une longueur de plus de 4 kilomètres et demi[1].

Là se trouve un port militaire avec un bassin de radoub, casernes et fortifications : c'est le point d'attache de la division navale du Pacifique nord : jusqu'à ces derniers temps il était gardé par un

---

1. *An. Rep. Victoria Board of Trade, 1905*, p. 48.

détachement de fusiliers et de canonniers britanniques; aujourd'hui la garnison est canadienne. La division navale anglaise va être remplacée par quelques croiseurs canadiens, malgré la protestation de la branche locale de la *Navy League* impériale. Esquimalt gardera des cottes rouges et des jaquettes bleues, mais elle perdra l'état major anglais cher à la société élégante de Victoria et qui maintenait dans cette ville, comme à Halifax, quelque chose des traditions aristocratiques anglaises. Jusqu'aux dernières élections, Halifax et Victoria restaient conservatrices et impérialistes. En 1904 Victoria a voté pour des libéraux; en 1905 la Chambre de commerce a refusé de s'associer à la protestation de la Navy League. Victoria, menacée par la concurrence de Vancouver, devient, elle aussi, une ville de pays neuf, préoccupée de l'avenir plus que du passé.

Esquimalt et les autres groupements de la banlieue sont reliés à Victoria par des tramways électriques.

De la capitale partent encore deux chemins de fer à voie normale. L'un n'a que 26 kilomètres : il traverse du sud au nord, dans toute son étendue, la péninsule de Saanich qui borde le détroit de Haro pour aboutir au petit port de Sidney près de North Saanich.

L'autre, desservant sur 116 kilomètres de long la bande sédimentaire relativement plane qui borde la côte sud-est (p. 24), relie Victoria aux importantes houillères de Nanaimo et Wellington sur le détroit de Géorgie. On l'appelle chemin de fer Esquimalt Nanaimo. C'est la ligne que la Compagnie du Canadien Pacifique vient de reprendre avec toute la concession faite au premier exploitant, c'est-à-dire 600 000 hectares qui forment plusieurs morceaux sur la bande minière et cultivable depuis Otter Point, au sud-ouest de Victoria, jusqu'à Comox, 100 kilomètres au nord du terminus actuel [1].

Imitant les procédés d'une entreprise américaine qui a loti un domaine forestier du même genre à Bellingham dans le nord du Washington, le service des terres du Canadien Pacifique fait déboiser les meilleures parties, à peu près 1/15 du total, en les louant à des marchands de bois, puis le sol une fois éclairci, il le fera défricher afin de l'ameublir et de le préparer. Alors seulement il le mettra en vente par lots de 40 hectares au maximum. Ces opérations ont commencé dans les parties vierges, au milieu et au nord de la ligne [2]. Ainsi on espère que le colon ne sera plus découragé, comme jus-

---

1. *An. Rep. Victoria Board of Trade*, 1905. — Public. de la *Victoria Tourists Association (Picturesque Victoria, etc.)*.
2. *An. Rep. Victoria Board of Trade, 1905*, pp. 17-18, 27-31.

qu'à présent par l'obstacle qu'oppose à ses efforts la forêt haute et drue de l'île Vancouver : en moyenne le défrichage y coûte 1 225 francs l'hectare; près de Nanaimo, il va jusqu'à 2 500. Une brochure de propagande en met le prix à 1 175 francs l'hectare dans le district de Cowichan, et elle est fort optimiste [1].

Quand le sol est enfin nu, les peines du cultivateur ne touchent pas à leur fin : il se trouve en face d'ondulations de limon gras mélangé de sable, surmonté parfois de blocs et de cailloux glaciaires; dans les parties creuses les plus fertiles, l'alluvion noire (*black muck*) qui forme le sol repose sur un sous-sol imperméable d'argile bleuâtre probablement déposé par les glaciers; l'eau s'y étale formant des marécages et des tourbières semés de taillis d'aulnes et gardent parfois les restes des digues élevées par les castors. Si les arbres n'y ont pas la même vigueur que sur les pentes, en revanche l'humidité ne permet guère de les détruire par le feu; puis, quand on les a fait disparaître, il faut drainer [2].

Tous ces obstacles sont cause que le défrichement reste sporadique, sauf autour des villes, et qu'il s'arrête vers le nord, à Comox, devant les aulnaies et les marécages littoraux.

Vers le sud, la construction des villes, des ports, des voies ferrées, les galeries de mines, donnant un débouché au bois, ont encouragé la coupe des sapins, préliminaire indispensable de toute culture; puis l'augmentation de la population urbaine a fourni des acheteurs, poussant les colons à mettre en valeur le sol défriché. Aussi voit-on presque partout des fermes sur la longueur de la ligne. Mais la proportion des cultivateurs est encore bien faible. Dans le district électoral de Victoria, celui où ils ont le plus de chance de vendre leurs produits avantageusement, on ne trouvait en 1901 que 161 propriétaires et 78 locataires agricoles [3]; dans cette région le travail des champs est fait sous la direction d'Européens par des salariés japonais; en 1901, on trouvait dans l'île 1243 Japonais non naturalisés, le plus gros groupe du Canada après celui de la ville de Vancouver; 287 de ces Japonais habitaient dans la petite circonscription de Victoria. Un travailleur agricole se fait donner outre la nourriture et le logement 50 à 75 francs par mois s'il est Japonais, 100 francs s'il est blanc [4].

Plus on s'éloigne vers le nord, plus il devient difficile de trouver

1. *Agricult. in B. C.*, 1904, pp. 108 et 110. — *Cowichan V. I. as a Home*, Victoria. 1901, p. 6.
2. *Agric. in B. C.*, 1904, p. 110.
3. *Recensement du Ca., 1901*, t. II, p. 2. — *Agriculture in B. C.*, 1904, p. 108.
4. *Cowichan. V. I. as a Home.*, p. 6.

des ouvriers. A Comox, les blancs préfèrent au travail de la terre ceux de la forêt ou des mines, car la durée en est plus limitée.

L'agriculture offrirait pourtant un attrait aux indépendants s'il leur était facile de devenir propriétaires; mais il n'y a presque plus de bonnes terres en préemption (p. 214), c'est-à-dire au mode d'acquisition le plus économique. Le district de Cowichan, pourtant retiré, humide et boisé, n'en avait plus du tout dès 1904. Ici, la forme d'exploitation la plus aisée et la plus prompte à rémunérer est l'élevage des vaches laitières qui peut se faire avant que le défrichement soit complet. Victoria, Duncans, chef-lieu de comté de Cowichan, et Comox ont chacune une crémerie depuis 1898.

Certains cultivateurs ont essayé de produire du blé, mais le grain ne fournit pas une bonne farine (p. 239). Ces céréales s'emploient à engraisser la volaille : le *dairy farm* et la *poultry farm*, souvent combinées, sont les formes habituelles de l'industrie rurale.

La culture commerciale des fruits ne se fait guère qu'aux environs immédiats de Victoria, où l'on trouve quelques vergers de cerises et quelques champs de fraises. A Nanaimo, la compagnie propriétaire des houillères et d'une partie du sol a fait défricher et cultiver en prairies 200 hectares pour nourrir ses mules et ses chevaux; dans une autre partie de ses domaines, elle découpe des lots de 2 hectares qu'elle offre en vente aux mineurs pour fixer des travailleurs sur place.

Les îles basses qui bordent la côte au sud-est jusqu'à la hauteur de Nanaimo sont des fragments de la même bande sédimentaire, couverte des mêmes forêts; outre quelques centaines d'Indiens cantonnés dans ces îles, on y voit, au débouché des vallons sur la mer, l'éternelle scierie de la côte, et à côté d'elle parfois quelques fermes. Dès le temps de la Compagnie de Hudson on mettait dans plusieurs de ces îles des animaux que la mer gardait comme en Écosse : aujourd'hui quelques-unes se sont spécialisées dans l'élevage du mouton de boucherie pour les villes; d'autres ont des vaches laitières. Aux profits de l'élevage, les rares fermiers des îles ajoutent ceux de la culture fruitière qui réussit bien dans cette région abritée des vents pluvieux. Ainsi *Salt Spring* ou *Admiral Island*, dont les caboteurs de Victoria et de Vancouver visitent les deux petits ports, est renommée pour ses fraises. Les pêches et les raisins de table y réussissent également[1]. Tous ces fruits sont triés, puis mis en boîtes et expédiés dans les villes par les bateaux qui sillonnent les détroits.

1. *Agriculture in B. C.*, 1904, pp., 105, 107, 108, 109, 112.

Partout, même entre les ports que relie la voie ferrée, les communications se font surtout par mer.

Quand on suit la ligne de Victoria à Nanaimo on voit que les lambeaux de forêts subsistant entre les taches de colonisation les séparent l'une de l'autre.

Après avoir franchi une première solitude, la ligne pénètre dans une région cadastrée, avec des fermes, des prairies et des vaches; c'est le comté de Cowichan, dont le centre, Duncans, habité presque entièrement par un groupe de colons venus d'Angleterre, se trouve dans la vallée de la rivière Cowichan; le sol, formé d'argile bleue grise à graviers, est recouvert de 30 à 80 centimètres de dépôts calcaires modernes, meubles et fertiles. En remontant la rivière on pénètre dans l'un des couloirs à fond plat qui coupent les montagnes boisées de l'île; au fond de cette dépression s'allonge sur 32 kilomètres la plus belle des nappes d'eau intérieure de l'île, le lac Cowichan, isolé dans la forêt, fréquenté seulement par les pêcheurs, les chasseurs, les prospecteurs et leurs guides indiens qui vivent sous la tente pendant la belle saison. La platière de Cowichan, qui se continue sur la rive nord du lac, pourra devenir un centre de culture [1]. Un chemin carrossable de 35 kilomètres unit Duncans au petit groupe de maisons et à l'hôtel d'été de Cowichan, sur le lac.

Bientôt la ligne s'approche du littoral et dessert la région côtière pour laquelle on la construisit : là on exploite trois richesses : le bois des forêts, la houille, enfin les filons de cuivre mélangés d'or et d'argent que l'on trouve en arrière, sur les pentes des montagnes.

Au nord de Duncans, la ligne est croisée par un petit chemin de fer à voie étroite d'une vingtaine de kilomètres qui écoule vers la mer les minerais des filons exploités sur le mont Sicker. Jusqu'en 1896, cette montagne se couvrait, comme ses voisines, d'épaisses forêts inexplorées. Un violent incendie mit à nu sa pente occidentale au mois d'avril de cette année; dès le printemps suivant, des prospecteurs montaient de la ville de Duncans pour explorer le terrain sous les troncs carbonisés et les cendres et ils découvraient les gisements de cuivre : aussitôt plusieurs compagnies se fondèrent, achetèrent les droits des prospecteurs. Un certain Croft établit sur le bord de la mer un quai d'embarquement, y vendit les terrains voisins et un petit port prit naissance sous le nom du créateur : c'est Crofton. La voie étroite dont j'ai parlée unit Crofton au principal camp minier appelé Mount

1. *Cowichan V. I. as a Home*, broch. publ. par the Colonist Printing and Publish. Co. Victoria, 1901, pp. 5-9.

2. *Vancouver Island, 1905*, brochure publiée par le C. P. R., page 18.

Sicker et le minerai se mit à descendre vers la mer où on l'embarquait à destination des fonderies de Tacoma dans l'État de Washington. En 1902 des capitalistes élevèrent à Crofton une usine de fusion qui ne put allumer ses fours parce qu'elle ne pouvait s'assurer assez de minerai. Après un chômage prolongé de 1902 à 1905 en décembre, le smelter de Crofton a changé de propriétaire : il vient de rentrer en activité pour fondre les minerais de cuivre auri-argentifères exploités à Britannia dans l'Entrée de Howe, sur la côte ferme au nord de Vancouver City [1] (p. 322).

La plus importante de mines du mont Sicker, celle de Tyee, appartient à une compagnie de Londres qui possède sa propre usine de fusion, ouverte en décembre 1902. Elle en a fort bien choisi la place dans un port neuf que créait et aménageait une compagnie houillère de l'île sous le vocable de Ladysmith, en l'honneur de la ville natalienne qui résista aux Boers : des rues y portent les noms des généraux anglais qui firent la guerre au Transvaal ; un monticule qui la domine et sur lequel on a construit l'école publique porte le nom historique de Spion Kop. Bien que l'une des villes minières les plus jeunes de la Province, Ladysmith compte environ 2 000 habitants [2].

L'usine de fusion de Ladysmith a travaillé en 1905 pendant 164 journées de vingt-quatre heures : elle a passé toute la production de Tyee, soit 32 400 tonnes ; elle a cherché à se procurer ailleurs de quoi travailler toute l'année, mais n'a trouvé que 4 560 tonnes de minerai étranger dont 2 700 importées de l'Alaska [3], où des fours américains lui disputent la clientèle ; ses propriétaires comptent beaucoup sur un nouveau gisement découvert à Dunsmuir sur les pentes des monts Green et Mystery, mais il faudrait le relier à Ladysmith par une voie de 25 kilomètres. L'usine de fusion de Ladysmith, la seule qui ait fonctionné dans l'île jusqu'à présent, produit de la première matte ou matte-bronze (p. 265) qu'on envoie ensuite aux États-Unis pour être raffinée.

Un haut fourneau s'est installé dans le même port pour traiter le minerai de fer des îles, surtout de Texada, jusqu'à présent embarqué pour les États-Unis : l'entreprise n'a pas réussi. La prospérité actuelle de la petite ville tient surtout à l'exportation de la houille et du coke. Elle est le port d'expédition des houillères de Wellington (p. 298).

1. *An. Rep.*, *Mines, B. C. for 1902*, pp. 238-244 (description, plans et croquis), *for 1905*, p. 26. — *La Gazette du Travail*, nov. 1906, p. 507.

2. *Yearbook of B. C.*, 1903, p. 61.

3. *An. Rep. Mines, B. C.*, *for 1904*, p. 29, *for 1905*, pp. 214 et 215. — *La Gazette du Travail*, févr. 1906, p. 872.

Ses quais en bois, ses grues, ses appareils de chargement et déchargement l'ont fait choisir pour le point où le Canadien Pacifique expédie les marchandises venant du continent ou y allant. Les wagons tout chargés sont transportés entre Ladysmith et Vancouver par un bac de la Compagnie.

Quelques scieries s'ajoutent aux industries de Ladysmith. Mais la capitale du bois dans cette région est le petit port de Chemainus — la meilleure baie, les plus beaux arbres de la côte — construit entre les deux ports miniers de Crofton et de Ladysmith et, comme eux, tout nouveau. En 1904, treize navires jaugeant ensemble 20 047 tonnes y ont chargé pour plus d'un million de francs de bois, poteaux et traverses à destination des mines et chemins de fer chiliens, australiens, africains et chinois [1]. 32 kilomètres de voie étroite drainent vers Chemainus les coupes des camps bûcherons. La zone d'exploitation s'étend jusque vers le lac Cowichan. Quatre compagnies se partagent les arbres de cette région où l'on traverse les plus grands sapins de Douglas de toute l'île. 150 hommes travaillent pour la plus importante des compagnies, 150 autres sont employés par elle dans la plus grande scierie à vapeur de Colombie britannique, bâtie en bois tout près du quai de Chemainus.

Après avoir desservi Chemainus et Ladysmith, la ligne atteint la plus grande ville houillère de l'île et le principal centre de la population depuis Victoria; c'est Nanaimo, où la Compagnie de la Baie de Hudson commença l'exploitation commerciale du charbon en 1852. En 1857, 150 blancs, employés de la Compagnie, vivaient dans le rayon du fort Nanaimo au milieu de 3 000 Indiens. Maintenant 165 Indiens sont cantonnés dans une réserve et Nanaimo compte 6 à 7 000 habitants dans ses limites municipales; il faut leur ajouter les groupes de mineurs qui habitent en dehors, autour des fosses. Tous les puits de la région et une grande partie des terrains appartiennent à une seule compagnie, la *Western Fuel Company*. Nanaimo possède en outre des scieries, une manufacture de chaussures; elle a l'eau, le gaz, l'électricité, elle montre près de son port le « Bastion », reste de l'ancien fort de la Compagnie, bâti en 1850 et qui dans ce pays neuf semble déjà un monument vénérable.

Nanaimo est relié à Vancouver par un service quotidien de paquebots.

La voie ferrée se termine à Wellington, ex-port charbonnier, et jadis centre de l'autre grande compagnie houillère de l'île, la *Wel-*

---

1. *An. Rep. Vancouver Board of Trade, 1904-5*, p. 29.

lington Colliery Company. Les houillères de Wellington furent
ouvertes en 1871, celles d'East Wellington en 1882[1]. Wellington
est aujourd'hui remplacé comme port d'embarquement par Ladysmith; ses puits sont fermés et la Compagnie actuelle, qui conserve
le nom de *Wellington Colliery Company*, exploite ses principales
mines à l'extrémité nord de la bande crétacée; les plus éloignées se
trouvent dans le voisinage de la baie de Comox, 100 kilomètres au
nord de Nanaimo. Dans cette région, le premier filon fut attaqué
en 1875 : aujourd'hui les centres y sont Union et Cumberland unis à
la côte par un tronçon de voie qui a pour débouché l'appontement en
bois appelé *Union Wharf*. C'est là que le Canadien Pacifique, s'étant
attaché par contrat la compagnie houillère, prend la plus grande
partie du charbon destiné à ses locomotives de l'ouest. Une route,
tracée le long de la mer dans la forêt, unit Wellington à Comox; il
est question de prolonger la voie ferrée jusqu'à Comox; l'exécution
de ce projet donnerait peut-être la vie à cette partie de la côte qui
est à peine peuplée; mais on ne sait encore si les richesses minières
du sud s'y continuent.

Ensemble, les deux compagnies houillères de Vancouver occupent
le groupe ouvrier le plus nombreux de la colonie.

Ouvriers des houillères de l'île Vancouver.

	NOMBRE		SALAIRE QUOTIDIEN MOYEN EN FRANCS	
	1904	1905	1904	1905
Surveillance et bureaux . .	84	85	28,40	30,30
Blancs. Mineurs.	993	910	18,75	23,35
— Aides.	449	349	13,75	11,25
— Manœuvres	390	478	13,40	13,35
— Machinistes et ou- vriers qualifiés .	239	212	15,10	16,15
— Enfants	109	159	8	7,25
Japonais	49	120	6,55	6,20
Chinois.	705	604	6,55	7,40
Indiens.		1		
Totaux	4 914	2 918		

On a vu que Nanaimo et Union sont un centre d'agitation ouvrière
et socialiste (p. 276). Souvent des grèves y arrêtent où y ralentissent
l'extraction : mais les conditions économiques, elles aussi, agissent

---

1. *Geol. Surv. of Ca. An. Rep.*, *1872-3*, pp. 37, 101, *1873-74*, pp. 121, 131, *1876-77* (Rapports J. Richardson), *1887-88*, R, pp. 90 et suiv. (G.-M. Dawson).

fortement dans le même sens et on doit leur attribuer pour une part le mécontentement des travailleurs.

Il est vrai qu'en 1905, les deux compagnies de Vancouver ont extrait 993 899 tonnes de charbon, soit un peu plus de la moitié des 1 825 832 tonnes produites dans toute la Province; mais elles ne font pas la moitié des ventes.

Le charbon de Vancouver s'exporte par mer sur la côte pacifique des États-Unis (p. 272). Pendant longtemps, la Californie à elle seule absorba la moitié de la production. En 1902, les ports des États-Unis achetaient encore 75 p. 100 du total vendu par les houillères de Vancouver; en 1905, ils n'en ont pris que 53 p. 100. C'est que le pétrole récemment découvert en Californie s'emploie comme combustible à la place de la houille étrangère.

Reste à l'île Vancouver la clientèle des hauts fourneaux qui ont besoin de coke. Mais elle ne peut alimenter que ceux du littoral, parce que le Crows Nest est mieux placé pour servir l'intérieur. Or les fours de fusion et hauts fourneaux colombiens du détroit de Géorgie ne marchent guère : ceux du littoral américain en Washington et Oregon, ceux qu'on vient d'élever en Alaska assurent une meilleure clientèle. De 1904 à 1905, tandis que les ventes locales de coke baissent de moitié, l'exportation aux États-Unis augmente d'environ deux cinquièmes. Néanmoins la production reste faible. En 1905, les houillères de Vancouver n'ont préparé que 15 660 tonnes de coke sur 271 785 pour toute la Province, et elles n'en ont vendu que 9 710.

Inquiètes de voir leur clientèle stationnaire, les deux grandes compagnies de l'île se sont entendues pour ne pas se faire concurrence sur le principal marché, savoir les États-Unis. Tout en laissant séparées leur administration industrielle, elles ont conclu un *pool* de vente pour maintenir les mêmes prix et se servir des mêmes agents commerciaux à San-Francisco et dans les ports américains.

Sans les États-Unis, les houillères vancouvériennes tomberaient en sommeil; même avec eux, elles ont du mal à empêcher leur production de baisser, alors que les gisements pourraient fournir beaucoup plus si le commerce le demandait et si les moyens de transport le permettaient[1].

L'industrie des États-Unis est aussi un foyer d'appel pour les minerais complexes de l'île Vancouver. On les trouve, accompagnés surtout de magnétite et d'autres composés du fer, dans la zone miné-

1. *An. Rep. Mines, B. C. for 1904*, pp. 18-19, 274-276, *for 1905*, pp. 18-20, 224-226.

rale qui longe la côte (p. 17), mais il se peut qu'une exploration plus sérieuse de l'intérieur les révèle partout.

Rebutés par les obstacles qu'oppose l'intérieur, les prospecteurs ont attaqué surtout l'archipel schisteux, cristallin et volcanique, qui se trouve entre Vancouver et le continent, au nord du détroit de Géorgie (p. 23). On les y rencontre côte à côte avec les petites bandes d'Indiens cantonnées dans les îles et les bûcherons qui coupent les arbres voisins du rivage. Le rapport du ministre des mines publié en 1906 indique des opérations préliminaires (*assesment*) dans les îles Valdes et Thurlow. La plus grande de ce groupe, Texada, possède des gisements de cuivre auri-argentifères et des gisements de fer reconnus depuis 1875 qui ont déjà tenté bien des capitalistes surtout américains : mais chacun d'entre eux a passé par plusieurs mains. Un four de fusion installé à Vananda, dans l'île Texada, fonctionne irrégulièrement. Le dernier rapport du ministre des Mines déclare qu'on extrait sur quatre ou cinq points du minerai de cuivre et sur un autre du minerai de fer, le tout à destination de Tacoma (Washington). La plus importante de ces exploitations emploie 500 blancs et 12 Chinois [1]. Elle se débat contre mille difficultés pour le débarquement du matériel, des provisions et l'embarquement du minerai.

Des gisements analogues ont été reconnus dans les rochers de l'île Redonda-Ouest qui ferme l'Entrée de Toba, fiord du continent au nord du détroit de Géorgie. Le minerai se trouve sur la côte nord de l'île, au bord d'une mer profonde où les steamers peuvent venir charger; mais la rive s'élève en falaises, elle est dominée par des montagnes de 900 mètres : pour suivre jusqu'au sommet le filon de magnétite, il faut grimper en s'aidant des arbres. La mine, découverte en 1893, a été louée par les propriétaires du haut fourneau de Tacoma en Washington [2].

Le fer des zones minérales de Vancouver et du détroit de Géorgie est acheté entièrement par des Américains du Washington. Cet État possède en effet plusieurs hauts fourneaux : on les chauffait d'abord au bois, aujourd'hui on utilise le coke de l'île Vancouver. Les métallurgistes du Washington prennent en Colombie une proportion de minerai de fer qui s'est élevée en 1902 jusqu'au trois quarts de la quantité réduite par leurs hauts fourneaux.

Néanmoins l'exploitation du fer sur la côte colombienne ne se développe pas autant qu'on aurait pu l'espérer. Voici pourquoi :

1. *An. Rep. of Mines, B. C. for 1905*, pp. 214-215. — *La Gazette du Travail*, juillet 1906, p. 56.
2. *An. Rep. Mines, B. C. for 1902*, p. 22.

l'exportation est difficile ; la magnétite trop dure ne se réduit bien qu'avec un fondant comme les peroxydes et oxydes de fer : on en a cherché dans les dépôts crétacés de Vancouver et de la Reine-Charlotte, mais sans les trouver en quantité suffisante [1]. La main-d'œuvre est coûteuse soit à la mine, soit aux hauts fourneaux ; enfin un droit protecteur de 2 francs par tonne frappe les minerais de fer importés aux États-Unis.

Si ces charges n'empêchent pas la fonte et l'acier washingtoniens de lutter sur place avec les produits de l'Est américain et de l'Angleterre grevés de frais de transport, elles rendent l'exportation difficile et par suite limitent la fabrication. Pour donner la vie aux mines des îles, il faudrait des hauts fourneaux et des fonderies en Colombie. On comptait qu'ils naîtraient des primes offertes par le gouvernement fédéral. De 1897 à 1902, en effet, une prime de 15 francs par tonne était promise pour l'acier produit avec 50 p. 100 au moins de fonte canadienne, pour le fer puddlé de fonte canadienne, une prime de 10 francs par tonne pour la fonte faite au Canada de minerai étranger. Personne en Colombie n'a cherché à gagner la prime, parce que le marché local n'est pas suffisant, l'exportation vers l'est par voie ferrée trop coûteuse, la vente aux États-Unis empêchée par des droits prohibitifs. La fonte, dont la production ne demande que les hauts fourneaux moins chers à installer et plus faciles à conduire qu'une aciérie, paye à la frontière des États-Unis 20 francs par tonne.

Les primes fédérales canadiennes ont été prorogées du 23 avril 1902 au 30 juin 1907 mais avec une réduction progressive qui les ramène à 90 p. 100 du taux primitif au 1er juillet 1903, à 35 p. 100 au 1er juillet 1904, à 20 p. 100 enfin pour la dernière année [2].

De ce même groupe d'îles, riche en fer, on tire encore divers matériaux de construction ; plusieurs d'entre elles présentent en effet de belles falaises de granit, de grès, de marbre : quand la tranche de rocher est à l'abri du vent, on peut l'attaquer en gradins et embarquer assez aisément les pierres de taille sans avoir à se procurer un matériel de transport compliqué.

L'îlot de Granit Island à l'entrée de Jervis Inlet sur la côte ferme, 100 kilomètres nord de Vancouver City, n'est qu'une carrière de granit gris ; on peut en dire autant de l'île voisine Nelson, plus grande mais abandonnée en 1903, parce que l'exploitation y devenait difficile.

---

1. *An. Rep. Mines*, *B. C. for 1902*, pp. 55, 206.
2. D'après l'étude d'ensemble sur les gisements de fer de la côte dans *An. Rep. Mines*, *B. C., for 1902*, surtout pp. 201-208.

Presque tout le granit employé dans les villes de la côte vient de ces deux îles : on en a transporté jusqu'à Seattle (Washington).

Haddington Island près d'Alert Bay, à la pointe nord-est de l'île Vancouver, fournit une andésite gris clair très estimée.

Nanaimo et les îles de la bande sédimentaire Saturna, Gabriola, Newcastle donnent de beaux grès crétacés ou tertiaires gris, gris-bleu, fauves à Saturna; on est venu en chercher pour les monuments de San-Francisco.

L'île Texada fournit des marbres rares, noirs ou rouges. A 8 kilomètres au sud-est d'Alert Bay, on exploite les marbres blancs et bleus de Beaver Cove; on en trouve aussi dans les lambeaux sédimentaires de la côte ouest, à Nootka, à l'Entrée de Barclay[1]. Dans plusieurs îles, les calcaires de diverses époques, les marbres alimentent des fours à chaux : la Colombie a exporté de la chaux jusqu'en Hawaï, elle en vendrait aux États-Unis si elle n'en était empêchée par un droit protecteur : d'ailleurs les îles appartenant au Washington comme San Juan ont aussi leurs fours à chaux[2].

Tod Inlet, 20 kilomètres au nord de Victoria, possède des gisements de marne et de calcaire qu'on transforme en ciment depuis 1905 : ils se trouvent au bord du golfe qui sépare la péninsule Saanich du reste de l'île. Leur propriétaire est l'un des directeurs de la Compagnie Grand Trunk (p. 288) et en même temps l'un des gros actionnaires des houillères Crows Nest; comme gérant de l'exploitation il a fait venir un ancien employé des cimenteries d'Ontario, comme ouvriers une cinquantaine de Chinois. La forêt a été défrichée pour mettre à nu les couches; les argiles et calcaires sont portées dans les wagonnets aux récepteurs qui se déversent dans les mélangeurs et broyeurs; enfin d'étage en étage, le ciment descend à un petit wharf en bois d'où on l'envoie par mer aux îles de la côte. La première expédition a été faite en avril 1905 à destination de Victoria[3].

Pour les carrières des îles, les principaux marchés sont Victoria, Vancouver, New Westminster, où les maisons de charpente ont été remplacées par des bâtiments de pierres. Dans ces villes un règlement interdit aujourd'hui de construire en planches à l'intérieur de certaines limites. Les autres villes prospères remplacent aussi le bois par la pierre pour les banques, les maisons de commerce, les

---

1. D'après une étude sur les carrières des îles avec photog., dans *An. Rep. Mines, B. C. for 1904*, pp. 28, 248-251, 256-260.

2. *Geol. Surv. of Ca. An. Rep.*, *1886*, B, p. 37 (Texada, G.-M. DAWSON). — *An. Rep. Mines, B. C.*, *1902*, pp. 226 et 235.

3. *An. Rep. Victoria Board of Trade*, *1905*, pp. 72-73. — *La Gazette du Travail*, janv. 1905, p. 731.

édifices publics, pour tout ce qui doit s'imposer à l'attention. Avec
les progrès de la richesse, les appontements de bois seront remplacés dans les ports par des quais de pierres. La même transformation s'opère dans les villes américaines du Pacifique et l'on a vu
que les îles colombiennes en profitent dans une certaine mesure à
cause de la qualité de leurs matériaux et du bon marché des transports par mer. Suivant la loi commune, un trust cherche à réunir
sous sa direction [1] l'exploitation des carrières qui, jusqu'à présent,
s'est faite par bonds, suivant les fluctuations de l'industrie du bâtiment; on exploitait telle ou telle falaise suivant les besoins du jour
puis on s'arrêtait. Ainsi la construction du magnifique palais du
Parlement et des ministères provinciaux à Victoria fit travailler plus
activement l'île Haddington, puis l'extraction diminua.

Si, comme tout l'indique, les rivages du détroit de Géorgie continuent à se peupler et leur population à s'enrichir, les carrières des
îles et des côtes rocheuses ne chômeront plus guère et les cités du
Pacifique se rangeront parmi les mieux construites de l'Amérique
septentrionale.

Actuellement déjà, les gabarres chargées de pierres, les croiseurs
de bois (*timber cruisers*), les navires porteurs de houille et de minerais sillonnent la mer intérieure de Géorgie et contribuent avec les
paquebots des services internationaux à lui donner une circulation
plus animée qu'on ne l'attendrait d'après le chiffre actuel de la population.

Avant qu'on arrive à l'étroit passage de la Discovery, où les rivages
se rapprochent (pp. 23-24), colons et mineurs se sont arrêtés devant
la forêt et les marécages. A Comox se voient les derniers sondages,
les dernières vaches, la dernière beurrerie. Pourtant la bande sédimentaire de la côte sud-est se prolonge jusqu'au fond du détroit de
Géorgie, à l'entrée de la Discovery; l'embouchure de la rivière
Campbell y offre un bon emplacement; de même, un peu plus au
nord et déjà dans les schistes, la baie de Menzies : tous deux sont
encore laissés à des villages indiens, dont le plus gros appartient
aux Euclataw, qui passent pour avoir été anthropophages et qu'on a
eu beaucoup de peine à cantonner.

Dans les détroits, des falaises que couronnent les forêts, presque
plus de maisons : comme le saumon n'y passe point, l'industrie des
conserves n'y a point paru; même la cheminée, le panache de
fumée et le grincement des scieries s'y font plus rares : à peine

1. *La Gazette du Travail*, sept. 1906, p. 298.

quelques camps de bûcherons dans un creux, par exemple celui de l'île Hardwick, qui dispute à Chemainus la réputation de posséder les plus beaux sapins de Douglas, quelques carrières sur la tranche de la falaise marquent-elles l'empreinte de l'homme sur la terre, dans cette solitude où règnent l'eau, les rochers, la forêt. La vie ne reparaît qu'à l'issue septentrionale des passages dans l'Entrée de la Reine Charlotte; mais c'est là une nouvelle région qui ne communique avec le reste de l'île par la mer seule et que je décrirai après les autres.

Ile Vancouver. — La traverse d'Alberni et la côte du large.

La forêt continue et les montagnes ne séparent point complètement de la bande peuplée, la région intérieure et la côte occidentale.

En effet un chemin part de la route littorale qui prolonge la voie ferrée entre Wellington et Comox, coupe entre deux murailles continues de forêts gigantesques et atteint l'eau du Pacifique au fond de l'étroit fiord d'Alberni (p. 21). Établi dans un petit bassin, dominé par des montagnes couvertes de sapins, le port d'Alberni se divise en deux bourgades, l'ancienne et la nouvelle, distantes de 4 kilomètres; toute la vallée dont Alberni est le chef-lieu, n'avait en 1903, sur 32 kilomètres de longueur, que 400 habitants moitié blancs, moitié indiens, et 4 écoles, noyaux de futurs villages. A peine 400 hectares étaient-ils en culture et en prés [1]. Les habitants vivent surtout de l'exploitation des bois et de la pêche au saumon; trois scieries, une fabrique de conserves représentent l'industrie. Dans un rayon assez large autour d'Alberni, des gisements miniers ont été reconnus, mais ils ne donnent que des espérances. On sait que quelques criques y roulent de l'or. Depuis 1894, le quartz et le cuivre aurifère sont exploités ou recherchés sans grand succès. En 1905 deux petits claims occupaient 8 personnes tout près de la ville. Partis du fiord, les prospecteurs sont remontés en canot jusqu'au grand lac Central : 7 claims y étaient travaillés, tandis qu'une soixantaine de francs-mineurs faisaient des recherches.

A la sortie du fiord sur la mer, les nombreuses indentations de la rade de Barclay sont depuis plusieurs années fréquentées par les mineurs; on y rencontre surtout le fer si abondant sur la zone minérale de la côte ouest (p. 17); au flanc d'une falaise, entre forêt et mer, un rocher massif de magnétite offre les plus belles promesses, mais

---

1. *Agriculture in B. C.*, 1904, p. 111.

le concessionnaire n'a pu trouver ni capital pour élever un haut fourneau, ni clientèle parmi ceux du Washington, car leur production suffit au marché qu'ils peuvent atteindre. Près de Torquat Harbour, indentation de la rade Barclay, on a reconnu une veine de quartz aurifère et l'on a tracé, en 1905, à travers la forêt, un sentier pour la joindre à la mer[1].

Rade de Barclay et fiord d'Alberni communiquent une fois par semaine avec Victoria par le paquebot, seul moyen pratique de relation entre la côte ouest et le reste du monde.

D'après ce que j'ai dit d'Alberni, capitale d'une agence indienne et principal port de la région, nous pouvons nous figurer les stations desservies; des villages indiens habités par des pêcheurs nootka et tels qu'on les a décrits page 163; à leur voisinage, de petits camps miniers.

En tout 2264 « sauvages » dont 954 païens appartenant à 18 tribus, répartis en 150 réserves sur plus de 300 kilomètres de côte forment, bien qu'ils diminuent, à chaque recensement, une forte proportion de la population permanente[2]; les blancs restent migrateurs et instables : peu ou point de culture.

En partant de Victoria[3], le bateau double, à la pointe sud, l'écueil dangereux de Race Rock, sur lequel fut construit le premier phare de l'île (1861). De l'autre côté un étroit goulet donne accès à la baie vaseuse de Sooke où commence la zone minérale ouest, par des gisements de fer et de cuivre qui attirent les prospecteurs[5].

Le port San Juan, à l'embouchure de la rivière du même nom, est l'endroit où l'un des canots de Meares fut attaqué par les Indiens le 13 juillet 1788 et leur échappa non sans peine, emportant plusieurs blessés. Aujourd'hui un wharf de pilotis, appelé Port Renfrew, accueille les bateaux et tout à côté un petit hôtel de bois s'ouvre aux voyageurs qui sont toujours des amateurs de chasse ou des mineurs. Comme la presqu'île de Sooke, la vallée du fleuve San Juan paraissait bonne pour la culture; près de 90 fermiers s'y établirent, mais aujourd'hui presque tous se sont faits bûcherons et mineurs. En 1905, une compagnie cherchait à réunir sous sa direction les concessions de mines de fer de la région[4].

Après Port Renfrew, on relève le phare de Carmanah qui, pour les

1. *An. Rep. Mines, B. C. for 1902*, pp. 200-208, 216; *for 1904*, p. 243; *for 1905*, p. 211.
2. *An. Rep. Indian Affairs, 1904-5*, 245-248, et II* part., p. 70.
3. Sauf indications contraires la description est empruntée au *Yearbook of B. C.*, 1903, pp. 17-20.
4. *An. Rep. Mines, B. C. for 1902*, p. 219; *for 1904*, pp. 254-256; *for 1905*, p. 216.

navires venant du large, marque du côté canadien l'entrée de Juan de Fuca, tandis que le phare de l'île Tatoosh, près du cap Flattery, rend le même service sur le rivage américain.

Ensuite c'est le large, la houle immense de l'Atlantique. On double la massive péninsule du cap Beale, où un phare signale l'entrée de la rade de Barclay et la route d'Alberni. Dès lors, plus de feu permanent, on se dirige sur des marques naturelles; après le poste du cap Beale où aboutit le cable du Pacifique, plus de télégraphe; après Alberni, plus de route transversale, plus de paquebot hebdomadaire avec Victoria : les centres plus au nord ne sont desservis que toutes les trois semaines par le bateau parti de la capitale.

Malgré les difficultés d'accès, les prospecteurs se jettent partout sur la zone minérale de la côte occidentale.

Dans la rade de Clayoquot, la magnétite se retrouve, mais cette richesse en fer, ne pouvant fournir le moindre profit, en est négligée pour les gisements de cuivre associé d'un peu d'or et de zinc, qui ont été reconnus et concédés surtout dans Sydney Inlet, bras le plus septentrional du fiord. Il a fallu tailler dans la forêt des sentiers qui permettent aux mules ou chevaux transportés par navires de circuler entre la mine et le littoral; une entreprise a même essayé de faire une route charretière. Mais le pays est d'accès trop difficile et l'on s'y procure les vivres trop malaisément. En 1905, la campagne a rendu moins encore que d'habitude; seules deux petites mines ont réellement travaillé l'une pour l'usine anglaise de fusion de Ladysmith sur l'autre rivage de l'île, l'autre pour les fours américains de Tacoma [1] : la première a expédié en tout 215 tonnes, un essai plutôt qu'un envoi.

Comme tant d'autres rades, Clayoquot connut, entre les Indiens et les premiers navigateurs, des conflits sanglants : en 1818 l'équipage du voilier *Tonquin* y fut attaqué et détruit.

Plus au nord, la rade historique de Nootka ne vit plus d'événements importants après l'expédition de Vancouver, si ce n'est le massacre par les Indiens d'un équipage marchand américain, celui du *Boston* : deux Américains seuls furent épargnés et ils demeurèrent pendant deux années captifs des Indiens. Aujourd'hui Nootka reste un village de pêcheurs indiens comme au temps de Vancouver; la même tribu l'habite, elle a pour chef un descendant de celui qui vendit la terre à Meares [2] : mais depuis l'extermination de la loutre de mer, ces parages ne sont plus fréquentés par les

---

1. *An. Rep. of Mines, B. C. for 1902*, pp. 221-233; *for 1904*, p. 243, *for 1905*, p. 212.
2. BANCROFT, t. XXVII, pp. 195, 327.

marchands de fourrures et ils n'ont pas eu la chance d'attirer les mineurs.

On ne retrouve les prospecteurs que sur les divers bras du profond fiord de Quatsino. Là se montrent plusieurs gisements d'hématite avec des arbres où la matière végétale a été remplacée par l'oxyde de fer, transformation qui paraît se continuer pour les pièces et objets de bois mort en contact avec le dépôt métallique : on aurait trouvé un coin de bois, dont les Indiens se servent pour fendre les troncs, devenu entièrement ferrugineux. Tous ces dépôts ont été explorés en 1905 pour le compte d'un Américain de Seattle, les propriétaires de hauts fourneaux de l'État de Washington restant toujours les principaux acheteurs de minerais de fer.

D'autres Américains, du Kansas, ont essayé d'exploiter le zinc à Yreka sur le bras sud-est, mais ils ont du cesser : depuis, on a découvert d'autres gisements de zinc dans le voisinage. Le quartz aurifère y a été reconnu : d'autre part on a essayé de laver les sables noirs qu'on trouve sur le rivage septentrional de l'île et qu'on croit analogues aux sables maritimes aurifères du cap Nome en Alaska.

Enfin le bras ouest (ou nord) du Quatsino est taillé en partie dans un lambeau de crétacé. En ce moment on y cherche la houille [1].

Peu accidentée, cette région septentrionale de l'île paraît assez facile à défricher et très apte à l'élevage. Aussi le gouvernement y a-t-il fait une tentative de colonisation. Tandis que la plus grande partie de l'île, en dehors des deux voies ferrées du sud, reste incomplètement explorée, la pointe septentrionale a été entièrement cadastrée d'un rivage à l'autre jusqu'au sud du Quatsino Sound [2]. Depuis 1891, on y a tracé 44 townships ou cantons et, pour commencer à les peupler, l'État a recouru à un groupe de colons danois. Les premiers furent établis à la pointe nord-ouest, appelée le cap Scott, dès 1897. Aujourd'hui ils ont fondé en coopérative une scierie, un moulin à pulpe de bois pour la papeterie, un magasin général d'achat et de vente; un rameau s'est détaché de la colonie primitive : c'est l'établissement du petit fleuve San Joseph, entre le cap Scott et le Quatsino Sound. Plusieurs de ces Danois prennent part aux recherches minières sur le Quatsino Sound. En tout la pointe nord compte une quarantaine de familles danoises [3]. C'est là que s'arrête le service de paquebots desservant la côte occidentale.

---

1. *An. Rep. of Mines, B. C. for 1904*, p. 243; *for 1905*, p. 213.
2. *B. C. Crown Lands Surveys, 1901*, pp. 17-20 et 22-26.
3. *Yearbook of B. C.*, 1903, pp. 19 et 114.

Ile Vancouver. Le district de Rupert.

Le littoral de l'île qui borde au nord-est l'Entrée de la Reine Charlotte[1] communique avec l'extérieur par les paquebots de Vancouver et Victoria à la côte nord-ouest du continent. En sortant du long détroit de Johnstone aux rives sauvages, les voyageurs retrouvent la trace de l'activité européenne à *Beaver Cove* où l'on exploite des falaises de marbre. Une dizaine · de kilomètres plus loin s'ouvre l'estuaire du fleuve Nimkish, émissaire de plusieurs lacs intérieurs et par où les explorateurs pénètrent au cœur du l'île. A l'estuaire du Nimkish et dans la passe entre la côte et l'île du Cormoran les bancs de saumon arrivant du nord se montrent pour la première fois dans les eaux vancouvériennes; aussi toute la région est-elle peuplée d'Indiens pêcheurs Kwakiult apparentés aux Nootka de l'autre bord et qui dans ce rivage écarté, conservent leurs maisons à poteaux, leurs cérémonies, leurs mœurs aussi intactes qu'à la côte sauvage de l'ouest ou aux îles de la Reine Charlotte.

En 1857, l'effectif des indigènes était approximativement estimé à 4000, celui des blancs à 25 dans le rayon de Fort Rupert alors chef-lieu du nord-est. En 1905 on comptait dans l'agence de Kwakiult ou d'Alert Bay 1278 naturels dont 537 « païens » groupés en 15 réserves avec des villages de 25 à 233 habitants[2].

Bâti au fond d'une anse arrondie à 35 kilomètres ouest à l'estuaire du Nimkish, Fort Rupert fut le premier établissement permanent de la Compagnie de Hudson dans l'île de Vancouver; c'est à son voisinage que l'on reconnut les premiers gisements de charbon.

Aujourd'hui le district nord de l'île garde encore le nom historique de Rupert, mais du fort il ne reste plus qu'une enceinte abandonnée, près de laquelle subsiste l'ancien village indien et la maison des missions. Le centre administratif et économique de la région est Alert Bay ou Kwakiult, abri naturel sur la face interne de l'île du Cormoran : quelques dizaines de blancs y habitent à côté du village indien. Les missionnaires anglicans y ont bâti une église et une école professionnelle : on y trouve en outre une scierie, deux magasins généraux, une friturerie où l'on prépare les saumons de la rivière Nimkish et les coques (*clams*) d'Alert Bay. On a cru reconnaître des gisements

1. *B. C. Crown Lands Surveys*, 1901, pp. 6-11.
2. *An. Rep. Indian Affairs*, 1904-5, pp. 234-236, et IIe part., p. 69.
3. *Rep. of the Special Committee of the H. of Commons, 1857*, dans 1er *Recensement du Ca.*, *1870-71*, t. IV, pp. LXXVIII-LXXIX.

houillers dans l'île du Cormoran. Le petit village de la baie de l'Alerte est la principale escale des bateaux entre le détroit de Johnstone et la côte nord-ouest du continent. Plus loin on passe l'îlo Haddington avec ses carrières, puis la grande île Malcolm relativement plate comme la pointe septentrionale de Vancouver : c'est là que cesse le sapin de Douglas sur la côte ouest.

En 1892, le gouvernement à fait étendre jusqu'à Rupert et Malcolm le cadastrage de la pointe nord. En 1901, il a établi dans l'île Malcolm un petit groupe de Finlandais qui ont commencé à défricher et qui essayent d'établir une laiterie coopérative[1].

Entamée depuis près de soixante-dix ans aux deux extrémités sud-est et nord-ouest, la colonisation n'a pas réussi à Rupert aussi bien qu'à Victoria. Aujourd'hui, comme au temps de la Compagnie, la côte nord-est demeure isolée et se rattache à la vie du continent plutôt qu'à celle du reste de l'île.

L'Archipel de la Reine Charlotte.

Les Haïda indigènes de la Reine Charlotte vivent surtout de pêche et habitent exclusivement la côte. Leurs maisons de bois à poteaux sculptés et peints se groupent en gros villages, en tout 9, placés chacun dans un endroit abrité. Le principal, peuplé de 360 Indiens, occupe l'entrée du Canal Masset, deux autres, avec 200 à 250 habitants chacun, les issues de la passe Skidegate à l'ouest et à l'est.

En 1841 on évaluait le nombre des maisons de l'archipel à 541, celui des Haïda à 8 328. En 1878, G. M. Dawson estimait que les indigènes n'étaient que 1700 à 2 000[2]. Ces chiffres sont très approximatifs. En 1905, on n'en comptait guère plus de 1 400 à 1 500 dont 182 « païens » seulement[3].

Les blancs, en nombre insignifiant, se trouvent de passage, sauf les missionnaires et quelques commis de négociants. Dans les moments de prospection, les tentes ou les baraques d'un camp minier se dressent pour un instant sous les forêts de l'intérieur.

Jusqu'à présent les centres restent les villages indigènes : c'est vers eux que les Européens vont pour trouver des vivres et des auxiliaires. Celui de l'entrée orientale de Skidegate est comme la capitale de l'île et le point de départ vers les houillères. Une fois par mois, il reçoit la visite du vapeur qui fait le service entre Van-

1. *B. C. Crown Lands Surveys*, 1903, pp. 27-29. — *Agriculture in B. C.*, 1904, pp. 113-114.
2. *Geol. Surv. of Ca. An. Rep. 1877-78*, B, pp. 206 et 208.
3. *An. Rep. Indian Affairs*, 1904-5, II° partie, p. 67.

couver City et les stations du nord. Les autres ne peuvent être atteints qu'avec des sloops ou des canots à voiles frétés sur place.

Après sa découverte, l'archipel de la Reine Charlotte ne reçut d'abord que les acheteurs de fourrures de la Compagnie. Puis on y signala la présence de l'or pour la première fois en Colombie et pendant quelques mois les chercheurs s'y précipitèrent (p. 143). Bien qu'ils y aient trouvé de grosses déceptions, les placers n'ont jamais été complètement abandonnés; les concessionnaires actuels font encore de temps à autre des recherches sur la côte ouest de l'île Moresby, surtout aux environs de Gold Gate et de Gold Harbour, lieu des premières découvertes, mais il n'y a pas d'exploitation régulière.

On peut en dire autant des gisements de cuivre reconnus en quelques points de l'île sud : un essai assez favorable du minerai à l'usine de fusion de Tacoma est tout ce que l'on signale.

Toutes ces propriétés et concessions minières sont prises par jeu, gardées var spéculation ou cédées par dépit.

Une compagnie houillère prit les dépôts de l'île Graham, sur la rive nord de la passe de Skidegate, installa un camp de mineurs dans la forêt et fit extraire le combustible de 1865 à 1872 : mais comme on ne pouvait suivre la veine coupée par des failles, le travail cessa.

Depuis cette époque, la concession a passé par plusieurs mains, mais l'exploitation n'est pas devenue régulière. Une enquête officielle faite sur place à la fin de 1902 nous en donne les raisons. Les gisements, au milieu des hauteurs crétacées couvertes de forêts, sont difficiles à atteindre bien qu'à vol d'oiseau très rapprochés de la passe Skidegate : de là, il faut remonter un petit cours d'eau en canot, puis prendre une piste dans les hauteurs boisées. Il est presque aussi pratique de faire le tour de l'île par l'est au moyen d'un sloop loué sur place, de pénétrer en canot indien dans la lagune Masset et de remonter ensuite avec l'esquif du plus petit modèle la rivière Yakoun qui vient du sud et dont la source se trouve dans la région minière. Chacun de ces voyages est une expédition qui ne peut se faire qu'en été et qui demande des rameurs, des porteurs et des guides indiens.

L'enquêteur considère une voie ferrée des gisements à la côte comme absolument nécessaire si l'on veut exploiter les mines; il conseille de la faire aboutir au fond du golfe de Rennell, sur la côte occidentale; elle comprendrait un tronc d'une quarantaine de kilo-

---

1. *An. Rep. Mines* B. C. *for 1902*, pp. 48-58; *for 1904*, p. 101; *for 1905*, p. 81.

mètres, avec plusieurs branches pour desservir les diverses concessions.

Rien n'a été entrepris jusqu'à présent. Le rapport du Ministre des mines de Colombie dit qu'en 1905 le Service géologique fédéral a de nouveau fait explorer les houillères de Graham et que de nouvelles concessions ont été demandées, mais il constate une fois de plus l'absence d'exploitation [1].

La houille a valu à l'archipel plusieurs explorations, un arpentage sommaire du sud de l'île de Graham et la division de cette île en une dizaine de *townships* ou cantons alignés de la passe Skidegate à la lagune Masset. Mais ces townships attendent toujours qu'on les défriche et qu'on y élève autre chose que des camps.

---

1. *Geol. Surv. of Ca. An. Rep.*, *1878-79*, B, p. 87 avec croquis (G.-M. DAWSON).

2. *An. Rep. Mines, B. C. for 1902*, pp. 54-58, avec croquis des gisements; *for 1905*, p. 26. — Notes bibliogr. de la p. 27.

CHAPITRE XXII

LA CÔTE

New Westminster et le bas Fraser.

Quand on parcourt la plaine du bas Fraser couverte de fermes qui
continuent, au delà d'une frontière de pure convention, la zone
peuplée du Washington, on a peine à croire que cette région ait
attendu la colonisation jusqu'à la poussée de 1858, où le fleuve devint
le lieu de passage vers les placers de l'intérieur. On n'y comptait
alors que trois forts (p. 150). D'emblée, le gouvernement anglais
résolut d'y installer une capitale et en fit chercher l'emplacement.
Le colonel du génie Moody, envoyé comme premier commissaire
des terres et des travaux publics, indiqua la profonde Entrée de
Burrard [1], au fond de laquelle Port Moody conserve aujourd'hui son
nom, et où Vancouver a été construit plus tard. Sa proposition ne
fut pas adoptée, car on voulait que le port se trouvât sur le Fraser.

On résolut d'installer la capitale dans le delta, au point d'échange
entre les transports maritimes et fluviaux. Pendant tous ces tâtonne-
ments, les acheteurs de terres se précipitaient sur chacun des emplacements qu'ils s'imaginaient devoir être désignés : ainsi se formèrent
des embryons de villages qui n'eurent point la fortune d'un boom,
mais dont plusieurs, comme Port Moody, ont survécu tant bien que
mal.

Enfin, dans l'année 1859, on se décida pour un emplacement sur la
rive droite du bras septentrional du delta, le plus accessible, et à
26 kilomètres de la mer; le commissaire des terres consentit à y
transférer les titres de ceux qui avaient acheté des lots sur le dernier

1. Bancroft, t. XXXII, pp. 406, 414.

point désigné avant celui-là. Sans tarder, on mit bûcherons et charpentiers au travail sur le bord de la forêt qui couvrait la rive. La nouvelle ville reçut le nom de New Westminster. Faite de bois, la primitive New Westminster fut dévorée par un incendie en 1898; la « Cité » et les édifices importants ont été rebâtis en pierre et briques, le reste en cèdre et sapin.

Depuis que Victoria est redevenue capitale de toute la Province, et surtout depuis la création de Vancouver, New Westminster ne s'agrandit plus guère. Au recensement de 1901, elle ne comptait que 6 500 habitants et n'occupait que le troisième rang; serrée de près par les cités minières Nanaimo et Nelson, elle paraît se maintenir à sa place avec 8 000 habitants [1].

A l'écart de la grande voie Canadienne Pacifique, New Westminster se lie avec elle par un embranchement de 14 kilomètres détaché de la ligne principale à Westminster Junction, 27 kilomètres à l'est de Vancouver. En outre, une voie de tramway et une voie ferrée la mettent en communication directe avec Vancouver.

Vers le sud, New Westminster commerce avec les États-Unis par la voie ferrée côtière qui s'arrêtait naguère sur la rive méridionale du Fraser, en face de la ville. Pour assurer la continuité du rail, le gouvernement provincial a dépensé près de 5 millions de francs. Le 23 juillet 1904 a été terminé un pont de fer, long de 1 600 mètres, qui traverse le fleuve, portant à la fois la route et les rails [2]. Mais c'est surtout Vancouver qui profitera du pont. Mis désormais en relations directes avec les États Unis, il compte réduire New Westminster à n'être que la plus importante des stations intermédiaires.

Vancouver a pris tous les services maritimes de voyageurs. Port fluvial et port maritime accessible aux navires de moyen tonnage, New Westminster conserve encore un certain mouvement de marchandises le long de ses quais de planches. En 1905-1906, ont monté jusque-là 990 caboteurs représentant 126 434 tonnes et 156 navires de haute mer jaugeant au total 10 352 tonnes [3]. Ce sont surtout des voiliers qui viennent prendre des boîtes de saumon, du bois ouvré, et apporter du bois brut.

New Westminster vit de deux industries locales, la pêche et la scierie. Le saumon est pris à l'entrée du Fraser; on le met en boîtes soit à New Westminster, soit à Steveston, petit port bâti à la sortie du bras méridional du delta. New Westminster à lui seul possède

---

1. *Handbook of B. C.*, 1907, p. 59.
2. *The Royal City of B. c.* (Bibliogr. n° 98), pp. 31-32.
3. *The Royal City*, p. 20.

une quarantaine de fabriques de conserve, il reste la capitale de cette industrie.

New Westminster et les villages voisins du Delta ont aussi de nombreuses scieries à vapeur qui transforment en poutres, en bardeaux, en pièces de construction ou cadres de fenêtres, en portes, les bois apportés par le fleuve ou par la mer. Mais ce commerce le cède, en importance, à celui de l'Entrée de Burrard.

Les exportations de New Westminster et Steveston valent de 15 à 27 millions de francs par an, leurs importations de 3 millions à 6 millions. Stationnaire depuis 1898, leur commerce marque une légère tendance à croître avec la demande de bois [1].

New Westminster possède une source de revenus plus durable que le bois et la pêche : il est le débouché d'une des régions agricoles les meilleures et les plus cultivées de la Province.

Quatre voies principales la coupent, concentrant autour de leurs axes la plus grande partie de la population.

C'est d'abord la route naturelle du bas Fraser; à coté d'elle la grande ligne transcontinentale suit la rive nord, la plus élevée, pour se garantir des inondations.

Sur cette base est-ouest arrivent, comme les deux cotés d'un triangle dont le sommet serait en Washington, deux lignes américaines de jonction. La plus occidentale est la ligne de la côte, qui, à partir de la frontière, évite le delta et se dirige, par des circuits à travers la plaine, sur New Westminster et Vancouver City.

La plus occidentale est la ligne du pied des montagnes qui franchit le Fraser et rejoint la voie Canadienne Pacifique à Mission Junction, 69 kilomètres est de Vancouver City.

Le meilleur district agricole du Fraser est celui qui a pour centre Chilliwack, sur la rive sud du fleuve, au confluent de la rivière Chilliwack, à 80 kilomètres de New Westminster et à 50 de Hope; un service régulier de vapeurs le relie à New Westminster. Chilliwack est le point de départ d'un sentier achevé en 1903, qui remonte la rivière Chilliwack jusqu'aux placers des montagnes partagés entre la Colombie et le Washington [2]; comme la frontière suit exactement le 49e parallèle, elle laisse aux États-Unis la crête des montagnes neigeuses qui déparent ces versants. Ainsi, une partie des camps miniers américains se trouvent aux sources des affluents de la

---

1. *An. Rep. Vancouver Board of Trade, 1905.6*, p. 38. — *La Gazette du ravail*, fev. 1906, p. 871.

2. *An. Rep. Mines, B. C. for 1904*, p. 266. — *The Chilliwack District*, broch. de propag., Vancouver, 1904.

Chilliwack, et sont atteints plus aisément par le Fraser que par les sentiers américains.

Dans la plaine arrosée par le bas fleuve les maisons apparaissent partout à quelque distance des cours d'eau sur des ondulations et des terrasses naturelles que n'atteignent point les crues.

Tout le sol cultivable est depuis longtemps occupé; il se vend jusqu'à 1200 francs l'hectare et l'on ne peut se procurer de nouvelles terres de colonisation qu'en reprenant une partie des zones basses couvertes par les inondations périodiques.

Absolument nécessaire, l'endiguement du fleuve et de ses affluents est poursuivi, soit par des compagnies financières à la mode américaine, soit par le gouvernement. Ainsi un syndicat a soustrait aux crues les prairies qui se trouvent au confluent du Fraser et de la rivière Pitt; il les a revendues 500 francs l'hectare à des éleveurs de vaches. Une entreprise analogue s'achève dans la région de Sumas, au sud du bas Fraser. De son côté, le gouvernement, partie avec des crédits votés par la Province, partie avec le produit d'un impôt spécial levé sur les propriétaires locaux, a dépensé, de 1897 à 1902, 5 millions pour préserver environ 44 000 hectares de prairies [1], principalement dans la vallée de Chilliwack.

La rive nord du bas Fraser est bordée d'assez près par les contreforts de la Chaîne côtière que suit la ligne transcontinentale et dont les pentes, où s'élève la ferme expérimentale d'Agassiz (p. 237), se prêtent fort bien à la création de vergers. Les cerises, les pommes, les groseilles, viennent dans la plaine. Comme à l'autre bord du Pacifique, en Tasmanie et en Nouvelle-Zélande, le houblon enroule ses cônes autour de hautes perches, et les lucarnes des séchoirs, ronds comme des tours, se dessinent à côté des toits de fermes. Chilliwack donne jusqu'à 100 000 francs de salaires chaque année aux cueilleurs indiens.

Le principal produit du bas Fraser consiste en divers fourrages avec quoi l'on nourrit des vaches laitières. Courtes cornes et Jerseys, derrière les enclos, prés verts semés de gros arbres, rubans scintillant d'eaux claires, tout, jusqu'aux nuages adoucissant l'éclat du ciel, ferait songer au sud de l'Angleterre, sans la profusion de planches et de bois dans les constructions, aux gares, sur les passerelles qui unissent les maisons en guise de trottoirs, sans les neiges étincelant à la pyramide du mont Baker, et les hautes montagnes qui encadrent l'horizon.

1. Rep. Comm. Land and Works, B. C. 1903-4, pp. 18-42. — Agric. in B. C. 1904, p. 100. — Handbook of B. C., 1907, p. 39.

Près de la voie, en des endroits choisis pour le transport rapide, s'élèvent des beurreries perfectionnées, les unes coopératives appartenant à des fermiers, les autres propriétés de capitalistes. Chilliwack fabrique un demi-million de livres de beurre chaque année. Mission Junction, où un embranchement américain traversant une région d'élevage rejoint la grande ligne transcontinentale, possède plusieurs beurreries et une fabrique de lait concentré à destination des camps miniers et des navires. Près de l'ancien Fort Langley de la Compagnie de Hudson vient d'être construite la première fromagerie de la Province [1].

Les prix sont très rémunérateurs : ainsi, les œufs valent à Chilliwack de 1 à 2 francs la douzaine, à Vancouver et New Westminster, de 2 à 3 francs; produit en quantité croissant, le beurre a baissé, mais se vend encore 1 fr. 20 à 1 fr. 50 la livre pris en fabrique, le lait se paye 40 à 50 centimes le litre, souvent plus [2]. Pourtant la région agricole est loin de fournir à la demande des villes et des mines. Non seulement la farine et les conserves de viandes qu'elle ne produit pas, mais les œufs, la volaille, les fruits, le fromage, sont, en majeure partie, apportés de l'Est Canadien par chemin de fer, ou des États-Unis pacifiques par bateau [3]. Telle est la situation que l'on a déjà constaté aux alentours de Victoria. Ainsi, les parties les plus peuplées et les mieux travaillées de la Colombie britannique ne tirent pas encore de la culture la moitié de ce qui leur est nécessaire.

Le Port de Vancouver.

Le port tout neuf de Vancouver est la grande ville internationale de la côte ouest canadienne, « la porte de l'Orient », comme parlent les prospectus du chemin de fer. Il a été fondé par la Compagnie Canadienne Pacifique pour servir de débouché à sa ligne transcontinentale. C'est un exemple de ville champignon.

Dans les pays neufs, la difficulté n'est pas, comme chez nous, de trouver du terrain : toute entreprise nouvelle peut se mettre à côté des précédentes et en dehors d'elles, toute voie nouvelle peut se donner un nouveau débouché. Ainsi se sont élevées, sur la côte américaine, Astoria à l'embouchure de la Columbia, puis Tacoma à l'ex-

1. La Gazette du Travail, mars 1905, p. 99; 1906, mai, p. 1248; nov., p. 505. — Agriculture in B. C., 1904, pp. 32, 34, 96; 1907, pp. 48-52.
2. Id., 1904, pp. 61, 62.
3. An. Rep. Vancouver Board of Trade, 1904-5, p. 19.

trémité de la première ligne transcontinentale nord, enfin Seattle au bout de la seconde.

On choisit à chaque fois des emplacements meilleurs que les précédents, mais là n'est pas l'unique raison qui fait créer de nouvelles villes. Il faut savoir que toute entreprise s'accompagne d'un jeu sur les terrains et que la construction d'une ville rapporte d'énormes bénéfices à ceux qui ont su se faire concéder ou s'assurer à bas prix l'emplacement vierge avant que les plans de construction fussent connus. Ce n'est donc point le hasard mais la spéculation qui fait naître tantôt sur un point, tantôt sur un autre, une ou plusieurs villes champignons. C'est elle encore qui prépare le second acte, le *boom*, c'est-à-dire la réclame destinée, quand l'emplacement de la ville est révélé, à attirer les acheteurs de terrain et les représentants d'entreprises qui amèneront une plus-value.

Dès que la construction de la ligne transcontinentale eut commencé, il fut évident pour tous qu'elle n'aurait pas comme terminus l'ancienne ville de New Westminster : à la place du Fraser, d'accès parfois difficile, le premier fiord de la côte, l'Entrée de Burrard profonde de 25 kilomètres, devait évidemment être adopté pour la création du port nouveau, et c'était le bord sud relativement plat qui avait toute chance d'être préféré. Les deux rives étaient alors désertes et couvertes de forêts. Dans l'usage, on désignait comme terminus Port Moody au fond de l'estuaire. Port Moody eut son *boom* des terrains; puis ce fut le tour de plusieurs emplacements qui paraissaient favorables au sud et même au nord de l'Entrée ; on y construisit des villages appelés ports, qui existent toujours.

Enfin, au commencement de l'année 1886, la Compagnie révéla brusquement son dessein en le réalisant : dans l'espace de deux mois elle fit défricher la forêt, construire un port et tracer des rues sur l'emplacement où s'élève Vancouver.

Le site est bien choisi, sur un petit plateau qui s'avance en pointe entre l'Entrée de Burrard au nord et une découpure secondaire, la Fausse Crique, au sud; mais le terrain était caché par la forêt la plus haute et la plus épaisse (p. 117) : on en voit le dernier témoin, offrant la plus belle combinaison de nature forestière et maritime qui se puisse imaginer, dans le Stanley Park, supérieur même au magnifique jardin botanique de Sydney en Australie, et d'une magnificence à laquelle la main de l'homme a fort peu ajouté.

A la réserve du Parc, la forêt primitive fut coupée et brûlée; en mai et en juin 1886, une ville nouvelle tout en bois s'élevait par enchantement; en juillet, par l'imprudence de quelque défricheur, le feu prenait à la forêt, gagnait Vancouver et le consumait; un seul bâtiment fut épargné. Sans perdre un instant, on se remit à l'œuvre; depuis la reconstruction, Vancouver a connu les nombreux incendies partiels des villes en bois, mais elle n'a plus été détruite et elle n'a cessé de s'accroître.

Au recensement de 1891, Vancouver comptait 13 709 âmes, moins que Victoria. Dix ans plus tard, elle dépassait la capitale avec 26 133 habitants dont 19 000 sujets britanniques, 2 840 Chinois et Japonais, 925 Indiens et métis, 871 Allemands, 598 Français et 46 Belges, 452 Scandinaves[1]. En 1905, sa population montait au delà de 40 000; au lieu d'un instituteur et 40 écoliers en 1887, Vancouver réunissait alors, dans les seules écoles municipales, plus de 100 maîtres et 5 000 élèves. Aujourd'hui elle est de beaucoup la ville la plus importante de la Fédération à l'ouest de Winnipeg. Approchant de 52 000 habitants[2], elle promet de rejoindre Seattle, le plus grand port américain du Puget Sound qui, fondé en 1852, compte aujourd'hui plus de 80 000 âmes.

A la fin de 1904, Vancouver possédait 2 kilomètres 9, de rues pavées en pierre, 2,7 de rues pavées en bois, 67,5 d'avenues macadamisées, 20 de trottoirs en ciment, 181,5 de trottoirs en planches, 85,3 d'égouts et 9 fontaines publiques, 4 ponts, 3 parcs. La municipalité administre la voirie et les ponts, les parcs, le service des eaux, celui des pompiers, la police, 3 hôpitaux, les écoles publiques.

L'électricité pour l'éclairage, les moteurs et les tramways est fournie par une compagnie américaine qui se procure l'énergie au moyen d'une chute artificielle mettant en communication deux lacs de la chaîne côtière, Buntzen et Coquitlam.

A la fin de 1887, la première année complète de vie pour Vancouver, l'ensemble des propriétés foncières privées valait 12 284 210 francs et avait reçu une plus-value de 911 275 francs. A la fin de 1904, la valeur était de 72 204 675 francs, la plus-value annuelle de 25 569 800 francs.

En 1904, on avait délivré 836 autorisations de bâtir; les constructions autorisées représentaient une valeur de 9 844 455 francs. En 1906, pour la valeur des constructions faites dans l'année, Vancouver se classe la 4ᵉ cité de la Puissance après Toronto, Winnipeg et Montréal, avec 21 millions de francs, 57 p. 100 de plus que l'année

---

1. *Recensement du Canada, 1901*, t. I, pp. 22, 284-285.
2. *An. Rep. Vancouver Board of Trade, 1904-5*, p. 13, *1905-6*, p. 55. — *La Gazette du Travail*, sept. 1905. — *Handbook of B. C. 1907*, p. 55.

précédente, tandis que Victoria, la capitale, n'arrive qu'au 14° rang [1].

Quand on arrive en paquebot, Vancouver s'annonce par le port encombré des villes anglaises où tout est sacrifié au commerce; quais et docks de charpente appartenant à la Compagnie du Canadien Pacifique, trains et piles de bois, scieries à vapeur, monceaux de houille et bateaux charbonniers, fonderies, cimenteries, fabriques de tout genre occupent le front de Burrard Inlet, et débordent au sud dans la Fausse Crique. La voie ferrée se termine sur le port principal dans une gare, monument de pierre en forme de porte fortifiée dans le style de la Renaissance anglaise. Fidèle à ses principes, la Compagnie a voulu construire un édifice digne de servir à ce qu'elle appelle « l'union de l'Occident et de l'Orient », *Meeting of East and West*.

Par cet arc de triomphe, on débouche dans la partie centrale de la ville, la Cité, réservée aux affaires et construite en briques et pierres de taille apportées à grands frais des îles. Il est défendu d'y bâtir en bois. Cette matière règne au contraire dans les faubourgs de l'est, dont les petites maisons bordées de trottoirs en planches, sont abandonnées aux immigrants européens et asiatiques, véritable peuple de Babel où se rencontrent tous les types, où s'entendent toutes les langues. A l'ouest, entre la cité des affaires et les hautes cimes des sapins de Stanley Park, s'abritent sous les arbres les résidences des riches, aussi belles qu'à Victoria, la capitale; les petites hauteurs au sud de la Fausse Crique portent également une foule de jolies villas; on les appelle comme partout, Fairview et Mount Pleasant; car les noms et les usages ne varient guère d'une ville à l'autre, dans l'Empire anglais.

Rien ne fait mieux comprendre la rapide croissance de Vancouver que le contraste entre cette ville d'affaires et la campagne à peine peuplée qui l'entoure. Si la grande forêt dont l'incendie, en s'étendant, consumait la ville naissante de 1886, a été détruite pour fournir du terrain et des bois de construction, ce n'est pas la culture qui a pris sa place. De Vancouver à la vallée cultivée du Fraser, en suivant la grande ligne, de Vancouver à New Westminster en suivant le tramway ou la voie ferrée, on traverse le plus souvent de la brousse, des marécages avec les constructions simples et élégantes de quelques petits clubs, rendez-vous de chasse pour la pêche au saumon, le canotage, le tir à la bécasse, aux oies ou aux canards sauvages.

Ce n'est point de la région avoisinante que vit le port de

1. *La Gazette du Travail*, mars 1907, pp. 1085 et 1906.

Vancouver. Ce havre international est le centre d'où rayonnent partout, sauf vers les montagnes abruptes du nord, des voies de communication terrestres et marines.

Outre le transcontinental, les deux lignes de chemin de fer et de tramway vers New Westminster et la ligne côtière américaine (p. 314), Vancouver se relie à Steveston, centre des conserves de saumon, par un embranchement du C. P. R. qui traverse l'île Lulu, la principale du delta, permettant à l'état-major des fabriques de conserves de demeurer à Vancouver et d'y tenir ses bureaux à côté des banques et des offices importants.

Vancouver est le point de départ d'un service régulier journalier pour Victoria et les villes américaines de l'Entrée de Puget. La capitale, isolée dans son île, n'est qu'une étape de ce service. Vancouver communique directement tous les jours avec les ports charbonniers de l'île Vancouver, Ladysmith et Nanaimo. Vancouver dessert une fois par mois les chantiers de bois, les saumoneries, les mines des îles et de la côte nord-ouest. Il a, pendant la saison, deux services à destination de Skagway, port où descendent les voyageurs pour le Klondike; l'un de ces services est américain et vient de Seattle, l'autre est canadien et part de Vancouver chaque semaine. San Francisco est aussi relié par mer à Vancouver.

Des négociations sont engagées en ce moment pour la création d'une ligne subventionnée par le gouvernement mexicain, entre Vancouver et Acapulco. Vancouver est le point de départ des trois grands paquebots neufs du C. P. R. et des deux paquebots auxiliaires qui font la traversée du Japon et de Hong-Kong une fois par mois en hiver, toutes les trois semaines en été. De même pour la *Canadian Australian Line* qui a chaque mois un départ pour Honolulu, Fidji, le Queensland et Sydney, service qu'on parle de faire passer par la Nouvelle-Zélande.

Deux compagnies anglaises ont chacune un service à peu près mensuel de vaisseaux de charge entre Vancouver et Liverpool par Suez.

Les nombreux bateaux de frêt à itinéraires variables, les goélettes et les voiliers de tout genre qui donnent à la navigation cabotière de la côte ouest un aspect tout particulier (p. 303), affluent à Vancouver plus que dans les autres ports.

Du 31 mars 1905 au 1ᵉʳ avril 1906 les exportations de Vancouver se sont élevées à la valeur de 37 040 565 francs, environ 8 fois celle

---

1. *An. Rep. Vancouver Board of Trade, 1905-06*, p. 38.

de 1899; les importations à la valeur de 37 272 105 francs plus de
deux fois celles de 1899. Vancouver est, de beaucoup, le premier port
de Colombie britannique [1]. Il importe surtout des produits alimen-
taires et des objets manufacturés, comme le matériel à l'usage des
mines. Quant à ses principales exportations, on en peut juger
d'après le tableau sommaire de ce qu'il vend à son principal client,
les États-Unis.

En 1905-1906, Vancouver a exporté aux États-Unis pour
12 171 320 francs au lieu de 9 666 000 l'année d'avant. Les trois
principales importations sont, par ordre de valeurs en francs :

	1905-6	1904-5
1º Bois	3 032 156	3 114 930
2º Or.	2 002 445	2 560 520
3º Poissons, etc., frais et conservés	1 879 899	1 818 090

Sur les 1 818 090 francs de poisson, 334 366 représentent du flétan
conservé frais dans la glace et envoyé par voie ferrée aux États-Unis,
pour une compagnie américaine (p. 202), 356 390 francs de saumon
expédié dans des conditions analogues.

En 1905-1906, les réglements de compte au *Clearing House* de
Vancouver se sont élevés à 478 721 005 francs, ce qui assure à cette
cité la 6ᵉ place financière de la Puissance.

En 1905, la poste de la ville a envoyé 2 478 360 francs au lieu
de 637 145 en 1889; elle en a payé 3 115 125 au lieu de 283 485
en 1889 [1].

Cette prospérité continue ne fait qu'exciter l'activité et l'ambition
de la Chambre de commerce de Vancouver. Elle presse le gouvernement d'aider les Canadiens à disputer aux Américains le commerce des produits de la côte. Elle se félicite de la prime à la production du plomb (p. 262), qui fait dégrossir le minerai au Canada
et qui attirera peut-être en Colombie une partie du minerai alaskien;
elle en réclame d'autres. Elle se plaint que le commerce du bois
tombe en décadence; elle sollicite un droit de représailles sur les bois
ouvrés américains pour répondre à celui dont les Américains ont
frappé les bois étrangers.

Elle désire, soit une entente avec les États-Unis pour empêcher la
destruction du saumon, soit le droit pour les Colombiens d'employer
les mêmes engins que les Américains (p. 193). La seconde solution,
qui sacrifie l'avenir au présent, aurait la préférence des capitalistes

1. *An. Rep. Vancouver Board of Trade, 1905-06*, pp. 40-43.

qui ont engagé leurs fonds dans la pêche et la conserve, et qui veulent en tirer le plus possible dans le plus bref délai.

Les commerçants de Vancouver sont trop informés pour ne pas savoir qu'il est impossible de rivaliser, pour le moment, avec Seattle et les ports américains. Ils n'ont pas l'abondance de fret lourd de sortie qui a fait l'étonnante fortune de Seattle et dont le principal élément est fourni par le blé. Ils savent qu'ils ne peuvent encore compléter les cargaisons et, par suite, payer moins cher pour chaque espèce de chargement. Eux-mêmes constatent que le bois embarqué en Washington et Oregon pour l'Extrême-Orient et l'Océanie acquitte, en frais de port, jusqu'à 60 p. 100 de moins que le bois canadien [1]. Mais ils ne désespèrent pas de faire affluer chez eux les articles d'exportation; pour cela il faudrait que la Compagnie du chemin de fer Canadien Pacifique abaissât le prix de ses transports (p. 297). Nouveau sujet de pétition à l'adresse du gouvernement fédéral. D'autre part, on pourrait vendre moins cher que les Américains avec de bons traités de commerce. La Puissance ne promet-elle pas 33,3 p. 100 de diminution à tout état britannique qui lui offrira la réciprocité? Pourquoi n'a-t-on pas trouvé un arrangement sur ces bases avec l'Australie et la Nouvelle-Zélande? demande la Chambre. Que fait donc l'agent commercial entretenu par la Fédération dans les colonies sœurs d'Océanie [2]?

De l'Entrée de Burrard au Canal de Portland.

Dès la rive du nord de l'Entrée de Burrard, en face même de Vancouver, la plaine cesse; la barrière des montagnes côtières arrête la colonisation plus au sud que sur la rive opposée du détroit de Géorgie.

Un bac relie Vancouver avec le village de Moodysville, égrené au pied des hauteurs boisées sur la rive nord de Burrard. Un service de bateaux dessert le village de Howe et les Mines Britannia dans la profonde rade de Howe qui s'ouvre, entre plusieurs îles rocheuses immédiatement au nord de l'Entrée de Burrard. Là, un syndicat anglais, déjà possesseur de mines de cuivre en Montana, est venu exploiter des schistes cuprifères. Les ouvriers extraient le minerai sur la muraille côtière, à plus de 1 000 mètres de hauteur; un tramway aérien, mu par l'électricité et long de 5 kilomètres, le des-

---

1. *An. Rep. Vancouver Board of Trade, 1905-06*, pp. 50 et 53.
2. *Id.*, p. 54.

cend à la grève, où se trouvent les concentrateurs, les docks, les
bureaux, et une pension pour les employés qui sert en même temps
d'hôtel aux rares visiteurs, le tout éclairé par l'électricité que fournissent les chutes d'eau, mais construit en bois brut coupé sur place[1].

Plus au nord viennent les défilés sauvages et déserts par où l'on
passe de la mer intérieure dans l'Entrée de la Reine Charlotte.

Ensuite c'est la répétition de la côte sauvage de Vancouver, avec
des villages indiens qui restent les centres de population et les ports,
avec moins de mineurs, mais une industrie élémentaire fondée sur
le saumon et le bois.

Les premières installations de quelque importance que les paquebots visitent en sortant de l'Entrée de la Reine Charlotte, sont sept
fabriques de conserves et une scierie, installées dans la profonde
Entrée de Rivers.

Puis viennent les îles habitées par les derniers Indiens Bella Bella,
au nombre de 327[2]. On y remarque plusieurs fabriques de conserves et les restes de l'ancien fort Mac Laughlin de la Compagnie
de Hudson, supplanté par Rupert dès 1839, abandonné en 1850[3].

Ces îles protègent l'entrée du profond Canal de Burke dont les
rives n'ont d'abord d'autres habitants que les oiseaux de la mer et
de la forêt; tout au fond s'élève le village des Indiens Bella Coola,
petite tribu séliche isolée au milieu des Kwakiult qui peuplent les
côtes (p. 160). Au nombre de 223[4], ils occupent une vallée relativement large qu'une piste remonte pour traverser ensuite la Chaîne
côtière et rejoindre les platières colonisables de l'intérieur (p. 383).
Aussi le gouvernement a-t-il essayé d'en faire un centre européen,
analogue à celui du Quatsino, au nord-ouest de Vancouver.

En 1894 et 1895, quelques centaines d'immigrés norvégiens y ont
été installés; ils ont coupé le bois, ils projettent de faire une fabrique
coopérative de pâte à papier; ils ont élevé un village comprenant
une cinquantaine de maisons en bois, planté des pommiers, semé
des légumes; ils ont tenté d'endiguer la rivière et de drainer les
marécages qui s'étalent dans cette vallée trop arrosée; mais ils ne
possèdent pas de capitaux pour acheter aux prix élevés du pays tout
l'outillage et le cheptel qui leur est nécessaire. Ils se plaignent aussi
de ne pouvoir exporter leurs produits parce que la route de l'intérieur n'est pas encore suffisamment frayée. Bref, comme beaucoup

1. An. Rep. of Mines, B. C. for 1904, pp. 261 et 268. — Geol. Surv. of Ca., Summ. Rep.,
1906, p. 32.
2. An. Rep. Indian Affairs, 1904-5, II° part., p. 68.
3. BANCROFT, t. XXVIII, pp. 629-630.
4. An. Rep. Indian Affairs, 1904-5, II° part·, p. 68.

d'autres, ils trouvent le *boom* lent à venir [1]. Le recensement de 1901 [2] évalue à 352 le nombre des Scandinaves vivant dans la section de Cassiar Stikine; presque tous, sinon tous, sont les colons de Bella Coola. A leur exemple, les Bella Coola commencent à cultiver le sol de la réserve [3].

Les villages indiens et les fabriques de conserves reparaissent à de longs intervalles, en plusieurs points du Canal de Gardner et de son jumeau, le Canal de Douglas, puis sur les bords du long Chenal Grenville entre l'île Pitt et la côte; mais toute cette région est abrupte, sauvage, peu peuplée.

Des gisements d'or, d'argent et de cuivre ont été relevés au contact du granit et des terrains primitifs, dans les îles montueuses de la Princesse Royale et de Gribbell qui prolonge, au nord, la précédente. Dans la première, une demi-douzaine de petits camps miniers se sont installés, le plus important, vers le nord-ouest de l'île, à 19 kilomètres d'une baie assez abordable où l'on a fait un quai flottant. Matériel et vivres sont transportés par un tramway de 300 mètres de long au lac du Couguar, qui se déverse dans la baie, puis par canot à l'autre bout du lac, puis par porteurs sur un sentier de 4 kilomètres à un autre lac, communiquant avec le premier, puis par canot à l'extrémité d'amont, enfin de là par porteurs sur un sentier de 2 kilomètres au camp. Le minerai suit le même trajet en sens inverse. Dans ces conditions, le transport d'une tonne entre la galerie et la baie revient à plus de 40 francs. L'entreprise, qui est anglaise, a déjà dépensé 500 000 francs; elle étudie le moyen d'établir un tramway électrique en utilisant une chute d'eau entre les deux lacs.

Dans l'île Gribbell, les gisements suivent une pente presque verticale, au contact du gneiss redressé et de la diorite; pour les atteindre, on s'élève de 600 mètres sur une distance de 9 kilomètres environ; on grimpe en s'aidant des arbres; sur un point il a fallu monter une échelle grossière avec deux fûts de sapin sur lesquels on a cloué des branches. La Compagnie américaine qui s'est fait concéder en 1899 les principaux gisements de l'île, a déjà dépensé 300 000 francs et elle n'en est qu'aux premières installations. Encore ces deux îles, Princesse Royale et Gribbell, sont-elles données par le rapport officiel comme celles de la côte où l'on a exécuté le plus de travaux miniers [4].

---

1. *Agriculture in B. C.*, 1904, p. 117.
2. *Recensement du Canada, 1901*, t. I, p. 285.
3. *An. Rep. Indian Affairs, 1904-5*, p. 244.
4. *An. Rep. Mines, B. C. for 1902*, pp. 48, 51, 53; *for 1904*, p. 102; *for 1905*, pp. 85, 87.

Dans les hauteurs de l'île Pitt, on a reconnu la suite des gisements précédents aux mêmes contacts, et, de plus, un filon de magnétite analogue à ceux de Vancouver; 4 concessions y ont été obtenues, mais l'exploitation n'est pas commencée[1].

Après le Chenal Grenville, les Indiens de langue kwakiult sont remplacés par les Indiens de langue tsimshian, dont le nom signifie les gens du fleuve Skeena. Dans l'estuaire du Skeena se montrent plusieurs de leurs villages, toujours avec la grève à canots et les poteaux de totem. Là aussi s'élève un des plus anciens établissements européens, Port Essington, avec ses fabriques, ses scieries, ses magasins de la Baie d'Hudson et une sorte d'hôtel. Le paquebot de Vancouver correspond avec le petit vapeur de la Compagnie de Hudson qui remonte le Skeena jusqu'à Hazelton où commencent les rapides. On peut atteindre, moins commodément, Hazelton par le bras de Kitimat, au fond du Canal de Douglas (p. 38)[2].

La rive nord de l'estuaire du Skeena est fermée par la péninsule très découpée des Tsimshian; deux de ses nombreuses baies abritent des établissements remarquables à divers titres. En venant du sud, le premier est le village de mission appelé Metlakatla, qui fut fondé par Duncan, pasteur anglican de Londres. Duncan avait décidé les convertis à se construire des maisons d'un étage à l'anglaise, isolées l'une de l'autre et entourées de petits jardins où l'on cultivait les légumes d'Europe, les groseilles et les fraises; il avait fondé une « école industrielle » avec scierie, filature de laine, briqueterie, fabrique de conserves. Une école de filles, une école de garçons, une grande église, quelque temps « la plus vaste et la plus anglicane d'aspect de la Province », témoignent encore des travaux accomplis sous sa direction. Il avait enfin organisé des sociétés et des jeux à l'anglaise, formé une fanfare et des organistes indigènes. Duncan administrait sa création à peu près comme un abbé fondateur du moyen âge faisait de son abbaye perdue au milieu des forêts lorsqu'il reçut la visite de l'évêque anglican de la Province, venu comme une sorte de suzerain pour visiter ce qu'il estimait une de ses paroisses. Duncan ne voulut point être traité en subordonné par un évêque colonial : il céda la place, réunit ses ouailles, et les embarqua pour l'île Annette qui se trouve sur la zone alors contestée entre les États-Unis et le Canada (1887). Les fidèles de Duncan habitent encore Port Chester ou New Metlakatla dans cette île aujourd'hui américaine, et

1. *An. Rep. Mines, B. C. for 1905*, p. 82.
2. *Id., for 1902*, p. 45.

l'établissement canadien, bien que toujours chef-lieu d'agence indigène, n'a pu retrouver son ancienne activité[1]. On n'y trouvait en 1905
que 198 Indiens, tous anglicans.

Non loin du village chrétien déchu se dresse la ville commer-
çante en formation de Port Simpson, l'ex Fort Simpson de la Compagnie de Hudson, fondé en 1831. Elle occupe, près de la pointe
nord de la péninsule Tsimshian, une anse ouverte au nord-ouest où
la marée atteint, en moyenne, 6 mètres. Dans un port bien abrité,
un wharf en bois s'avance de 400 mètres sur les vases de la baie.
Près de là s'élève l'un des magasins les plus importants de la Compagnie de Hudson. Le village indien près duquel le fort fut bâti a
pour missionnaires des méthodistes qui ont organisé, avec les indigènes, une école industrielle, un hôpital, une fanfare, un service de
pompiers, fort utile dans ces villages de bois. Ils ont converti les
708 Indiens que le village comptait en 1904.

Le terminus du Grand Tronc Pacifique, en construction
depuis 1905, sera dans la région de Port Simpson. Aussi les spécu-
culateurs se disputent-ils les terrains de la péninsule entre l'embouchure du Skeena et Port Simpson. Avant que la ligne soit commencée de ce côté, le premier *boom* bat son plein. La population
blanche a augmenté, et les Chambres de commerce de Vancouver et
de Victoria prient instamment le gouvernement fédéral de faire
commencer les travaux du Grand Tronc en Colombie comme dans la
région à l'ouest de Winnipeg.

Au nord de la péninsule Tsimshian s'ouvre le très long Canal
de Portland que suit la frontière depuis 1903 et qui dans l'intérieur
des terres se divise en trois bras (p. 38), tous bordés de villages
indiens et de fabriques de conserves. Les Indiens parlent la langue
Nasqua ou de la Nass, l'un des idiomes tsimshian.

Sur les rives de ce fiord et du bras canadien de l'Observatoire, les
prospecteurs ont découvert des gisements d'argent et d'or combinés
avec le cuivre et des gisements de galène semblables à ceux du plateau intérieur. Plusieurs ont été vendus ou loués, et l'exploitation
y commence.

En 1904, les propriétaires d'une usine de fusion de Seattle
envoyaient dans le Canal de Portland un navire portant tout ce qui
était nécessaire pour mettre en valeur une mine achetée à des prospecteurs ; le navire brûla en route. Une nouvelle expédition fut faite

---

1. *Yearbook of B. C.*, p. 24. — L'histoire de l'établissement est racontée par H. S. Wel-
come, *The Story of the Metlakatla*, London, 1887, in-8°.
2. *An. Rep. Ind. Aff.*, *1904-5*, II* part., 67 et 68.

et, en 1905, le claim *American Girl* commença à expédier du minerai à Seattle.

La mine la plus active du rivage canadien se trouve à Maple Bay, au milieu du Canal de Portland ; en 1902, elle a été louée à l'usine de fusion américaine récemment établie à Hadley dans l'île du Prince de Galles (Alaska). Les propriétaires de l'usine garantissent à ceux de la mine 49 p. 100 du produit net de la fusion pendant cinq ans ; ils se réservent le droit d'acheter au bout de dix-huit mois.

Le minerai se trouve au contact de la diorite avec des dykes de phorphyre et une brèche volcanique. Il donne en moyenne 4 p. 100 de cuivre, plus un peu d'or. Les nouveaux exploitants ont creusé des galeries, installé une prise d'électricité, créé trois trolleys aériens pour transporter le minerai, construit un wharf et des maisons qui forment l'embryon d'un petit port.

Trois ou quatre autres concessions appartiennent à des Américains. A côté d'eux, les Canadiens et quelques Scandinaves de Bella Coola continuent la prospection pour vendre leurs lots, tracent des sentiers, hivernent sur place, pour être prêts à recommencer dès la belle saison.

Plus au nord, une compagnie trace une route à chariots depuis l'estuaire de l'Unuk, que l'arbitrage a donné aux Américains, à travers la Chaîne côtière, pour atteindre la zone minière intérieure, où elle compte exploiter la galène ; à la fin de 1905, elle avait achevé 45 kilomètres, soit en tout 10 à l'est de la frontière. Elle avait dépensé plus de 500 000 francs. En attendant d'arriver à la galerie, la Compagnie va installer une drague à or dans les eaux canadiennes de l'Unuk [1].

1. *An. Rep. Mines*, *B. C. for 1902*, pp. 45, 46 ; *for 1904*, p. 99 ; *for 1905*, pp. 80, 81. — U. S. *Geol. Surv. Bull.* n° 287. SPENCER a. WRIGHT, *The Juneau Gold Belt, Alaska*, et carte (voir ici p. 29, note).

CHAPITRE XXIII

LA ZONE DU CANADIEN PACIFIQUE (RAILWAY BELT) ET SES DÉPENDANCES

Les Canyons.

Insuffisante à mélanger les climats et les végétations, que sépare la Chaîne côtière, la longue et étroite pente du canyon fraserien n'unit pas davantage les hommes; trop rapide, le fleuve n'y porte point bateau; trop abruptes, les deux parois tombent à pic; nulle voie naturelle pour les canots ou les piétons. Seuls les Indiens s'y risquaient pour prendre le saumon à la fourchette ou au panier, dans les étroits et au seuil des barrages de rochers, lorsque la découverte de l'or y lança les blancs.

Vers 1852, le bruit courut que le facteur de la Compagnie de Hudson au fort Kamloops achetait de l'or apporté par les Indiens. En 1857 quelques coureurs des bois franco-canadiens qui se trouvaient à Walla Walla en Washington, apprirent par les parents des femmes *sauvages*, avec lesquels ils vivaient, l'existence d'un gisement alluvial dans un élargissement du canyon de la rivière Thompson, à 16 kilomètres du confluent avec le Fraser. Les métis s'y rendirent, y trouvèrent de l'or et le vendirent. Le 14 janvier 1858, le gouverneur qui représentait la Compagnie de la Baie de Hudson à Victoria annonçait officiellement au ministère des Colonies que l'or se rencontrait dans les alluvions du Fraser et de ses tributaires. Aussitôt les journaux américains d'Olympia et de San Francisco publièrent la nouvelle; ils s'emplirent d'annonces que payaient les propriétaires

1. Je suis ici le récit de BANCROFT, t. XXXII, ch. 24, tel qu'il est corrigé par G.-M. DAW" SON, dans *An. Rep. Geol. Surv. of C.*, 1887-88. — G.-M. DAWSON a utilisé les témoignages des survivants et l'ouvrage de MAC FIE : *Vancouver Island and British Columbia*, London, 1865.

de bateaux, escomptant les profits à tirer d'une poussée vers le nord.

Au printemps de 1858, 23 000 personnes, dit-on, arrivèrent par mer à Victoria pour repasser de là sur la côte ; 8 000 seraient allées au Fraser par terre. Puis, pendant la saison de juin à octobre 1858, 2 715 000 francs d'or furent déclarés aux autorités et on se doute qu'en un territoire désert, une proportion beaucoup plus forte avait été soustraite à l'impôt. Les prix de transport s'élevèrent ; puis un bateau chargé de chercheurs qui venait de San Francisco se perdit en mer, et cet accident coupa un moment la grande fièvre.

En janvier 1859, il restait 3 000 blancs et quelques centaines de Chinois sur les placers du Fraser ; tous lavaient et amalgamaient l'alluvion ; les meilleures places étaient les bancs de sable (*bars*) qui émergent pendant la baisse d'été ; tous ont reçu à cette époque un nom qu'ils conservent aujourd'hui et qui s'étend parfois à un établissement voisin : *Boston Bar, China Bar, American Bar*. On lavait aussi dans les ravins des criques, enfin sur les terrasses des alluvions anciennes. Le petit poste de Yale, où la navigation s'arrêtait, devint le centre de cette industrie ; on y comptait, en 1859, le tiers des mineurs.

De Yale, les chercheurs poussèrent dans l'intérieur ; plusieurs prirent une piste indienne qui grimpait du Fort Hope sur le plateau à l'est de Fraser et allèrent laver les alluvions de la haute Similkameen (p. 42) ; ils y rencontrèrent des concurrents, venus des États-Unis par une autre piste qui unissait la basse Columbia au Fort Kamloops.

Le plus grand nombre remonta le Fraser en passant par un sentier de chèvres qui longeait le canyon. Les fonctionnaires coloniaux suivirent les chercheurs d'or pour leur faire payer les redevances ; ils arrivèrent à Lytton, confluent du Fraser et de la Thompson, dans la saison de 1860 ; ils y trouvèrent déjà 200 blancs et 500 Chinois sur les placers [1].

Poussant toujours vers le nord, les chercheurs arrivèrent en 1861 dans le grand coude du Fraser ; ils y découvrirent les gisements du Caribou où les premières trouvailles furent très riches : aussitôt un mouvement général se produisit vers le Caribou (p. 369). Le sentier du canyon ne suffit plus ; déjà on avait trouvé une route moins pénible à l'ouest du canyon : c'est la fente de la Chaîne côtière occupée par le lac Harrisson et plusieurs autres (p. 32). Des villages indiens jalon-

---

1. BANCROFT, t. XXXII, p. 450.

naient cette voie, plus tortueuse mais plus aisée que le canyon. Les rivières n'y portent point bateau, mais les lacs offrent de longs espaces navigables dans l'axe de la route. Dès 1858, les voyageurs pour le Caribou passèrent par là ; les anciens portages indiens entre les lacs s'élargirent en tronçons de sentier muletier. Au débouché de cette voie combinée, sur le moyen Fraser, s'éleva Lilloet, à la fois centre de transports, marché et camp minier. Par cette voie, le transport de la côte au Caribou coûtait de 5 fr. à 7 fr. 50 la livre.

En 1858, le gouvernement anglais se substitua à la Compagnie et l'ère des travaux publics s'ouvrit. Comme le succès du Caribou continuait, le gouvernement fit construire un chemin charretier le long des canyons avec des ponts de bois pour franchir les criques. En 1864 la route était achevée ; elle remontait le Fraser jusqu'au confluent de la Thompson, puis cette rivière jusqu'au coude, et là, sortait de la vallée pour se diriger vers le Caribou, qu'elle atteignit en 1865. Alors le prix des transports s'abaissa à 0 fr. 60 et même 0 fr. 35 la livre [1]. Aujourd'hui la voie ferrée Canadienne Pacifique remplace, de l'Océan à la vallée de Thompson, la route de 1864 dont les voyageurs aperçoivent, des fenêtres, les tronçons abandonnés et les passerelles en ruines. Mais, plus au nord, la section de route Thompson-Caribou reste en usage. Bâtie au croisement de la route et de la voie, la petite ville d'Ashcroft avec 500 habitants permanents est un grand centre de transports par diligences, chariots, animaux de bât (gravure, p. 330, pl. XIV, 1).

Qui s'attendrait à trouver dans le « sluice naturel » du Fraser une image même affaiblie de l'ancienne fièvre s'exposerait à la plus complète déception. Quelques Indiens harponnent le saumon pendant la saison, comme avant l'arrivée des Européens. Leurs huttes se groupent autour d'un cimetière à poteaux et drapeaux. A côté de ce passé vivant, les camps miniers ont laissé peu de traces. Dans la partie la plus étroite, de Yale à North Bend, où se bousculaient les premiers chercheurs, deux bancs seulement étaient exploités dans l'été 1905. Cinq à six Chinois y lavaient du sable, et la valeur brute de l'or extrait faisait près de 10 000 francs [2]. Même décadence dans la région de Lilloet, en amont du confluent Fraser-Thompson, et dans les gorges de la Thompson et de ses affluents [2].

Dans la région de Clinton, sur la rivière Bonaparte, au commencement de la route Ashcroft-Caribou, les alluvions sont abandonnées

1. Ceol. Surv. of Ca. An. Rep., 1887-1888, R, p, 22 (G. M. Dawson).
. An. Rep. Mines, B. C. for 1904, p. 234 ; for 1905, pp. 205, 206, 209.

1 - ROUTE CHARRETIÈRE D'ASHCROFT AU CARIBOU (pp. 48, 281, 370).

Point de départ sud. Pont sur la Thompson. Banquettes d'alluvions, falaises basaltiques des vallées du plateau sec (pp. 41, 47).

2 - TRAINEAUX A CHIENS DE LA Cⁱᵉ DE LA BAIE DE HUDSON.

Convoi partant l'hiver de Quesnel à l'extrémité de la route Ashcroft-Caribou pour les forts du N. A droite, raquettes pour marcher sur la neige (pp. 281, 310).

à quelques Chinois errants. A la place du lavage, les blancs essayent la drague. En 1905, une Compagnie de Nouvelle-Zélande, important son matériel, est venue s'installer au-dessous de Yale sur une concession de 24 kilomètres. D'autres avaient choisi, l'année précédente, l'entrée nord des canyons, soit sur le Fraser, soit sur la Thompson. Plus haut, à Lilloet, le géologue de l'État d'Iowa qui, à l'exemple de beaucoup de ses compatriotes, ne se désintéresse pas des applications pratiques de la science, est venu installer à Lilloet la première et la plus forte drague qu'il vantait comme la plus grande et la première en date de Colombie. Essayée en 1905, la drague n'a pas payé ses frais : son propriétaire a dû la passer à une compagnie. Enfin des essais tentés sur la Crique tranquille au nord de Kamloops n'ont pas réussi. Partout on se plaint que le charbon soit trop cher, à cause des frais de transport, l'eau trop rare l'été, les galets trop durs et trop gros.

Déçus par les alluvions, les chercheurs se sont attaqués aux bancs de roches variées qui forment le plateau à l'est du canyon. De ce côté, à la hauteur de Yale, un coin de schistes pénètre à travers le granit, et s'arrête à quelques kilomètres du Fraser. A son approche, on trouve des alluvions aurifères dans la gorge d'un petit affluent du Fraser, la crique du Sauvage (*Siwash Creek*) et, plus haut, des veines de quartz aurifère dans des schistes, tout près d'une série de dykes éruptifs, probablement porphyriques. Pour atteindre Siwash Creek, il fallait, en 1904, marcher sur la voie ferrée en remontant le fleuve pendant plus de 3 kilomètres, puis franchir le canyon dans une cage glissant sur un cable à 15 mètres au-dessus de l'eau, enfin remonter la crique pendant 6 à 7 kilomètres par un mauvais sentier. Malgré ces difficultés qui rappellent celles de la Chilliwack (p. 314), deux compagnies américaines du Washington nord avaient installé, dans cette région, des lavages hydrauliques et des batteries de pilons d'amalgamation mus par l'eau; elles ont dû liquider en 1905 [1].

Plateau Sud. — Similkameen, Nicola, Kamloops, Shuswap, Okanagan.

Si un léger accroissement d'activité a été constaté dans le district de Yale en 1905, c'est à cause du renouveau que donne l'espoir d'une jonction entre Hope et la voie ferrée du plateau sud-est. De ce

1. An. *Rep. Mines, B. C. for 1903*, p. 180; *for 1904*, pp. 234, 236, 238, 242; *for 1905*, pp. 196, 205, 206, 209.

côté le rude draille de Hope (*Hope Trail*) escalade les granits et les
schistes, serpente dans la forêt et débouche sur la crique Tulameen
où se trouvent les placers du plateau aride. Le premier camp minier,
Tulameen, occupe un ravin dénudé, à 110 kilomètres de Hope; puis
vient, à 12 kilomètres au plus, celui de Granite Creek, à la jonction
des schistes et du granit intérieur, enfin les concessions s'égrènent
en descendant la vallée de la Similkameen jusqu'à Princeton [1], au
confluent des deux branches de la Similkameen : dès lors le pays
devient moins accidenté, le plateau s'élargit en une voie charretière
qui descend la Similkameen et la relie au district peuplé de la
Boundary [2]. Les placers de la Crique au Granit furent atteints dès
1859, mais tôt écrémés et laissés aux Chinois qui, eux-mêmes, bientôt
n'en voulurent plus.

En effet les communications étaient trop difficiles, soit par Hope
à l'ouest, soit par la rivière Kettle à l'est, où commence le riche district de la Boundary Creek, avec ses villes nées dans le désert.

Naguère, les capitalistes américains qui ont créé les usines et les
cités de la Boundary (p. 363) ne voulaient pas placer de capitaux
dans la Similkameen. On savait pourtant que les filons de cuivre
aurifère et de minerai complexe de la Boundary s'y prolongeaient;
on y soupçonnait l'existence de la houille; mais, trop distant de
tous les aboutissements, Princeton restait un point mort. Tout va
changer avec la construction de la ligne projetée qui raccorderait la
Boundary, par Princeton, avec l'embranchement en construction de
la rivière Nicola, et peut-être avec Hope, malgré les rochers.

Princeton est devenu un centre urbain. En aval, Hedley, dans les
rochers presque nus de la vallée, a vu un camp minier se former
autour d'un concentrateur qui traite sur place le minerai aurifère.
En amont, l'emplacement d'une ville a été dessiné à Tulameen [3].

Au nord, dans la zone des plateaux que dessert le transcontinental,
deux vallées surtout ont retenu les Indiens et attiré les Européens,
celle de la Nicola qui se jette dans la Thompson à Spences Bridge, peu
en amont du confluent avec le Fraser, celle de la moyenne Thompson
plus au nord; toutes deux s'achèvent par des canyons déserts et c'est
à l'amont des gorges que se trouve leur partie peuplée.

Sur la Thompson, le centre est Kamloops, au bord d'un lac, village
indien près duquel fut élevé le premier fort du sud (1813). Chef-lieu

1. *An. Rep. Mines, B. C. for 1904*, pp. 229, 238; *for 1905*, pp. 15, 207,
2. *La Gazette du Travail*, sept. 1905, p. 290.
3. *Geol. Surv. of Ca. An. Rep., 1877-78*, B, p. 46. — *Agriculture in B. C.*, 1904,
pp. 70, 71.

de l'agence indienne du plateau méridional, qui compte 26 réserves et 3882 indigènes des canyons au lac Okanagan[1], Kamloops possède une réserve avec 224 indigènes, une mission et une école industrielle importante; et à 4 kilomètres plus loin, entre l'embarcadère des bateaux pour le bief supérieur et la station C. P. R., s'est formée une ville de 1600 à 2000 habitants avec des ateliers divisionnaires de chemin de fer, des scieries, des ouvriers chinois. De Kamloops, les éleveurs ont remonté la branche nord de la rivière Thompson et se sont installés dans les vallées du plateau; quelque cultivateurs commencent à les suivre et à demander à prendre des lots en préemption[2]. Mais cette région ne saurait se comparer à celle qui se trouve au sud de Kamloops.

De ce côté, sur la moyenne Nicola, plusieurs villages indiens et trois ou quatre centres blancs communiquent avec Spences Bridge par une route descendant la rivière; on achève un embranchement de voie ferrée pour la doubler du Fraser à Nicola, sur 80 kilomètres[3]. Enfin, Kamloops et la Nicola se relient directement par un chemin charretier tracé sur le plateau, et qui se continue vers le sud.

La construction de la voie Canadienne Pacifique et des embranchements commencés ou projetés a tenté les spéculateurs.

Depuis, les nouveaux projets de voie ferrée ont attiré de nouvelles entreprises, la recherche du charbon et des minerais. Des gisements de lignite tertiaire avaient été reconnus depuis longtemps dans la vallée moyenne de la Nicola, mais la couche épaisse d'argile à blocaux cache la roche en place et rend les sondages difficiles et coûteux[4].

A peine la construction de la voie ferrée était-elle décidée que des capitalistes prenaient des lots dans toute la vallée moyenne de la Nicola, y envoyaient du matériel et y faisaient des recherches; 4 grandes concessions y sont à l'essai, de 10 à 15 kilomètres de long sur 4 à 7 de large. On ignore si ce sont les traces d'un grand bassin ou une série de petits bassins insulaires sous manteau d'argile et sable. Encore moins sait-on si l'exploitation deviendra vraiment source de profits.

Au sud de Kamloops et à Enderby, dans la vallée de la Spallumcheen, les sondages ont révélé la présence du lignite; on le recherche

1. *Agriculture in B. C.*, 1904, p. 120. — *An. Rep. Indian Affairs*, 1904-5, II° part., p. 71.
2. *Id.*, 1907, p. 42.
3. *La Gazette du Travail*, déc. 1906, p. 695.
4. *An. Rep. Mines, B. C. for 1903*, pp. 196, 201 (étude détaillée). — Notes bibliogr. de la p. 40.

jusque sur la Similkameen; partout c'est une poussée de quêteurs de charbon [1].

Que le combustible soit exploitable, et le plateau, demi-désert, deviendra un grand pays minier. En effet, les couches de minerai complexe de la Boundary paraissent se continuer en écharpe vers le nord-ouest jusqu'à Kamloops et au delà. Aspen Grove, sur l'insignifiante ligne de faîte entre Similkameen et Nicola, possède du cuivre gris aurifère. La même brèche à pâte de porphyre métallifère se trouve à Phœnix en Boundary et à Aspen Grove, les mêmes contacts de roches éruptives et de calcaires, avec des minéraux analogues, calcite brun-jaune, épidote jaune-brun, chalcocite, bornite, chalcopyrites, pyrites, carbonate de cuivre ou cuivre natif, fer spéculaire. Pas de minéraux dans la région carbonifère, mais, après qu'on l'a traversée en venant de la Similkameen, la zone recommence au sud-ouest immédiat de Kamloops, avec même direction et filons au contact des roches anciennes et des « roches vertes » éruptives, diorites ou diabases.

Truth, 9 kilomètres au sud-ouest de Kamloops, montre une masse de felsite bordée sur ses deux faces par du trapp et des dykes ferrugineux. Le *Royal Sun*, à 7 kilomètres 1/2 de Kamloops, livre des chalcopyrites, du carbonate vert et bleu de cuivre, des oxydes noirs de cuivre.

De l'autre côté de la rivière Thompson, au nord de Kamloops, la série continue. A 29 kilomètres de la ville, dans le ravin de la crique Jamieson, on a découvert en 1897 des schistes noirs avec intrusions de granit et argillites qui offrent des veines de quartz et une galène auri-argentifère [1]. On a repéré en 1903 des formations analogues jusqu'au Salmon Arm du lac Shuswap [1].

Avant le chemin de fer, les minerais n'avaient été qu'effleurés, on n'y cherchait que l'or et on les concentrait à cet effet; tout au plus avait-on pris à Kamloops, sur la grande voie, un peu de fer et de zinc pour servir de fondant aux usines de Ladysmith; mais on les avait bientôt remplacés par le fer de Vancouver et la chaux des îles. Un essai d'exploitation de cinabre, à Savona près Kamloops, n'avait pas continué.

Enfin, autour de Vernon, la ville la plus florissante du lac Okanagan, se sont répandus des prospecteurs. On a trouvé des minerais de cuivre et or, au contact du calcaire et du porphyre à Gale, des traces d'or et d'argent et de la galène à Cherry Creek, toutes formations

---

1. *An. Rep. Mines, B. C. for 1904*, pp. 228, 229, 231, 232, 233; *for 1905*, pp. 192, 193, 194.

analogues à celles de la Boundary au sud. Le principal gisement, Gale, est uni au railway par un chemin charretier qui traverse le plateau désert. Les mines ne sont pas encore à la période commerciale.

L'année 1904 marque donc une reprise générale. La « ruée » de la houille et celle des métaux sont parallèles et vont de la Similkameen jusqu'au lac Okanagan.

Pourtant, après l'épuisement des premiers placers, on avait cru que si, pour ce pays, s'ouvrait un avenir, il serait exclusivement agricole. Depuis le temps de la Compagnie, l'élevage en vaine pâture s'était installé dans cette région. Il y a plus de vingt ans, G. M. Dawson trouvait, après avoir remonté les canyons presque déserts, 16 familles comptant 48 personnes, installées dans la région de Nicola et de Kamloops ; c'étaient surtout des ranchers, faisant paître à leurs troupeaux l'herbe naturelle, mais ils avaient quelques cultures par irrigation, 2 moulins à farine, une scierie [1]. On y amenait des bœufs et vaches, soit des États-Unis, soit de la côte, par le sentier de Hope.

Indices d'un élevage plus méthodique, les fourrages artificiels font aujourd'hui leur apparition : enfin on essaye la culture par irrigation des pêches et raisins, ressource des vallées du plateau sec.

Mais la grande propriété règne dans le pays de la moyenne Thompson, l'élevage est fait surtout par des compagnies dont l'une, auprès des sources de la Nicola, entretient 15 000 têtes de bétail et 2 000 chevaux sur le seul ranch Douglas. Tous les terrains propres à l'irrigation sont bloqués par deux sociétés américaines. En 1904, on ne trouvait sur la Nicola que 161 colons et 2 écoles [2].

Le vrai district agricole du plateau sud se trouve plus loin, dans la région du lac Shuswap qui annonce l'approche des hautes montagnes. Assez riche en eau pour n'avoir pas besoin d'irrigations, couverte de forêts, avec des fonds de limon blanc fertile déposé par d'anciens lacs dont ceux de nos jours sont les restes, accidentée, mais pas encore montagneuse, ce fut, comme les bords du lac Kamloops, un des séjours permanents des Indiens sur le plateau, et l'un des endroits où la colonisation se fit sur les traces des indigènes. Quand les ingénieurs et explorateurs de la voie ferrée y tracèrent de l'est la ligne, ils y trouvèrent des cultivateurs et éleveurs autour du lac, avec des cottages et maisons, des bûcherons avec des scieries dans les vallées qui remontent vers la Chaîne de l'Or. Aujourd'hui encore, quand on vient de l'est après la traversée imposante, mais

1. *Geol. Surv. of Ca. An. Rep., 1877-78*, B, p. 4.
2. *Agriculture in B. C.*, 1904, pp. 74, 76, 77, 79, 81, 82, 84 ; 1907, p. 32.

silencieuse et presque sauvage des trois grandes chaînes, on est ravi
de trouver, à l'ouest de la passe de l'Aigle, les scieries et les ranches
avec le bruit et la gaieté du travail.

Au fond du lac Shuswap, après la station de Sicamous, la forêt de
gros conifères bloque la vallée ; on ne trouve plus là que les avant-
coureurs ordinaires de la vie économique blanche, quelques bûcherons et, en saison, les touristes qui séjournent sur le lac à l'hôtel de
la Compagnie Canadienne Pacifique, centre de pêche, de chasse, de
canotage, de sports divers.

Au sud du lac Shuswap, le pays parcouru par son affluent la
rivière Spallumcheen, plus au sud encore, la pointe du lac Okanagan
qui s'écoule vers la Columbia, offrent, eux aussi, des fonds de limon
blanc, et sont en partie défrichés et colonisés.

Quittant la grande ville et le lac à Sicamous, un embranchement
remonte la Spallumcheen jusqu'à Enderby, commencement de la
navigation, centre de fermes et de prospection charbonnière, puis
traverse le district rural de Vernon et s'arrête sur les bords du lac
Okanagan, à 75 kilomètres de Sicamous, et à 340 mètres d'altitude.
Il traverse un pays ondulé avec bouquets de bois isolés où se mêlent
les pins jaunes du plateau sec, les mélèzes, cèdres et sapins de la
forêt montagneuse toute voisine ; les prairies artificielles et les
vergers s'élèvent jusqu'à 450 mètres[1].

Autour des falaises qui bordent le lac Okanagan, villages indiens
et centres agricoles s'égrènent dans les entailles par où débouchent
les criques. Les meilleures vallées sont celles de Vernon, par où
arrive l'embranchement ferré, et la Mission Valley, au versant est,
avec des groupes de fermes isolés que dessert une ligne de vapeurs.
A la pointe sud, le terminus est Penticton ; de là, une route à diligences mène au district de la Boundary où s'arrêtait, en 1906, la
ligne transcontinentale sud. On pense à la prolonger sur Penticton
et, de là, sur la Similkameen et la Nicola.

La région de l'Okanagan est agricole. On y a d'abord fait l'élevage
en vaine pâture comme dans toutes les vallées du plateau. Aujour-
d'hui, le bétail ne tient plus que le second rang par ordre de valeur ;
les vergers ont pris le premier et sont en augmentation continue[2].
Nul district ne vaut, en Colombie, l'Okanagan méridional pour les
pêches, les raisins de table, et tous les fruits qui ont besoin de soleil.
On a planté les arbres ou, plutôt, les arbustes dans les vallées ou
gorges abritées du nord, sur le versant bien exposé au midi. On les

1. *Agriculture in B. C.*, 1904, pp. 72, 74.
2. *An. Report Vancouver Board of Trade, 1904-05*, p. 18.

cultive à l'aide de l'irrigation, et les canaux alimentent aussi des
champs de luzerne où l'on fauche jusqu'à trois coupes.

Toute cette transformation est l'œuvre de capitalistes qui ont
adapté au pays les procédés californiens.

Lord Aberdeen, ex-gouverneur général, a donné l'élan. Il possède
près du terminus, dans le val de Coldstream, un ranch de fruits et
luzerne, avec plus de 5 000 hectares cultivés.

D'autres centres ont été créés par des entrepreneurs qui achètent
les anciennes grandes propriétés d'élevages, les lotissent sous des
noms alléchants, Summerland, Peachland, et les revendent par fragments, comme il vient d'être fait pour le ranch Ellis, près de Penticton, divisé en vergers de 4 hectares chacun. Souvent ils irriguent
et cèdent les lots avec usage de l'eau; on les a vus demander, dans
ce cas, de 500 à 1 100 francs l'hectare.

Ils ont introduit une méthode pour la mise en valeur. Le colon
leur achète 8 hectares en moyenne. La première année, il enclôt
son lot, prépare le sol vierge, plante les arbres; la première et la
deuxième, il sème entre les arbres et récolte des pommes de terre;
la troisième, la quatrième et la cinquième, du trèfle. Vers la quatrième, les arbres commencent à donner des fruits; à partir de la
sixième ou de la septième, ils payent les frais [1].

La vente des fruits se fait habituellement par l'intermédiaire du
principal entrepreneur, seul capable de faire la publicité nécessaire
et les frais d'envoi, seul assez influent pour obtenir des tarifs raisonnables sur la voie ferrée. Ainsi le Coldstream Ranch de lord Aberdeen concentre et expédie, avec sa récolte, toute celle du district.
Mais déjà deux Farmers Exchanges à Kelowna et à Armstrong
essayent d'organiser les petits producteurs en coopératives de vente
(p. 229). Pour les autres entreprises agricoles, crémeries, moulins,
les capitalistes eux aussi ont ouvert le branle et se sont assurés
d'abord les principaux profits, puis les colons se sont associés pour
avoir des crémeries coopératives. On en compte une sur l'embranchement à Armstrong, deux sur le lac, à Kelowna et Mission Valley.

Avec les résidus de la crémerie, on engraisse des porcs qu'on tue,
qu'on prépare, et qu'on expédie. Cette industrie s'est développée
depuis la construction de l'embranchement, sur une zone qui s'étend
jusqu'à 22 kilomètres du rail. Enfin le blé est cultivé et transformé
en farine dans la région d'Enderby et d'Armstrong qui possèdent
deux moulins à cylindres, le premier particulier, le second coopé-

1. *Agric. in B. C.*, 1904, pp. 35 et 73; 1907, pp. 32, 44-45.

ratif; le tabac se cultive plus au sud en lots de 1 à 5 hectares dans la région des raisins et des pêches (p. 240).

A l'ancienne couche de colons venus de l'Océan se superpose un courant que la Compagnie Canadienne Pacifique dérive du flot d'immigrants jetés dans la Prairie par la politique fédérale de colonisation. Des cartes sommaires, des brochures partout répandues, pénètrent sous la tente ou la cabane de l'immigrant que la culture du blé ne satisfait pas, ou que rebute la sécheresse de l'Alberta et des Territoires. Depuis 1904, des fermiers dégoûtés ont vendu leur lot, et sont venus de tous les points de la Prairie, même du Manitoba, acheter les lots de la Compagnie, et se porter dans la région Shuswap-Spallumcheen, et plus au sud sur les bords de l'Okanagan.

Toute la région d'élevage et culture desservie par la voie ferrée, celle des vignes, pêches et fruits sur le bord du lac Okanagan mérite d'être appelée « le jardin de Colombie britannique ».

Sur plus de 730 000 hectares appartenant au gouvernement dans les régions sèches de la Similkameen et de la Nicola, 444 000 seraient couvertes de brousse ou de forêts maigres, 172 000 fourniraient des prairies naturelles et 114 000 pourraient-être cultivés par irrigation. Or les colons ne se sont guère installés que dans les parties voisines des rails ou rattachées à eux par des chemins charretiers, soit environ 140 000 hectares : là-dessus, 100 000 sont utilisés pour l'élevage en vaine pâture, 6 000 seulement mis en culture [1]. Tel est le bilan agricole du plateau aride au sud de la ligne Canadienne Pacifique.

Le coude du fleuve Columbia.

Entre les hauts sommets à pentes boisées qui bordent le coude de la Columbia, la première remontée du fleuve fut faite par les chercheurs d'or américains. Dès 1859, le précieux métal avait été reconnu dans les alluvions du fleuve, en Washington. Cherchant le gisement en place, des gens de Marcus équipèrent, en 1865, un vapeur qui partit des rapides Petites-Dalles, un peu en aval de la frontière, remonta les deux lacs Arrow, et parvint jusqu'aux tourbillons infranchissables de La Porte, au nord de la ligne Canadienne Pacifique actuelle [2].

Dès l'année suivante, un flot de 6 000 à 10 000 laveurs se répan-

1. *Agric. in B. C.*, 1904, pp. 36, 44, 78, 79; 1907, pp. 42-43.
2. *An. Rep. Mines, B. C. for 1905*, p. 149.

dait dans la haute vallée. Au bout de quelques mois il dérivait, partie à l'ouest dans le Kootenay, partie au nord vers le Finlay et l'Omineca (p. 384). Trente années de sommeil succédèrent à cet éveil passager ; on ne savait plus même où étaient les premiers camps (p. 255).

En 1896, plus de douze années après l'achèvement de la ligne, le quartz aurifère fut retrouvé dans le coude de la Columbia, et on en recommença l'exploitation pendant une période qui ne dura guère, car les moyens de communication font par trop défaut. Pour couper la Chaîne de l'Or au nord de la ligne, on quitte le train à Sicamous sur le lac Shuswap, puis on remonte en bateau le lac jusqu'à sa pointe nord, Seymour, à 65 kilomètres de la station. De là part le sentier du grand coude qui joint le versant de la Thompson à celui de la Columbia ; le gouvernement tâche de l'améliorer et de le compléter par des embranchements à la suite de découvertes minières [1].

Sur le versant ouest, on a trouvé la continuation des zones minérales exploitées plus au sud, des veines de quartz auri-argentifères au contact des schistes et des calcaires primaires, de la galène, du cuivre gris, du zinc, des pyrites, du fer arsenical, de la bornite. Mais l'épaisse forêt de conifères qui s'étale sur les pentes oblige les prospecteurs à chercher les affleurements plus haut, jusqu'à 2 300 mètres, et les « propositions » restent suspendues entre ciel et terre, sans voie d'écoulement qui les rende commerciales.

Si l'on continue par la voie ferrée à l'est de Sicamous, on atteint, pour la première fois, la Columbia à Revelstoke, née du chemin de fer pendant la construction du grand pont de 1 500 mètres par où passe la voie. La petite ville possède un atelier divisionnaire, un grand hôtel de bois appartenant à la Compagnie, et un embranchement qui descend la Columbia jusqu'aux lacs Arrow, où reprend la navigation. Bâtie d'abord sur la rive du fleuve, elle se déplace vers la hauteur où la Compagnie, sagement inspirée, a installé sa gare et son hôtel.

Plus à l'est, à la traversée des montagnes, on ne trouve plus rien que les hôtels de montagnes de la Compagnie Canadienne Pacifique, Glacier, dans les Selkirk, Field, dans les Rocheuses, avec chalet détaché dans la Yoho Valley (p. 70). Field montre à 750 mètres au-dessus de son hôtel, à 2 000 mètres d'altitude, sur le flanc du mont Stephen, un trou de mines dans un gisement de galènes abandonné.

1. *An. Rep. Mines, B. C. for 1903*, p. 96 ; *for 1904*, pp. 115, 118 ; *for 1905*, p. 195.

Perpendiculairement à cette ligne de population récente et dispersée en points, la grande allée nord-sud semble être comme une rue tracée par la nature. On peut, pendant l'été, remonter la Columbia sur un vapeur à roue arrière, de Golden au lac Windermere, trois fois la semaine.

Partant de Golden, station où le Canadien Pacifique laisse la vallée pour s'engager dans les Rocheuses, un chemin charretier remonte le fleuve et le réunit au Kootenay; par là, un service de diligences permet d'atteindre en deux jours Cranbrook sur la ligne Crows Nest; la jonction Golden Cranbrook ne tardera pas à être faite par rail [1].

Cette grande vallée nord-sud des deux fleuves forme le dernier axe de population; les Indiens Kootenay s'y sont répandus en bandes peu nombreuses, les Colombiens y ont créé la division administrative du Kootenay Est.

Malgré les deux fleuves, la route et la promesse de la voie ferrée, il s'en faut que les 275 kilomètres de vallée entre la ligne transcontinentale et la frontière possèdent une population continue. Au nord, la grande voie Canadienne Pacifique a créé un centre d'attraction tout nouveau.

Dans le Kootenay Nord-Est, ainsi l'appelle-t-on, la vallée — celle de la Columbia — trop haute, trop sujette aux gelées, ne se prête guère qu'à l'élevage montagnard. Comme le climat est sec, la neige ne tombe pas en assez grande abondance pour obliger à rentrer les troupeaux l'hiver. Mais les *ranchers* font une population bien maigre. Rien ou presque rien au nord de la ligne. Au sud, les villages s'égrènent sur la route entre Golden, chef-lieu du pays avec son demi-millier d'habitants groupés autour d'un concentrateur et de deux églises jusqu'à Windermere près de la source : ils vivent des transports et des mines ou, plutôt, de la prospection. Sur les pentes des Selkirk, on cherche vers l'altitude de 2000 mètres, entre la fin de l'impénétrable forêt et le bas des glaciers, la suite de la galène qui abonde sur l'autre versant, celui de Kootenay Ouest, on la trouve et des trolleys commencent à s'établir pour la descendre aux concentrateurs. En face, les Rocheuses, plus abruptes et plus découvertes, ne donnent rien, demeurent inviolées et cette différence s'ajoute à tous les traits qui font contraster les deux parois opposées de la Grande Vallée [2].

Au sud, sur la rivière Kootenay, un autre centre plus ancien, plus

---

1. *Agr. in B. C.*, 1904, p. 92; 1907, p. 39. — *An. Rep. Mines B. C., for 1905*, p. 143.
2. *Id., for 1903*, p. 97; *for 1904*, pp. 115, 116; *for 1905*, p. 144.

Pl. XV

1 - CONVOI D'ANIMAUX DE BAT
quittant la grande vallée du Kootenay Nord-Est pour les sentiers des mines de galène Delphine,
sur la pente orientale des Monts Selkirk (pp. 280, 340).

2 - CAMP MINIER de prospecteurs aux sources de la Crique Bugaboo dans les Monts Selkirk,
versant du Kootenay Nord-Est. Forèt de Hemlocks qu'on commence à détruire (pp. 127, 246).

important, s'est accru récemment à cause des mines, et après la construction de la ligne de pénétration Crows Nest. C'est le Kootenay Sud-Est que j'étudierai au commencement du chapitre suivant. Ainsi, chacune des deux voies artificielles perpendiculaires au passage naturel agit plus fortement que lui sur le peuplement et le développement économique.

CHAPITRE XXIV

LES ZONES MINÉRALES DES KOOTENAY ET DE LA FRONTIÈRE

La région sud-orientale est desservie par une ligne qui se détache de la voie Canadienne Pacifique dans la Prairie, traverse les Rocheuses à la Passe du Crows Nest, s'arrête au lac Kootenay, puis se continue de l'autre côté du lac par une voie qui se termine en impasse aux mines de la Boundary, mais va probablement être prolongée sur Nicola ou sur Hope. Jusqu'à présent, ce chemin de fer incomplètement transversal ressemble à un coup de sonde dont l'ouverture se trouve hors de la Province, et le trafic du sud-est se fait avec la Prairie plus qu'avec le reste de la Colombie.

Il s'alimente aux riches gisements de minerais complexes découverts près de la frontière américaine au moment où l'on venait de terminer le Canadien Pacifique : il n'a pas été leur première voie de sortie. Aux États-Unis, le *Northern Pacific* fut complètement achevé en 1890, sept ans après les premières prospections heureuses ; aussitôt, les sociétés américaines qui avaient déjà entrepris d'extraire et de traiter les minerais complexes dans leur pays, achetèrent les meilleures mines de la Colombie, et firent poser les « éperons de rail » par où le minerai s'écoulait, au sud, vers les fours du Montana et du Washington. Cinq lignes rattachent aujourd'hui les mines colombiennes à des stations du Northern Pacific; de la sorte les gisements se trouvent drainés dans le sens des vallées qui, toutes, descendent vers le sud, mais contrairement aux intérêts canadiens et colombiens. Aussi la Province, on l'a vu (p. 208), ne marchanda-t-elle ni subventions, ni concessions de terres à la Compagnie

Canadienne Pacifique pour obtenir la ligne du Crows Nest, faite de 1897 à 1898, et ses prolongements, dont les derniers sont encore en projet.

Axe de la prospection, de l'exploitation, du peuplement, cette voie, bien qu'inachevée et discontinue, a fait naître près d'elle et sur ses embranchements, toutes les villes de la région. Les trois principaux districts desservis par elle, Kootenay-Est, capitale Fort Steele, Kootenay-Ouest, capitale Nelson, Boundary Creek, capitale Grand Forks, vivent exclusivement du minerai complexe, de la coupe du bois pour les mines, et des transports; par les rails qui les mettent en relations avec le monde extérieur, c'est-à-dire les embranchements américains et les voies du Crows Nest, sans cesse ils dégorgent du minerai, toujours du minerai, sans cesse ils aspirent matériel, vivres, provisions de toute espèce. Ils ont des villes, mais pas de campagne, si l'on excepte trois petites oasis rurales : Tobacco Plains, Reclamation Farm, tous deux sur le Kootenay, Grand Forks sur la Kettle, vallées alluviales du sud, tôt coupées par la frontière artificielle.

Kootenay Sud-Est. — Crows Nest et Saint-Eugène.

Le Kootenay Sud-Est est formé par une série de ravins et de gorges boisés qui s'embranchent à droite et à gauche sur la vallée de la rivière Kootenay. Relativement plane, garnie de dépôts alluviaux et glaciaires, s'élargissant vers le sud dans les Plaines du Tabac, que coupe la frontière, sans forêts, avec des arbres clairsemés en parc, cette vallée se prête au peuplement malgré son altitude de 700 à 800 mètres qui lui vaut des gelées tardives ; la sécheresse y règne, mais les rivières de montagnes fournissent plus d'eau qu'il n'en faut pour l'irrigation.

Le Kootenay Sud-Est garde comme centre administratif Fort Steele, bâti par la Compagnie de Hudson, près d'un village indien. Fort Steele et la vallée du Kootenay en aval servaient, à cause de leur latitude, de leur climat peu neigeux et de l'abondance relative du foin sauvage, à faire hiverner les chevaux des postes situés plus au nord.

Aujourd'hui la culture de la luzerne, l'élevage des vaches laitiè-res, les vergers de cerisiers, pruniers et pommiers, ont fait leur apparition dans les Plaines du Tabac comme dans les autres par-

1. *Agriculture in B. C.*, 1904, p. 93; 1907, p. 39.

ties de la zone sèche: on draine les marais, on canalise l'eau pour arroser les champs et les jardins. En 1904, on comptait dans la région dix embryons de village possédant chacun son école.

Toute cette transformation est dirigée par la Compagnie Canadienne Pacifique qui s'est fait concéder presque tout le pays et le revend par lots ; elle profite du développement des mines et de la construction des voies ferrées qui en a été la conséquence ; mais la production rurale est encore infiniment loin de suffire aux besoins des mineurs qui forment la grosse majorité

Ce sont les mines qui ont fait le district. Le premier flot d'immigration fut apporté par une *ruée* de mineurs dans la fièvre de l'or. Le mouvement commença en 1863 sur des nouvelles vagues ; au bout d'un an, 5 000 chercheurs, dit-on, se répandaient dans les criques du Kootenay Sud-Est, à peu près dans la région où l'on exploite maintenant le plomb.

La poussée se continua pendant plus de douze années ; d'abord, les chercheurs venaient du Washington et du Montana par les vieilles pistes des Indiens et des trappeurs. Voulant créer une voie d'accès canadienne, le gouvernement fit tracer un sentier muletier, le *Dewdney Trail*, qui coupe les montagnes et le plateau parallèlement à la frontière depuis le bas Fraser jusqu'à Fort Steele (1865). On l'utilise encore sur plusieurs sections.

Enfin d'autres chercheurs arrivèrent de l'est, en suivant à travers les Rocheuses les itinéraires de chasse des Indiens. C'est ainsi que fut définitivement reconnue la passe du Crows Nest et le sentier qui descend l'Elk pour arriver à Fort Steele. Le gouvernement fit élargir cette voie ; quand tout fut achevé, en 1876, les placers ne valaient plus rien ; ils ne donnèrent cette année-là que 125 000 francs d'or. Aussi vit-on un exode général des blancs ; des Chinois s'empressèrent de les remplacer. Quelques jaunes lavent encore des sables dans la région. Une ou deux compagnies ont essayé, sans grand succès, la méthode hydraulique [1].

La prospérité actuelle vient de deux autres sortes de gisements, la houille des Rocheuses, la galène des Selkirk, exploitées depuis l'achèvement de la voie ferrée Crows Nest.

On extrait le charbon du terrain crétacé dans la vallée de l'Elk que suit la voie ferrée sur le versant ouest des Rocheuses. Pour atteindre le combustible, on remonte les ravins des torrents qui descendent des Rocheuses à l'Elk en coupant successivement toutes les

---

1. BANCROFT, t. XXXII, pp. 523-531. — *An. Rep. Mines, B. C. for 1904*, pp. 26, 109; *for 1905*, p. 141.

couches crétacées. Le noir minerai descend sur des wagons parmi les cascades et les sapins : au fond des vallées, les fours à coke alignent leurs bouches entre la rivière et la forêt.

Le centre de la région houillère, Fernie, dans la vallée de l'Elk, sur la ligne principale, fondée en 1898, est déjà une petite ville, comparable aux deux autres centres miniers du pays, Cranbrook et Fort Steele. De Fernie se détache à l'est un petit embranchement desservant les puits de la Crique à Charbon (*Coal Creek*).

Au sud de Fernie, Morissey, également sur la grande ligne, détache un embranchement vers les houillères de la crique Carbonado, aujourd'hui fermées.

Au nord de Fernie, la ligne principale se dirige à l'est et remonte la crique Michel pour chercher le passage à travers les Rocheuses ; sur les bords de cette crique se trouve un troisième étage de bouillères.

Le combustible, comme celui qu'on trouve dans les terrains de même âge, soit dans l'île Vancouver, soit sur l'autre versant des Rocheuses, est une houille grasse, fort propre à être transformée en coke.

Les terrains houillers appartiennent à des particuliers, sauf une petite réserve que la Puissance a prélevée pour elle. Une seule compagnie, dont les organisateurs sont de gros actionnaires de chemin de fer, exploite les mines plus haut nommées [1]. La *Crows Nest Coal Company* a extrait, en 1905, 831 933 tonnes de combustible sur les 1 825 832 fournies par la Colombie, le reste provenant des deux compagnies de Vancouver. En 1905 la Compagnie occupait 1 490 personnes, dont 1 015 au fond et 475 à la surface.

La quantité de houille extraite en 1905 dépasse de 25,5 p. 100 l'extraction de 1904. Sur ce total, 148 939 tonnes ont été vendues au Canada, ce qui fait 12 p. 100 de moins qu'en 1904, 246 000 aux États-Unis, soit 108 p. 100 de plus ; 397 828 tonnes ont été transformées en coke, 145 044 tonnes de coke, soit 13,5 p. 100 de plus qu'en 1904, ont été vendues en Colombie, 113 337, soit 16 p. 100 de plus qu'en 1904, exportées aux États-Unis. Au total, la Compagnie a cédé 37,5 p. 100 de houille, 19,2 p. 100 de coke de plus qu'en 1904 ; presque toute la vente de coke, plus de la moitié des ventes de combustible faites dans la Province, ont été opérées par elle. Elle est, de beaucoup, la plus prospère des sociétés similaires colombiennes [1].

Voisine d'États américains pauvres en charbon, elle augmente

1. *An. Rep. Mines, B. C. for 1904*, pp. 19, 110 ; *for 1905*, p. 20. — Voir p. 64, note bibliogr.

sa production malgré la concurrence que lui font les houillères situées en Alberta sur l'autre versant des Rocheuses ; placée au milieu de pays miniers, elle développe sa production de coke destinée aux fours canadiens du district frontière et à ceux du Montana et de l'Idaho.

Le besoin de coke a été la principale raison qui a décidé le *Northern Pacific* américain à construire une jonction nord-sud remontant le Kootenay, et unissant le réseau du Montana à Morissey sur la partie houillère de la ligne Crows Nest. C'est le plus oriental des traits d'union entre les réseaux américains et le C. P. R. en Colombie britannique. On l'appelle ordinairement le Crows Nest Sud : desservant la région agricole des Tobacco Plains, il contribue à y attirer les colons.

Des suintements de pétrole ont été signalés dans les vallées des Rocheuses au sud de la ligne (p. 64), et les chercheurs s'y sont portés depuis que l'huile minérale s'exploite avec profit sur l'autre versant, dans l'Alberta. Mais en Colombie ils n'ont pas encore rencontré la nappe.

De l'autre côté de la rivière Kootenay, les pentes des Selkirk présentent, au contact des roches primaires et de diverses masses éruptives les gisements de galène les plus productifs du Canada. Au bord du lac Mooyee que longe la voie ferrée, se montre, dominant la station de Moyee City, la mine de Saint-Eugène, qui dispute à celles des États-Unis le premier rang parmi les mines de plomb du Nord-Américain [2]. Le filon reparaît sur l'autre rive du lac où s'est installée une seconde concession ; tout autour on voit les prospecteurs à l'œuvre parmi les montagnes qui dominent le lac et la rivière.

A Saint-Eugène, les galeries sont pratiquées sur les pentes jusqu'à une hauteur de 1 800 mètres au-dessus du lac. En 1904 la Compagnie employait près de 250 personnes soit aux puits, soit au concentrateur qu'elle possède en bas, près du chemin de fer. Elle transportait le minerai et s'éclairait à l'aide d'électricité produite par ses machines. Au pied de la mine, sur la voie ferrée, est née la petite ville de Mooyee.

Au nord-est de Mooyee, un groupe de mines occupe la vallée profonde de la Sainte-Marie, qui coule des Selkirk dans le Kootenay. Cette vallée est desservie par l'embranchement Cranbrook-Kimberley de la ligne Crows Nest, achevé en 1900. A Marysville, centre des mines de la vallée, une compagnie américaine de Spokane a établi un four de

---

1. *An. Rep. Mines, B. C. for 1900*, pp. 791-793, description complète de la mine Saint-Eugène ; *for 1903*, pp. 86-92 ; *for 1905*, p. 141.

fusion, le seul de la région. Il a été construit, après le vote du droit
par lequel les Américains empêchent l'entrée des plombs et minerais
de plomb étrangers; il a été remonté à neuf après le vote par la
Fédération canadienne d'une prime à la production du plomb[1].

A la jonction de l'embranchement Sainte-Marie et de la ligne principale s'élève Cranbrook, le grand marché de bois du Kootenay,
avec des scieries qui débitent le bois des montagnes pour en faire des
poteaux de mines, des traverses de chemins de fer, des matériaux de
construction; Cranbrook a aussi les ateliers du chemin de fer, les
magasins, les banques. Peuplé de 1 200 habitants en 1904, il faisait
concurrence au centre traditionnel Fort Steele, sis à 20 kilomètres
de là sur la Kootenay, mais délaissé par la voie ferrée.

Un chemin charretier rattache Fort Steele à la voie; il a permis
l'exploitation d'un dernier groupe de mines de plomb placées dans
les ravins qui dominent Fort Steele.

Enfin, au sud du lac Mooyee et de Saint-Eugène, la ligne principale
descend quelque temps la vallée de la rivière Mooyee : elle la quitte
à Yakh pour se diriger à l'ouest vers le lac Kootenay. De Yakh, le
C. P. R. construit un embranchement qui descend la Mooyee jusqu'à
son confluent avec le Kootenay en Idaho, et rejoint en ce point le
réseau américain, donnant l'accès direct vers Spokane Falls, grand
centre de fusion pour les galènes et autres minéraux de la Grande
Vallée[2].

De toutes les mines du Kootenay-Est, les plus anciennes ont à
peine dix ans d'existence; leur croissance rapide n'est pas allée sans
crise. Elles fournissent, en effet, surtout du plomb, et la valeur du
plomb est tombée à tel point qu'en 1903 l'exploitation de la galène
s'arrêtait partout dans le district, même à Saint-Eugène. Mais les
primes votées par le gouvernement fédéral ont ranimé une industrie
presque mort-née.

A Saint-Eugène, 5 tonnes de minerai donnent une tonne de concentré qui fournit, à son tour, 33 onces d'argent et 1 300 livres
(anglaises) de plomb valant 180 francs dont 97 fr. 50 pour le plomb;
pour ces 97 fr. 50, on touche 47 fr. 75 de prime. C'est-à-dire que
chaque tonne extraite rapporte 37 francs de produit brut, plus
102 francs environ de prime.

A l'aide d'un pareil secours, la production du plomb en Colombie,
qui était tombée de 63 358 621 livres en 1900 à 18 089 283 en 1903,

1. *An. Rep. Mines, B. C. for 1903*, p. 105; *for 1904*, pp. 204, 270; *for 1905*, pp. 18, 21·
24, 140.
2. *La Gazette du Travail*, janvier 1906, p. 241.

s'est relevée par une progression constante à 56 580 703 livres en 1905. 75 p. 100 du total en 1904, 86,1 p. 100 en 1905, ont été fournis par le seul Kootenay Sud-Est.

La production de plomb et l'exploitation de la houille exigent une machinerie coûteuse; ce sont des entreprises de capitalistes. La grande compagnie de Saint-Eugène possède, outre ses établissements du district, un four de fusion à Trail, deux mines et une usine de production électrique à Rossland, le tout formant un des groupes industriels les plus considérables de la Province. A côté de telles puissances, où les petits et les moyens trouveraient-ils place? On ne sera donc pas étonné de voir que, en Kootenay-Ouest, depuis 1899, les demandes de claims et les certificats de travail, par où se révèlent les chercheurs individuels, soient tombés de 729 à 181 et de 718 à 193, tandis que les concessions, achats, certificats d'améliorations, s'élevaient de 37 à 189 [1].

Ainsi, l'accroissement considérable de population que le succès de la houille et du plomb valent au Kootenay-Est, et qui fait doubler le nombre des habitants entre 1901 et 1903 [2], porte à peu près entièrement sur des salariés au service de grandes entreprises minières.

Kootenay-Ouest. — Nelson, Trail et Rossland.

Le Kootenay-Ouest occupe l'espace entre la crête des Selkirk et les lacs Arrow formés par la Columbia; plus le district de Trail Creek, sur la rive droite de ce fleuve, tout près de la frontière. C'est l'une des régions minières les plus accidentées [3].

Naguère on aurait pu croire que, sans sa richesse minière, ce pays ne deviendrait bon à rien. Les vallées sont étroites et creusées à une altitude élevée; mais on y trouve un fond d'alluvions fertiles et sur les bords des terrasses graveleuses d'argile glaciaire très propres à la culture des fruits, quand elles offrent une bonne exposition. Le premier point où l'on ait fait un véritable essai de colonisation rurale, est le delta et la vallée du Kootenay, à la pointe sud du lac Kootenay, tout près de la frontière. On trouve là, entre la frontière et le lac, une bande d'alluvions qui s'allonge entre deux hautes chaînes de montagnes, sur 50 kilomètres, et comprend environ 16 000 hectares utilisables.

---

1. *La Gazette du Travail*, mai 1905, p. 1000. — *An. Rep. Mines, B. C. for 1904*, pp. 21, 108, 204; *for 1905*, pp. 21-22, 140-141.
2. *Yearbook of B. C.*, 1903, p. 12.
3. Voir les notes bibliogr., pp. 49, 52, 56, 59.

Dans ce couloir où les crues formaient des marécages fréquentés par les oies et les canards, le chemin de fer a trouvé sa voie jusqu'au lac; les terres en bordure ont été partagées entre la Compagnie et l'État. Une société a obtenu une concession importante, l'a reconquise (*reclaimed*) sur la zone inondée, protégée par des digues, et y a mis une ferme d'élevage (*Reclamation Farm*) [1]. Environ 150 petits colons ont pris des lots de l'État et sont venus cultiver les fourrages dans le fond, les fruits sur les pentes. L'avenir paraît être au fermier qui travaille lui-même, car on ne peut trouver d'ouvriers blancs, tous préférant s'employer aux mines, et les quelques Chinois qui viennent offrir leurs bras réclament 150 francs par mois [2]. Même dans cette unique vallée rurale, les mineurs et les employés de chemins de fer forment la plus grande partie de la population.

La vallée du Bas Kootenay et de son affluent la Rivière à la Chèvre (*Goat River*) par où débouche de l'est la voie du Crows Nest, renferment, parmi d'autres minerais, d'importants gisements de fer sous forme d'hématite. Le centre des filons reconnus est Kitchener sur le Goat River. Une compagnie américaine de Saint-Paul et Cleveland vient d'en acheter une partie pour 350 000 francs : elle compte réduire l'hématite dans un haut fourneau élevé au bord du lac Kootenay et alimenter de fonte et d'acier ouvré les usines de montage qui se sont établies dans les grands centres, Fernie, Cranbrook, Nelson, Rossland. Le nouvel embranchement de Yahk vers Spokane sur l'autre versant, peut aussi donner l'espoir de débouchés aux États-Unis [3].

De Kootenay-Quai, à la pointe sud du lac, les paquebots de la Compagnie C. P. R. transportent voyageurs et marchandises à Nelson où la rivière Kootenay s'échappe du lac; c'est une traversée de 85 kilomètres.

A Nelson, on trouve la ligne Columbia-Kootenay qui descend les gorges du Kootenay jusque près du confluent de cette rivière avec le fleuve que la ligne franchit sur le pont de Robson, à 45 kilomètres de Nelson. C'est la seule section qui ait pu emprunter, pour presque tout son parcours, une voie tracée par la nature.

Sur les bords du lac Kootenay, dans la vallée de Nelson et dans celle de cette région on s'est mis depuis peu à cultiver les pommes

---

1. *Agriculture in B. C.*, 1907, pp. 40-41. — A. O. WHEELER, *The Selkirk Range*, t. I, pp. 255-256.

2. *Agriculture in B. C.* 1904, pp. 94-95.

3. *La Gazette du Travail*, 1906, janvier, p. 740, février, p. 869.

qui réussissent bien. Aux bonnes places, les pêches elles-mêmes mûrissent. Nelson commence à exporter des fruits, mais ce commerce naissant n'est rien au prix de celui qu'alimentent les métaux.

Toutes les exploitations minières s'ouvrent dans des vallées ou plutôt d'étroites et profondes cassures des monts Selkirk; quand les parois des roches s'élargissent, le fond du bassin est occupé par un lac allongé qui s'écoule au sud vers le Kootenay; là seulement l'eau est tranquille, profonde, on peut naviguer. Depuis que l'on recherche les minerais complexes, ces nappes, malgré l'austère cadre de montagnes qui les entoure, forment la partie heureuse des voyages de découverte et des transports : on les utilise, sans rien ajouter au travail de la nature; on les rattache les unes aux autres par des sentiers qui suivent les ravins de leurs affluents ou émissaires, tous torrents qui ne portent point bateau. Ainsi sont faites les voies qui unissent les mines aux usines de fusion et aux centres de vente de la région sud.

Aujourd'hui les plus fréquentés des chemins entre lacs ont été remplacés par des tronçons de voie ferrée. Le réseau du haut Kootenay-Ouest se compose de fragments.

De la voie principale se détache, entre Nelson sur le lac Kootenay et Robson sur la Columbia, un éperon qui remonte vers le nord un affluent du Kootenay, le Slocan jusqu'au lac Slocan, dans un bassin entouré de montagnes à glaciers. Au terminus, Slocan City possède un port qu'un service de vapeurs appartenant au C. P. R. relie à Rosebery sur l'extrémité nord du lac.

Rosebery est tangent au milieu d'un éperon du C. P. R. qui part du port de Nakusp au nord-ouest sur le lac Arrow supérieur, franchit une crête, touche le lac Slocan, franchit une autre crête pour atteindre au sud-ouest Sandon, centre de mines.

De Sandon une ligne particulière américaine se dirige au sud-ouest vers le lac Kootenay, et l'atteint à Kaslo, qu'un service de vapeurs relie à Nelson.

Ces branches permettent d'aller avec transbordement de la grande voie ferrée transcontinentale à la ligne du sud. On quitte, en effet, la première à Revelstoke où elle coupe la Columbia (p. 339). De cette station, un embranchement double pendant 45 kilomètres la Columbia, et s'arrête à Arrowhead sur le premier lac du fleuve, où commence la navigation qui se fait sur des vapeurs appartenant au C. P. R. Dans la traversée, peu de mines, beaucoup moins de colons que sur le lac Kootenay; les rares habitants sont dispersés en petits groupes éloignés sans communications par terre. En un point pittoresque, où une source chaude sort parmi des pics élevés, la C. P. R. a fait construire des bains et un hôtel élégant fréquenté par les touristes et les chasseurs. A la belle saison, les amateurs de nature grandiose peuvent descendre par bateaux les deux lacs Arrow, puis la Columbia jusqu'à Robson ou ils rejoignent la ligne Crows Nest après 217 kilomètres de navigation. Robson est relié aux États-Unis, soit l'été, par les vapeurs qui descendent la Colombie jusqu'aux rapides des Petites Dalles, soit en tous temps, par chemin de fer.

A la route des lacs et de la Columbia, les gens d'affaires et ceux qui veulent visiter la région minière préfèrent celle du Slocan. Ils quittent le bateau à Nakusp et de là vont à Nelson, soit par Rosebery, le lac Slocan et l'embranchement de Slocan City, soit par Rosebery, Sandon, Kaslo et le lac Kootenay.

Aux points de transbordement sont nés des centres qu'on appelle souvent quais ou débarcadères (landings), tel, par exemple, Nelson, dont l'industrie métallurgique et la situation centrale ont fait une ville. Toutefois, la plupart d'entre eux ne sont encore que des lieux de passage ; du petit groupe de maisons de sapin qui bordent leur jetée de bois, on grimpe par une pente rapide et tortueuse aux camps miniers des Selkirk, qui forment un deuxième plan de population ; le troisième est occupé par les mines qui s'étagent jusque dans les rochers entre la limite supérieure des forêts et la base des glaciers[1].

L'Oberland du Kootenay était encore inexploré quand commencèrent les études du chemin de fer. On se représente aisément à quelles difficultés s'y heurtent les prospecteurs ; les vallées sont si encaissées, ont une pente si rapide, et sont couvertes de forêts si drues qu'il faut souvent renoncer à s'y servir des chevaux : le chercheur de métaux doit s'aventurer dans l'inconnu à pied, son bagage sur le dos, sous la menace des avalanches, des éboulements et des feux de forêt[1]. Le climat est rude à cause de l'altitude, et la neige oblige à interrompre de bonne heure et pour longtemps les exploitations et les travaux.

Tout résolus qu'ils fussent, les diggers de 1866 avaient tourné autour de ces massifs sans les entamer, les uns remontant la Columbia, les autres se rendant au Kootenay-Est. D'ailleurs les alluvions aurifères n'y abondent point. En 1904 on n'y connaissait qu'un placer, et le rendement s'en révélait des plus médiocres[1] ; par contre les gisements de quartz aurifère les plus productifs s'y trouvent exploités, mais ils ne contribuent que pour une part secon-

1. An. Rep. Mines, B. C. for 1904, pp. 122, 130, 157.

daire à la fortune du pays, assurée presque entièrement par les minerais complexes; le cuivre auri-argentifère domine dans le sud des
districts Trail Creek et Nelson, la galène dans tout le nord.

L'histoire de l'exploration et du peuplement commence au temps
où s'achève le Canadien Pacifique, où se crée la cité de Vancouver;
on y voit se continuer la série des villes champignons. Dès les premiers temps de la colonie, on connaissait l'existence de la galène
sur les bords du lac Kootenay. Vers 1825, au gisement actuellement
nommé *Blue Bell*, près d'Ainsworth, la Compagnie de Hudson faisait
recueillir le plomb pour fondre des balles; c'est là qu'eut lieu la
première reconnaissance de l'époque contemporaine, en 1883 [1]. Dès
lors les recherches ne s'arrêtèrent plus.

A l'automne de 1886 eut lieu la principale découverte; des prospecteurs reconnurent alors que le cuivre argentifère se trouvait au
contact des schistes et des « roches vertes » éruptives sur les crêtes
entre le lac Kootenay et le fleuve Columbia. La masse consistait en
chalcopyrites, les parties supérieures se composaient de cuivre
panaché et de cuivre gris impur, très riche, avec 10 p. 100 de cuivre
et 120 onces d'argent à la tonne. A la révélation de cette richesse,
les Américains poussèrent en Colombie le premier de leurs « éperons de voie ferrée » partant de Spokane Falls, centre de smelters
sur un croisement de voies ferrées, et aboutissant au fond du bras par
où la rivière Kootenay s'échappe en aval du lac Kootenay. Sur cet
emplacement désigné par la nature s'installa, en 1887, un camp
minier qui prit le nom de Nelson. Nelson s'allongea dans sa fente,
entre le lac et les montagnes qui le surplombent de toutes parts;
il devint une ville et, en 1897, l'année où l'on construisit la ligne
Crows Nest pour unir le lac Kootenay au réseau canadien, il reçut
sa charte municipale.

Rival de New Westminster, de Nanaimo et de Rossland, il dépasse
6 000 habitants. Grâce à sa situation, il est devenu le centre de toutes
les administrations du Kootenay. Par l'importance des affaires qui
s'y traitent, c'est la troisième ville de la Colombie [2].

L'or, l'argent et le cuivre s'exploitent au sud de la ville le long
d'une sorte de rue minière desservie par l'embranchement américain
où les trains sont cahotés par monts et par vaux, de Spokane à
Nelson. Les principaux gisements de cuivre argentifère se trouvent
à 7 kilomètres de la ville dans la montagne du crapaud (*Toad*

---

1. *Geol. Surv. of Ca. Prelim. Rep. on the Rossland Mining Distr.* by R. W. Brock, 1906,
pp. 10-11.
2. *Yearbook of B. C.*, 1903, p. 303.

Mountain), masse de diorites et diabases surmontées de schistes [1], qui s'élève à plus de 1 200 mètres au-dessus de la vallée. Les minerais descendent à la voie ferrée ou à la ville par des trolleys aériens. Mais l'activité diminue avec les minerais riches, et *Silver King*, la principale mine, est fermée.

Recevant les minerais par les chemins de fer et par les paquebots du lac, Nelson ne tarda pas à être pourvu des premiers fours de fusion colombiens. La grande usine de Hall, près de la ville, prend des minerais et des concentrés à 125 mines [2]. Elle a commencé par traiter les cuivres gris et les chalcopyrites de la surface ; après leur épuisement, elle a pu, grâce à l'emploi de concentrateurs, descendre aux minerais pauvres contenant 3 p. 100 de cuivre et 20 onces d'argent à la tonne, c'est-à-dire 3 fois moins de cuivre et 5 fois moins d'argent que les premiers découverts [3].

Hall demandait aussi un supplément aux mines de cuivre de Trail Creek, avant que ce district eût ses propres usines de fusion. Maintenant, au contraire, Granby-Grand Forks, plus perfectionné, prend la matte-bronze de Nelson pour la faire passer dans ses convertisseurs Bessemer [4]. Une tonne de matte de Nelson donnait 97 p. 100 à 98 p. 100 de cuivre, 9 à 25 p. 1000 d'argent, moins de 1 p. 1000 d'or.

Depuis que le plomb vaut la peine d'être produit, grâce à la prime fédérale, Hall, bien placé pour recevoir la galène des bords du lac Kootenay et des vallées du Slocan, en fait aussi la fusion. Ses deux fours ont travaillé, en 1905, l'un 264 jours, l'autre 290, traitant environ 35 000 tonnes de minerais divers secs et fondants mélangés. Hall a livré au raffinage, en 1905, 7 436 tonnes de plomb, 40 de cuivre, 1 206 292 onces d'argent, 9 021 d'or, valant 5 500 000 francs.

On a cherché le quartz aurifère dans toute la contrée avoisinant Ymir. En 1901, deux prospecteurs en découvrirent sur la crête que le vieux sentier Dewdney franchit avant de descendre à la pointe sud du lac Kootenay. On se trouve là entre 1 800 et 2 500 mètres de haut, loin du sentier qui, d'ailleurs, n'est plus entretenu depuis que l'on voyage par le lac et le chemin de fer ; enfin, à 45 kilomètres du lac Kootenay. Tout cela n'empêcha pas un syndicat du Montana d'acheter 400 000 francs dix lots pris par des mineurs individuels, à l'endroit appelé Bayonne : en 1904, il parlait de dépenser 150 000 francs pour tracer une route charretière des sources de la

---

1. *Annales des Mines*, 1900, t. XVII, p. 260 (JORDAN).
2. *An. Rep. Mines, B. C. for 1904*, p. 136 ; *for 1905*, p. 165.
3. *Dans les Annales des Mines*, 1900, t. XVII, Jordan décrit la métallurgie du cuivre à Nelson, pp. 263-5 (four *water jacket* et four à réverbère).
4. *An. Rep. Mines, B. C. for 1904*, p. 136.

Summit Creek aux rives du lac. A ces nouvelles une foule de mineurs avaient escaladé la montagne pour y marquer des *claims*. De ces hauteurs on ne pourra descendre que des échantillons avant que la route soit achevée.

La production du cuivre a baissé de 50 p. 100 dans la division de Nelson, mais celle du plomb s'est accrue de 50 p. 100 [1].

En même temps la valeur de l'or produit montait de 12 p. 100; l'augmentation est due en partie aux minerais complexes, en partie au quartz aurifère dont le principal affleurement se trouve près d'Ymir, toujours à portée de l'embranchement américain et sur la rue minérale dont j'ai parlé. Ce camp exploite une veine de quartz dans les schistes primaires au voisinage du granit; il possédait en 1904 la plus grande entreprise de réduction de la province, occupant 80 concasseurs et broyeurs, des bocards californiens pour l'amalgamation de l'or libre, un matériel complet pour la cyanuration de l'or réfractaire, et la précipitation de l'or par le zinc. Ymir occupait alors 50 mineurs et 40 ouvriers de surface.

En 1905, Ymir a travaillé beaucoup moins activement. La production a été soutenue par de nouvelles mines dont l'une a installé tout un établissement de cyanuration, avec les nouveaux procédés de concentration Hendryx, et l'électrolyse.

Enfin la rivière du Saumon, qui s'écoule au sud des montagnes d'Ymir, est explorée par des laveurs d'or; en 1904 l'unique placer de la région y occupait deux hommes; en 1905 on a demandé sur cette rivière 7 permis d'exploitation, et des autorisations d'exploitations hydrauliques [2].

La zone minérale des lacs au nord de Nelson offre principalement des filons de galène, minerai fondant (*wet ores*) au voisinage des dykes de porphyre coupant les schistes, des minerais siliceux plus durs (*dry ores*) dans les régions de pointements granitiques [3]. Les premiers sont les plus nombreux et, comme l'autre versant des Selkirk en Kootenay-Est, celui de Kootenay-Ouest constitue une large zone de minerais fondants.

Sur la rive occidentale du lac Kootenay, on exploite en plusieurs points la galène; les paquebots y desservent plusieurs petits groupes de maisons, dont les fondateurs espéraient faire, tout ensemble, le port et le camp minier.

1. *An. Rep. Mines, B. C. for 1904*, pp. 123, 130, 131, 132, 133, 134, 135 (décrit la concentration à Ymir); *for 1905*, pp. 15, 143-145, 167, 169.

2. *Annales des Mines, 1900*, t. XVII, pp. 245, 246 (JORDAN).

3. *An. Rep. Mines, B. C. for 1904*, p. 66; *for 1905*, p. 159.

A Pilot Bay, en face du golfe de Nelson, un concentrateur avait été
bâti, qui devait recevoir par bateaux les minerais du lac; on n'a pu
trouver à l'alimenter : abandonné depuis 1899, il vient d'être racheté
en 1905 par une société qui a fondé une usine de fusion pour le zinc
à Frank (Alberta). Cette société y fait concentrer les minerais qu'elle
achète à Sandon avant de les expédier [1].

Sur la rive ouest, Ainsworth, le plus ancien centre du lac (p. 352),
est supplanté par Kaslo, qui compte environ 700 habitants et dont
la municipalité offre une prime très élevée pour l'érection d'un
smelter. Kaslo est le port de la ligne qui monte aux mines de Sandon
ou du Slocan, dans les montagnes entre les lacs Kootenay et Slocan.

Les minerais s'y rencontrent au contact des schistes primaires et
des roches éruptives; ce sont des galènes argentifères très riches :
celle de la célèbre mine Slocan Star donnait, au début, pour
1 000 parties, 700 de plomb et 2,25 d'argent.

En un autre gisement, Reco, on a rencontré dans la partie supérieure de la galène d'argent rouge arsenical (proustite) et des chlo-
rures (cérargyrite) qui donnaient 28 kilogrammes d'argent par tonne;
mais la galène reste le minerai le plus répandu.

On trouve, en outre, dans les granits ou près d'eux, de l'argent noir
ou sulfo-antimonieux (polybasite) analogue à celui du Mexique et de
Nevada, associé à d'autres minerais complexes argentifères dans une
gangue ferrugineuse et siliceuse [2].

Galènes et minerais siliceux se complètent admirablement pour
la fusion. Traités ensemble, ils rendent plus d'argent que les minerais
plombeux de Kootenay, et on a pu dire, au début, que si d'autres
districts produisent du plomb argentifère, le Slocan est, par excellence,
un « Silver Lead District [3] », une région où l'on exploite le minerai
complexe pour l'argent. On y a vu une mine, la Whitewater, rapporter des bénéfices dès le commencement de l'exploitation [4].

Près de l'emplacement où s'élève aujourd'hui la ville minière de
Sandon, le filon du Slocan Star fut découvert en 1891 et acheté par
des Américains; d'autres découvertes suivirent. Comme dans toutes
les régions à minerais riches, il se fonda un nombre relativement
grand de petites exploitations. Aujourd'hui, une soixantaine de mines
sont exploitées dans les montagnes entre les deux lacs Kootenay et
Slocan; presque toutes s'inscrivent dans un cercle de 32 kilomètres

1. Annales des Mines, 1900, t. XVII, pp. 249, 250.
2. An. Rep. Mines, B. C. for 1904, p. 147.
3. JORDAN, ouvr. cit., p. 252.
4. An. Rep. Mines, B. C. for 1904, p. 148.

de diamètre ; elles ont pour capitale Sandon, qui conserve le nom d'un des premiers prospecteurs, un Canadien français.

Sandon se trouve à 800 mètres au fond d'une haute vallée dominée par des montagnes qui vont à 2 000 et 2 800 mètres. Plusieurs mines sont à l'altitude de 2 000 mètres. Dans une vallée proche de Sandon, la mine *Ivanhoe* domine de 914 mètres le lit du torrent ; pour aller au concentrateur, les bennes de minerai descendent de 700 mètres en glissant sur un cable de 2590 mètres. Occupant l'emplacement d'un claim pris en 1892, la ville a été tracée en 1896 ; c'est aujourd'hui une municipalité avec 2 000 habitants ; plus de six établissements de concentration y fonctionnent, avec les derniers perfectionnements. Ils appartiennent à des Américains, de même que les grandes mines, car le Slocan a été une de leurs créations ; ils venaient y chercher des minerais pour les mélanger à ceux des usines de fusion de Pueblo (Colorado), d'Omaha (Nebraska), et d'Everett (Washington). A côté des grandes exploitations, un nombre relativement grand de petites se conserve, pour la même raison qu'à Sandon. La grande période d'activité du Slocan va de 1897 à 1902 [1]. Aujourd'hui les minerais riches commencent à s'épuiser, et le travail se ralentit. Plusieurs grandes mines ont été sous-louées à de petits exploitants, deux ont dû fermer.

Entre 1901 et 1905, la production du plomb a baissé de 75 p. 100 ; entre 1904 et 1905, de 50 p. 100 ; celle de l'argent de 30 p. 100 [1].

L'époque brillante du *Silver Lead* est passée, et les deux divisions de Slocan propre et Slocan City viennent maintenant au second rang pour la production de l'argent ; elles en ont fourni pour 2 998 210 francs en 1905 ; le premier rang leur est enlevé à l'autre division de plomb argentifère, Fort Steele en Kootenay-Est, dont le minerai est moins riche en métal précieux mais où l'argent est un sous-produit du plomb, encouragé par la prime [1].

Peut-être une compensation sera-t-elle fournie par la blende, sulfure de zinc qui se trouve associé aux galènes du Slocan ; ce minéral était, jusqu'à présent, un embarras qu'on éliminait des concentrés : quand le produit livré à la fusion en contenait plus de 10 p. 100, les propriétaires du four imposaient à la mine une déduction de prix (*penalty*). Depuis 1904, les usines des États-Unis sont venues demander au Slocan ce *black jack* autrefois exécré des mineurs ; une fonderie de zinc, montée à Frank (Alberta), s'est assuré la propriété de plusieurs gisements ; une mine, abandonnée

---

1. *An. Rep. Mines, B. C. for 1904*, p. 147 ; *for 1905*, p. 12, 17, 18, 25.

à cause de l'excès de blende, a été rouverte, et elle a gagné en 1905 avec ses divers métaux, 140 000 francs[1]. On s'est mis à recueillir le zinc dans les établissements du Slocan. 4 500 tonnes de concentré ont été préparées en 1904, 11 395 en 1905; pour la première fois, un envoi a été fait en 1905 aux fours de Frank .

Dans les débuts, tous les transports s'opéraient par charrois et à dos d'animaux; aujourd'hui, les tronçons de rails dont j'ai parlé plus haut desservent la région du minerai fondant. Sandon à lui seul possède deux voies ferrées d'accès, l'une à la compagnie des mines, l'autre au C. P. R., qui descendent parallèlement le ravin au sommet duquel est le camp, et divergent à la sortie pour aller, la première à Kaslo sur le lac Kootenay, l'autre à Arrowhead sur le lac Arrow. Depuis la pose des rails, le camp de Three Forks, à l'issue de la vallée de Sandon, qui vivait du charroi, a été ruiné et s'est dépeuplé; seuls y demeurent les propriétaires qui n'ont pu revendre leurs lots[2].

Les mineurs poussent jusqu'à l'extrême nord du Kootenay-Ouest, au cœur même des Selkirk, dans une région plus haute, plus boisée, plus neigeuse que le Slocan. La pénétration se fait par le lac Kootenay à la pointe nord duquel débouche en delta un torrent, le Lardeau, formé de deux branches nourries par les glaciers; du nord accourt le Duncan qui forme un lac avant son confluent, du nord-est le Lardeau proprement dit qui traverse le lac de la Truite.

La vallée principale, entre le nord du lac Kootenay et le lac Duncan, présente un fond plat d'alluvions marécageuses; mais les affluents qui lui viennent à gauche des Selkirk, roulent dans des gorges à pentes rapides, couvertes d'épaisses forêts : la crique Hamill tombe de 35 à 40 mètres par kilomètre. On est allé chercher dans ces ravins des mines, et les promesses paraissaient si encourageantes qu'une compagnie américaine fit construire en 1899 la plateforme d'une voie dans la vallée alluviale entre le débarcadère d'Argenta sur le Kootenay, et le petit camp minier de Duncan City sur le lac Duncan. Mais, à la fonte des neiges, la crue emporta les travaux et on ne les rétablit pas; sur la plate-forme, le gouvernement a fait un chemin charretier[3].

Dans le voisinage, on a pu mener à bonne fin une autre entreprise de voie ferrée : c'est un tronçon partant du petit embarcadère du

1. *La Gazette du Travail*, fév. 1907, p. 861. — *An. Rep. Mines, B. C.*, 1905, p. 157, 1904, p. 197.

2. *Report of Zinc Commission* (Bibl. n° 77), pp. 184-185.

3. *An. Rep. Mines, B. C. for 1904*, pp. 181, 161, 197; *for 1905*, p. 159.

Lardeau, qui réunit à peine plus de 100 habitants[1] à la pointe nord du lac Kootenay, et que fait vivre, avec le transport des minerais, l'exploitation d'une veine calcaire fournissant la chaux aux *smelters* de Nelson et de Trail Creek. Le rail remonte au nord-ouest la vallée de la rivière Lardeau et, après 56 kilomètres, se termine à l'embarcadère de Gerrard sur le lac de la Truite qui occupe le fond d'une déchirure où les filons métallifères abondent dans les schistes (p. 56). L'un des principaux, *Broadview*, plomb argentifère, appartient à une Compagnie américaine[2].

Les gisements du Lardeau-Trout Lake ne sont pas tous connus; la hauteur des montagnes, l'épaisseur de la forêt et du sous-bois qui couvrent tout jusqu'à 2100 mètres, les mousses, les lichens qui cachent les roches gênent considérablement la prospection.

Les minerais forment deux séries différentes; combinaisons complexes et quartz aurifère, comme au sud de Nelson.

Dans le haut de la vallée, en amont du lac de la Truite, on a trouvé la galène et, avec elle, le cuivre gris argentifère, la blende, les pyrites. Aux célèbres mines *Silver Cup* et *Sunshine* de Ferguson, ces minerais se rencontrent sur le contact des schistes graphitiques et magnésiens avec une veine de calcaire cristallin[3]. A Nettie, dans la même région, une veine dans les schistes, révélée par un chapeau de fer oxydé, a donné des sulfures de fer et de zinc, un peu de galène et de sulfure de cuivre avec traces d'or et d'argent.

Le centre de l'industrie des minerais complexes se trouve à l'amont du lac de la Truite, dans la haute vallée boisée de Ferguson, que 8 kilomètres de chemin charretier rattachent à l'embarcadère de Trout Lake. Ces deux bourgades ont chacune 400 à 500 habitants permanents; elles les doivent presque tous à la construction du chemin de fer, qui date de 1901.

En 1903, 700 claims étaient demandés pour la région[3]. Aujourd'hui la prospection s'est ralentie, mais l'extraction marque un progrès. Autour de Ferguson, chaque cirque d'où s'échappe une des sources du torrent a sa mine haut perchée. La Truine ouvre ses galeries au pied d'un glacier entre 2400 et 2600 mètres, tandis que les maisons de bois de la ville se trouvent à 900 mètres environ. De toutes les falaises les charges descendent, souvent « à cru » (*raw hided*) comme disent les Américains, c'est-à-dire à dos de cheval,

1. *Yearbook of B. C.*, 1903, p. 301.
2. *La Gazette du Travail*, sept. 1906, p. 295.
3. *An. Rep. Mines, B. C. for 1903*, pp. 109, 110, 111, 116, 117, 121; *for 1905*, p. 153. — Note bibliogr., de la p. 56.

d'âne ou d'homme. Sur la Goat Mountain, entre Ferguson et le lac Arrow, une nouvelle mine de plomb argentifère porte ses minerais à Thompson Landing ou Beaton sur le lac Arrow. Elle est établie plus haut que la limite supérieure de la forêt. Le bois qu'on lui monte par porteur revient à 150 francs la corde ou les 3 stères et demi. Vu les difficultés de communications, on n'exploite que les minerais riches et on tâche de les dégrossir le plus possible de tout ce qui ne vaut rien.

Ferguson possède un établissement de concentration qui s'est adjoint, en 1905, un four de réduction d'où sortent des mattes argentifères : 40 hommes y travaillaient en 1905, pendant que les deux mines les plus importantes occupaient 95 ouvriers.

Dans la région s'exerce une autre industrie minière, moins active, qui est alimentée par le quartz aurifère. Les veines se trouvent dans des schistes avec peu d'intrusions volcaniques. Elles sont exploitées dans la vallée du Lardeau, en aval de Trout Lake, par une compagnie américaine qui installe un matériel d'amalgamation et de cyanuration.

Le quartz se retrouve au nord du lac Arrow, le long de la Fish River, qui apporte au lac l'eau de glaciers descendant par des gorges boisées semblables à celles du Lardeau. Sitôt cette richesse dévoilée, la vallée s'ouvrit à l'exploitation. Un nouveau débarcadère, Comaplix, avec l'habituelle scierie, s'est fondé sur le lac au débouché de la Fish River. A 10 kilomètres en amont, le camp minier de Camborne groupe ses cabanes autour des broyeurs et amalgameurs établis par une compagnie.

Un essai d'exploitation hydraulique avait été tenté en 1904, mais un feu de forêt a détruit les canaux de planches et une partie des appareils. Des essais analogues sont faits sur le Lardeau. Dans toute cette région ce n'est ni le bois, ni l'eau qui manquent aux laveurs d'alluvions; ils se plaindraient plutôt d'en avoir trop; les incendies, les inondations, les éboulements et les avalanches ruinent fréquemment l'œuvre édifiée à grand'peine [1].

On peut considérer tout le district Kootenay-Ouest comme une série de gradins où, du nord au sud, les minerais des montagnes descendent à des concentrateurs de plus en plus perfectionnés, puis à la fusion, enfin, de la bouche du four soit aux trains de l'est, soit au raffinage de Trail ou des États-Unis. Cette circulation rend les diverses parties dépendantes l'une de l'autre jusqu'à la division de

1. *An. Rep. Mines, B. C. for 1903*, p. 122; *for 1904*, pp. 29, 120, 269; *for 1905*, pp. 126-158.

Trail Creek, éloignée à l'extrême sud-est, près de la frontière et sur la rive occidentale de la Columbia.

Trail Creek, où l'industrie métallurgique colombienne atteint son niveau le plus élevé, est desservi par un embranchement du C. P. R. qui se détache vers le sud après le pont de Robson sur la Columbia et se continue plus loin par un embranchement américain détaché du Great Northern. Cet éperon suit, de haut, la rive accidentée du fleuve que des ravins coupent à chaque intant; Trail Creek ou la crique du Sentier est une de ces fractures, dirigée de l'ouest à l'est, empruntée par le vieux Dewdney Trail (p. 344), dont le nom reste au maigre cours d'eau qui suit le fond de la gorge.

Dans cette région très mouvementée qui comprend les pentes sud-ouest de la Chaîne de l'Or, on trouve les minerais au contact des « roches vertes », et de porphyres plus récents. Le cuivre et le fer y dominent sous forme de sulfures, chalcopyrites et pyrrhotines mélangées, accompagnées par un peu d'or; en somme une zone minérale assez semblable à celle qui occupe les montagnes au sud de Nelson.

En 1890, un Canadien français et un Anglais découvrirent deux gisements qui sont encore maintenant les plus importants de Trail Creek : ils marquèrent quatre claims, un par inventeur et par veine suivant la loi; puis le prospecteur canadien français céda un des siens à condition qu'on lui payât les droits d'enregistrement pour l'autre. Ce *claim* cédé à si bas prix s'appelait Le Roi; de lui est née l'une des mines les plus importantes de la région. Au bout d'un an, l'heureux acheteur revendait la moitié de la propriété de Le Roi pour 150 000 francs à la société qui possède les *smelters* de Spokane en Washington.

A cause des difficultés de transport, Le Roi resta d'abord « une pure espérance », comme disent les Américains, ce qui servit, au moins, à faire continuer la prospection; en 1893 on découvrait des pyrrhotines plus riches en or que les minerais précédents; on en recueillit plusieurs tonnes, et on attendit, faute de routes, l'hiver pour les transporter en traîneaux sur la neige gelée, jusqu'à la Columbia; de là elles arrivèrent par bateau à Spokane, passèrent à la fusion, et donnèrent un profit encourageant.

Alors commença l'ouverture du district qui passait de 300 habitants en 1895 à 3000 en 1904. En octobre 1895, une société américaine se mit à construire la première usine de fusion appelée Trail, au confluent de la crique et de la Columbia, à 12 kilomètres au nord de la frontière, et commença la réduction en février 1896 : en même

temps elle posa un tramway entre les mines et Trail ; elle rattacha
Le Roi au réseau américain par le *Red Mountain Railway* dont les
wagons franchissent la Columbia au bac de Northport, remplacé
depuis par un pont, sur le côté américain de la frontière, puis
gagnent la crique en faisant un détour par la région des mines.
En 1897, le Canadien Pacifique établit une voie concurrente dans la
direction exactement opposée entre Robson et Trail ; puis, l'année
suivante, il acheta les fours, les mines et les tramways [1].

L'usine de Trail fait le concentré par broyage et grillage, puis elle
fond la matte et enfin elle en retire le métal précieux par un procédé
secret dérivé de l'électrolyse [2].

Avec un équipement aussi complet, Trail faisait la loi et imposait
aux mines clientes des conditions onéreuses. Il en est résulté qu'un
groupe de propriétaires qui possédait une partie de Le Roi n'a pas
renouvelé son traité avec Trail, et est allé construire à Northport
(Washington)-un smelter capable de passer 1 500 tonnes par jour,
qui fonctionne plus ou moins régulièrement depuis plusieurs années [3].

Mais Trail a élargi sa zone d'attraction depuis qu'il appartient au
Canadien Pacifique ce qui lui assure des transports à bas prix. Il
achète des minerais jusque dans la Boundary, à l'ouest ; il ne se
borne pas au cuivre et à l'or ; il fait venir des galènes du Slocan ; il les
fond ; seul en Colombie il affine le plomb ; il a pu joindre à ses
fours de fusion et à sa raffinerie une fabrique de feuilles et de
tuyaux de plomb [3] : c'est l'usine métallurgique la mieux équipée de
la Province.

Une petite ville s'est formée autour de Trail ; mais elle n'a pas
l'importance de Rossland, bâtie un peu plus haut sur la même crique,
10 kilomètres à l'ouest de la Columbia, 8 au nord de la frontière dans
le voisinage immédiat de Le Roi et des grandes mines, tout près d'une
nouvelle usine de fusion. L'embranchement canadien Robson-Trail
remonte jusqu'à Rossland et cette ville est aussi le terminus de l'embranchement américain qui court en sens inverse du sud au nord.

Rossland doit son nom à un lot de « préemption » qu'un nommé
Ross acheta en 1892, avant la période du métal. Dès que l'exploitation des gisements devint possible, grâce au chemin de fer, un grand
camp minier s'installa sur un étroit plateau qui domine de 50 mètres
le confluent des deux branches de la Trail Creek ; il conserva le nom
primitif. Dès 1894, le gouvernement y fit tracer le plan d'une ville.

1. *Geol. Surv. of Ca. Rep.* Brock (cité p. 53, note 1), pp. 11-12.
2. *Annales des Mines*, 1900, t. XVII (Jordan), pp. 283 et suivantes. — Levat, p. 723.
3. *An. Rep. Mines, B. C. for 1902*, p. 169 ; *for 1904*, p. 29 ; *for 1905*, pp. 185-186.

Mais la population a tellement afflué qu'elle a débordé au delà des ravins dont le plateau est entouré. Le site du Rossland actuel était peut-être le plus accidenté de la Colombie; on a comblé les trous les moins profonds par des terrassements, on a jeté sur le plus grand une sorte de plancher en bois bordé de maisons bâties sur des piliers de charpente. Rossland est devenue municipalité en 1897. Voici le tableau que M. Jordan faisait de la ville à cette époque :

Le soir, à la porte des hôtels ou sur le rebord des trottoirs, les mineurs assis en fumant leurs pipes, en files rappelant les files d'hirondelles perchées sur le rebord des toits au moment où elles se disposent à partir; dans la rue, des cayouses chargés de la lourde selle mexicaine, attachés à un poteau télégraphique ou à un bouton de porte; plus loin des cavaliers au galop de charge, les rênes flottantes, prenant les tournants à toute allure; à chaque porte, des annonces de compagnies minières avec des échantillons exposés, ou des réclames de « Real Estate Agents » invitant le public à acheter des lots de terrain dans tel ou tel townsite, actuellement désert, mais qui, par sa situation, ne peut manquer de devenir le siège de tout le Kootenay [1].

Sous l'administration de sa municipalité, Rossland est devenue aujourd'hui une véritable cité, où la brique et la pierre remplacent le bois des cabanes primitives. Elle a une École des Mines. Deux journaux quotidiens s'y publient. Si Nelson est mieux placée, Rossland a plus d'habitants. Sa population, après un accroissement rapide, paraît se maintenir aux environs de 7 000 âmes [2].

Pour donner une idée complète de la transformation industrielle qui s'est accomplie en ces dernières années, il faut ajouter que l'énergie électrique vient à Rossland, Trail et à leur voisinage d'une puissante usine, la *West Kootenay Power Company*, établie sur les chutes Bonington de la rivière Kootenay, 50 kilomètres au nord-est.

Depuis 1904, l'industrie reste stationnaire dans la région. On a pris les filons de surface. A Le Roi, on cherche maintenant les couches inférieures à plus de 530 mètres de profondeur. On a épuisé les minerais riches, il faut se contenter des pauvres. Aussi Rossland a-t-il dû perfectionner ses procédés de concentration pour recueillir les métaux précieux. En 1904, quatre concentrateurs furent ajoutés à ceux qui existaient déjà. Les progrès de la concentration sont aussi remarquables à Rossland que ceux de l'affinage à Trail.

Pour les pyrrhotines aurifères, minerais complexes renfermant 40 à 80 p. 100 de fer, on emploie, au cours de la cyanuration, l'agitateur Hendryx, qui assure une oxydation plus complète du soufre

1. *Annales des Mines*, 1900, t. XVII, pp. 267-268.
2. *Yearbook of B. C.* 1903, p. 305. — *An. Rep. of Mines, B. C. for 1904*, pp. 25, 205; *for 1905*, p. 171.

et du fer, matières à rejeter, qui fait absorber par le cyanure une quantité supérieure de cuivre et d'or, produits utilisables. L'or est ensuite séparé du cuivre par l'action électrique [1].

Pour les minerais aurifères cuivreux, on a introduit le procédé Elmore de la concentration par le pétrole [2] : il vient, après une première concentration mécanique, sur des tables ou vans. Le pétrole, agité dans des cylindres avec le minerai broyé et arrosé d'eau, absorbe des particules d'or que les classeurs mécaniques auraient laissé perdre; puis le mélange étant versé dans des bassins, les boues et l'eau se déposent au fond, tandis que le pétrole chargé d'or surnage; on recueille le liquide aurifère, on le concentre par deux opérations successives fondées sur le même principe que la première; enfin on le place dans des cylindres agitateurs tournants où la force centrifuge expulse l'excès d'huile et « sèche » le concentré; le produit sec passe à la fusion dans l'usine de Rossland.

En 1905, le tonnage extrait dans le district de Trail Creek s'est accru de 5 p. 100; mais la valeur des produits accuse une baisse considérable pour le cuivre, légère pour l'or et l'argent. Le district est tombé au deuxième rang pour la production du cuivre, dépassé de beaucoup par la Boundary. Si l'on compte l'ensemble de la production minérale de Colombie, il vient aussi le second avec 19,5 p. 100 du tonnage, et 21,7 p. 100 de la valeur pour toute la Province. Jusqu'en 1905, il tenait le premier, suivi par la Boundary qui vient de le dépasser. Mais, grâce au perfectionnement de la concentration, Trail Creek, malgré la baisse, reste le premier producteur d'or de la Province avec 53 p. 100 de l'or de filon; la Boundary, en progrès, vient ensuite avec 33 p. 100 [3].

Boundary Creek. — Grand Forks. — Granby et Greenwood.

Boundary Creek et Trail Creek ont beaucoup de caractères communs, filons complexes analogues où le cuivre domine, associé aux métaux précieux, même formation rapide dans une solitude, même concentration de la métallurgie sous quelques sociétés, alliées à l'une ou l'autre des compagnies rivales de chemins de fer.

Elles se ressemblent aussi par le fait que, mises en valeur par des capitalistes américains, elles sont comme un prolongement écono-

---

1. *An. Rep. of Mines, B. C. for 1903*, pp. 153-154; *for 1905*, p. 166 (description de l'électro-cyanuration Hendryx).
2. Décrit dans *Id. for 1903*, pp. 151-152.
3. *An. Rep. Mines, B. C. for 1905*, pp. 17, 18, 25.

mique du Washington où l'une achète des minerais, où l'autre en
envoie fondre. D'après le recensement de 1901, elles ont la population la plus cosmopolite de Colombie.

La Boundary Creek ou Crique frontière, qui donne son nom au
district, est un petit affluent de la Kettle; la Kettle se jette dans la
Columbia, sur la rive occidentale, à Marcus en Washington.

Pour atteindre la Boundary, en venant du Crows Nest, la voie
ferrée canadienne, partant de Robson, décrit une grande courbe pour
tourner la partie sud de la Chaîne de l'Or, massif désert, descend
dans la vallée alluviale de la Kettle où elle est rejointe par un éperon
américain, remonte la vallée jusqu'au confluent des deux bras de
cette rivière à Grand Forks, puis remonte sur le plateau, continuant un parcours sinueux pour desservir les mines, atteint la Crique
Boundary près des sources, la descend et s'arrête près de son confluent avec la Kettle à Midway, terminus provisoire 160 kilomètres
à l'ouest du pont sur la Columbia.

Depuis Robson, la ligne s'appelle Vancouver, Victoria and Eastern;
ce titre est une espérance qui sera prochainement réalisée; en effet,
la Compagnie a terminé les études de deux prolongements qui
relieraient Midway à l'embranchement de la Nicola, et à Hope,
station du Canadien Pacifique sur le Bas Fraser[1].

C'est l'occasion qui fait de cette voie tortueuse l'amorce d'un futur
transcontinental; comme celle de Trail Creek, elle ne fut, au
début, que pour drainer une région minérale perdue dans les montagnes et les solitudes, l'impasse de la Kettle, semblable, avec de
moindres proportions, à celles de *Tobacco Plains* et de *Reclamation
Farm*, coupée elle aussi arbitrairement par la frontière.

La Boundary appartient à une zone minérale qui s'étend depuis
l'État de Washington jusque dans la haute vallée de la Kettle sur
160 kilomètres du sud au nord. On y trouve le cuivre associé à l'or,
à l'argent et au fer. De nombreuses veines ont été reconnues des
deux côtés de la frontière; elles se trouvent en contact d'un calcaire
primaire et de la diabase, surtout dans les points où celle-ci a été
recoupée par des jets de porphyre en dykes verticaux ou en coulées
horizontales; l'affleurement se manifeste par un chapeau où domine
le fer oxydisé en masse sombre avec reflets rougeâtres dus au cuivre
et qui tranche par sa masse nue sur les mamelons couverts de
brousse[2].

Sur les bords de la Crique frontière, le premier blanc parut en 1857,

1. *La Gazette du Travail*, sept. 1905, p. 290.
2. *An. Rep. Mines, B. C. for 1902*, pp. 173-174.

les alluvions furent essayées par les laveurs d'or, puis abandonnées en 1862; après 22 années de sommeil, les recherches reprirent et les gisements actuels furent découverts de 1884 à 1901. Le premier bocard d'amalgation s'installa en 1892 pour traiter le quartz aurifère de Boundary Falls.

Le premier envoi fait par la Boundary fut extrait du lot de Shylark, où l'on avait reconnu la présence d'or, de cuivre et d'argent en décembre de la même année. Comme il n'y avait aucune route dans le district, le minerai fut chargé sur des chevaux, envoyé à la frontière américaine, mis sur des chariots et traîné à Marcus (Washington), éloigné de 145 kilomètres. De là on l'expédia par chemin de fer à l'usine de fusion d'Everett sur l'Entrée de Puget. Le rendement ne parut pas devoir payer les frais de transport et l'exploitation fut différée [1].

A cette époque le Canadien Pacifique construisait la voie du Crows Nest. Comptant que la ligne desservirait la Boundary si la Compagnie y voyait un avantage, des spéculateurs se firent adjuger les terrains qui paraissaient propres à la fondation de villes, par exemple Midway en 1893, Greenwood en 1895. Des sociétés américaines achetèrent entre 1896 et 1899 les principaux gisements de la division et y établirent des fours de fusion. Aujourd'hui, le chemin de fer dépasse de 14 kilomètres le dernier smelter. Autour des usines, se sont développées deux villes, Grand Forks et Greenwood, nées, l'une sur la Kettle, l'autre sur la Boundary; dans leur zone se trouvent 11 camps miniers et une quarantaine de mines.

A 520 mètres environ d'altitude, dans la vallée à fond large où confluent les deux branches ou fourches (forks) de la rivière Kettle, Grand Forks [2] est une ville assez régulièrement bâtie, la plus importante de la région, avec 2 milliers d'habitants qui paraissent devoir s'augmenter. Elle se trouve à 5 kilomètres de la frontière américaine; une ligne américaine longe la vallée sur la rive sud, tandis que la ligne canadienne borde la rive nord, puis, continuant à suivre la Kettle quand elle passe la frontière, arrive au confluent de cette rivière et de la Columbia, reliant Grand Forks au Great Northern qui dispute au C. P. R. la clientèle de la Boundary.

Grand Forks doit sa prospérité aux entreprises d'une compagnie métallurgique et minière américaine qui s'est constituée en consolidant six autres sociétés; elle est au capital de 75 millions, elle a des

1. An. Rep. Mines, B. C., for 1904, p. 212. — Geol. Surv. of Ca. Summ. Rep., 1902, A, pp. 136-8.
2. Yearbook of B. C., 1903, p. 298.

intérêts dans plusieurs mines et fonderies de cuivre aux États-Unis. Son président, J. Stanton, de New York, se fait surnommer en Colombie « le père de l'industrie cuivrière [1] ».

L'entreprise possède la grande mine de cuivre auri-argentifère de Phœnix, dont son dernier rapport compare la richesse à celles des mines du Tennessee et de Rio Tinto. A 32 kilomètres sud de la voie, rattachée à elle par un embranchement, Phœnix fit naître en 1899 un camp minier qui déjà s'est vu admettre au rang de municipalité; il a plus de 1 200 habitants.

La compagnie américaine ouvrit en 1900, à côté de Grand Forks, l'usine de fusion de Granby, devenue rapidement la plus impor-tante de Colombie. Granby fond le cuivre, l'or, l'argent. Il est équipé pour traiter à la fois les tenants riches et les pauvres. En 1905, il a passé dans ses fours plus des deux tiers de tout le minerai réduit dans la région. C'est à cause de |Granby que les deux lignes, cana-dienne et américaine, passent à Grand Forks. La ville occupe un site mieux choisi que Greenwood et Phœnix, mais elle n'a pas ses mines à portée. Outre les expéditions de Phœnix, un « éperon » de la ligne américaine amène les trains du camp de Republic perdu au nord-est de Washington, qui fournit un produit sec, c'est-à-dire sili-ceux, bon à mélanger avec le fondant de Phœnix; enfin, dans la vallée de la « fourche » nord de la Kettle, des claims et galeries s'alignent au flanc des montagnes ardues jusqu'à 112 kilomètres au nord de la ville. L'inspecteur des mines en cite un qu'il n'a pu visiter de Grand Forks, qui est comme bloqué dans la région des sources et qui communique péniblement avec le lac Arrow par un sentier à travers la Chaîne de l'Or.

De Grand Forks à Greenwood, sur 35 kilomètres, la ligne s'élève en traversant des terrains ravinés où l'on exploite des mines.

Greenwood, à 700 mètres d'altitude dans un ravin, est entourée de hauteurs d'où les minerais dévalent vers ses concentrateurs et ses fours. Elle a une usine de fusion ouverte en 1901 par une compagnie de New York; on y fait de la matte de cuivre à l'aide du convertis-seur Bessemer; on y fond aussi l'or et l'argent. La Compagnie pos-sède la fameuse *Mother Lode*, qui s'allonge sur 580 mètres de long avec une largeur de 25 à 50; on l'exploite jusqu'à plus de 90 mètres de profondeur; la magnétite à grain fin y domine, accompagnée de pyrites de cuivre et d'or qui sont les parties recherchées [2]; reliée à

1. *An. Rep. Mines, B. C. for 1905*, pp. 175-176.
2. *Id. for 1904*, pp. 210, 211, 214, 216, 217, 219, 224; *for 1905*, pp. 182, 183, 185, 187, 177.

Greenwood par un embranchement ferré de 5 kilomètres elle lui donne les six-septièmes de ce qu'il traite; le reste vient de 33 autres mines, la plupart situées dans un rayon de 15 kilomètres.

Les lots où l'on trouve les minerais riches en argent et en or sont restés en partie de petites exploitations individuelles : on en compte une vingtaine occupant 150 personnes.

Tout près de Greenwood, une autre compagnie américaine a installé en 1903 le smelter de Boundary Falls, moins complet que Greenwood; il a très peu travaillé jusqu'à présent.

Pour le volume extrait par année ainsi que pour le total de l'extraction, la Boundary est en 1905 le premier district de la Colombie; elle a tiré de ses mines 56,8 p. 100 du tonnage total de la Province, 37,2 p. 100 de la valeur totale; elle a produit les deux tiers du cuivre colombien; elle est le seul district où la production de cuivre augmente. Grâce à l'exploration de nouveaux minerais argentifères, elle a fait monter sa production d'argent de 180 p. 100.

Tout ce progrès se doit presque uniquement à la puissante Compagnie de Granby-Grand Forks; les deux autres se maintiennent à peu près stationnaires. Cette société qui, depuis sa fondation, n'avait versé qu'un seul dividende de 1 p. 100 à ses actionnaires (1903), leur a promis 3 p. 100 en 1906[1]. Pour une entreprise qui demandait de tels frais d'établissement, on considère que la période sans revenu a été courte.

Suivant l'habitude, l'élevage et la culture ont suivi la mine et le rail. Autour de la ville nouvelle de Grand Forks, la basse vallée de la Kettle, haute de 500 mètres en moyenne entre des bords de 1 000 à 1 500, offre une platière de 30 kilomètres, bien différente des ravins en V par où se précipitent les « fourches » supérieures de la rivière; en tout c'est un couloir de 18 000 hectares, cultivable après défrichement, que son altitude relativement faible n'expose pas trop aux gelées estivales, assez pourvu d'eau pour qu'on puisse par l'irrigation combattre l'extrême sécheresse du climat. On a vu que dans cette section, deux voies ferrées longent les deux rives de la Kettle (p. 365).

L'État y a concédé une partie des terres aux compagnies de chemins de fer, qui les font débarrasser des arbres et de la brousse puis les offrent en petits lots de 8 à 12 hectares, à 625 francs l'hectare; un prix aussi élevé s'explique par le profit que promet la vente des produits agricoles dans les marchés miniers. Beaucoup de lots ont trouvé des preneurs qui les font valoir; seul, en effet, le petit pro-

1. An. Rep. Mines, B. C. for 1904, p. 220; for 1905, pp. 15, 17, 18, 25, 175, 182, 183.

priétaire exploitant peut s'installer dans cette région où un ouvrier agricole exige jusqu'à 12 fr. 50 par jour ou 175 francs par mois, nourri et logé. On a essayé d'y faire venir les légumes sans succès; les fruits, surtout les pommes, les cerises, les prunes réussissent mieux.

Quand la ligne sort de la vallée pour monter à Greenwood elle ne traverse plus que forêts et brousse, mais son terminus, Midway, occupe une platière alluviale cultivable, à l'ouest de laquelle on retouve le *ranching* sur la montagne de l'Anarchiste (1 100 mètres) et les plateaux de *bunch grass* entre la Kettle et les lacs de la rivière Okanagan. Avant de pousser la ligne à travers cette région, la Compagnie s'y est fait donner des concessions qu'elle commence à lotir. Des colons sont venus y pratiquer l'élevage laitier; ils trouvent aisément à vendre leur beurre 1 fr. 50 la livre. En 1904, un millier d'hectares étaient mis en valeur et on comptait, sur le passage de la ligne future, 300 habitants et 5 écoles[1] à l'ouest du lac Osoyoos.

Plus loin, les petits camps de prospecteurs[2], comme celui de Fairwiew, centre de la région minière du lac Osoyoos avec 3 à 500 habitants, les taches d'élevage de Penticton, au sud-ouest du lac Okanagan, à 140 kilomètres de Greenwood, s'égrènent le long des chemins défoncés et poudreux où courent les diligences jusqu'aux régions déjà décrites des mines Similkameen et Nicola (p. 332). La richesse minérale moindre, la sécheresse plus grande expliquent l'abandon relatif de ce morceau de plateau sud isolé entre les deux grandes voies ferrées qu'on ne faisait point l'effort de joindre.

1. *Agriculture in B. C.*, 1904, pp. 67-69; 1907, pp. 43-44.
2. *An. Rep. Mines, B. C. for 1905*, p. 184 (gravures), pp. 188-190.

CHAPITRE XXV

LES CHAMPS D'OR DU CARIBOU

Le Caribou est presque entièrement une région de placers[1]. Les alluvions aurifères occupent deux rameaux de criques alluviales séparées par un haut éperon : au sud-ouest le bassin du lac et la rivière Quesnel; au sud-ouest le bassin de la rivière du Saule (*Willow River*); toutes deux se jettent au Fraser.

Remontant le fleuve, les laveurs d'or découvraient les placers de la Quesnel en 1859; dès l'année suivante, 600 mineurs y travaillaient; en 1861, on estimait le nombre des chercheurs à 1 500, la valeur de l'or recueilli à 10 millions de francs.

Quêtant toujours plus au nord, les prospecteurs découvrirent les gisements de la seconde région, celle de la haute Willow, en 1860 la crique Antler, en 1861 les deux plus riches, *Williams* et *Lightning* (l'Eclair)[2]. On profita de la neige et de la glace pendant l'hiver 1861-62 pour transporter, par des traîneaux à chiens, d'Alexandria sur le Fraser aux camps du nord, le matériel et les approvisionnements nécessaires; le prix du fret était de 1 fr. 50 les 453 grammes[3].

La poussée qui commença dès 1858 devint énorme en 1862-63; on vit une expédition s'organiser sur les bords du Saint-Laurent pour se rendre au Caribou en traversant le continent[4]. Un élève de Palliser,

1. *An. Rep. Mines, B. C. for 1902*, pp. 59-126 (Étude sur l'or au Caribou avec photogr.). — Notes bibliogr. de la p. 61.
2. *Geol. Surv. of Ca. An. Rep.*, *1887-89*, R, p. 22 (G. M. Dawson).
3. Bancroft, t. XXXII, p. 515.
4. Ce voyage a été raconté par la femme d'un des chercheurs, Margaret Mac Naughton. *Overland to Cariboo. An eventful journey of Canadian pioneers to the Goldfields of British Columbia in 1862*, Toronto, 1896, in-16.

le lieutenant Palmer, essaya de tracer un chemin entre le couloir de Bella Coola et le haut coude du Fraser [1].

En 1863, l'énorme quantité d'or extraite de la Colombie vint presque toute du Caribou. Ce fut alors que le gouvernement se mit à construire une route charretière dont on emploie toujours la section au nord d'Ashcroft, station de la ligne transcontinentale (pp. 48 et 281).

Au bout de 60 kilomètres environ, passé le relai de Clinton (900 mètres), on escalade la falaise basaltique et désormais, sur le plateau graveleux et herbeux, semé de lacs amers, seules des cabanes d'étape jalonnent le parcours, désignées par leur distance d'Ashcroft.

A la maison des 150 milles ou des 181 kilomètres, la route descend dans une vallée où elle bifurque. Une branche se dirige sur le centre des placers sud, Quesnel Forks, un peu en aval du lac Quesnel, à 650 mètres d'altitude, camp minier avec une centaine d'habitants groupés, sans compter les laveurs et ouvriers disséminés.

La branche principale de la route continue à descendre la vallée du Fraser où elle longe un bief navigable à l'amont de Soda Creek (p. 102). Quesnel, qu'elle atteint ensuite, est un lieu d'étape et de transbordement avec des hôtels, des moulins, une scierie et un groupe central de 500 habitants. De Quesnel, la route tourne droit à l'est à 550 kilomètres d'Ashcroft, se termine dans Barkerville, centre des criques du nord qui, devenu le grand centre minier de la région, conserve au bord de sa crique la première cabane en troncs du pays construite en 1860.

Une diligence accomplit le voyage trois fois par semaine, en 4 à 5 jours ; les charrois mettent trois semaines à accomplir le trajet. L'hiver on emploie les traîneaux [2]. Aujourd'hui les propriétaires de terrains et de mines à Barkerville et Quesnel demandent à être desservis, soit directement, soit à l'aide d'éperons, par le Grand Tronc Pacifique qui, probablement, franchira les Rocheuses au col de la Tête Jaune (p. 288). Ils en ont besoin pour voir renaître un peu de vie dans ce pays où régna longtemps la folie des placers [3].

A Barkerville, en 1863, un ouvrier gagnait 50 francs par jour, mais un repas de lard et légumes secs se payait 12 fr. 50, la farine 10 francs, la pomme de terre 4 fr. 50 la livre, les œufs 40 francs la douzaine. Une paire de caoutchoucs valait 250 francs, une livre de clous 5 francs, on donnait une once d'or, soit 80 francs, pour une bouteille de champagne. Le premier piano, le premier billard furent

1. *Proceed. Roy. Geog. Soc. L.*, *1861-62*, p. 188, *1863-64*, pp. 87-94.
2. *Agriculture in B. C.*, 1904, pp. 88 et 89.
3. *An. Rep. Mines, B. C. for 1905*, p. 58.

portés à dos d'hommes pendant les 100 derniers kilomètres, au prix
de 10 francs le kilogramme[1]. Bancroft nous a transmis les faits saillants de l'histoire de Barkerville au point de vue anglo-américain ;
en 1861, le camp eut son premier prêtre, un anglican qui y passa l'été ;
en 1867, sa première femme mariée; en 1865 son premier cabinet
de lecture[2]. Depuis 1869, Barkerville forme une cité. Elle possède
aujourd'hui des églises, un théâtre, un laboratoire et usine de réduction du gouvernement provincial et un service de pompes fort utile
dans ce pays sec à maisons inflammables ; le centre ne compte guère
que 300 habitants, mais les exploitations des environs immédiats
occupent à peu près autant de monde[3].

Depuis longtemps les placers superficiels sont épuisés. Vers 1870,
le Caribou se vidait et les blancs y étaient à peu près tous remplacés
par les Chinois. C'est alors qu'on songea à exploiter les alluvions pré-
glaciaires et qu'une compagnie californienne introduisit dans le pays
pour la première fois la méthode hydraulique. On commença par
abattre les terrasses exposées en gradins sur les parois des vallées,
puis on alla chercher les grands dépôts sous leur manteau épais et
compact d'argile glaciaire à blocaux.

L'extraction, après de lents progrès, s'accrut lorsque le transcontinental, achevé, rendit les transports de matériel plus facile et moins
coûteux. En 1893, la méthode hydraulique triomphait partout.

Seules des sociétés peuvent faire les frais de l'exploitation actuelle,
travaux miniers proprement dits, adduction d'eau, coupe du bois
nécessaire. On en compte une douzaine dont une petite compagnie
chinoise; aux divers chantiers, la plus grande emploie en moyenne
une centaine d'hommes. Si l'on excepte quelques laveurs chinois, les
mineurs individuels ont disparu[4]. Il n'y a plus rien à faire pour eux.

A Quesnel Forks, on trouve de haut en bas 3 à 4 mètres d'alluvions actuelles aurifères traitées aujourd'hui, puis une quarantaine
de mètres d'argile à blocaux qu'il faut briser à la dynamite, puis
5 à 6 mètres de graviers fins et 50 à 60 mètres de cailloux grossiers
qui forment les alluvions aurifères pliocènes; l'or, en raison de sa
densité, est plus abondant vers le fond. Les conditions sont analogues à Barkerville[5].

1. Margaret Mac Naughton, *Overland to Cariboo...*, pp. 149-161.
2. Bancroft, t. XXXIII, p. 219.
3. *An. Rep. Mines, B. C. for 1902*, pp. 88, 96.
4. *An. Rep. Mines, B. C. for 1905*, p. 24.
5. *Annales des Mines, 1900*, t. XVII, pp. 237-238. — *Geol. Surv. of Ca. An. Rep.*, *1887-88*,
R, p. 34 et cartes ind. p. 61. — *An. Rep. Mines, B. C. for 1905* (étude sur les placers du
Caribou), pp. 51-56.

Pour alimenter les « monitors » qui crachent l'eau sur le front de taille, il faut leur assurer un débit régulier. Or le Caribou reçoit peu de pluie et de neige; les précipitations annuelles sont de 600 millimètres en moyenne[1]. Il est vrai que l'eau n'est pompée que pendant la belle saison, c'est-à-dire, en théorie, de mai à novembre, entre deux hivers. On cherche donc à créer et à remplir les réservoirs placés en amont des travaux et d'où l'eau est amenée à l'abattage par des conduites de bois. Ainsi la grande compagnie californienne de Quesnel a barré en 1898 la rivière Quesnel, à sa sortie du lac, par une digue de bois : de là part une canalisation de 27 kilomètres apportant l'eau à ses huit monitors. Des travaux analogues, mais moins importants, ont été accomplis par les autres entreprises.

On compte surtout sur la neige pour remplir les lacs ou les réservoirs; mais des coups de chaleur ou des souffles de chinouque la touchent trop tôt et elle se perd en bouillon sur les pentes; ou bien, au contraire, les vents froids du nord persistent et la neige ne fond pas assez vite[1]. Commencée tard, la saison s'arrête bien avant l'hiver.

Avec 778 millimètres de précipitation entre la fin de la saison 1899 et la fin de la saison 1900, on a travaillé, en 1900, 173 jours et 13 heures, avec 443 millimètres dans le même intervalle, en 1903, 53 jours et 7 heures[1].

En 1904, les travaux ne recommencèrent pas avant la deuxième partie de mai; ils étaient déjà arrêtés le 4 juillet à China Creek, le 23 à Williams Creek, le 2 et le 4 septembre dans la région de Barkerville[1] et dans celle de Quesnel.

Du 4 septembre 1904 au 22 juin 1905, il n'est tombé au Caribou que 178 millimètres de pluie et 171 de neige, ce qui a causé une sécheresse égale à celles des années terribles de 1864 et 1887; pas de chute sérieuse dans cet intervalle si ce n'est trois averses de 15 à 19 mm., le 20 octobre 1904, le 11 mai 1905. Quesnel Forks n'a pas reçu une goutte d'eau du 1er mai au 31 août 1905[1].

La compagnie de Quesnel, qui emploie le meilleur réservoir, le grand lac Quesnel, au voisinage de hautes montagnes et qui a fait les plus grands travaux d'adduction, n'obtient d'eau que pendant 88 jours en 1904. A cette époque elle avait déjà dépensé 7 millions et demi de francs tant pour les mines que pour les canaux. Elle décide de compléter les barrages et aqueducs « mammouth », comme disent les propriétaires américains, et de les rendre capables de débiter

---

1. *An. Rep. Mines, B. C. for 1904*, pp. 37, 38, 40, 42, 46; *for 1905*, p. 59. — Voir ici p. 91.

140 mètres cubes en 24 heures. Arrive la sécheresse de 1905; la Compagnie n'obtient même pas 3 000 mètres cubes dans toute la saison[1]. Du 20 avril au 11 mai, elle fait 74 heures de chasse préliminaire pour fondre la glace de la taille et des sluices. Après le 12 mai, l'eau s'épuise puis arrive irrégulièrement et ne permet que 14 jours et 18 heures de lavage décousu qui s'arrête le 22 juin. Cette saison désastreuse a pour cause la vente de la « propriété » à une autre compagnie également américaine qui se propose d'augmenter encore les réservoirs.

Pour la production, en 1905, le Caribou (Barkerville) stationne avec 1 million et demi de francs; Quesnel perd 40 p. 100, tombant à 480 000 francs; tous deux gardent leurs places respectives venant au second rang après Atlin.

On s'inquiète de trouver un nouveau champ d'or à exploiter. Le dragage ne paraît pas avoir été essayé. On cherche des filons de quartz aurifère dans les montagnes. Cependant, la prospection, déjà réduite par la substitution de grandes entreprises aux chercheurs individuels, paraît menacée de diminuer encore[1].

1. *An. Rep. Mines, B. C. for 1904*, p. 37; *for 1905*, p. 57, 59.

CHAPITRE XXVI

L'AIRE A DÉVELOPPER (THE UNDEVELOPED AREA)

Les forts de la Compagnie de la Baie de Hudson.

Le plateau sans mines qui s'étend principalement entre le moyen Fraser, la Chaîne côtière et les impasses des lacs, mériterait le nom de région archéologique : on y trouve en effet des formes d'économie et d'existence de plus en plus anciennes à mesure qu'on remonte vers le nord, si bien qu'on peut y voir comme un raccourci de l'histoire colombienne.

Au sortir des canyons, des éleveurs à la mode primitive lâchent leurs troupeaux sur les collines à « chiendent » le long de l'été et les surveillent dans les vallées autour de leurs ranches pendant l'hiver. Ainsi furent exploitées dès le temps de la Compagnie les vallées du moyen Fraser et de la Chilcotin. Au moment de la vente, les animaux sont rabattus, acheminés en file par les deux ponts du Fraser, Lilloet au sud, Sheep Creek plus au nord au débouché du Chilcotin, puis poussés vers la ligne transcontinentale, par la route Caribou-Ashcroft (p. 370).

L'élevage moderne commence pourtant à s'introduire. Une société a pris une énorme concession, le Gang Ranch, sur le cours moyen du Fraser, au confluent de la crique Gaspard; elle y fait de la culture modèle par irrigation, elle y élève en même temps que 10 000 têtes de bétail ordinaire, quelques animaux de race, parqués l'été, abrités l'hiver [1]. Mais le gros des animaux vague encore dans la brousse où une partie se perd. Dans la région de Lilloet, on croise des bandes de 12 à 20 chevaux sauvages.

---

1. *Agriculture in B. C.* 1904, pp. 85-86; 1907, p. 32.

Au nord des pâturages de l'ouest et des placers du Caribou, plus de chemins, plus de communautés européennes, rien que les pistes apprises des sauvages, les villages indiens et les forts de la Compagnie de la Baie de Hudson; comme trafic principal, l'achat des fourrures. Bien que la Compagnie ne possède plus nulle part le monopole du commerce, en fait personne ne s'est trouvé assez riche ni assez hardi pour s'établir en concurrence avec elle dans les régions du centre et du nord. Avec un peu d'imagination, on pourrait s'y croire au temps qui précéda la fièvre de l'or, celui des Peaux-Rouges et des traitants.

Les Indiens de la région appartiennent presque tous au groupe déné ou athabascain, dont on a décrit les pêches et chasses saisonnières (p. 165). A présent le saumon n'est plus suffisant et le caribou qui fournissait la viande diminue aussi : seules les baies des buissons tiennent la même place qu'autrefois dans la nourriture. Pour vivre, les naturels tuent les lapins, nombreux dans la région; ils ont des chevaux qu'ils louent pour les transports; ils se louent aussi comme pagayeurs avec leurs canots d'écorce; ils ont commencé un élevage grossier du bétail pour leur nourriture. Enfin, autour des missions et des forts, ils savent maintenant faire pousser des pommes de terres, des navets, des betteraves.

La capitale de la Compagnie est Fort Saint-James, construit en 1806, à l'extrémité sud du lac Stuart, qui distribue aux autres les provisions, reçoit leurs fourrures et les dirige vers le sud. Plusieurs fois rebâti, il conserve la disposition classique (p. 139). Près de lui se trouve un village indien d'une cinquantaine de feux dont les habitants commencent à se construire des maisons de bois européennes. A un kilomètre et demi de là et toujours sur le lac, on rencontre le chef-lieu des missions catholiques du nord, avec église, presbytère, imprimerie, école, entouré d'une cinquantaine de maisons habitées par les Indiens convertis [1].

Tel est le tableau que présentent avec plus ou moins d'ampleur les autres établissements de la Compagnie.

Fort Saint-James se trouve au point de croisement des pistes qui vont vers les deux voies d'accès, le Fraser au sud, et le Skeena au nord-est, et qui drainent vers celles-là les régions septentrionales. Avec le Fraser il communique soit par la rivière Stuart incomplètement navigable (p. 102), qui conflue au Fort George, le moins septentrional et le plus rapproché de la zone colonisée, soit par un

1. *An. Rep. Mines, B. C. for 1905*, pp. 101, 105, 106-109 (dans le rapp. d'une exploration à travers le plateau septentrional).

chemin muletier qui franchit à l'aide d'un bac la rivière Nechaco
près du Fort Fraser, voisin de deux villages indiens, dans un ancien
fond lacustre fort propre à la colonisation. 5 à 600 Indiens athabascains vivent autour des lacs Stuart et Fraser; ce sont les « Porteurs »
des Canadiens français, les *Carriers* des Anglais [1]. Avec Hazelton,
tête de la navigation sur le Skeena, Fort Saint-James se relie par
une longue série de navigation et de portages, 70 kilomètres en canot
du sud au nord du lac Stuart, 16 kilomètres de sentier, 240 kilomètres de canot d'un bout à l'autre du grand lac Babine. Autour du
vieux et du nouveau Fort Babine vivent 300 Indiens descendant de
ceux que les coureurs franco-canadiens baptisèrent « Babines » à
cause d'un ornement qui leur déformait la lèvre. Ce ne sont plus des
Déné, mais des Skitigan apparentés aux Tsimshian de la côte [2].
A la pointe septentrionale du lac, un dernier sentier de 96 kilomètres joint Fort Babine à Hazelton.

Vers le nord vont d'autres voies par les rivières, les lacs et les
portages; la piste indienne du nord franc remontant le lac Stuart, la
rivière Stuart, le lac Tacla et prenant le portage de la Cache des
Beaux Jours (p. 45) pour déboucher au poste de Connelly ou du lac
de l'Ours sur le bord des déserts du Cassiar, n'est plus guère suivie et
l'on a abandonné le poste Bulkley House au sud du portage.

Au contraire, on n'a point délaissé celles par où vinrent les premiers explorateurs et qui unissent les affluents du Fraser à ceux de
la Paix. La Compagnie entretient toujours Fort Mac Leod sur la
Rivière aux Panais (*Parsnip River*) source méridionale de la Paix :
le dernier village indien permanent s'y rencontre et l'on commence
à y voir des indigènes nomades sans résidence fixe; ce sont des Sic-
canis de langue athabascaine.

Le fort le plus septentrional de l'intérieur est Grahame, entre le 56°
et le 57° parallèles sur la Finlay, branche septentrionale de la Paix :
là vivent les derniers Indiens qu'on rencontre en allant vers le nord;
avec eux finissent les établissements, puisqu'on ne peut faire le
commerce des fourrures sans les indigènes.

A Grahame, une bande de 91 Naanis vient faire la traite, une autre
de 121 fréquente Connelly; on dit que 154 autres parcourent les
régions situées plus au nord [3]. Ces Indiens de langue athabascaine
sont des chasseurs nomades ou semi-nomades. Ils suivent le parcours
de l'élan, le gros gibier du nord qui se montre à cette latitude, y

---

1. *An. Rep. Mines, B. C. for 1905*, p. 105. — *An. Rep. Indian Affairs, 1904-5*, II° Part., p. 74.
2. *B. C. Crown Lands Surveys*, 1901, pp. 63, 66, 74.
3. *An. Rep. Indian Affairs, 1904-5*, p. 203.

vivent de sa chair, trappent les animaux à fourrures; le poisson ne fait point partie de leur régime ordinaire [1]. Une tribu de ces gens pauvres et farouches fut surnommée le Mauvais monde par les coureurs des bois.

Le haut bassin de la Paix, par où pénétrèrent Mackenzie et ses imitateurs, n'est plus aujourd'hui qu'une impasse commerciale débouchant au sud par le Fraser.

Le sentier du Télégraphe.

Entre Quesnel, dernière ville sur le Fraser, et Hazelton, la première sur le Skeena, un sentier relativement neuf et plus fréquenté que les autres coupe en diagonale le plateau : c'est le Telegraph Trail.

Son nom lui vient d'une compagnie américaine qui le créa ou plutôt en jalonna le tracé dans les années 1865 et 1866 lors d'une tentative pour construire un télégraphe entre les États-Unis et l'Europe par la Colombie, l'Alaska, le détroit de Behring, la Sibérie et la Russie [2]. L'Europe et l'Amérique n'étaient pas reliées alors par le fil électrique; on avait bien, en 1858, posé le premier câble sous-marin, mais il ne fonctionnait pas et beaucoup de gens pensaient que les communications télégraphiques sous-marines n'étaient possibles qu'à faible distance.

Un Américain entreprenant, Collins, qui avait été commerçant et agent consulaire des États-Unis dans la région de l'Amour, eut l'idée du télégraphe continental et créa une société avec le concours de la *Western Union Telegraph Company*, la plus puissante des États-Unis. Il faut savoir, en effet, que, dans l'Amérique du Nord, le télégraphe appartient à des sociétés privées.

La nouvelle compagnie se forma en 1861 et se mit à l'œuvre sans barguigner : ses dépenses totales en Colombie s'élevèrent à 15 millions de francs. Elle avait à explorer un pays à peine connu, elle devait y tracer un chemin dans la forêt, rechercher les gués, les rivières, emmener son personnel, car elle ne pouvait recruter de main-d'œuvre dans le désert, son matériel, ses vivres, des tentes; et les salaires et les prix étaient alors très élevés sur la côte ouest. Mais la création de chemins de fer dans des pays inconnus et déserts avait aguerri les Américains; les gros risques pour des

---

1. *Geol. Surv. of Ca. An. Rep.*, *1894*, C, p. 15. (Mac CONNELL.)
2. *Proced. Roy. Geog. Soc. L.*, *1859-60*, p. 169. — *An. Rep. Mines, B. C. for 1905*, pp. 90-91.

profits à venir n'effrayaient déjà plus leurs capitalistes habitués à voir la valeur de leurs placements croître vite et indéfiniment par la colonisation rapide du pays.

La Compagnie recruta l'état-major de l'entreprise parmi les officiers que la fin de la guerre de Sécession laissait sans emploi. A la tête était le colonel Bulkley, du corps fédéral des télégraphes, qui laissa son nom au principal affluent du fleuve Skeena.

En 1863, on commença à poser la ligne au bord de la côte américaine dans la plaine longitudinale où les colons s'installaient; en 1864, le fil franchit la frontière et arriva à New Westminster; puis il remonta le Fraser et atteignit Quesnel en 1865. Une branche partant du Washington et traversant les îles américaines, avec cinq petits es-sur les bras de mer desservait Victoria (1865). Ce fut la première ligne qui relia télégraphiquement la capitale au reste du monde. Toute la partie entre côte pacifique et champs d'or ne fut pas difficile à poser; elle rapporta des profits immédiats.

Au nord-ouest du Fraser allaient commencer les grosses difficultés. Pendant l'été de 1865, deux à trois cents hommes sous les ordres d'un commandant du corps fédéral des télégraphes partirent de Quesnel avec tout le matériel nécessaire. Ils suivirent la piste jusqu'au Fort Fraser sur le lac Stuart, où commence la série des navigations sur lacs et portages vers le Skeena.

Du Fort Fraser, ils marquèrent une nouvelle voie allant dans la même direction que celle des lacs, mais plus courte, par les défilés longitudinaux entre la Chaîne Babine et les montagnes de l'ouest, remontant un affluent du lac Stuart, puis franchissant un portage insignifiant, enfin descendant le couloir de la rivière Bulkley jusqu'à Hazelton sur la Skeena; le long du parcours, ils coupaient la forêt ou la brousse sur une largeur de 15 mètres, traçaient un sentier et posaient sur des poteaux pris aux forêts de sapins les fils et les isolateurs apportés par eux. A la fin de la première campagne, ils hivernèrent avec leurs chevaux dans la vallée large et abritée de la Bulkley.

Au printemps de 1866, ils franchirent le Skeena et se dirigèrent en suivant les vallées vers le fleuve Nass. Là, leur télégraphe les informa que le second câble sous-marin entre l'Europe et l'Amérique avait été posé le 29 juillet 1866 et qu'il fonctionnait régulièrement. Cessant le travail, les 250 hommes de l'expédition attendirent quelques jours les nouvelles; quand on leur eut confirmé que leur travail était une dépense désormais inutile, ils quittèrent la place, laissant les poteaux et le fil.

Derrière eux arrivèrent les Indiens qui trouvèrent de nombreux emplois au bois et au fer abandonnés : ils en ont fabriqué, entre autres, des passerelles suspendues au-dessus des canyons étroits des rivières (gravure p. 138, pl. V, 3). Seul le sentier est resté; les employés du gouvernement fédéral l'ont retrouvé et l'ont utilisé quand ils sont venus construire une ligne de télégraphe de Quesnel au Yukon après la découverte des mines d'or du Klondike.

Aujourd'hui, un fil posé par la Puissance qui a le service des postes et celui des télégraphes n'appartenant pas à des compagnies, court dans la même direction que l'ancien. Il franchit le Nass, puis il va couper le Stikine à son point de navigation, baptisé la Crique du Télégraphe; enfin il continue vers le nord-ouest. Quelques maisonnettes de bois où habite un télégraphiste jalonnent cette voie administrative. Chaque année, elle est suivie entre les deux débouchés, Quesnel et Hazelton, par une caravane de transport formée de chevaux conduits par des blancs et des Indiens; les animaux hivernent à Quesnel dans la vallée du Fraser; au printemps, ils montent jusqu'à Hazelton, y prennent les marchandises arrivées par mer et redescendent à Quesnel pour l'hiver. C'est la route probable du Grand Tronc ou transcontinental nord; d'ailleurs, même sans chemin de fer, elle mériterait d'attirer les colons car elle leur offre des terrains d'élevage, sortes d'îlots localisés sur les anciens fonds lacustres.

Si une population agricole s'établit en ces régions du plateau, la nature la forcera à se diviser en centres lointains, entourés de parcours à bétail comme dans les régions plus méridionales de la Chilcotin et du Fraser. De toutes ces vallées alluviales, la meilleure est celle de la Bulkley, parce qu'elle est plus accessible de la côte, parce qu'elle renferme relativement peu d'Indiens, se trouvant à l'écart de passage traditionnel par les lacs, enfin parce que les hautes montagnes dont elle se borde renferment des mines, le grand aimant de la population blanche en Colombie. En l'ouvrant, on peut dire que la Compagnie du Télégraphe américain fit beaucoup pour l'avenir économique de la région nord-ouest.

Le gouvernement provincial a envoyé G. M. Dawson pour l'explorer en 1891. La même année, il faisait arpenter la partie utilisable de cette vallée par l'arpenteur fédéral Poudrier, qui y cadastra près de 40 000 hectares répartis en 9 townships carrés, subdivisés en rangs et lots.

En 1905, quand la construction du Grand Tronc fut devenue certaine, le gouvernement chargea l'inspecteur des mines de parcourir la région et d'étudier toutes les possibilités de colonisation. L'inspecteur a pris Quesnel comme point de départ afin d'explorer tout le sentier du Télégraphe; mais la voie d'accès pratique est par la mer et le Skeena (p. 325).

Tout le cours inférieur de ce fleuve et les vallées latérales sont jalonnées d'assez gros villages tsimshian qui comptent en moyenne 200 à 250 habitants. Un ou deux arrêts en route desservent les prospecteurs des vallées.

Enfin Hazelton apparaît sur un plateau dans l'angle formé par le Skeena et la Bulkley. Il comprenait à l'origine le poste de la Compagnie de la Baie de Hudson avec un village indien, qui tous deux subsistent. En outre, quatre magasins généraux, deux hôtels, la poste, le télégraphe se sont installés sous des constructions de bois aux environs; l'église et l'école anglicane élèvent leurs toits de bardeaux à côté des cases. Comme la réserve bloque le plateau, une nouvelle ville vient d'être tracée plus haut. En 1905, son édifice le plus remarquable était un hôpital à l'usage des naturels [1].

Dans un rayon de 12 kilomètres au plus se trouvent quatre villages indiens, chacun sur un cours d'eau [2].

A Hazelton, se rencontrent les Tsimshian de la mer et du bas fleuve et les « Porteurs » Déné de l'intérieur qui s'étendent du lac Stuart à la rivière Bulkley. Depuis quelques années, les Porteurs, gagnés par l'exemple des Indiens côtiers, vont au printemps jusqu'à la mer pour s'engager comme pêcheurs de saumons.

Intermédiaire entre la mer et les ports plus éloignés, Hazelton est devenu un grand centre d'achat et de vente pour les Indiens; ils y viennent aux provisions l'automne avec leurs chevaux, puis vont mettre les « cayouses » dont ils n'ont pas besoin à l'hivernage dans les vallées où la neige et la gelée sont le moins à craindre, et partent avec le reste à la chasse des fourrures. La ville profite aussi beaucoup du passage des prospecteurs qui débarquent pour prendre le sentier du Télégraphe.

En partant de Hazelton, le sentier remonte la vallée de l'affluent Bulkley qui arrive du sud et gagne Moricetown, dont le nom rappelle l'un des premiers missionnaires catholiques du pays [3]. Avant d'y arriver, le sentier franchit deux fois le canyon (p. 74) en des points où la largeur se réduit à quelques mètres; lancées par les Indiens les deux passerelles qu'on emploie sont à faire frémir (gravure, p. 138,

1. B. C. Crown Lands Surveys, pp. 76-79. — An. Rep. Mines, B. C. for 1905, pp. 89-139. (Rapp. de l'Inspecteur indiqué ici pp. 379, 380).

2. An. Rep. Mines, B. C. for 1905, p. 110, 135.

3. Nous avons de ce missionnaire l'ouvrage suivant : Le R. P. Morice, Au Pays de l'Ours Noir, chez les Sauvages de la Colombie britannique, récits d'un missionnaire, Paris, 1897, in-8°.

pl. V, 3). Qu'on se représente, à 6 ou 7 mètres au-dessus d'un torrent bouillonnant entre les parois qui le compriment, trois poteaux de télégraphe attachés bout à bout avec les fils abandonnés par la Compagnie américaine, des lattes comme garde-fous, le tout suspendu par d'autres fils à d'autres poteaux. Les chevaux sont dirigés un par un sur cette escarpolette où il faut les pousser de force ; les cavaliers suivent à pied avec le moins de mouvements possibles. « Croirait-on, dit l'inspecteur des mines, qu'un blanc-bec du Washington a eu l'aplomb de passer avec quatre chevaux chargés, et le plus étonnant c'est qu'il vive encore pour raconter cet exploit ! » Par ordre du gouvernement provincial, les passerelles indiennes vont être remplacées par de vrais ponts en bois.

A Moricetown commence la partie utilisable de la vallée Bulkley, large platière couverte de limons érodés en terrasses : le sentier quitte le cours marécageux de la rivière et passe au large parmi les terrains d'alluvions anciennes, longeant les petits lacs et coupant les criques. Le terrain et la présence d'eau permettent l'élevage ; un ranch important qui appartient à la Compagnie de la Baie de Hudson comprend des abris, des étables, deux ou trois maisons pour les employés. Ne les utilisant plus, la Compagnie en a loué une partie à « un Français qui prétend tenir hôtel et chez qui les clients doivent apporter et cuire leur dîner et fournir leur literie ».

Un autre ranch se trouve sur une concession faite par le gouvernement aux entrepreneurs de transports qui approvisionnent une fois par an les stations du télégraphe. De ci, de là, 5 à 6 lots ont été loués par des éleveurs ou plutôt des gens mi-fermiers, mi-commerçants, qui prennent en pension les chevaux des prospecteurs moyennant 60 à 75 francs par tête pour la saison.

On commence à employer des moissonneuses pour récolter la provision de foin naturel nécessaire pendant l'hivernage. L'élevage laitier apparaît près des mines. On a essayé avec succès de faire venir des pommes de terre, des racines diverses, betteraves, carottes, navets, des choux et choux-fleurs, des pois, des haricots, des concombres, de la rhubarbe : les fraises et les groseilles mûrissent ; le blé et les tomates n'ont point réussi [1]. Ces premières tentatives de colonisation se disséminent entre Moricetown et le confluent de la Telkwa où commence la région minière.

En ce dernier point, un hôtel modeste de planches marque l'embranchement du sentier des mines qui monte vers les montagnes de

---

1. *An. Rep. Mines, B. C. for 1905,* pp. 130, 132 et 135, 166 (phot., dont l'une est rep. ici, p. 138). — *Bur. of Prov. Inf. The Undeveloped Areas of... B. C.,* p. 24.

l'ouest; à 800 mètres plus loin, sur une terrasse sèche, on a tracé le plan de la future ville d'Aldermere, mais on n'y voyait en septembre 1905 que deux cabanes de troncs à la fois débits de boisson et magasins [1].

Les mines demeurent encore à la période d'exploration : il est évident que l'espérance de la nouvelle voie ferrée *Grand Trunk* (p. 379) a jeté un nombre considérable de prospecteurs dans la région. A cause de la forêt, de la nature accidentée, des criques torrentielles, enfin des neiges, les recherches présentent de grandes difficultés.

Deux étages de gisements se superposent. Dans les vallées, on trouve, parmi des schistes et grès crétacés ou tertiaires, des lignites analogues à celles qui coupent le plateau en écharpe depuis le Fraser [1]. Tout en haut, dans des cirques basaltiques nus et humides, à 1670 mètres, qui dépassent la limite des forêts, on découvre, sous les épanchements volcaniques, dans des schistes anciens, des filons de minerais complexes, cuivre, or, argent. Aucun sentier, on se dirige suivant des repères. Dès le milieu de septembre, la neige chasse les mineurs.

Sur le versant occidental des mêmes montagnes, les affluents du Zymoetz ou Rivière du Cuivre qui se jette dans le bas fleuve Skeena, entre Hazelton et l'Océan suivent des gorges où l'on observe les mêmes gisements. Ce sont des « propositions » qui attendent un sentier d'accès pour faire des envois à l'usine de fusion et devenir commerciales; on les desservira probablement en améliorant la piste indienne qui va du fiord de Kitimat au confluent Zymoetz et Skeena par le village indigène du lac de Lakelse : déjà on parle d'y poser un tronçon de voie ferrée. Aujourd'hui, on s'y achemine tant bien que mal par le bas Skeena et la Bulkley.

Sur l'autre rive de la Bulkley à l'ouest, les prospecteurs parcourent la chaîne boisée de Babine où ils rencontrent les mêmes obstacles.

Enfin, au nord de Hazelton, on cherche la houille et les minerais sur le plateau accidenté du Kispiox, où sont cantonnés quelques groupes d'Indiens [1]. Si l'on ajoute que Hazelton est le point de départ de la piste qui mène aux placers de l'Omineca, dont je parlerai plus loin, l'on jugera qu'elle prend comme étape de prospecteurs une importance égale à celle qu'elle a depuis longtemps comme centre de traite.

A l'extrémité sud-est du sentier du Télégraphe, la vallée platière de la Nechaco, affluent du Fraser, unie, sans pierres, couverte de

---

1. *An. Rep. Mines, B. C. for 1905*, pp. 82-83, 103, 116; *for 1904*, p. 103; *for 1905*, pp. 29 et 19.

hautes herbes de pâture qui poussent sous des peupliers et autres arbres aquatiques fort clairsemés, offre un terrain de colonisation ; mais son voisinage n'a pas de mines bien qu'on ait signalé le lignite près du lac Fraser. Le gouvernement l'a fait cadastrer en 1893 puis explorer en 1905 par le même inspecteur que la Bulkley. Cette année-là, on y signale l'arrivée de quelques colons auxquels les Pères de la Mission servent d'interprètes pour les rapports avec les Indiens des deux villages, Fort Fraser et Stony Creek. Malgré ses avantages naturels, la Nechaco est trop éloignée pour attirer beaucoup de monde [1].

Vers ces régions désirables, le gouvernement a cherché une voie d'accès plus directe, partant du Pacifique ; ainsi, en 1903, il a fait reconnaître la piste indienne qui traverse la chaîne côtière en arrière de Bella Coola (p. 37). Quand on part du fiord, on trouve d'abord, dans la vallée marécageuse de la Bella Coola, 32 kilomètres de chemin charretier ; plus bas viennent les sentiers par où l'on pénètre avec des chevaux de charge dans les montagnes et la forêt ; il faut gravir deux seuils, passer cinq rivières, les chevaux à la nage, les marchandises sur des radeaux de fortune, à moins qu'on n'ait la chance de rencontrer des canotiers indiens ; après 272 kilomètres d'épreuves qui exigent 10 à 17 jours, on arrive au lac Ootsa. Le sentier d'été, plus court, mais plus ardu et ouvert seulement du 10 juillet au 1er octobre, raccourcit la route de 100 kilomètres, mais on met parfois 20 jours à la suivre. Le prix du transport est de 0 fr. 25 par 453 grammes [2].

La région où aboutit la piste, celle des lacs Ootsa et des Français, paraît relativement plane et tempérée (p. 92). Malheureusement, l'accès en est presque impossible aux colons. Dans sa tournée de 1905, l'inspecteur des mines n'y a rencontré que deux poteaux de préempteurs à inscription détrempée par la pluie et une cabane de bois commencée, mais sans âme qui vive [3].

Dans tout cet intérieur du lac Ootsa à la Nechaco, viennent, en éclaireurs, des aventureux sans famille. Un des fonctionnaires qui ont exploré ces régions exprime la crainte que les jeunes colons isolés y prennent des squaws indiennes et fassent souche de métis comme au temps des coureurs des bois [4], nouveau trait de ressemblance avec la Colombie de jadis.

1. B. C. Crown Lands Surveys, 1901, pp. 82-93.
2. An. Rep. Mines, B. C. for 1905, p. 98.
3. Bur. of Prov. Inf. The Undeveloped Areas of the Great Interior of B. C., 1903, pp. 22-26. — An. Rep. Mines, B. C. for 1905, p. 109.
4. The Undeveloped Areas, p. 25.

Champs d'or de l'Omineca.

Si les Indiens et les forts font songer à la Colombie d'avant 1858, la rivière d'Omineca où le prospecteur s'égare dans une nature puissante et inconnue, où l'effort se réduit au lavage primitif, rappelle les premiers champs d'or.

Ce cours d'eau est une des sources de la Paix. Perdu dans les hauteurs forestières, le district de l'Omineca se trouve au bout de deux longues pistes partant l'une du Fraser, l'autre de Hazelton sur le Skeena.

C'est par celle du Fraser au Fort Mac Leod que les chercheurs d'or du Caribou au sud atteignirent pour la première fois l'Omineca vers 1862. On ne tarda pas à préférer le sentier qui part de Hazelton et traverse parmi les forêts trois chaînes de montagnes parallèles. Pourtant cette voie est si malaisée et si longue qu'en 1894, de Hazelton à l'Omineca, le transport coûtait 85 centimes la livre.

Dans l'Omineca, les premiers prospecteurs apparurent deux ans après la découverte du Caribou, mais la poussée n'eut lieu qu'entre 1869 et 1871, quand les placers du Caribou s'épuisèrent. Alors se fonda le centre minier de Manson, chef-lieu du pays. La fortune de l'Omineca ne dura point, parce que l'accès en était trop pénible.

D'autre part, la sécheresse est plus grande encore qu'au Caribou. En 1904, il a plu à Manson cinq fois pendant l'été; dès juillet, les criques sont à sec; les feux de forêts mettent en danger la vie des mineurs.

En 1873, les placers furent abandonnés aux Chinois; puis des tentatives nouvelles eurent lieu; en 1879, 57 blancs lavaient à côté de 20 Chinois; en 1887, le nombre des travailleurs se réduisait à à 12 blancs et 18 Indiens [1]. Tous se dispersaient dans les hautes vallées boisées d'accès difficile.

Un renouveau s'est produit à l'annonce du Grand Tronc qui rapprochera de l'Omineca le point où commence le transport par chevaux de bât. 92 certificats, 33 claims inscrits, 43 locations de placers sont le bilan de 1904. Beaucoup de spéculateurs ont l'œil sur cette région, mais il semble qu'ils se réservent [2].

Si une voie ferrée remontait la Rivière de la Paix, la Colombie pourrait attirer des immigrants de l'ouest dans le morceau de hautes plaines que la frontière lui laisse à l'est des Rocheuses (p. 63). C'est

---

1. *Geol. Surv. of Ca. An. Rep.*, *1887-88*, R, p. 23, 45; *1894*, C, p. 12.
2. *An. Rep. Mines B. C. for 1904*, p. 52.

1 - CHALAND SUR LE LAC ATLIN.
Extrême Nord-Ouest. Les limites supérieures de la forêt et des neiges s'abaissent (pp. 78, 101, 389).

3 - PONT DU C. P. R.
A STONY CREEK (p. 60).

2 - RAPIDES PARLE-PAS.
Riv. de la Paix. Passage en canot (pp. 75, 280).

Type des passerelles de charpente, peu à peu
remplacées par des ponts de fer (p. 286).

une région boisée avec quelques éclaircies au bord des rivières. La Paix la traverse par le milieu, jalonnée par le Fort Saint-John de la Compagnie de Hudson et quelques postes, seuls établissements blancs de la région, tandis qu'en Athabasca, près de la frontière, Dunvegan, placé dans une éclaircie au milieu des forêts, est déjà un centre de colonisation fédérale.

CHAPITRE XXVII

LE NORD

Bassin du fleuve Stikine.

Au nord de la Colombie s'étend le désert montagneux et boisé du Cassiar séparé en deux versants, à l'ouest le fleuve Stikine, dont les bouches appartiennent à l'Alaska, à l'est le Liard, affluent du Mackenzie. Quelques villages indiens peuplés par des gens de la côte s'échelonnent le long du grand canyon du Stikine où l'on pêche le saumon, seule traînée de population dans ce désert qu'on a vu commencer au nord de Fort Connelly et de Fort Grahame (p. 376).

La Compagnie de Hudson y pénétra jadis de l'intérieur par le Liard; ses agents le remontèrent jusqu'au lac Dease où ils fondèrent un fort, puis ils découvrirent le partage entre Liard et Stikine et descendirent ce dernier fleuve; mais les Russes leur fermaient tous les débouchés de la côte (p. 144). Faute d'Indiens pour traiter, les postes de cette région furent presque tous abandonnés.

Dans la fièvre de 1861, les chercheurs d'or arrivèrent par l'Océan, remontèrent le Stikine, y firent quelques trouvailles; la prospection isolée continua; en 1872, Choquette, Canadien français, arriva jusqu'au lac Dease et y trouva d'importants placers [1].

Depuis, on a toujours plus ou moins travaillé dans cette région. Le gouvernement envoya Dawson visiter le Stikine, puis, plus tard Mac Connell faire la reconnaissance du Liard [2]. L'exploration de Mac Connell en 1889 fut la première depuis la Compagnie; il n'y trouva qu'un pays sec et désert sans même un Indien, avec des

---

1. *Geol. Surv. of Ca. An. Rep.*, *1887-88*, R, p. 46 (G.-M. DAWSON). — BANCROFT, t. XXXII, p. 559.
2. *Geol. Surv. of Ca. An. Rep.*, *1887-88*, B, p. 78; *1888-89*, D.

criques coupées de défilés. Les castors y vivent en paix, l'élan, venu du nord, poursuit librement son parcours jusque-là.

Actuellement, la pénétration s'arrête au lac Dease d'où sort une des sources du Liard et sur le bord duquel se trouve la dernière réserve indienne et le dernier poste hudsonien de la série qui remonte le Stikine.

Ce fleuve est la voie d'accès. On y arrive par la mer, en débarquant à Fort Wrangel sur la bande de territoire américain qui coupe le Cassiar de l'Océan. Puis on le remonte à l'aide de vapeurs appartenant à la Compagnie de la Baie de Hudson jusqu'à l'entrée du grand canyon basaltique où cesse la navigation. Là s'élève entre des falaises noires que rayent des éboulis parsemés de sapins l'embarcadère de la Crique du Télégraphe (p. 379), comprenant, outre les établissements de la Compagnie, la poste et le télégraphe, des magasins et des hôtels. Une cinquantaine de blancs y habitent avec quelques dizaines d'Indiens qui louent leurs services aux voyageurs [1].

A la Crique du Télégraphe se forme le train destiné à approvisionner les forts de la Compagnie; les mineurs en profitent, quand ils ne sont pas assez riches pour faire une caravane. Tout est chargé à dos de cheval; on traîne sur le sol les pièces trop lourdes; quant aux appareils encombrants ou délicats, on attend l'hiver et on les charge sur des traîneaux à chiens.

Au bout de 120 kilomètres, on atteint le lac Dease; les charges sont alors mises sur des bateaux plats pour passer l'eau; ensuite on reprend des animaux et des hommes pour atteindre les placers.

En frais de transport, la tonne coûte 200 francs de l'Océan à la Crique du Télégraphe, 100 francs du Stikine à Bury Creek, placer important que 11 kilomètres séparent du lac [1].

Dans cette région d'accès difficile, les mineurs individuels ont cédé la place à trois compagnies hydrauliques dont une a son centre à Seattle; pendant l'hiver elles font couper du bois et le préparent dans une scierie pour achever l'installation de leurs canaux et pour avoir des poteaux [1]. Des chiens traînent les billes de bois sur la neige. La sécheresse du pays, augmentée par l'été sans pluies de 1905, gênait le lavage pendant la courte saison vive; on n'a travaillé que du 8 juin au 14 juillet cette année-là. La production est encore médiocre.

Depuis que l'arbitrage de 1903 a définitivement fermé au Klondike canadien le débouché de l'Océan, on parle de tracer un chemin de fer parallèlement au fil électrique entre la Crique du Télégraphe et

1. *An. Rep. Mines, B. C. for 1904*, pp. 47, 95, 97, 98; — *Yearbook of B. C*, 1903, p. 307.

le Yukon. Sur cette simple espérance, des prospecteurs se sont répandus dans les gorges de la rivière Tooya qui vient du nord confluer avec le Stikine en amont de Telegraph Creek; l'inspecteur des mines leur a fait visite en 1904 par la piste à peine visible qui suit le Télégraphe fédéral. Il trouva sur la rivière Tooya des terrains houillers peut-être carbonifères, mais pas d'exploitation commerciale.

La route du Klondike.

On ne peut aller de l'Océan au Yukon sans passer en territoire colombien, mais on ne peut arriver au territoire colombien sans débarquer en terre américaine puisque l'Alaska bloque la côte, depuis le traité de 1825 confirmé par l'arbitrage de 1903 (p. 155). On y va soit de Vancouver et de Victoria, soit des ports américains, ce qui donne en été deux ou trois arrivées par semaine : le prix du transport est de 750 francs en première classe; on débarque à Skagway, port tout neuf, tête du chemin de fer construit par une compagnie américaine, à travers la passe du Cheval-Blanc qui a les rampes les moins fortes; la voie plus directe de Chilkoot, préférée par les piétons et les cavaliers dans les premiers temps, est négligée et son port Dyea n'a pas vu le boom de Skagway. Je répète ce propos que les constructeurs de chemins de fer en pays neufs aiment à déboucher sur un point où la terre n'est pas déjà tout appropriée avant eux.

De Skagway au terminus, 176 kilomètres, un train roule dans chaque sens tous les jours, excepté le dimanche. Le prix du transport s'élève pour les voyageurs à 0 fr. 32 le kilomètre.

J'ai déjà décrit les deux passes et les deux crêtes qu'il faut y franchir (p. 77); sur le versant intérieur, la ligne longe le lac Bennett que la frontière du Yukon — suivant le 60e parallèle — coupe à 100 kilomètres environ de la mer. Dans la dépression entre les deux crêtes de la passe, on va construire un embranchement qui atteindra les mines de Windy Arm sur le lac Tagish, 31 kilomètres à l'est. Déjà une ville, Conrad City, a été tracée sur la seule plage du bras au pied des montagnes [1].

A présent, on suit la ligne principale jusqu'à la frontière du Yukon à Caribou Crossing ou Car Cross, au nord du lac Tagish. De là, un vapeur prend le Windy Arm, le lac Tagish, un autre bras du lac appelé Taku Inlet : par un court transbordement on atteint

---

1. *An. Rep. Mines, B. C. for 1905*, pp. 60, 62, 63, 76 78.

toujours plus à l'est le lac Atlin; on le traverse et sur sa rive orientale on trouve le camp minier d'Atlin, chef-lieu du district.

Les services sont irréguliers; en octobre 1904 l'inspecteur des mines a dû louer un canot et pagayer pour se rendre d'Atlin à Tagish; encore s'est-il vu contraint d'attendre qu'un vent violent fut tombé et de ramer toute la nuit pour profiter de l'accalmie. L'hiver, les lacs sont pris par la gelée.

Au Windy Arm du lac Tagish, les gisements de minerai complexe et de quartz sont exploités entre 900 et 1200 mètres sur le flanc des montagnes qui vont jusqu'à 2000. Un trolley de 5 kilomètres descend les bennes; en bas, les logements et la pension, installés par la Compagnie pour ses ouvriers, annoncent la future ville; les salaires journaliers s'élèvent à 7 fr. 50 pour 8 heures dans la mine, durée légale, pour 10 heures à la surface.

Le principal centre de la région est Atlin, le grand fournisseur d'or alluvial en Colombie. La découverte des placers à l'est du lac Atlin est une conséquence du mouvement qui se fit au moment du Klondike. Elle date de 1898; en 1904, l'un de ses auteurs mourut à Atlin et le gouvernement se fit représenter à ses obsèques.

Atlin est aujourd'hui un centre officiel avec 300 maisons, deux églises, un hôpital, une école, trois scieries, auxiliaires indispensables des usines, une brasserie, des hôtels, des banques ou bureaux d'achat. Les convois de chiens de trait employés pendant l'hiver lui donnent, comme aux autres camps miniers de la région, un air boréal qui relève la banalité de ce genre de ville.

10 000 personnes s'étaient jetées dans le district après les premières découvertes en 1900; il en restait 3 000 en 1903. Le prospecteur individuel y trouve encore sa vie : la batée primitive s'y voit en usage, mais dans les districts de plus en plus éloignés.

Le riche gisement de *Pine Creek*, le premier découvert et encore aujourd'hui le plus riche de Colombie, et les dépôts de toutes les autres criques à l'est du lac Atlin ont passé à des compagnies hydrauliques. En 1903 les droits payés par les mineurs individuels faisaient 72 p. 100 des recettes; un an plus tard ils tombaient à 45 p. 100[1].

Une douzaine de compagnies, dont plusieurs américaines et une française, la *Société minière de la Colombie britannique* se partagent les lots de criques. Les plus grandes emploient 120 hommes (*Pine Creek*) et 200 hommes (*Spruce Creek*).

Le bassin de la crique du Pin, qui renferme les principaux gise-

---

1. *An. Rep. Mines, B. C. for 1900*, p. 778-779; *for 1904*, pp. 20, 56, 80; *for 1905*, p. 68 (Description de *Pine Creek* et gisements voisins.) — Notes bibliogr. de la p. 79.

ments, est enveloppé au nord par une nappe considérable de granit qui occupe tout le nord-est du lac ; dans le voisinage, les roches magnésiennes tendres sont traversées par une quantité de petits filons de quartz coupés par deux sortes de jets éruptifs, les uns porphyroïdes, riches en or, très décomposés et se lavant au jet des monitors hydrauliques, les autres semblables à du basalte, qui résistent et demeurent après l'exploitation, comme des témoins.

Chose étrange et tout à fait exceptionnelle en Colombie, la roche en place qu'on trouve après avoir lavé l'alluvion renferme elle aussi de l'or.

Dans les rivières, on a essayé de draguer, mais il n'y a pas d'eau et trop de boue ; on a recommencé en élevant le niveau par une digue afin de faire flotter la drague.

Enfin, une société américaine de Skagway s'est attaquée aux filons de quartz ; elle a installé une batterie d'amalgamation et envoyé des produits à Ladysmith pour essai. Ces procédés coûtent très cher : D'autre part, la saison est trop courte. En 1904, vers la fin de septembre, un coup de froid a gelé à fond *sluices* et *monitors* de Pine Creek. En 1905, l'été s'est montré extraordinairement sec et l'eau a manqué.

La main-d'œuvre est rare, car les ouvriers diminuent à mesure qu'il n'y a plus de place pour les chercheurs isolés. On a cru trouver un moyen de les garder et de ne pas perdre l'hiver ; la compagnie concède à des individus le droit de travailler en souterrain pendant l'hiver dans l'alluvion (*drifting*). Malgré tout, l'effectif tend à diminuer ainsi qu'on peut le voir par les chiffres suivants.

Années.	Hommes aux placers.	Au drifting.
1903	8 à 900	
1904	5 à 600	250
1905	450	190

Malgré la richesse des placers, la société française et toutes celles qui n'avaient pas assez de capitaux n'ont pas réussi.

L'exploitation d'argile magnésienne et son transport en sacs à San-Francisco pour la fabrication des briques réfractaires ne paraît pas propre à donner un revenu important et durable : bien qu'on paye l'argile 40 francs la tonne elle ne donne pas les mêmes profits que le métal précieux [1].

Jusqu'à l'extrême nord de la Province, nous retrouvons l'*auri sacra fames* qui lance les prospecteurs dans les régions les plus reculées, et nous assistons à la concentration capitaliste de l'industrie.

1. *An. Rep. Mines B. C. for 1904*, pp. 60, 63, 65, 75, 82, 85 ; *for 1905*, p. 68.

CONCLUSION

L'impression générale que donne la Colombie est celle d'une prospérité continue et croissante qui se manifeste par l'augmentation rapide du commerce. En 1906, la Province importait pour 78 592 855 francs et exportait pour 114 087 890, ce qui représente pour la totalité des échanges 192 680 785 francs, 50 millions de plus qu'en 1901, près de 1 000 francs par tête d'habitant, deux fois plus qu'en Angleterre, trois fois plus qu'en France [1].

L'importance relative de ce trafic s'explique parce que la Colombie exploite à fond pour la vente les richesses les plus faciles à mettre en circulation, pêche, bois, mines, parce qu'elle travaille à peine ses terres et doit acheter une grande partie de sa subsistance en même temps que l'outillage nécessaire à son développement. C'est un commerce de pays neuf ou les diverses productions n'ont pas encore atteint leur équilibre.

Une transformation si rapide que d'une année à l'autre on voit éclore des villes minières toutes neuves, on trouve la culture fruitière installée dans les régions comme le Kootenay Ouest qu'on déclarait naguère exclusivement propre à fournir le minerai [2], une sorte de fièvre qui donne la vie tantôt ici, tantôt là, de sorte que l'histoire économique de la société ressemble à une pétarade de pièces d'artifice éclatant l'une après l'autre, tel est le raccourci de l'actuelle mise en valeur. Aussi est-il difficile d'en donner une esquisse générale qui ne devienne rapidement inexacte et démodée.

Ce qui frappe dans la Colombie c'est qu'elle forme comme une colonie de colonie. Seuls les deux fragments de la région méridionale

1. *Handbook of B. C.*, 1907, p. 9.
2. *Agriculture in B. C.*, 1904, p. 49.

qui continuent par-dessus la frontière les zones côtière et minière des États-Unis apparaissent relativement peuplés; en dehors de cette bande discontinue, habitants et centres d'activité s'égrènent, séparés par de grands espaces de nature encore vierge. Si l'on cherche les relations économiques qui permettent de classer tous ces îlots en archipels, on distingue deux grands courants; l'un, vers les États-Unis de l'Ouest, suit les voies naturelles; l'autre, vers l'Est canadien et vers l'Extrême-Orient, a été créé par les lignes transcontinentales dont la Province et la Fédération s'apprêtent à augmenter le nombre en faisant achever le Crows Nest et construire le Grand Tronc Pacifique.

Prolongement physique de l'Ouest américain, la Colombie est, par l'action du gouvernement, rattachée de plus en plus au Canada et par le Canada au reste du monde. Ce double caractère, influences communes à tout l'Ouest soit américain, soit canadien, intervention humaine anglo-canadienne se retrouve partout en Colombie.

Comme dans les États-Unis de l'Ouest, la population, accrue par des immigrants fort mélangés, se porte surtout dans les villes et vers les mines; de même les Indiens sont parqués et tellement « surnombrés » par les blancs que la question indigène se réduit presque à rien; de même le problème des Jaunes se pose et se résout par des mesures préparant l'exclusion; de même la société blanche se divise en deux classes, capitaliste et ouvrière.

En haut les capitalistes et leurs représentants possèdent et administrent toutes les entreprises depuis les pêcheries jusqu'aux chemins de fer : ils s'associent en puissantes compagnies, et la concentration financière paraît en progrès dans tous les champs de production, sauf la culture, mais cette exception s'explique par les hauts salaires qui obligent le propriétaire à vendre ou à faire valoir lui-même dans une industrie où la machine joue un rôle relativement faible. Au contraire, pour toutes les autres, les dépenses de main-d'œuvre ne peuvent être compensées que grâce à l'augmentation du rendement obtenu par l'emploi d'un matériel perfectionné, mais cher, exigeant un entretien coûteux, des renouvellements fréquents, nécessités auxquelles seuls d'énormes capitaux peuvent suffire. Les grandes entreprises de pêcheries, les scieries et le transport des bois, les houillères, les grandes usines de fusion se partagent déjà entre quelques trusts, les chemins de fer actuels appartiennent presque tous à la Compagnie C. P. R. On peut dire que le développement du pays se fait surtout par des spéculateurs; c'est à eux plus qu'au budget provincial qu'on doit les endiguements, les drainages, les irrigations qui, malgré la tendance plus haut indiquée vers la culture moyenne et petite, mettent souvent le propriétaire rural sous la dépendance des gros manieurs d'argent. Plusieurs des groupes financiers opérant en Colombie sont internationaux et ont des affaires similaires au dehors, principalement dans les États-Unis. Bien que rien ne permette de discerner exactement la part des capitaux américains dans la mise en valeur de la Colombie, les indices saisissables la font conjecturer très forte, surtout en ce qui concerne mines et fours de fusion.

Les ouvriers qui forment l'autre partie de la population touchent des salaires d'Amérique, sont organisés en syndicats à l'américaine, souvent par des Américains de l'Ouest (chapitre XIX).

A tous les échelons chacun vit largement, sans compter, dépensant plus qu'on ne fait chez nous, surtout en frais de logement. Depuis les résidences qui peuplent les faubourgs élégants des villes jusqu'aux petites maisons de bois élevées près des mines, on trouve le confort moderne, salles de bain, éclairage électrique, téléphone et ce n'est pas un faible sujet d'étonnement pour un Européen de rencontrer tout cela dans un pays qui possède des voies ferrées mais qui n'a pas de route et où les franges de la forêt primitive bordent encore l'horizon des régions peuplées. Avec de telles habitudes, les besoins d'argent sont grands et malgré l'élévation constante des salaires, l'ouvrier, habitué à mener une existence aisée et saine, ne se montre jamais satisfait.

Les préoccupations intellectuelles et morales de cette population présentent un caractère exclusivement pratique. Comme aux États-Unis chaque groupe d'habitations a son école primaire gratuite ; comme dans tous les pays anglo-américains, les colons restent fidèles aux traditions religieuses et partout s'élèvent les églises des diverses confessions. Des journaux s'impriment jusque dans les plus petits camps miniers : ils font une place énorme aux annonces, aux mercuriales, aux cours des métaux et des valeurs, à ce qui intéresse une population qui, à tous les degrés, vit d'affaires et de travail.

Parmi les distractions, les sports et la vie en plein air tiennent le premier rang : c'est presque toujours de jeux, d'ascensions, de canotage, de *camping*, de chasse, de pêche qu'on parle quand la conversation quitte les chiffres, les prix, les actions, les obligations.

Il n'est rien là qui ne soit commun à tous les pays neufs, tout au moins dans le monde qui parle anglais, et qui permette à l'immigrant ou au voyageur de faire une différence possible entre les États américains au sud, la Colombie au nord du 49ᵉ parallèle.

Même les constitutions et la politique s'y ressemblent assez. Comme les états démocratiques de l'Ouest américain, la Colombie autonome a une seule assemblée représentative élue au suffrage universel. Elle ne choisit point à leur exemple son chef du pouvoir exécutif, mais le lieutenant-gouverneur qui tient ce rôle est désigné par le ministère fédéral canadien et toujours parmi des Canadiens. Le gouverneur général, seul fonctionnaire nommé par le roi, laisse la réalité du pouvoir au premier ministre fédéral qui, responsable devant les Chambres, n'a pas un pouvoir presque discrétionnaire comme le président des États-Unis. Si tout se fait au nom du roi dans la Puissance, on n'y trouve vraiment de la monarchie que les formes extérieures : ce n'est point assez pour que les étrangers nouveaux venus établissent une comparaison au bénéfice des États-Unis et ne s'associent point aux sentiments de fidélité nationale que manifestent les anciens colons. Aucune raison pour un mouvement séparatiste dans un pays qui possède toutes les libertés politiques. Si l'on y a parlé quelquefois de quitter la Fédération, c'était un marchandage pour obtenir d'elle quelques avantages.

Dès son adhésion à l'Union la Colombie se fait payer son entrée par la promesse d'une voie ferrée transcontinentale; depuis, les relations entre gouvernement provincial et ministère d'Ottawa consistent surtout en discussions d'intérêt. Par exemple, la Colombie se plaint de payer par tête d'habitant trois fois plus que les autres provinces. On l'a vue réclamer une partie des droits prélevés par les services fédéraux sur les pêches, les Chinois; elle veut une protection douanière pour ses bois fabriqués, pour ses fruits, mais elle proteste contre une élévation des tarifs sur les fers blancs, réclamée par les métallurgistes d'Ontario, qui augmenterait le prix de la matière à boîtes de conserves. Elle profite avec reconnaissance des primes fédérales à la production du plomb et cherche à tirer parti des primes à la production du fer et de l'acier. Elle réclame la construction de Grand Tronc Pacifique, l'augmentation des voies ferrées, un pont sur le détroit entre la côte ferme et Vancouver. En un mot, la politique y est dominée par les intérêts économiques.

Avant tout colombiens, les habitants se rendent compte que la Fédération avec ses services d'études et de recherches, ses douanes, ses crédits d'encouragement, surtout son désir de créer des débouchés sur le Pacifique en côte canadienne rend à la Colombie les services les plus considérables.

Dans l'intérieur même de la Province, les députés se font les porte-paroles des deux grandes classes sociales, des capitalistes quand ils discutent les concessions et les travaux publics, des salariés quand ils votent les lois de protection ouvrière. Les ministères vivent ou meurent sur des questions agricoles, industrielles, commerciales ou financières. Dans ces années dernières, le budget était en déficit et le gouvernement s'est tiré d'affaire par une mesure démocratique, en augmentant l'impôt foncier progressif. Il annonce aujourd'hui que les recettes balancent les dépenses, que son crédit est rétabli à Londres et qu'il va pouvoir emprunter pour faire les travaux publics les plus indispensables[1]. Voilà ce qui passionne le public de ces pays neufs. Le souci des richesses domine toutes les préoccupations car la nature est encore trop forte pour que l'homme songe à autre chose qu'à lutter contre elle, car l'éducation anglaise et l'éducation américaine concordent toutes deux à donner aux hommes comme principal but « make money », faire argent des valeurs enfermées dans le sol, la forêt et les eaux.

1. *La Gazette du Travail*, février 1906, p. 824.

BIBLIOGRAPHIE

DES PUBLICATIONS OFFICIELLES ET DES OUVRAGES
D'INTÉRÊT GÉNÉRAL

Dans ce pays neuf et d'accès difficile, la plupart des explorations et des études importantes de l'époque contemporaine sont faites par ordre des gouvernements fédéral et provincial. Dans les travaux mêmes qui paraissent sous forme de publications particulières, une grosse part est due soit directement aux employés du gouvernement, soit à leurs recherches.

D'autre part, dans une région qui se développe rapidement, les livres, brochures et articles sur l'agriculture, le commerce, les mines, les voies de communication faits par des particuliers peuvent être trop unilatéraux par désir de faire connaître de préférence tel ou tel champ d'entreprises. Ceux des gouvernements sont confiés à des spécialistes de valeur qui, évidemment, se montrent fort optimistes, mais qui s'efforcent aussi de rester exacts et complets.

Telles sont les raisons pour lesquelles j'ai cru devoir utiliser surtout les publications officielles en étendant comme on le verra le sens de ce mot à toutes celles qui sont faites plus ou moins sous la garantie des pouvoirs publics et en leur ajoutant les grandes œuvres d'intérêt général. C'est le domaine sur lequel s'étend cette bibliographie.

Je n'ai pas pas renoncé d'ailleurs à consulter les autres sources. On trouvera les plus intéressantes d'entre elles indiquées au corps de l'ouvrage dans les notes du texte avec références et indications critiques s'il y a lieu.

Cette observation sur les notes bibliographiques du texte s'applique à ceux des documents des États-Unis qui fournissent des compléments d'information et d'utiles comparaisons.

Les lecteurs qui connaissent les documents officiels des États-Unis se retrouveront aisément parmi ceux du Canada, surtout les fédéraux qui sont souvent conçus sur le même plan et avec des titres analogues.

Les documents fédéraux canadiens paraissent, dans la plupart des cas, en deux éditions, l'une anglaise, l'autre française, la seconde souvent en retard sur la première.

Une province antérieure à la fédération comme la Colombie a conservé beaucoup de services régionaux et il est bien des points où les publications provinciales sont des sources plus importantes que les fédérales. Il faut ajouter que les documents fédéraux donnent généralement les statistiques en bloc pour la Puissance, sans faire la division par province. On ne trouvera cités ici que ceux où l'on peut trouver, au moins de temps à autre, des renseignements relatifs à la Colombie.

I-LIV. CARTES
ET PUBLICATIONS CONNEXES

CARTES MARINES
et publications connexes des gouvernements britannique, fédéral, américain, français, etc.

I. — **Admiralty Charts**, cartes marines de l'Amirauté britannique dont la liste détaillée avec indications des échelles se trouvent dans : *Catalogue of Admiralty Charts, Plans and Sailing Directions, published by order of the Lords Commissionners*, London, s. d., in-8.

Ces cartes donnent tout le détail de la côte colombienne et des principaux mouillages à des échelles variant en général de 1 : 20 000 à 1 : 137 000. Aucune série étrangère ne peut leur être comparée pour le nombre des cartes et pour le détail.

II. — **British Columbia Pilot**, *3ᵈ édition including the Coast of British Columbia from Juan de Fuca Strait to Portland Canal together with Vancouver and Queen Charlotte Islands, compiled from Admiralty Surveys*, London, 1905, in-8.

L'un des volumes des *Sailing Directions* ou Instructions nautiques britanniques : commente point par point les cartes ci-dessus et les complète par de brèves indications générales.

III. — Dominion of Canada, **Notice to mariners**, Ottawa, in-8, périodique.

Feuilles divisées en *Atlantic* et *Pacific Notices*, numérotées par séries et datées, publiées à quelques jours d'intervalle. Analogues aux *Notices* de même titre publiées chaque semaine par l'*Hydrographic Office* de la marine des États-Unis, elles complètent et corrigent les séries *Sailings Directions* ou *Pilots* de l'amirauté anglaise (nᵒ II).

IV. — Hydrographic Office, U. S. Navy, **Pacific Coast**.

Carte à grande échelle, pour toute la côte du Pacifique; deux feuilles pour la Colombie britannique, plus une feuille spéciale à 1 : 200 000 pour les parties les plus fréquentées, *Gulf of Georgia and Strait of Fuca*. Sondages en *fathoms* sans lignes isobathes. Utile pour une vue d'ensemble.

V. — Hydrographic Office, U. S. Navy. **The Coast of British Columbia**, *including Juan de Fuca Street, Puget Sound, Vancouver et Queen Charlotte Islands; compiled by* R. C. RAY, *U. S. Navy, under the direction of* RICHARDSON CLOVE, *engineer*. Govᵗ Printing Office, 1891, in-8.

Instructions nautiques commentant les cartes ci-dessus. Même plan que le *Pilot* anglais, mais moins récent et donnant moins de renseignements généraux.

VI. — U. S. Pilot Charts, published monthly at the Hydrographic Office. **North Pacific Ocean**.

Très utile pour isobares, isothermes, vents, marées. Illustrent en quelque manière les hebdomadaires *Notices* (n° III).

Les documents français sont moins importants; on en trouvera la liste dans :

VII. — Service Hydrographique de la Marine, n° 878. **Catalogue des cartes, plans, instructions nautiques, mémoires, etc.,** *qui composent l'Hydrographie française au 1ᵉʳ janvier 1906,* in-8, Paris, Impr. Nationale, 1906, in-8.

Les pages 133-134 de cet ouvrage indiquent 10 cartes et plans d'échelle diverse, tous d'après des levés anglais et américains; sur ce nombre les n°ˢ 4 497 (181 mm. au degré) et 4 498 (168 mm. au degré) donnent la carte des côtes colombiennes. Les pages 223-224 indiquent deux traductions d'anciennes éditions du *Pilot* de *Vancouver* par PÉRIGOT, 1863, in-8, puis par HOCQUART, 1867, in-8. Pas d'*Instructions nautiques* françaises sur ce sujet.

VIII-IX. — **Carte générale bathymétrique des Océans** au 1 : 10 000 000 dressée par ordre de S. A. S. le Prince de Monaco.

La feuille B. II indique un certain nombre de profondeurs et donne, sommairement, quelques lignes isobathes à partir du minimum de 500 mètres.

Beaucoup plus détaillée et précise est la carte n° 23 de l'*Atlas of Canada* (Bibliogr. n° XX), intitulée **Lighthouses and Sailing Routes. Pacific Coast.**

Avec 6 lignes isobathes de 50 à 300 fathoms (91 à 546 mètres); cette carte ne s'étend que du 48° au 55° parallèle.

CARTES
et publications connexes des services fédéraux.

X. — **Annual Report of the Geographical Board of Canada,** publié depuis 1900 en supplément au *Rapport annuel du département de la Marine et des Pêcheries. Report of the Department of Marine and Fisheries, Ottawa* (Bibliog. n° 40).

N'est qu'une liste des noms adoptés officiellement avec brève indication de localisation.

Au département de l'intérieur appartiennent les services qui publient le plus de cartes :

Le service géographique (*Géographical Service*) — qu'on devrait appeler plus exactement cartographique, — avec M. James WHITE comme *Géographer,* et qui est une des branches du Survey;

Le *Survey* (arpentage ou cadastre), dirigé par M. DEVILLE, arpenteur-général (*Surveyor General*);

Le Service Géologique (*Geological Survey*), dirigé par M. A. P. Low.

Les INDEX publiés sont indiqués aux n°ˢ XXV et XXXV.

Publications du service géographique.

XI. — Un **Report of the Geographer** (M. White) paraît chaque année dans le Rapport du ministère de l'Intérieur. *Report of the Department of the Interior,* Ottawa.

XII. — Department of the Interior. **Geographical Publications of the Department of the Interior,** Ottawa, 1905, broch. bibliographique in-8 de 7 p.

XIII. — **Dominion of Canada and Newfoundland,** 8 feuilles. Échelle : 1 : 2 217 600, 1902.

En couleurs. Réseau hydrographique en bleu. Relief très sommairement figuré en bistre. Altitudes indiquées en pieds.

XIV. — Topographical Map au 1 : 500 000.

C'est en réalité une carte politique donnant le détail des circonscriptions électorales : s'achève pour les feuilles 18, Kamloops, 19, West Kootenay.

XV. — Electoral Atlas of the Dominion of Canada, Ottawa.

L'édition de 1895 donne les circonscriptions sur lesquelles a été fait le recensement de 1901.
Une nouvelle édition a été publiée en 1905 : les divisions n'y sont plus les mêmes.

XVI-XVIII. — Relief Map of Canada. Échelle : 1 : 6 250 000.

Sur le modèle de la *Relief Map of the U. S.* — 7 teintes hypsométriques.

JAMES WHITE. — **Dictionary of altitudes in the Dominion of Canada**, Ottawa, 1904, in-8, 143 p

Altitudes en pieds par provinces avec indication des sources.

Plus commode à consulter que l'ouvrage précédemment publié en même temps que la *Relief Map* et intitulé **Altitudes in the Dominion of Canada**, in-8, 226 pages.

Liste d'altitudes sur plusieurs parcours, par exemple celui du chemin de fer Canadien Pacifique.

XIX. — National Transcontinental Railway Map. *Shows approximate route of the N. Transcontinental Ry, Moncton to Port Simpson.* Échelle : 1 : 6 250 000.

XX. — Department of the Interior, Canada. Honorable Frank Oliver minister, 1906. **Atlas of Canada**, prepared under the Direction of James WHITE, F. R. G. S. geographer, Toronto, 1906, gr. in-4.

Statistiques, pp. 1-13. — 33 cartes de géographie physique, minière, forestière, des voies de communication et de la démographie à l'échelle de 1 : 6 336 000 pour la Puissance, et à des échelles plus grandes pour les fragments; plans des 10 grandes cités; 43 diagrammes résumant les résultats des derniers recensements. — Ouvrage de premier ordre surtout pour la partie physique où il reproduit les dernières cartes isolées des divers services (p. ex, n⁰ˢ XVI, XXXIII de cette Bibliogr.) et pour la partie démographique où il donne des cartes de population toutes nouvelles.

Toute une série d'autres cartes ont été publiées à l'échelle 1 : 6 250 000. On en trouve la liste dans les *Geographical Publications*, n° XII. Je n'indique ici que celles dont l'utilité est réelle pour l'étude de la Colombie.

Publications du Cadastre (Survey).

XXI. — British Columbia Railway Belt. Échelle : 1 : 500 000, 1904.

Avec division en *townships* et indication des réserves indiennes comprises dans le *Belt*.

XXII. — Dominion of Canada, General Survey. Sectional Maps. **Sketch Map showing the vicinity of Lake Louise, Moraine Lake and Vermilion Pass.** Échelle : 1 : 60 000.

Courbes de niveau tous les 150 mètres.

XXIII. — Dominion of Canada, Department of the Interior. **Topographical Map of the Rocky Mountains.** *Lake Louise Sheet... Banff Sheet...* Échelle : 1 : 126 720.

Courbes de niveau tous les 7 m. 50 renforcées tous les 30 mètres. On prépare d'autres feuilles.

XXIV-XXV. — Dominion of Canada, General Survey. **Sheets of Topographical Survey of the Rocky Mountains.** Échelle : 1 : 40 000.

Courbes de niveau tous les 30 mètres. 19 feuilles parues en 1905 (frontière de Colombie et d'Alberta, principalement entre les parallèles 50 et 52). La publication continue. Le service a fait imprimer un **Index to Sheets of...**, etc.

XXVI. — Department of the Interior, Canada. **Topographical Map of Part of the Selkirk Range, British Columbia,** *adjacent to the Canadian Pacific Railway, from Photographic Surveys by Arthur O.* WHEELER, *assisted by* H. G. WHEELER *and* M. P. BRIDGLAND, 1901-1902, 4 feuilles. Échelle 1 : 60 000.

Courbes de niveau à 30 mètres d'intervalle. Altitude en pieds. Indication des glaciers en bleu. Trois couleurs. Travail analogue à celui de la carte topographique des Rocheuses (n° XXIII), mais ne s'étend qu'à une partie des Selkirk comprise dans le Railway Belt (n° XX). Reproduite dans les cartes de la pochette qui forme le t. II de A. O. WHEELER, *The Selkirk Range*, 1905 (n° 20 de cette Bibliog.).

XXVII. — Dominion of Canada, General Survey, **Yukon, Chilkoot and White Passes,** 10 feuilles à diverses échelles.

XXVIII. — **Map of Yukon District with the adjacent Northern part of British Columbia :** Échelle : 1 : 750 000.

XXIX-XXXI. — **South Eastern Alaska and Part of British Columbia** *showing Award of Alaska Boundary Tribunal, oct. 20th 1903,* Toronto. Échelle : 1 : 960 000. Contours à intervalle de 100 mètres.

Pièce établie pour la lecture de la sentence arbitrale : peu utile au point de vue géographique.

Les affaires diplomatiques sont traitées par le gouvernement impérial (p. 2), et donnent lieu à des publications dans les *Parliamentary Papers,* London. Dans cette série :

United States, n° 1, 1904. **Correspondence respecting the Alaska Boundary** *presented to both Houses of Parliament by Command of H. M., January 1904,* in-4, 88 p.

United States n° 2, 1904. **Map to accompany Correspondence,** etc., *February 1904.*

Rééd. du n° XXIX, avec limites des prétentions rivales et frontière après l'arbitrage.

Cartes géologiques.

XXXII. — La première carte géologique du Canada, celle de William LOGAN et James HALL, gravée sur cuivre en 1866, aujourd'hui épuisée, a été complétée pour l'Ouest et remplacée par :

Geographical and Natural History Survey of Canada. **Map of the Dominion of Canada geologically coloured,** *from Surveys made by the Geological Corps 1842 to 1882.* Échelle : 1 : 3 000 000.

Incomplète, épuisée. En voie de remplacement par la suivante.

XXXIII. — Geological Survey of Canada. **Geological Map of the Dominion of Canada,** 1901. Échelle : 1 : 3 168 000.

La feuille Ouest est parue comprenant tout le Canada du Pacifique à la Baie de Hudson. C'est jusqu'à présent la carte d'ensemble fondamentale pour l'Ouest. — Réduite de 1/2 dans l'*Atlas of Ca.*, 1906, carte 4.

Publiée en dehors du Geol. Survey, la carte d'ensemble suivante est faite d'après ses travaux pour le Canada.

XXXIV. — Congrès géologique international, X⁰ session, 1906... **Carte géologique de l'Amérique du Nord**, dressée d'après les sources officielles des États-Unis, du Canada, du Mexique, de la Commission du chemin de fer international, etc. Henry GANNETT, géographe; Bailey WILLIS, géologue. Échelle : 1 : 5 000 000.

Reproduit pour l'Ouest Canadien, le n° XXXIII, avec plus de teintes, subdivision des terrains primaires dans les Rocheuses, crétacés et tertiaires vers la côte.

XXXV. — Geological Survey of Canada, **Index Map of Southern British Columbia**, 1901. *To accompany List of Publications* : 1 : 3 168 000.

Montre la superficie couverte par les cartes locales dont on trouvera la liste bibliographique dans le n° 16 de cette Bibl. On n'a pas encore de carte géologique détaillée par feuilles, mais des fragments à diverses échelles : tantôt complétant un rapport, tantôt indépendantes et dans ce cas généralement expliquées par une notice marginale, ces cartes portent des n°' d'ordre dans lesquels il est difficile de se reconnaître, et sont généralement livrées au public dans le portefeuille qui accompagne chaque *Annual Report*. Les principales sont indiquées dans les notes des pages suivantes de cet ouvrage avec la date *en ital.* de l'*An. Rep.* qui les renferme, et leur date propre en romaines quand elle figure sur les cartes :

XXXVI. Pour les Chaînes maritime et côtière, pp. 16, 27 et (public. des É.-U.) 28-29.
XXXVII. Pour la Chaîne de l'Or, les Selkirk et les Haut. du Caribou, pp. 44, 56, 61.
XXXVIII. Pour les Rocheuses, pp. 63-64 et (autres public.), p. 71.
XXXIX. Pour le Nord (Atlin), pp. 78-79.

Autres cartes.

XL. — Department of the Interior.... 1907. **Railway Map of the Dominion of Canada**; 1 : 6 336 000.

Avec indication des voies en construction et en projet. La plus pratique pour les chemins de fer. Préférable à la carte 21 de l'*Atlas of Canada* (n° XX de cette Bibl.) qui est à échelle moitié moindre.

XLI. — Annual Report of the Department of Railways and Canals for... *Rapport annuel du Département des chemins de fer et canaux pour...* **Maps to accompany Deputy Minister's Report.**

Dans une enveloppe spéciale chaque année. Renferme chaque année une carte à petite échelle : *Map n° 2 showing Railways in Part of British Columbia and Alberta*; s'arrête au 53⁰ parallèle nord; claire mais sans utilité en dehors des voies ferrées; distingue les voies du C. P. R. (presque toutes) de celles des autres compagnies. Voir en outre pour les chemins de fer les n°' LI-LIV.

XLII. — Pour les cartes météorologiques, voir *Atlas of Canada* (n° XX de cette Bibliographie), cartes 25, 26 et 26 A, le n° 22 de cette Bibliographie et note de la page 81.

XXLIII. — Pour les cartes botaniques, voir *Atlas of Canada* (n° XX), cartes 8 et 9 et n°' 23, 24 de cette Bibliographie.

CARTES

du Gouvernement provincial.

Le service des terres et travaux publics fait publier, d'après les *Surveys* provinciaux, des cartes provisoires à grande échelle, où la topographie est approximative et qui ont surtout un intérêt pratique. Elles donnent les altitudes en pieds, l'indication des divisions minières et des voies de communication.

XLIV-XLV. — Department of Land and Works, Victoria, B. C. — **Topographical Map of the West Kootenay District, 1896.**

Voir A. O. WHEELER, *The Selkirk Range*, t. I, pp. 245-6 et le n° 5 de cette Bibl. Cartes plus anciennes et moins exactes que celles auxquelles renvoie le n° XXXVII.

Map of the Southern portion of the Selkirk Range *situated on the Canadian Territory*, 1898.

Du 49° parallèle au S. jusqu'à la moitié du lac Arrow sup. au N. Altit. en pieds, indications des divisions minières, claims, centres miniers, voies de communication.

XLVI. — **Map of the Province of British Columbia** *compiled by direction of the Hon. W. C. WELLS, Chief Commissioner of Land and Works*, Victoria, 1903, 2 feuilles. Échelle : 1 : 1 250 000.

Aucune indication de relief. Mais la meilleure carte pour la précision sauf la lacune indiquée et pour la nomenclature. Indications des parties cadastrées. La première carte publiée sous ce titre et par ce même service parut en 1871. C'était la première, succédant aux cartes des particuliers ou du gouvernement britannique (p. 2).

XLVII. — Bureau of Provincial Information. Bulletin n° 9. — **The undeveloped Areas of the Great Interior of British Columbia**, 3° édition, 1904, Victoria, in-8 de 72 p.

XLVIII. — **Map of the Northern Interior of British Columbia** *showing undeveloped Areas, by the Bur. of Inf., accompanying. Bull. n° 9*, Victoria, 1904.

Agrandissement de la partie correspondante de la carte de Wells (n° XLVII) avec quelques indications de régions colonisables en surcharge. Échelle approximative.

A l'échelle de 1 : 3 125 000, deux services ont publié des cartes sommairement exécutées et qui ont exclusivement un intérêt administratif.

XLIX. — **Sketch Map of the Province of British Columbia.** *Land and Works Department.* Victoria, 1899. — Avec les limites des *Land Districts*.

L. — **Sketch Map of the Province of British Columbia showing mining divisions,** *Department of Mines*, Victoria, 1901. — Indication élémentaire des chemins et sentiers.

CARTES

de la Compagnie Canadienne Pacifique (C. P. R.).

Pour les cartes fédérales des *voies ferrées* voir les n°° XL-XLI.

Le C. P. R publie un gr. nombre de cartes et ouvrages de propagande. A citer :

LI. — **Map of the Southern British Columbia** *issued by the C. P. R.*, 1902; 1 : 500 000.

Avec indications des sections concédées à la Compagnie; d'autres à plus petite échelle sont publiées dans les brochures de propagande du C. P. R.

LII-LIII. — **Map of British Columbia and Part of the Western Canada** *showing the lines of Canadian Pacific Railway* : 1 : 3 400 000.

Indique les lignes en construction et à l'étude, beaucoup moins soignée mais plus complète que la carte du n° XL. — Annexée à la brochure ci-dessous :
British Columbia Canada's Pacific Province... in-16, édition chaque année.

LIV. — **Canadian Pacific Railway. Annotated Time Table,** deux éditions, une dans chaque sens *(Eastbound Edition, Westbound Ed.)*

Mis à jour très souvent, renferme des croquis des princ. sections avec un bref texte par station, les distances en milles, les alt. en pieds prises aux *stations* (parfois diff. de quelques m. avec celles que White [n°° XVI-XVIII] donne pour les mêmes noms de lieux).

1-102. LIVRES ET BROCHURES

ANNUAIRES, PÉRIODIQUES, ETC.

DOCUMENTS FÉDÉRAUX

1. — The Canada Yearbook, 1905. *Second Series*, Ottawa, 1906, in-8.

Publication annuelle : suite de *The Statistical Yearbook of Canada for... issued by the Department of Agriculture*, publié depuis 1885 d'abord sous le titre de *Statistical Abstract and Record for the Year*. Les statistiques y sont souvent données pour toute la Puissance et non pour chaque Province séparément.

2. — Dominion of Canada. **The Gazette of Labor, Journal of the Department of Labor.** *Gazette du Travail, Journal du Département du Travail*, publié mensuellement par le Gouvernement fédéral, depuis le 1er juillet 1900 (rédacteur en chef W.-L. Mackenzie KING), Ottawa in-8. Le t. I va du 1er septembre 1900 au 30 juin 1901, puis la revue est paginée par années financières (1er juillet-30 juin).

Cette publication n'est pas relative seulement aux questions ouvrières; elle donne chaque mois un tableau du travail au sens le plus général, comprenant les diverses formes de production et de commerce, résume tous les faits relatifs à l'émigration et à la colonisation, cite et analyse les publications fédérales et provinciales sur toutes les questions qu'elle traite, forme en un mot un guide pour toute étude économique ou sociale sur le Canada.

Les deux publications suivantes ont un caractère presque officiel, surtout la première. Ceux qui y contribuent sont en grande partie des employés fédéraux dont des travaux officiels sont d'autre part cités.

3. — Proceedings and Transactions of the Royal Society of Canada, Ottawa, annuel, 1883-94, in-8 et depuis 1895, 2d *Series*, in-8°.

Renferme des notes sur plusieurs sociétés scientifiques du Canada, d'autres résumant des travaux officiels comme le *Survey of Tides and Currents*, enfin des études divisées en 4 sections dont la première (études historiques), la seconde (ethnographie), la quatrième (sciences naturelles) sont à consulter. Dans la dernière section paraissent des revues bibliographiques annuelles de la botanique (MAC KAY), de la zoologie (WHITEAVES), de la géologie et paléontologie (AMI) pour tout le Canada.
Indiqué dans les notes par l'abréviation *Pr. a. Tr. of the Roy. Soc. of Ca.*

4. — British Association for Advancement of Science. Toronto Meeting, 1897. **Handbook of Canada**, *published by the Publication Committee of the Local Executive*, Toronto, 1897, in-12.

Recueil de monographies signées de spécialistes sur la géographie, l'histoire naturelle, l'ethnographie, la mise en valeur, etc. Les principales sont indiquées aux diverses sections de la bibliographie.
Dans les notes et renvois à ce recueil se trouve l'indication de l'auteur de la monographie suivie de : dans *Handbook of Ca.*, 1897, p.

DOCUMENTS PROVINCIAUX

5. — British Columbia Crown Lands Surveys. *Extracts from Officials Reports of Provincial Government Surveys, principally relating to Vancouver Island, Queen Charlotte Islands, Northern British Columbia and the Osoyoos District of Yale.* Victoria, 1901, in-4 de 152 p.

Rapports de reconnaissances faites par les fonctionnaires du cadastre dans des régions nouvelles depuis 1886.

La publication précédente des *B. C. Crown Lands Surveys* est de 1895; elle est relative surtout à la région minière du Sud-Est, Boundary, Kootenay, etc. (Voir ici XLIV-V).

6. — R. E. GOSNELL, Secretary Bureau of Provincial Information. **The Year-book of British Columbia, and Manual of Provincial Information**, Victoria, 1903, in-8 de 394 p. avec table alph.

Ce recueil, qui succède aux précédents, mérite plutôt son second titre que celui de Yearbook. En effet, il n'est pas réédité chaque année. L'avant-dernière édition est de 1897; la dernière, de 1903, renferme une série de monographies détaillées avec renseignements statistiques et nombreuses reproductions de photographies. Elle reproduit la plupart des brochures rééditées par le *Bureau of Provincial Information* (n° 8 de cette Bibl.). C'est une des sources de renseignements les meilleures et les plus pratiques.

On la cite dans les notes sous l'indication *Yearbook of B. C.*, 1903.

7. — Bureau of Provincial Information, Bulletin n° 23, 2ᵉ édition. **Handbook of British Columbia, Canada.** *Its Position, Advantages, Resources and Climate...* Victoria, 1907, in-8 de 68 p.

Contient le résumé des derniers rapports et statistiques. Infiniment plus sommaire que le précédent, ne dispense pas d'y recourir.

Cité dans les notes sous l'abréviation *Handbook of B. C.*, 1907.

8. — **Bureau of Provincial Information.** *Official Bulletins published by authority of the Legislative Assembly*, Victoria, fascicules in-8, illustrés. Numérotés de 1 à 24; la série se continue.

Publiés de temps à autre depuis 1902 et réédités avec corrections quand il y a lieu. Toute la série 1902-1903 est reproduite ou résumée dans le *Yearbook of B. C.* 1903 (n° 6).

Les plus intéressants de ces bulletins et leurs dernières éditions sont indiqués dans les chapitres particuliers de cette Bibliographie, surtout dans la section économique (agriculture, bois, mines, etc.).

D'APRÈS LES DOCUMENTS OFFICIELS

9. — BURON. **Les richesses du Canada**, Paris, 1903, in-8.

Les divers chapitres de cet ouvrage résument un assez grand nombre de rapports fédéraux et quelques publications provinciales colombiennes (par exemple mines, bois, gibier) parus avant 1903.

GÉOLOGIE ET OROGRAPHIE

BIBLIOGRAPHIE

10. — United States Geological Survey... Bulletin n° 127... N. H. DARTON. **Catalogue and Index of contributions to North American Geology, 1732-1891.** Washington, 1896, in-8°. — *Id.*, n° 188. F. B. WEEKS. **Bibliography of N. A. Geology, Paleontology, Petrology and Mineralogy for the years 1892-1900**, *ibid.*, 1902. — Id., n° 301. *Mêmes aut. et titre*, **1901-1905**, ibid., 1906.

Voir aussi le n° 16.

DOCUMENTS FÉDÉRAUX

11. — A. R. C. SELWYN et G. M. DAWSON. **Descriptive Sketch of the physical Geography and Geology of the Dominion of Canada.** Montréal, 1884, in-8.

On trouvera un exposé du même sujet plus bref, mais plus récent et très précis, par G. M. Dawson, dans le premier chapitre du *Handbook of Canada* (n° 4 de cette Bibl.) intitulé *Physical Geography and Geology*.

Les notions d'ensemble sur la géologie sont empruntées à ces publications, sauf indication contraire dans les notes.

12-13. — H. M. AMI. **Synopsis of the Geology of Canada,** *being a Summary of the principal terms employed in Canadian geological nomenclature* dans *Pr. et Tr. Royal Soc. of Ca.* (Bibl. n° 3), 1900, sect. IV, pp. 187-225.

Cette étude mérite le premier titre aussi bien que le sous-titre. Complète Dawson. Pour l'intelligence de la nomencl. américaine, le manuel autrefois classique de J. D. DANA, *Manual of Geology with special reference to American geological History,* 4ᵉ éd., New-York, 1895, in-8, est remplacé par Thomas C. CHAMBERLIN and R. D. SALISBURY, *Geology,* N.-Y., éd. de 1906, 3 vol. in-8, avec grav. et cartes.

14-15. — Canada, Division des expositions. Ministère de l'agriculture. Ottawa. **Catalogue descriptif** d'une collection des minéraux du Canada. Ottawa, 1905, in-8 de 118 p.

Même en-tête. **Supplément au catalogue descriptif,** etc. *Ibid.,* 1905, in-8 de 13 p.

L'un des plus récents et des plus complets catalogues de ce genre. Le texte français en est fort utile pour les identifications de roches, terrains et surtout de minerais. Les minerais de la Colombie y occupent une place.

16. — Geological Survey of Canada. A.-P. Low, Deputy Head and Director. — *Commission géologique du Canada.* — **Catalogue Publications of the Geological Survey of Canada.** Ottawa, 1906, in-8 de 129 pp.

Table analytique des rapports et liste des publications depuis le premier *Report of Progress,* 1843 ; classification par province des ouvrages et articles et des cartes (pp. 57, 58 et 109-111 pour la Colombie).

17-18. — Geological Survey of Canada.... **Annual Reports** ; — *Rapports annuels.* Ottawa, in-8.

L'édition anglaise est toujours publiée plus tôt que l'édition française. La dernière traduction française est celle du volume XI de 1898, publié en 1900. Le volume XVI, contenant les rapports de 1904, est en préparation (1907).

Summary Reports, *ibid.*

En avance sur les rapports complets. Le dernier paru est celui de 1906, même année. Indiqués dans les notes comme *Geol. Surv. of Ca. An. Rep.* ou *Summary Rep.,* date du titre en ital.

19. — H. M. AMI. **Canadian Geology and Paleontology for the year.** Bibliographie annuelle dans la sect. IV des *Pr. and Tr. Roy Soc. of Ca.* (Bibl. n° 3).

20. — A. O. WHEELER. **The Selkirk Range,** Ottawa, 1905, 2 vol. in-8.

Un vol. de textes et de gravures, le second étant une pochette de cartes et croquis à vol d'oiseau.

Cet ouvrage, publié par le *Survey* fédéral (chef, M. Deville), renferme le récit des voyages de M. Wheeler, employé de ce service, pour relever une partie des Selkirk compris dans le *Railway Belt* fédéral, l'historique de l'exploration et des concessions et d'excellents *Appendices* de spécialistes sur l'histoire naturelle, la géologie, le climat, le chemin de fer Canadien Pacifique etc. Fournit plus de faits que l'ouvrage de WILCOX, *The Rockies of Canada* (note de la page 71).

DOCUMENTS PROVINCIAUX

21. — British Columbia. **Annual Report of the Minister of Mines for the year ending 31ˢᵗ december...** *being an Account of Mining operations for Gold, Coal, etc., in the Province of B. C.,* Victoria, in-4.

Le dernier utilisé est le rapport pour 1905 paru en 1906, in-4 de 173 pages avec tableaux et gravures.

Ces rapports, qui paraissent régulièrement chaque année pour l'année précédente depuis une douzaine d'années, renferment des descriptions minières et métallurgiques, des monographies régionales, où les enquêteurs font passer des renseignements physiques et économiques de tout genre. Ils sont illustrés par des reprod. de photographies inédites. C'est pour toute étude géographique et économique une source de premier ordre. Cités dans les notes sous l'abréviation *An. Rep. Mines B. C. for (date* du titre en ital.).

Voir aussi les nᵒˢ 76-81.

CLIMAT

DOCUMENTS FÉDÉRAUX

22-23. — Department of Marine et Fisheries. **Report of Meteorological Service of Canada...**, *for the year ended december...* Ottawa, annuel, in-8 de 1872-73 à 1890, paru en 1895, in-4, depuis 1895 (paru en 1897).

Observations de janvier-décembre publiées généralement après l'année des observations. Pas de cartes, sauf par exception dans le Rapport 1895 (Voir ici p. 81).

Le même service publie chaque mois la **Monthly Weather Review**, recueil d'observations, moins utilisable pour le géographe ou l'économiste.

PLANTES ET ANIMAUX

DOCUMENTS FÉDÉRAUX

24. — Geological and Natural History, puis Geological Survey of Canada. John MACOUN. **Catalogue of Canadian Plants,** 7 parties en 3 vol. in-8, Montréal, 1883. Ottawa, 1902.

Avec table alphabétique à la fin de chaque volume. — Répertoire par familles avec descriptions et localisations, sur le modèle de la *Silva of N. A* de Sargent (Bibl. n° 30). Cité dans les notes sous l'abréviation *Macoun,* t..., p...

25. — Dans *The Handbook of Ca.*, Toronto, 1897 (Bibl. n° 4), J. MACOUN a publié deux articles : 1° **The Forests of Canada** (réimp. des *Trans. a. Proc. of the Royal Soc. of Ca.*); 2° **Sketch of the Flora of Canada** : cités ici sous l'indication MACOUN dans *Handbook of Ca.*

26-27. — **Geological Survey of Canada,** *Annual Reports.*

Cartes avec limites d'arbres et rapports de G. M. Dawson, 1879-80 et 1887-88.

28. — MAC KAY. **Canadian Botany for the Year...**

Bibliographies annuelles dans sect. IV, *Pr. and Tr. Roy. Soc. of Ca.* (Bibliog. n° 3).

29-30-31. — Pour la comparaison avec les régions voisines appartenant aux États-Unis : le catalogue de SARGENT, **The Silva of North America,** Boston et N.-York, 14 vol. in-8.

United States Xᵗʰ Census, 1880, tome 9 : Chas. S. SARGENT, **Forest Trees of America,** Washington, 1884, in-8. Avec catalogue descriptif des arbres et cartes botaniques par États et par régions l'une des publications les plus complètes et les plus précises de la géographie botanique.

United States, Geological Survey; série intitulée **Professionnal Papers,** avec très belles cartes forestières en couleurs, photographies des arbres et forêts caractéristiques; les titres de ceux des *Prof. Papers* qui concernent la géographie forestière sont donnés ici dans les notes bibliographiques.

32. — Pour la faune, pas de catalogue d'ensemble comme celui de Macoun, pour les plantes (n° 24), mais des catalogues spéciaux, tels que : Geological Survey of Canada. MACOUN, Catalogue of Canadian Birds, Ottawa, 1900-04, 3 parties, in-8.

33. — RAMSAY WRIGHT. General Sketch of the Zoology of Canada dans *Handbook of Ca.*, 1883, pp. 80, 90.

Très sommaire, surtout pour la Colombie.

34. — WHITEAVES. Canadian Zoology (*exclusive of Entomology*) *for the Year...*

Bibliographie annuelle dans *Pr. a. Tr. Roy. Soc. of Ca.* (Bibliog. n° 3). Revue à part pour l'Entomologie.

DOCUMENTS PROVINCIAUX

35-36. — Bureau of Provincial Information. Official Bulletin n° 15. **Timber Industry in B. C.**, rééd. comme Bulletin n° 21. **The Timber and Pulp Wood Industries in B. C.**, 1905, in-8 de 3 pp.

La première partie est un répertoire des principales essences, surtout d'après Macoun, avec gravures. Réimprimé dans *Yearbook of B. C.* 1903, pp. 237, 243 (*Forest Wealth*).

37-38. — Bureau of Provincial Information Official Bulletin n° 17, **Game of British Columbia**, Victoria, 1903, rééd. comme Bulletin n° 24, Victoria, 1906, même titre, in-8 de 32 p., illustré.

Résumé dans *The Yearbook of B. C.* 1903 (Bibl. n° 6). Voir aussi le n° 68.

COLONISATION ET HISTOIRE

Grands recueils ou périodiques spéciaux, comprenant les publications officielles américaines et canadiennes.

HISTOIRE ET REVUE DES FAITS CONTEMPORAINS
Ouvrages d'intérêt général.

39. — University of Toronto Studies, History and Economics. **Review of Historical Publications relating to Canada**, *edited by Professor* George M. WRONG *and* H. H. LANGTON. Toronto, 1 vol. in-8 chaque année depuis 1896.

Bibliographie critique des ouvrages parus dans l'année.

40. — H.-H. BANCROFT. **History of the Pacific States of North America**. San Francisco, 1883-90, 39 vol. in-8.

Surtout :
I-V. The Native Races.
XXVII-XXVIII. History of the North West Coast.
XXIX-XXX. History of Oregon.
XXXI. Washington, Idaho and Montana.
XXXII. History of British Columbia.
XXXIII. History of Alaska.
Ouvrage le plus complet; bibliographies, reproductions de cartes anciennes.

41. — JUSTIN WINSOR, **Narrative and Critical History of America**, Londres, in-8, avec fac similés.

Bibliothécaire de l'Université Harvard, le directeur de cette publication a rédigé les parties relatives à la cartographie et aux découvertes.

42-43. — J. CASTELL HOPKINS. **The Canadian Annual Review of Public Affairs**. Toronto, 1 vol. in-8, chaque année, illustré.

Fait suite à MORANG's **Annual Register of Canadian Affairs**, sommaire des événements surtout politiques et économiques de l'année au Canada, sur le modèle de l'*Annual Register* anglais dont la partie canadienne est à consulter à défaut de Hopkins, plus détaillé.

44. — André SIEGFRIED. *Le Canada*. **Le Canada. Les deux races. Problèmes politiques contemporains**, Paris, 1906, in-18.

Étudie surtout la politique fédérale et ses divers aspects, à la suite de deux enquêtes sur place et d'après tous les documents contemporains.

INDIENS

OUVRAGES GÉNÉRAUX ET RAPPORTS FÉDÉRAUX

45-46. — Geol. and Nat. History Survey of Ca. W. F. TOLMIE and G. M. DAWSON. **Comparative Vocabularies of the Indian Tribes of British Columbia**, avec carte à environ 1 : 1 584 000, également éditée à part (**Map showing the distribution of the Indian Tribes of B. C.**), Montréal, 1884, in-8°.

47. — **Classified List of Publications of the Smithsonian Institution**, 1907, Washington, in-8.

Renferme la liste des publications du *Bureau of American Ethnology* dépendant de cette institution. *Annual Reports* depuis 1879-80, paru en 1881, *Bulletins* (dont plusieurs sont des bibliographies de feuilles linguistiques indigènes), *Miscellaneous Publications*.

48-49. — **The 7ᵗʰ Annual Report of the Bureau of American Ethnology**, 1885-86, paru en 1891.

Contient pages 1-142 la très importante étude d'ensemble de J. W. POWELL, *Indian Linguistic Families of America, North of Mexico*, avec une carte et des bibliographies. La Carte a été aussi éditée à part.

50-51. — **Reports of the British Association for the Advancement of Science.** London, in-8, 1 vol. par an.

Chacun porte la date de l'année et le nom de la ville où a été tenu le congrès de la Société. Monographies importantes et nombreuses sur les Indiens de tout le Dominion, surtout dans les années 1889, 1890, et 1896, 1902 (publications d'une commission officielle intitulée *Ethnological Survey of Canada*).

Résumé, avec indications bibliographiques jusqu'en 1896 dans :

Alex. F. CHAMBERLAIN. **Ethnology of the Aborigenes**, pp. 105-126 du *Handbook of Canada*, 1897 (Bibliog., n° 4).

52. — **Les Proceedings and Transactions of the Royal Society of Canada** (Bibliogr. n° 3).

Renferment dans la section II du volume annuel plusieurs monographies, émanant pour les dernières années de l'*Ethnological Survey of Canada* (par exemple 1888, 1891, 1901, section II).

53. — **Memoirs of the American Museum of Natural History, — Publications of the Jesup North Pacific Expedition**, New-York, 1900-1907, 12 vol. in-4 dont la publication s'achève.

Chaque volume est un recueil de monographies, sauf les deux derniers qui donneront des études d'ensemble, XI, *Physical Anthropology*, XII, *Summary and Final Results*.

Les auteurs ont continué, avec des crédits fournis par M. Jesup, l'œuvre de l'*Ethnological Survey of Canada*, mais en Colombie britannique seulement (mission F. Boas, 1897), puis en Alaska et à la pointe nord de la Sibérie.

Les volumes intéressant la Colombie sont les tomes :

I, mission F. BOAS.

II, renfermant surtout des légendes, *Traditions of the Chilcotin..*, Id., *of the Quinault Indians*, recueillies par L. FARRAND.

III, Kwakiutl Texts (BOAS et HUNT).

V, J. R. SWANTON, *Contribution to the Ethnology of the Haïda,* X, id., *Haida Texts.* **Notes** bibliographiques dans plusieurs volumes.

54-55. — Franz BOAS a résumé sous une forme concise mais très claire l'ethnologie de la Colombie britannique dans les *Verhandlungen der Gesellschaft für Erdkunde,* Berlin, 1895, t. XII, pp. 265-270, *Zur Ethnologie von British Columbien,* et les résultats de la mission Jesup dans *Verhandlungen der 7ten internat. Geographen Kongresses* (1899), Berlin, 1901, t. II, pp. 678-685, *The Jesup North Pacific Expedition.*

J. WINSOR, *ouvr. cit.* (n° 41), tome I, consacre le chapitre V, pages 283, 328, aux Indiens de l'Amérique du Nord et l'appendice pages 413, 444 à des notes bibliographiques (peu à prendre pour la Col. brit.).

56. — Dominion of Canada. **Annual Report of the Department of Indian Affairs for the year ended June...** *Rapport annuel du Département des Affaires des Sauvages pour l'exercice terminé le 30 juin....* Ottawa, in-8, publié chaque année.

1re partie, Rapports. 2e partie, Tableaux statistiques (*Tabular Statements*).

POPULATION, RECENSEMENT

DOCUMENTS FÉDÉRAUX

57. — **Census of Canada.** *Recensement du Canada.* Ottawa, in-8.

Publication fédérale qui paraît tous les dix ans depuis 1871.
Le 4th Census, 1901, comprend :
Volume I, Population. II, Natural Products. III et IV, Manufactures.
Chaque volume comprend des statistiques accompagnées d'un commentaire sur le modèle du recensement des États-Unis. Jusqu'à présent le Canada ne publie pas en texte ou en annexes de collection de cartes et graphiques comparables au *Statistical Atlas* des États-Unis. L'*Atlas of Canada* (Bibl. n° XX) comble cette lacune depuis 1906.

58. — **The Law of Canada respecting Immigration and Immigrants,** Ottawa, 1906, 16 p. in-8.

DOCUMENTS PROVINCIAUX

59. — **Annual Report of the Registrar of Births, Deaths and Marriages of the Province of British Columbia,** Victoria, annuel, in-8.

Le 33e rapport est celui de 1905, publié en 1906. Très sommaire, se borne strictement à son titre; ne permet pas de compléter les recensements fédéraux pour les totaux de population.

60-62. — **Report of Delegates to Ottawa,** 1903, Victoria, 1903, in-8, 60 pp. **Report of the second Delegation to Ottawa,** 1903, ibid., in-8, 25 pp. **Further Correspondance in connection with the Report...** *by the Hon... on their mission to Ottawa...* 1904, in-8, 4 pp.

Négociations avec le gouvernement fédéral sur la question des contributions provinciales, des pêches, de l'immigration.

PÊCHES[1]

DOCUMENTS FÉDÉRAUX

63. — **Annual Report of the Department of Marine and Fisheries. Fisheries.**

1. Pour toute la partie économique voir les publications générales n° 1 à 9.

Rapport Annuel du Ministère de la Marine et des Pêcheries. Pêcheries, Ottawa, in-8.

Le 38ᵉ rapport est de 1906.
Les pêcheries sont affaire fédérale.
Les autres publications du même département donnent des statistiques en bloc pour toute la Puissance.

DOCUMENTS PROVINCIAUX

64. — Report of the Fisheries Commissionner for British Columbia for the year 1905. John Pease BABCOCK, commissionner. — Annuel depuis 1903. Victoria, brochure illustrée, in-8.

Relatif aux « piscifactures » élevées sur les fleuves par la Province pour repeupler en saumon. Quelques faits intéressants sur le régime des fleuves, si mal connu.

FORÊTS ET CULTURE

DOCUMENTS FÉDÉRAUX

Voir les nᵒˢ 24 à 28.

65. — Report of the..... Annual Meeting of the Canadian Forestry Association, annuel depuis 1900, Ottawa, in-8, illustré.

Cette société est encouragée par le gouvernement fédéral qui fait imprimer son rapport. Rapport divisé par provinces et illustré.

66. — Dominion of Canada. Appendix to the Report of the Minister of Agriculture. — Experimental Farms. *Fermes expérimentales.* Rapports annuels. Ottawa, in-8.

Contient, entre autres, le rapport du surintenant de la ferme expérimentale d'Agassiz, Colombie britannique.

67. — The Annual Report of the Department of Agriculture, id., ibid. *Rapport annuel du Ministère de l'Agriculture,* id., ibid.

Ne donne par les faits divisés par Provinces.

DOCUMENTS PROVINCIAUX

68. — Report of the Provincial Game and Forest Warden of the Province of British Columbia. Victoria, in-8.

Le 2ᵉ est de 1906, 16 pages.

69. — British Columbia and its Agricultural Capabilities. *A brief descriptive pamphlet issued by the Department of Agriculture. B. C.,* Victoria, 1902, in-4 de 29 p., illustré.

Résumé des rapports publiés jusque-là par le ministère provincial de l'agriculture.

70. — Report of the Department of Agriculture of the Province of British Columbia, Victoria, in-8 de 243 p., illustré.

Le dernier rapport est le 7ᵉ, pour 1902, publié en 1903. Depuis, le Parlement provincial n'a pas voté de crédits pour l'impression d'un nouveau rapport.
Mais on a fait, d'après les rapports parvenus au Ministère, plusieurs éditions de la publication suivante :

71. — Bureau of Provincial Information. Bulletin nᵒ 10. Land and Agriculture in British Columbia, 4ᵉ édition, 1904, in-8 de 155 p., illustré.

Détails intéressants sur la colonisation. La dernière édition est celle de 1907, in-8 de 80 pages illustré. Je les cite sous le titre *Agriculture in B. C.*, 1904 ou 1907.

73. — Department of Agriculture of B. C. Bulletins.

Par exemple *Bulletin* n° 14, *Care and Management of Orchards*. *Bulletin* n° 17. *Strawberry Growing*. Brochures techniques de pratique agricole.

74. — Report of the Superintendant of Farmers' Institutes of British Columbia, Victoria, in-4.

Annuel. Le 7° Rapport est de 1905, publié en 1906.

74. — Annual and Quarterly Meetings of the B. C. Fruit Growers Association *from January* 1902 *to January* 1904, Victoria, 1904, in-4.

76. — Bureau of Provincial Information. Le Bulletin n° 9, Victoria, 3° éd., 1904, in-8, et la carte à part, tous deux indiqués dans la Bibliographie sous le n° XLVII-XLVIII ont été réédités et complétés sous le titre : Bulletin n° 23. **New British Columbia**, avec carte.

MINES

DOCUMENTS FÉDÉRAUX

Les publications relatives aux mines, d'abord éditées par le *Geological Survey*, forment maintenant une série à part.

77. — Mines Branch. Department of the Interior. **Report of the Commission appointed to investigate the Zinc Resources of British Columbia and the conditions affecting their exploitation**, Ottawa, 1906, in-8 avec croquis et plans d'exploitation.

Fait partie d'une nouvelle série de documents fédéraux à couverture grise (en dehors des *Blue Books*), série dans laquelle a déjà été publiée une enquête sur les procédés électrotechniques dans l'industrie du fer et de l'acier en Europe, 1905.

78. — Geological Survey of Ca. Annual Reports (n° 17).

A la fin de chaque rapport, un tableau de la production minière du Canada, **Summary of Mineral Production of Canada**; le dernier utilisé est celui de 1905. Doit être publié désormais à part.

DOCUMENTS PROVINCIAUX

Pour l'étude des mines en Colombie on doit préférer l'excellente publication **Annual Report of the Minister of Mines** (n° 21).

79. — Bureau of Provincial Information. Official Bulletin n° 19. **General Review of Mining** in B. C., Victoria, 1904, in-8 de 176 p., illustré.

N'est qu'un résumé des numéros du précédent parus jusque-là.

D'APRÈS LES PRÉCÉDENTS

80. — Annales des Mines, Paris, t. XVII, pp. 216, 282. — P. JORDAN. **Notes sur la Colombie britannique.**

Étude avec une carte et une planche très sommaire d'un ingénieur des mines, portant principalement sur les mines et usines de fusion du Sud-Est, Nelson, Rossland, etc.

81. — J. F. KEMP. **The Ore Deposits of the United States and Canada**, New-York, 3° éd. revue et augmentée, 1900, in-8°. Cartes et gravures.

Ouvrage classique comme celui de Salisbury et Chamberlin, n° 13. Bibliographies. Ne dispense pas, surtout pour la Colombie br. sommairement traitée (pp. 385-397), de recourir aux ouvr. n° 17-18 et 21.

TRÁVAIL, INDUSTRIE
TRANSPORTS, COMMERCE ET SUJETS DIVERS

DOCUMENTS FÉDÉRAUX

82-83. — **Report of the Department of Labor for the fiscal year ended 30 june.....** *Rapport du département du travail pour l'exercice clos le 30 juin.* Ottawa, in-8. Annuel.

Série des *Blue Books.* Surtout administratif. Au point de vue économique social n'a pas l'intérêt de *La Gazette du Travail,* mensuelle, n° 2. Le rapport en résume une partie.

84-85. — **Report of the Royal Commission on Industrial Disputes in the Province of British Columbia,** *issued by the Department of Labor,* Canada. *Rapport de la Commission Royale sur les différends industriels,* etc. Ottawa, 1903, in-8 de 130 p.

Minutes of Evidence. Royal Commission on Industrial Disputes in the Province of Columbia. *Printed by order of Parliament.* — Procès-verbaux, etc. Ottawa, 1904, in-8 de 864 p.

Deux *Blue books* fédéraux hors série, intéressants, tout particulièrement le rapport (qui donne l'essence du second), pour les grèves houillères de 1903 et les relations étroites entre les syndicats ouvriers de Colombie et des États-Unis.

86-87. — Le Musée social. Mémoires et Documents, 1905, III, pp. 77-110. Albert MÉTIN, le **Travail au Canada,** Paris, in-8.

Enquête faite en 1904 de Québec à Victoria avec analyse de ce que renferment sur la question ouvrière et la législation sociale les premiers volumes de la *Gazette du Travail.* Reproduit dans :

Exposition Internationale de Saint-Louis, 1904. **Délégation ouvrière française aux États-Unis et au Canada. Rapports des délégués....** recueillis.... et complétés par deux études sur le *Travail aux États-Unis* et le *Travail au Canada,* par Albert MÉTIN, Paris, 1907, in-8, pp. 36-63.

Les huit autres rapports, ceux des délégués ouvriers publiés dans cet ouvrage, contiennent un certain nombre d'informations sur le Bas Canada, rien sur la Colombie.

88. — Dominion of Canada. **Report of the Department of Trade and Commerce for the fiscal year.** — *Rapports du Ministère du Commerce....* Ottawa, annuel, in-8.

Les statistiques y sont données pour toute la Puissance et non par province. Même observation pour :

89. — Dominion of Canada. **Tables of the Trade and Navigation of the Dominion of Canada for the fiscal year...** *Tableau du commerce et de la navigation....* Ottawa, annuel, in-8.

90. — Dominion of Canada. **Annual Report of the Department of Railways and Canals for the fiscal year....** *Rapport annuel du Ministère des voies ferrées et canaux pour l'exercice....* Ottawa, annuel in-8, avec pochette de cartes sommaires (Bibliogr. n° XXI).

91-92. — Les deux *Blue Books* suivants ont été commencés pour donner les résultats du contrôle que le gouvernement fédéral, à l'exemple du gouvernement américain, cherche à établir sur les transports par voie ferrée.

First Report of the Board of Railway Commissionners for Canada, *March 31, 1906.* Ottawa, 1907, in-8.

Je n'en connais pas d'édition française. Peu à en tirer pour la Colombie.

Railway Statistics of the Dominion of Canada for the year ended june 1906, *from sworn Returns furnished by the several Railway Companies.* Ottawa, 1907, in-8, éd. franç. non parue. Utile pour la Colombie britannique.

93. — Canada. Report of the Minister of Public Works on the Works under his control for the fiscal year.... *Rapport du Ministre des Travaux publics,* etc..... Ottawa, annuel, in-8.

Cette publication, comme le rapport n° 84, renferme des parties relatives à la Colombie, mais pas tous les ans, et ce n'est qu'une faible part de son contenu.

DOCUMENTS PROVINCIAUX

94. — Annual Report of the Chief Inspector of Machinery for the year ending december 31.... Victoria, annuel, in-8.

Le rapport de 1905 paru en 1906 est le 4°. Relatif à l'application des lois sur la sécurité dans les usines et mines.

95. — Report of the Chief Commissionner of Lands and Works of the Province of British Columbia for the fiscal year... Victoria, 1905, in-4. Annuel.

Ce rapport comprend :
1° Les travaux publics, partie la plus importante ;
2° Depuis 1888, le rapport de l'inspecteur de l'exploitation des Bois (*Timber Inspector, Report*) en tableaux ;
3° Un tableau sommaire des ventes et achats de terres (*Land Returns*).

Les deux publications suivantes émanent des Chambres de Commerce et renferment de nombreux documents et résumés de documents officiels :

96. — Annual Report. Victoria Board of Trade, in-8. Le 26° est pour 1905, in-8 de 85 p.

97. — Annual Report. Vancouver Board of Trade, Vancouver, in-8. Le 18° est pour 1904-05, in-8 de 128 p.

Ces rapports des deux principales Chambres de Commerce contiennent un grand nombre de renseignements commerciaux et économiques localisés, par exemple pour le commerce des bois, le tonnage des ports, l'administration municipale.

98. — The Royal City of British Columbia, New Westminster City and District, s. l. n. d., in-8 de 40 p.

Brochure illustrée publiée à l'occasion de l'Exposition agricole tenue à N. W. en 1906, surtout avec renseignements de la Chambre de Commerce (*Board of Trade*). Ne vaut pas les deux précédents rapports.

J'indique d'autres broch. de propagande, p. ex. aux pp. 86, 292, 293, 314.

99. — Manual of the School Law and School Regulations of British Columbia. Victoria, 1906, in-8 de 123 pp.

100. — Annual Report of the Public Schools of the Province of British Columbia. Victoria, annuel, in-8.

Le 33° est celui de 1905-1906, publié en 1906. Avec appendices donnant les programmes et matières d'examen.

101. — Annual Report on the Public Hospital for the Insane of the Province of British Columbia for the year.... Victoria, annuel, in-8.

102. — Estimate of the Revenue and Expenditure of British Columbia for the fiscal year ending 30 june. Victoria, annuel, in-8.

Budget provincial.

TABLE ALPHABÉTIQUE

L'orthographe officielle unique des noms géographiques, préparée par les services fédéraux (Bibliographie n^{os} X et suivants), n'est pas encore complètement établie, surtout en Colombie britannique. Les publications particulières, celles des États-Unis, celles de la Province et celles de la Fédération apportent souvent des écritures différentes et même les publications des divers services fédéraux n'ont pas encore unifié leur nomenclature. J'ai pris comme base l'orthographe des documents officiels provinciaux, en indiquant les principales variantes, mais seulement lorsqu'il a paru utile de les donner. Enfin les noms traduits du franco-canadien des « voyageurs » (p. 140) sont reproduits sous leurs formes premières, à moins que l'anglaise ne soit d'une telle notoriété qu'on doive sinon la préférer, du moins la citer en même temps que l'autre.

TABLE DES CARTES ET CARTONS

Le signe * indique les cartes et cartons inédits en tout ou partie.

———

TABLE DES GRAVURES

(Photographies du Canadian Pacific Railway pour les Pl. I, II, XII et fig. 3 de XIII. Photographies du Bureau d'Information Provinciale à Victoria pour les autres.)

TABLE DES MATIÈRES

1275-07. — Coulommiers. Imp. Paul BRODARD. — 12-07.

RELIEF
COLOMBIE BRIT^QUE

d'après la "Relief Map of the Dominion of Canada" 1904 et l'Atlas of Canada 1906.

------- *Ligne isobathe de 100 fathoms (182ᵐ)*
----------- *id — id — 250 — id —(455ᵐ)*
entre les parallèles 48 et 55 d'après la Carte Nᵒ 23 de l'Atlas of Canada.

de 0 à 300ᵐ
de 300 à 1500ᵐ
de 1500 à 3000ᵐ
au dessus de 3000ᵐ

N

Ft Lie

Liard

M O N T O N

Rap.

ifton

Michel
P. Crows Nest
Mines
P. Kootenay N.
2000
P. Kootenay S.
2400
Plaines
du Tabac
700
Flathead R.

1879
1948
1236
Comi
Union
L. Central
Alberni
186

S

O N T A N A

48

Flathead L.

P. Giroux . des.

114   112